Linguistische
Arbeiten 233

Herausgegeben von Hans Altmann, Herbert E. Brekle, Hans Jürgen Heringer, Christian Rohrer, Heinz Vater und Otmar Werner

Raumkonzepte in Verstehensprozessen

Interdisziplinäre Beiträge zu Sprache und Raum

Herausgegeben von
Christopher Habel, Michael Herweg
und Klaus Rehkämper

Max Niemeyer Verlag
Tübingen 1989

CIP-Titelaufnahme der Deutschen Bibliothek

Raumkonzepte in Verstehensprozessen : interdisziplinäre Beiträge zu Sprache und Raum / hrsg. von Christopher Habel ... – Tübingen : Niemeyer, 1989
(Linguistische Arbeiten ; 233)
NE: Habel, Christopher [Hrsg.]; GT

ISBN 3-484-30233-X ISSN 0344-6727

Printed in Germany.
Druck: Weihert-Druck GmbH, Darmstadt

Inhaltsverzeichnis

Vorwort

Der vorliegende Band geht auf eine Arbeitsgruppe mit dem Titel "Raumkonzepte in Verstehensprozessen" zurück, die von den Herausgebern im Rahmen der 10. Jahrestagung der Deutschen Gesellschaft für Sprachwissenschaft (Wuppertal, 2. - 4. März 1988) durchgeführt wurde.

Die Arbeitsgruppe verfolgte das Ziel, eine Bestandsaufnahme der neueren Forschungsergebnisse zur Rolle raumbezogener Konzepte im Sprachverstehen aus Linguistik, Psychologie und Künstliche-Intelligenz-Forschung (KI) zu erstellen und die Möglichkeiten und Perspektiven einer Integration der verschiedenen Ansätze in einer linguistisch und psychologisch fundierten Gesamtkonzeption zu diskutieren. Wie sich schon bei der Vorbereitung der AG zeigte, waren die Voraussetzungen für eine derartige interdisziplinäre Diskussion günstig; Untersuchungen zu Raumproblemen sind gerade in der deutschen Linguistik (West und Ost) im letzten Jahrzehnt intensiv untersucht worden. Zum Teil unabhängig von den linguistischen Fragestellungen und Forschungen, zum Teil von diesen beeinflußt, nehmen gegenwärtig auch in der Psychologie und der KI-Forschung Fragen der Verarbeitung räumlicher Konzepte einen erheblichen Stellenwert ein.

Das Vortragsprogramm gliederte sich, unabhängig von der Herkunftsdisziplin der Vortragenden, in drei thematische Schwerpunkte: semantisch-konzeptuelle Analysen raumbezogener Ausdrücke, Bewegung und Veränderung, situative Parameter der Lokalisierung. Diese Schwerpunkte spiegeln sich auch in den Beiträgen des vorliegenden Bandes wider. Über die Vortragenden der Arbeitsgruppe hinaus haben wir (aus dem Kreis der TeilnehmerInnen) vier zusätzliche Beiträge in den Band aufgenommen, die aufgrund ihrer inhaltlichen Schwerpunkte die Gesamtdarstellung des Themas abrunden. Als zweite wesentliche Änderung haben wir die Beiträge aus dem Bereich der KI-Forschung, insbesondere diejenigen, die stark an Systemrealisierungen orientiert waren, unter der Zielsetzung der Homogenisierung des Bandes nicht berücksichtigt.[1] Darüber hinaus war es leider einigen Teilnehmern aus Zeitgründen nicht möglich, ihre Beiträge rechtzeitig zur Verfügung zu stellen.

Die intensiven Diskussionen während der Wuppertaler Tagung und ihre schriftliche und z.T. telephonische Fortsetzung während der folgenden Monate der Texterstel-

---

[1] Fragestellungen der Repräsentation und Verarbeitung räumlichen Wissens waren Thema eines Workshops, der vom Arbeitskreis Kognition der Gesellschaft für Informatik im November 1988 in München durchgeführt wurde. In dieser Veranstaltung wurden auch die KI-Ansätze, die in der AG "Raumkonzepte in Verstehensprozessen" vorgestellt worden waren, weitergehend diskutiert. Die Arbeiten dieses Workshops werden 1989 von den Organisatoren Christian Freksa und Christopher Habel im Rahmen der Informatik-Fachberichte (Springer: Berlin) herausgegeben.

lung und Textüberarbeitung haben dazu geführt, daß die oben genannten thematischen Schwerpunkte zwar immer noch erkennbar sind, andererseits in den einzelnen Beiträgen mittlerweile häufig mehrere dieser Schwerpunkte behandelt werden. Aus diesen Gründen haben wir davon abgesehen, die Beiträge des Bandes thematisch einzuordnen, und stattdessen beschlossen, das Ordnungsprinzip des Alphabets walten zu lassen.

Zum Abschluß dieser Vorbemerkungen möchten wir den Beitragenden für ihre Mitarbeit, insbesondere für ihre Bereitschaft, unseren strikten Zeitvorstellungen Rechnung zu tragen, danken. Darüber hinaus geht unser besonderer Dank an Angela Bauer und Ulrich Kühn, die uns in Hinblick auf die verschiedenen Aufgaben und Pflichten von Herausgebern, von der Texterstellung und Textbearbeitung für externe Beitragende bis zum Korrekturlesen sämtlicher Beiträge, mit großem Einsatz unterstützt haben.

Hamburg, Mai 1989 C.H. & M.H. & K. R.*

* Unsere Arbeiten zum Thema "Raum" wurden in den letzten Jahren in beträchtlichem Umfang durch das Projekt LILOG (gefördert von der IBM-Deutschland GmbH) getragen. In der Durchführung der Arbeitsgruppe und der Herausgabe des Sammelbandes haben wir durch das Projekt wichtige Unterstützung erhalten.Wir möchten hierfür dem LILOG-Projekt (als Institution und als Gruppe von Personen) danken.

DIE TEMPORALE FESTLEGUNG LOKALER REFERENZ

Veronika Ehrich

1. Vorbemerkung

Der sprachliche Verweis auf Raumregionen wird im Deutschen gewöhnlich durch Lokaladverbiale (z.B. hier, in Kleve) hergestellt und im Diskurs mit Hilfe von Lokalanaphern (da, dort, in diesem Nest) aufrechterhalten. Diese Art der direkten Festlegung lokaler Referenz wird in dem hier vorliegenden Aufsatz nur am Rande behandelt. Worum es geht ist vielmehr die Frage, wie man lokalreferentielle Information indirekt und inferentiell festlegen und gewinnen kann.

Es ist eine bekannte Beobachtung, daß Raumadverbiale in der zusammenhängenden Rede häufig die Funktion von Zeitangaben haben. In Kleve war Hans glücklich kann soviel heißen wie 'Als Hans in Kleve lebte, war er glücklich'. Zweitsprachenlerner, die (noch) nicht über das zeitreferentielle morphologische Inventar der Zielsprache verfügen, machen sich diese Strategie der Herstellung temporaler Referenz häufig zunutze (vgl. v. Stutterheim 1986). Hier geht es um den umgekehrten Fall, nämlich darum, wie die zeitlichen Bestimmungen von Ereignissen deren räumliche Situierung festlegen: Wenn zwei Ereignisse sich zeitlich überschneiden, dann ist, sofern (teilweise) dieselben Personen beteiligt sind, auch eine räumliche Überschneidung gegeben. Wenn zwei Ereignisse zeitlich unmittelbar aufeinander folgen, dann sind sie - unter derselben Voraussetzung - auch räumlich miteinander verbunden. Zeitliche Überschneidung bzw. Aufeinanderfolge wird sprachlich durch Aspekt, Aktionsarten und Temporaladverbiale ausgedrückt (vgl. dazu Kamp & Rohrer 1981, Hinrichs 1981,1986, Partee 1984). Ich gehe hier der Frage nach, inwieweit die Verwendung dieser Mittel den expliziten, durch Lokaladverbiale zu leistenden, Verweis auf Rauminformation überflüssig macht.

2. Die sprachlichen Begriffe für Raum und Zeit

Es ist eine bekannte, vielfach erwähnte und weitgehend unstrittige Tatsache, daß die Zeitbegriffe in den indoeuropäischen Sprachen etymologisch und semantisch mit Raumbegriffen - lokalen Präpositionen (1), Positions- und Bewegungsverben (2) und Dimensionsadjektiven (3) - verwandt sind:

(1)

(1)	Vor dem Haus	Vor dem Aufstehen
	Im Haus	Im März
	Am Bahnhof	Am Abend
	Ab Paris	Ab heute
	Über Paris	Über Weihnachten
	Auf die Spitze	Auf die Minute
	Um Paris	Um 11^{00} Uhr
	Bis ans Meer	Bis morgen

(2) Die Ferien liegen vor uns
Die Zeit steht still
Die Jugend geht vorbei

(3) Der Tag ist lang
Das Leben ist kurz

Umstritten ist die Natur dieser Verwandtschaft. Haben wir die sprachlichen Zeitbegriffe als metaphorische Übertragungen aus dem System der Raumbegriffe anzusehen (Johnson 1987, Rauh in diesem Band), als temporalreferentielle Ableitungen einer lokalreferentiellen prototypischen Kernbedeutung (Herskovits 1986, Hottenroth 1986) oder als Ausdruck einer genügend abstrakten gemeinsamen Grundbedeutung, die sich je nach Kontext räumlich oder zeitlich realisiert (Bierwisch 1988)? Ich gehe hier von letzterem aus und nehme an, daß das System der Zeitreferenz und das System der Raumreferenz in grundlegenden Eigenschaften übereinstimmen, weshalb die sprachlichen Mittel zur Herstellung von Raum- und Zeitreferenz (in gewissen Grenzen) füreinander austauschbar sind. Es ist nämlich nicht nur so, daß Raumbegriffe zeitlich gedeutet werden können, Zeitbegriffe haben häufig auch eine räumliche Deutung. Vgl.

(4) Emmerich ist noch in Deutschland, Arnheim ist schon in Holland

(5) Wustrau liegt an der Südspitze des Sees. Der Boden ist fruchtbar, und wo die Fruchtbarkeit aufhört, beginnt das Wustrausche Luch.
(Fontane, "Wanderungen durch die Mark Brandenburg")

(6) Zum Ende des Weges, der fast eine halbe Stunde dauert, unter einer düsteren Baumgruppe von Rüstern und Silberpappelm [...] lag der Staatshof.
(Storm, "Auf dem Staatshof").

Der abstrakte Raum ist infinit, dicht und dreidimensional. Überall ist Raum, es gibt keine Löcher darin. Besser gesagt: Raum wird in unserem Alltagsdenken, das die 'schwarzen Löcher' noch nicht integriert hat, als infinit und dicht konzeptualisiert. Aus der Infinitheit des Raums folgt für die räumliche Orientierung, daß wir uns Fixpunkte setzen, die es erlauben, die Unendlichkeit in einer der begrenzten

Wahrnehmung zugänglichen Weise zu strukturieren. Das *ego* ist dabei nicht der einzige, wohl aber der primäre (weil unter allen Umständen verfügbare) Fixpunkt. Die deiktische Natur der sprachlichen Raumbegriffe (hier, da, dort) spiegelt insofern eine grundlegende Eigenschaft der primären Raumerfahrung wieder.

Die Dichte des Raums bestimmt die grundlegenden topologischen Begriffe: Jede durch Fixpunkte, *landmarks*, abgesteckte (imaginäre) Grenze hat eine unmittelbare Nachbarschaft und schließt andere Teilräume in sich ein. Die fundamentalen topologischen Begriffe *Enthaltensein* und *Nachbarschaft* spiegeln sich in den topologischen Raumpräpositionen (an, bei, in und um) wider.

Die primäre Erfahrung der Dreidimensionalität des Raums ist psychobiologisch determiniert

- durch die vestibular gesteuerte Erfahrung der Schwerkraft, die uns Vertikalität (oben, unten) vermittelt,
- durch die davon abhängige Erfahrung der Lateralität (links, rechts)
- sowie durch die Orientierung der visuellen Wahrnehmung, die die Erfahrung der Horizontalen (vorne, hinten) festlegt.

Das Problem der Setzung und Verschiebung von Fixpunkten für die räumliche Orientierung lösen die verschiedenen Kulturen auf unterschiedliche Weise.

Das System der primärdeiktischen Lokalausdrücke ist daher in den verschiedenen Einzelsprachen unterschiedlich organisiert (vgl. Weissenborn & Klein 1982). Die psychobiologische Ausstattung als Determinante der dimensionalen Raumbegriffe ist universal. Das System der sprachlichen Dimensionsbegriffe ist demgemäß über die verschiedenen Sprachen hinweg in übereinstimmender Weise aufgebaut, d.h. für jede der drei Dimensionen gibt es ein Paar polarer Ausdrücke.Dimensionsbegriffe haben freilich eine sekundärdeiktische Funktion (Fillmore 1971,1982, Miller & Johnson-Laird 1976), ihre Verwendung ist an die Festlegung einer *origo* und einer Orientierungsrichtung (Gleichrichtung vs. Gegenrichtung) gebunden. Beides kann in verschiedenen Sprachen unterschiedlich zueinander in Beziehung gesetzt sein (Hill 1982).

Die Zeit wird in den westlichen Kulturen ebenso wie der Raum als infinit und dicht konzeptualisiert. Entsprechend gibt es in der Sprache neben den deiktischen und topologischen Raumbegriffen auch deiktische und topologische Zeitbegriffe. Anders als den Raum, den wir als dreidimensional und statisch sehen, fassen wir die Zeit als eindimensional und dynamisch auf, was uns eine lineare Orientierungsrichtung vermittelt. Grammatisches Tempus ordnet Ereignisse **deiktisch**, d.h. relativ zu dem egozentrischen Fixpunkt des sprecherabhängigen 'jetzt', und zwar **linear** (z.B. als 'vergangen' vs. 'nicht vergangen') und/oder **topologisch** (z.B. als nahe oder ferne Vergangenheit). Grammatischer Aspekt gibt der Perspektive Ausdruck, unter der ein Ereignis gesehen wird: Von innen, **in** seinem Verlauf oder von außen als abgeschlossenes Ganzes (Comrie 1976). Aspekt ist, insofern als Referenzpunkte ereignisintern oder -extern gesetzt werden, ebenfalls deiktischer Natur.

In der zusammenhängenden Rede, in der über verschiedene Ereignisse berichtet wird, müssen diese nicht nur - deiktisch - zur Jetztzeit des Sprechers, sondern auch - **anaphorisch** - zueinander in Beziehung gesetzt werden. Dies geschieht, indem ein in der Rede schon erwähntes Ereignis, das Antezedenzereignis e_i, als Referenzpunkt für ein zweites, neu in die Rede einzuführendes Ereignis, das Denotatereignis e_j, behandelt wird. Dabei mag es sein, daß e_i in e_j zeitlich eingeschossen ist: e_i gibt dann den internen Referenzpunkt für die Betrachtung von e_j ab. Im Englischen etwa wird diese Sicht durch die Verwendung des *progressive* für den Bezug auf e_j ausgedrückt (He entered the bank (e_i). The clerk was talking to a customer (e_j)). Es mag aber auch sein, daß e_i zeitlich auf e_j folgt, e_i gibt dann einen externen Referenzpunkt für die Betrachtung von e_j ab. So kann ein vergangenes Ereignis relativ zu einem anderen, ebenfalls vergangenen, als 'vorvergangen' eingeordnet werden. Dieser Sichtweise gibt das englische Plusquamperfekt Ausdruck: Jane entered the office (e_i). John had already arrived (e_j). Das System der Temporaladverbiale ist vielfach gegliedert (vgl. Smith 1978,1981, Oversteegen 1988, Ehrich 1988). Den kalendarischen Adverbialen stehen die nicht-kalendarischen gegenüber, den kontextrelativen, die absoluten. Zu den kontextrelativen Adverbialen gehören die deiktischen, die den Bezug auf das Sprechereignis ausdrücken und die anaphorischen, die den Bezug auf Antezedenzereignisse wiedergeben. Temporaladverbiale ordnen Ereignisse ferner in unterschiedliche Zeitrelationen - Anteriorität, Simultaneität, Posteriorität - einander zu.

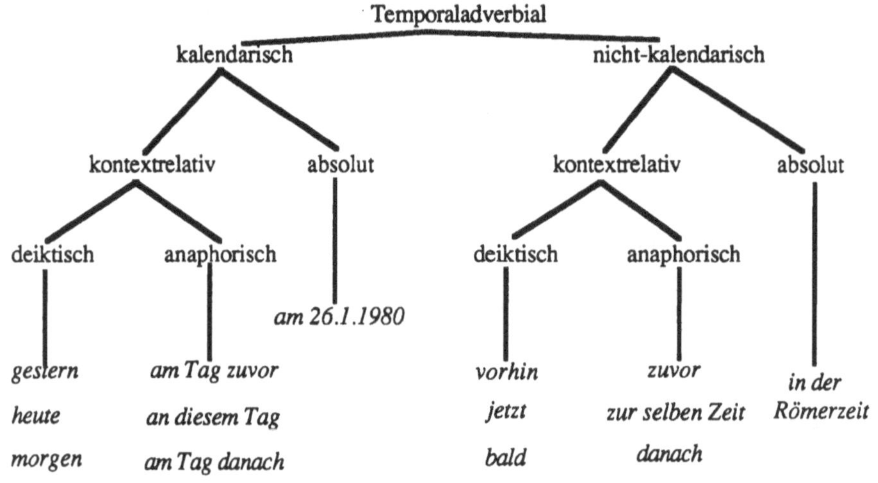

Ich betrachte hier vor allem nicht-kalendarische Temporalanaphern wie da, dann und danach, die als temporale Konnektoren in (vor allem mündlichen) Erzählungen und Berichten eine zentrale Rolle spielen. Sie sind etymologisch verwandt mit den Ausdrücken der primären Lokaldeixis, wobei lokales da laut Kluge (1883) eine Ableitung aus temporalem da ist und nicht umgekehrt. Temporale Anaphern beziehen das Denotatereignis e_j zeitlich auf ein vorerwähntes oder in anderer Weise kontextuell gegebenes Antezedenzereignis e_i. Da gibt zeitliche Inklusion bzw. Überlappung von e_j und e_i wieder (7, 8). Dann und danach lokalisieren e_j zeitlich nach e_i (9, 10):

(7) Ich habe mir mal den Arm gebrochen (e_1). Da (*dann, *danach) war ich zehn (e_2). (e_2 schließt e_1 zeitlich ein, $e_2 \supset e_1$) (AB[1])

(8) Ich saß in der Bibliothek (e_1) und da (dann, *danach) kam Professor B. mit seiner Assistentin (e_2). ($e_1 \supset e_2$) (Runge, 'Frauen', Gertrud M.)

(9) Gegen sechs ist der Norbert gekommen. Und wir haben zu Abend gegessen (e_1). Dann (*da, danach) hab ich noch telefoniert mit Freunden (e_2). ($e_1 < e_2$) (AB)

(10) Ich kam in das Max Josef-Stift in München (e_1), danach (*da,dann) in das Kinderlandverschickungslager am Tegernsee bis Anfang fünfundvierzig (e_2). ($e_1 < e_2$) (Runge, 'Frauen', Gertrud M.)

Bei danach muß e_i vollständig vor e_j liegen, bei dann genügt es, wenn ein Ausschnitt von e_i vor e_j liegt:

(11) Bin ich auf der rechten Spur so ungefähr 40,50 gefahren (e1). Und dann (da, *danach) ist vor mir einer plötzlich, ganz plötzlich ausgeschert (e_2). (e_2 überlappt mit e_1: $e_2 \infty e_1$) (AB)

(12) Die Studenten kommen alle zu mir voller Pläne, zum Beispiel für ein großes Filmseminar mit Vortrag und Dokumentation, und zwar über alte Nazifilme (e_1). Dann (*danach, da) sage ich (e_2): "Ja, wunderbare Idee". (Der Resultatzustand von e_1 schließt e_2 zeitlich ein). (Runge, 'Frauen', Ursula D.)

In (12) lokalisiert dann ein Ereignis e_2, das einerseits zeitlich auf e_1 folgt und andererseits in den Resultatzustand $e_{1,r}$ von e_1 zeitlich eingeschlossen ist. Für danach scheint zeitliche Inklusion in den Resultatzustand des Antezedenzereignisses ausgeschlossen, während dann in dieser Hinsicht neutral ist (s.u. Beispiele 23 - 25).

---

[1] Die durch AB gekennzeichneten Beispiele entstammen meinem Korpus mündlicher Autobiographien.

Dann ist in der Literatur auch als bloßes Gliederungssignal behandelt worden (Quasthoff 1979), bei dem die diskursorganisierende Funktion die temporale Bedeutung überlagert oder sogar aufhebt. Ich halte diese Auffassung für unzutreffend; sie ist auch explanativ wenig hilfreich. Die entscheidende Frage, warum gerade dann diese Funktion übernimmt, gerät so aus dem Blick. M.E. muß die diskurssteuernde Funktion von dann aus seiner gegenüber da, danach, sogleich, bald , später relativ neutralen **zeitlichen** Bedeutung erklärt werden: Es nimmt alles als Antezendenz, was (partiell oder vollständig) **vor** dem durch dann in den Diskurs eingeführten Ereignis liegt, unabhängig davon, ob es sich um geschlossene oder offene, um unmittelbar vergangene oder weiter zurückliegende Ereignisse handelt.

3. Die Organisation temporaler und lokaler Information im Diskurs

Texte sind - anders als Sätze - nicht durch **Regeln**, sondern durch **Prinzipien** strukturiert. Regeln sind deterministisch und kanonisch, jede einzelne operiert über einer bestimmten Domäne und muß in dieser Domäne befolgt werden, andernfalls ist das Ergebnis abweichend. Prinzipien sind flexibler in der Anwendung: Sie vermögen sich gegenseitig außer Kraft zu setzen, werden sie nicht befolgt, so mag das Ergebnis unangemessen oder ungeschickt sein, es ist aber deshalb noch nicht notwendig irregulär. Prinzipien der Diskursorganisation richten sich auf Verständlichkeit, Informativität oder Eleganz von Formulierungen; sie sind damit weniger grammatischer als kommunikationsästhetischer und -psychologischer Natur. Das grundlegendste Prinzip der Diskursorganisation ist das der Ikonizität: Ein bestimmter Informationsgehalt wird hinsichtlich eines oder mehrer Parameter so dargestellt, daß seine wesentlichen Eigenschaften in der Organisation der Rede einen unmittelbaren Reflex finden: Für die temporale Organisation von Erzählungen gilt das Prinzip der natürlichen Reihenfolge, *ordo naturalis*: Jede Äußerung in einer Diskurssequenz bezieht sich auf ein gegenüber den vorerwähnten Ereignissen neues und in der Zeitfolge späteres Ereignis, m.a.W. Ereignisse werden in der Reihenfolge erzählt oder berichtet, in der sie sich abgespielt haben. Die Linearität und die Dynamik unseres primären Begriffs von Zeit spiegelt sich in diesem Prinzip ikonisch wider (cf. Labov & Waletzky 1967, Sacks 1972, Klein & v.Stutterheim 1987). Etwas technischer, in den Termen der Reichenbach'schen Tempusanalyse ausgedrückt, läßt sich das Prinzip so formulieren:

(P1) Jedes neue statement s_j verschiebt die Referenzzeit R in Richtung der Zeitfolge von der Ereigniszeit E_i des Antezendenzereignisses (e_i) nach vorn zur Ereigniszeit E_j des in s_j erwähnten Ereignisses e_j.

Die Rede läuft in der Zeit ab und sie ist wie diese linear, d.h. es ist unmöglich, zwei Situationen simultan zu berichten, und zwar auch dann, wenn sie gleichzeitig oder zeitlich überlappend sind. Hier stößt das ikonische Prinzip der temporalen Bewegung und der natürlichen Reihenfolge an seine Grenze. Temporale Koinzidenz wird im Sinne größerer Textverständlichkeit von Sprechern/Schreibern in der Regel signalisiert: Grammatikalisch z.B. durch die Verwendung des imperfektiven Aspekts (13), lexikalisch durch koinzidentelle Temporalanaphern (14) oder durch die Verb-Aktionsart, insbesondere durch den Gebrauch nicht-telischer Aktivitäts- und Zustandsverben (15).

(13) a. She came back almost at once (e_1), pulling out the frayed cigarette stub from her pocket (e_2) and lightening it (e_3)
($e_1 \supset e_2, e_3; e_2 < e_3$). (Doris Lessing, 'A proper marriage')
b. Pierre entra (e_1). Marie téléphonait (e_2). ($e_2 \supset e_1$) (Kamp & Rohrer 1983)

(14) Mein Vater ist 1908 schon einmal verunglückt (e_1), damals sind ungefähr 400 Bergarbeiter verunglückt (e_2). ($e_2 \supset e_1$) (Runge, 'Frauen', Grete T.)

(15) a. Wir sind dann 1929 nach Wuppertal gezogen (e_1). In Wuppertal lebten meine Großeltern (e_2). ($e_2 \supset e_1$) (Runge, 'Frauen', Helga S.)
b. He went to the window (e_1) and pulled aside the soft drapes (e_2). It was a casement window (e_3) and both panels were cranked out to let in the night air.
($e_3 \supset e_1, e_2$) (Hinrichs 1981).

Die sprachliche Darstellung räumlicher Information unterliegt ebenfalls einem ikonischen Prinzip. Dies ist das Prinzip der **Raumkonstanz**: Solange nichts anderes gesagt ist, kann man davon ausgehen, daß jedes neu erzählte (berichtete) Ereignis sich am selben Ort abspielt wie die zuvor erwähnten. Etwas technischer ausgedrückt, besagt das Prinzip der Raumkonstanz:

(P2) Jedes neue statement behält den zuvor eingeführten lokalen Referenzpunkt bei.

Für räumliche Information gilt das Prinzip der Beibehaltung, für zeitliche Information das der Verschiebung des Referenzpunktes als *default*-Parameter der Diskursorganisation. In dieser Asymmetrie spiegelt sich die Tatsache, daß wir den Raum als statisch und die Zeit als dynamisch konzeptualisieren, ikonisch wieder.

Jeder durch Fixpunkte (*landmarks*) abgegrenzte Raum schließt mehrere (im Prinzip unendlich viele) Teilräume in sich ein, die sich ebenfalls durch *landmarks* von einander abgrenzen lassen. Zu einer Stadt etwa gehören die einzelnen Viertel, Straßen, Häuser als Teilregionen. Briefadressen benennen neben der Gesamtregion (Stadtnamen) gewöhnlich jede einzelne dieser Teilregionen. In der zusammenhängenden Rede wird Rauminformation wie in Briefadressen verstanden: Jede adverbial spezifizierte Region kann als Teilregion einer zuvorerwähnten Oberregion (Adressenzeile) gedeutet werden. Es gilt hier das dem Prinzip der Raumkonstanz als Subprinzip zugeordnete **Prinzip der lokalen Teilhabe**:

(P2') Das an n-ter Stelle in einem Diskurs durch Lokaladverbiale spezifizierte Gebiet L_n ist als Teilregion eines zuvor eingeführten Gebiets L_{n-i} zu deuten, es sei denn, es wird ein Ortswechsel von L_{n-i} zu L_n angezeigt.

Ortswechsel wird in der Regel durch direktional ergänzte Bewegungsverben ausgedrückt, kann aber auch indirekt angezeigt werden, z.B. durch die Zuordnung von Gebieten zu Personen oder Gegenständen:

(16) Nachdem sie Manssons Zimmer betreten hatten (e_1), öffnete dieser sofort die Fenster zum asphaltierten Hof des Polizeihauses (e_2). Dann sank er in seinen Schreibtischsessel (e_3) und blieb einige Minuten schweigend sitzen (e_4), während er nachdenklich die Walze seiner alten underwood herumdrehte (e_5). Skakke hatte sein Zimmer direkt gegenüber auf der anderen Seite des Flurs (e_6). "Du kannst die Tür offen lassen" sagte Mansson (e_7). "Dann haben wir so etwas wie eine Fahndungszentrale". Skakke ging hinüber in sein Zimmer (e_8) und fing an zu telefonieren.
(Sjöwall & Wahlöö 'Und die Großen läßt man laufen').

Man kann gemäß P2' davon ausgehen, daß die Ereignisse e_2-e_5 sich in Manssons Zimmer abspielen und der Schreibtischsessel ebenso wie die underwood in diesem Zimmer ihren Platz haben. Mit e_6 scheint ein Ortswechsel indirekt angezeigt; tatsächlich gibt aber erst (e_8) einen direkten Hinweis darauf, daß Skakke Manssons Zimmer verläßt und in sein eigenes geht. Manssons Aufforderung (e_7), die Tür offen zu lassen, richtet sich also an einen Skakke, der gerade von einem zum anderen Zimmer unterwegs ist.

4. Die zeitliche Festlegung räumlicher Referenz

Räumliche Beschreibungen - von Städten (Lynch 1960, Downs & Stea 1973) und Stadtregionen (Hartmann, in diesem Band), von Wohnungen (Linde 1974, Linde & Labov 1975) und Zimmern (Ullmer-Ehrich 1979,1982, Ehrich & Koster 1983) - sind in der Vergangenheit vielfach und eingehend untersucht worden. Übereinstimmendes Ergebnis dieser Untersuchungen ist: Räumliche Information wird in der zusammenhängenden Rede gelegentlich statisch als **Tableau**, vorzugsweise aber dynamisch als imaginäre **Wanderung** organisiert; der Sprecher nimmt seinen Hörer quasi mit auf den Weg durch die zu beschreibende Region und führt die einzelnen

Teilregionen sukzessiv als Stationen auf diesem Weg in die Beschreibung ein. Die Wanderung kann dabei als imaginäre 'walking tour' (Linde & Labov) oder als imaginäre 'gaze tour' (Ehrich) organisiert sein, je nachdem, ob das zu beschreibende Gebiet von einem Punkt aus überschaubar ist oder nicht. Levelt (1981,1982) hat gezeigt, daß das Format der imaginären Wanderung auch der Beschreibung abstrakter räumlicher Konfigurationen zugrundeliegt. Es ist insofern nicht primär naturalistisch zu erklären, z.B. dadurch, daß wir uns Stadtregionen gewöhnlich durch Bewegung in ihnen aneignen, sondern kognitionspsychologisch aus den Anforderungen der Diskursorganisation. Die Anforderungen, die eine räumliche Beschreibung stellt, stehen im Widerspruch zu den oben diskutierten ikonischen Prinzipien der temporalen Bewegung und der Raumkonstanz: In einer statischen Raumbeschreibung führt in der Regel jedes neue statement einerseits eine neue lokale (Teil)region ein und hält andererseits den einmal eingeführten temporalen Referenzpunkt fest. Die oben erwähnte Asymmetrie zwischen der Organisation räumlicher und zeitlicher Information wird umgekehrt: Bewegung gilt für Raum-, Stillstand für Zeitinformation. Beispiel für eine statische Raumbeschreibung im Tableau -, nicht im Wanderungsformat ist (17):

(17) Eh, also wenn man die Tür aufmacht, dann ist jetzt rechts die Kochnische, mit oben drüber nem Hängeschrank über der Kochnische, dann ist da ne Nirostaspüle unter dem Hängeschrank, links davon ist der Herd mit zwei Kochplatten, eh eingebaut in diese Kochnische is recht unten [...] son kleiner Abstellschrank
(Ullmer-Ehrich 1981,1982)

Die imaginäre Wanderung ermöglicht es, die *default*-Prinzipien (P1, P2, P2') beizubehalten: Die Stationen des Weges in einem vorgegebenen lokalen Referenzrahmen werden als zeitlich aufeinanderfolgende Ereignisse repräsentiert - eine Repräsentation, die dem Prinzip der natürlichen Reihenfolge unterworfen ist.

(18) a. Links hinter der Tür is s Waschbecken, <u>dann</u> kommt dieser große Kleiderschrank <u>direkt anschließend, dann</u> ist etwas Raum, ne, also n Meterfünfzig etwa, dann kommt der Schreibtisch....
b. Ja, eh, wenn man zur Tür reinkommt, <u>gleich</u> rechts davon ist der Schreibtisch an der Wand, <u>im Anschluß daran</u> ist das Bett, und <u>dann</u> kommt schon die Ecke zum Fenster....
(Ullmer-Ehrich 1981,1987)

In statisch organisierten Raumbeschreibungen (Tableau-Format) finden die Lokalausdrücke der sekundären Deixis (<u>vor</u>, <u>hinter</u>, <u>rechts</u>, <u>links</u>) stärker Verwendung als in dynamischen Beschreibungen, die den räumlichen Zusammenhang eher mit Hilfe temporaler Anaphern herstellen. Damit ist in Tableau-Beschreibungen eine potentielle Perspektivenambiguität zwischen der deiktischen und der intrinsischen Perspektive angelegt. In dynamischen Raumbeschreibungen können die einzelnen Wegstationen einander auf der Basis der einmal eingeführten Bewegungsrichtung durch Temporalanaphern einander eindeutig zugeordnet werden. Dies ist neben der Durchsetzungskraft der oben diskutierten *default*-Prinzipien eine weitere Erklärung für die Wahl des kognitiven Formats der imaginären Wanderung (Ullmer-Ehrich 1981, Ehrich 1985).

Nachfolgend beschäftige ich mich mit Diskurssequenzen, in denen Rauminformation sekundär ist, weil es nicht um die Beschreibung räumlicher Konfigurationen, sondern um die Erzählung von Ereignissen auf dem Hintergrund räumlicher Beziehungen geht. Erzählungen und Berichte antworten primär auf die Frage 'Was ist geschehen?' (Klein & v. Stutterheim 1987), sekundär muß aber deutlich gemacht werden, wo die erzählten (berichteten) Ereignisse sich abspielen, in welchen räumlichen Konstellationen die beteiligten Protagonisten zueinander stehen und wo die Gegenstände zu finden sind, die in der dargestellten Ereignisfolge eine Rolle spielen. In diesem Zusammenhang ist es nun von Belang, daß lokale Information in den indoeuropäischen Sprachen nur adverbial ausgedrückt werden kann und damit unter grammatischen Gesichtspunkten optional ist. Hingegen sind Tempus- und/oder in einigen Sprachen auch Aspektmarkierungen am Verb obligatorisch. Ein Minimum an temporaler Information ist also in jedem Satz aufgrund grammatischer Festlegungen gegeben. Hinzu kommt, daß die Aktionsarten, die als inhärente semantische Merkmale von V bzw. VP enkodiert sind, immer auch Informationen über die zeitlichen Beziehungen (Überlappung vs. Aufeinanderfolge) der erwähnten Ereignisse transportieren. Dies kann man sich für eine sparsame Vermittlung sekundär relevanter räumlicher Information zunutze machen.

(19) John entered the bar (e_1)
 a. He was talking to a woman (e_2)
 b. He talked to a woman (e_2)

Die Verwendung des imperfektiven Aspekts (*progressive*) in (19a) markiert e_2 als ein Ereignis, welches sein Antezedentereignis e_1 zeitlich einschließt. Für die temporale Beziehung gilt: $e_2 \supset e_1$. Durch die Verwendung des *simple past* in (19b) werden e_1 und e_2 hingegen als sukzessiv markiert, für (19b) gilt also: $e_2 > e_1$. Damit sind auch die jeweils betroffenen lokalen Ereignisregionen in unterschiedlicher Weise festgelegt. Für (19a) ergibt sich aus der aspektuell markierten zeitlichen Inklusionsbeziehung von e_1 und e_2 auch eine räumliche. Es gilt: $L_2 \supset L_1$ (Die Ereignisregion L_2 von e_2 schließt die Ereignisregion L_1 von e_1 ein). In (19b) läßt die durch das *simple past* markierte temporale Sukzession von e_1 und e_2 den Schluß zu, daß diese lokal nicht koinzidieren. Damit unterliegt die Deutung von (19b) dem *default*-Prinzip der Raumkonstanz (s.o.), d.h. der im Vorgängersatz eingeführte Ort darf als Ereignisregion von e_2 gelten. M.a.W. in (19b) spricht John **in** der Bar mit einer Frau, in (19a) auf dem **Weg** in die Bar. Dies erlaubt es, die in Rede stehende Frau in der Deutung der Sequenz unterschiedlich zu plazieren. In (19b) kann sie schon vor John's Eintreten in der Bar gesessen haben, in (19a) hat sie John auf dem Weg in die Bar begleitet.

Im Deutschen steht uns (außer in einigen rheinischen Dialekten) keine morphologische Markierung für den imperfektiven Aspekt zur Verfügung. Die zeitliche Überlappung eines Ereignisses mit einem anderen kann aber durch das (freilich seltene) Partizip Präsens (20a) im Kontrast zum Partizip Perfekt (20b) ausgedrückt werden:

(20) a. Durch den Wald wandernd (e_1)
b. Durch den Wald gewandert (e_1)
rauchte Hans eine Zigarette (e_2)

In (20a) raucht Hans die Zigarette im Wald (was verboten ist), in (20b) nach Verlassen des Waldes (was erlaubt ist). Ansonsten müssen wir uns im Deutschen zur Markierung zeitlicher Überlappung an lexikalische Mittel wie Aktionsarten (21,22) und temporaladverbiale Konnektoren (23,24) halten.

(21) Hans betrat die Bar
a. Er war im Gespräch mit einer Frau
b. Er sprach eine Frau an

Hier drückt der Kontrast zwischen durativem im Gespräch sein und nicht-durativem ansprechen denselben Unterschied hinsichtlich der temporalen **und** der lokalen Deutung aus wie das korrespondierende Satzpaar in (19). Der Kontrast zwischen durativem Zustandspassiv (22a) und nicht-durativem Vorgangspassiv hat den gleichen Effekt, d.h. in der a-Variante begleiten die Journalisten den Kanzler von draußen in den Saal, in der b-Variante befinden sie sich schon im Saal, als der Kanzler eintritt.

(22) Der Kanzler betrat den Saal.
a. Er war von Journalisten umzingelt.
b. Er wurde von Journalisten umzingelt.

Der unmittelbare zeitliche Anschluß wird im Deutschen durch adverbiale Konnektoren wie danach und gleich ausgedrückt, zwischen denen es einen interessanten Kontrast gibt. Bei Verben, die eine Zustandsveränderung ausdrücken, bettet gleich das Denotatereignis **in** den Resultatzustand des Antezedenzereignisses zeitlich ein, danach kennzeichnet das Denotatereignis als an den Resultatzustand des Antezedenzereignisses anschließend.

(23) Am Morgen fuhr Hans in die Uni (e_1)
a. Er ging gleich in die Bibliothek (Wäscherei) (e_2)
b. Danach ging er in die Bibliothek (Wäscherei) (e_2)

In (23a) hat man dementsprechend auf Grund des temporalen Anschlusses durch gleich davon auszugehen, daß sich die Bibliothek (Wäscherei) in (bzw. auf dem Gelände) der Universität befindet. (23b) hingegen legt die Annahme nahe, daß die Bibliothek (Wäscherei) woanders gelegen ist als die Universität. Diese Inferenzen werden auch nicht durch unser Alltagswissen davon, daß Universitäten typischerweise Bibliotheken, nicht aber Wäschereien beherbergen, außer Kraft gesetzt. Demgemäß ist eine Sequenz wie (24b) anders als (24a) angesichts unseres Vorwissens über Florenz und die Uffizien unangemessen, weil der temporale Anschluß durch danach die Uffizien als außerhalb von Florenz liegend ausweist:

(24) Hans fuhr nach Florenz
a. Er besichtigte gleich die Uffizien
b. Danach besichtigte er die Uffizien

M.a.W. eine durch gleich verbundene Ereignissequenz ist auf der Grundlage des Prinzips der Raumkonstanz zu deuten, während eine durch danach verbundene Sequenz dieses Prinzip suspendiert[2].

Ein ähnlicher Kontrast besteht auch zwischen dann und später. Dann verbindet (vorzugsweise, aber nicht ausschließlich s.o.) zeitlich benachbarte, später zeitlich getrennte Ereignisse. Die lokalen Ereignisregionen der durch dann zeitlich verbundenen Ereignisse sind als räumlich verbunden aufzufassen. Die lokalen Ereignisregionen der durch später zeitlich aufeinander bezogenen Ereignisse sind räumlich unverbunden:

(25) Hans kaufte sich am Dom eine Zeitung (e_1)
a. Dann setzte er sich am Rhein auf eine Bank und las die Schlagzeilen (e_2)
b. Später setzte er sich am Rhein auf eine Bank und las die Schlagzeilen (e_2)

---

[2] Direktionale Verbphrasen wie nach x fahren zeigen gewöhnlich mit der Zustandsveränderung einen Ortswechsel von y nach x an. Es kann statt des Gesichtspunkts der Orts- bzw. Zustandsveränderung aber auch der Vorgang der Fortbewegung selbst fokussiert werden, z.B. durch Anreicherung mit adverbialen Modifikatoren: Ich bin mit viel Schweiß und Mühen und unter großen Anstrengungen mit dem Fahrrad nach Florenz gefahren. Danach habe ich im Hotel geduscht und die Uffizien besichtigt. In diesem Fall schließt danach das Denotatereignis direkt an das Antezedenzereignis an und in dessen Resultatzustand ein. (Ich verdanke dieses Beispiel einem Hinweis von Michael Herweg).

In (25a) läßt die durch dann ausgedrückte temporale Nachbarschaft von e_1 und e_2 den Schluß zu, daß Hans auf direktem Wege vom Dom zum Rhein gelangt ist, d.h. man darf davon ausgehen, daß der Dom und das Ufer des Rheins benachbart sind. (25b) ist mit diesem Schluß zwar verträglich, legt ihn aber keineswegs nahe.

5. Schlußbemerkung

Ich habe in diesem Aufsatz zu zeigen versucht, wie auf der Grundlage fundamentaler Diskursorganisationsprinzipien ('Natürliche Reihenfolge', 'Raumkonstanz', 'lokale Teilhabe') räumliche Referenz durch temporale Verweismittel indirekt hergestellt und aufrechterhalten werden kann. Die temporalen Verweismittel erfüllen diese Funktion je nach Diskurstyp auf verschiedene Weise: Räumliche Beschreibungen im Format der imaginären Wanderung, in denen lokale Information primär ist, deuten räumliche Beziehungen temporal um, als Relationen zwischen zeitlich geordneten Ereignissen, deren sprachliche Repräsentation dem Prinzip der natürlichen Reihenfolge unterliegt. In Erzählungen und Berichten, in denen räumliche Information sekundär ist, legen die temporalen Beziehungen (Überlappung vs. Sukzession, Kontinuität vs. Diskontinuität) zwischen den im Diskurs erwähnten Ereignissen den Schluß auf lokale Eigenschaften von Paaren von Ereignissen (Inklusion, Überlappung, räumliche Verbundenheit, Diskretheit) nahe. Vorausgesetzt ist dabei die Beibehaltung (*maintenance*) der personalen Referenz. So zeigt sich, daß Raumreferenz in Verstehensprozessen sich aus einem komplexen Gefüge sprachlichen und nichtsprachlichen Wissens ergibt, wobei das sprachliche Wissen mit den verschiedenen Referenzsystemen (Raum-, Zeit-, Personalreferenz) unterschiedliche grammatische und lexikalische Sprachmittel - wie Tempus und Aspekt einerseits, Aktionsarten und Temporaladverbien andererseits - integriert.

Nicht behandelt wurden wortsemantische Aspekte der inferentiellen Gewinnung lokaler Information wie sie durch bestimmte Wahrnehmungs- oder Kommunikationsverben gegeben ist. Hans sieht Paul im Garten besagt anders als Hans trifft Paul im Garten nicht, daß Hans im Garten ist. Beispiele wie diese machen deutlich, daß die inferentiellen Mechanismen der raumreferentiellen Interpretation hier keineswegs erschöpfend behandelt wurden. Auch die zeitliche Festlegung räumlicher Referenz ist hier mehr illustrativ vorgeführt als systematisch analysiert. Insofern verstehe ich diesen Beitrag eher als Idee zu einem Forschungsprogramm denn als Bericht über Forschungsergebnisse.

Literatur

Bierwisch, M., 1988. On the grammar of local prepositions. In: M. Bierwisch, W. Motsch & I. Zimmermann (Hrsg.) Syntax, Semantik und Lexikon. Berlin (DDR): Akademie-Verlag, 1-65.

Comrie, B., 1976. Aspect. An Introduction to the Study of Verbal Aspect and Related Problems. Cambridge, London etc.: Cambridge University Press.

Comrie, B., 1985. Tense. Cambridge, London etc.: Cambridge University Press.

Downs, R.M./D. Stea, 1973b Cognitive Maps and Spatial Behavior. In: Downs &Stea (Hrsg.):Image and Environment. Cognitive Mapping and Spatial Behavior. Chicago: 8- 26.

Dowty, D.R., 1979. Word Meaning and Montague Grammar. The Semantics of Verbs and Times in Generative Semantics and in Montague's PTQ. Dordrecht: Reidel.

Dowty, D.R., 1986. The Effects of Aspectual Class on the Temporal Structure of Discourse: Semantics or Pragmatics. In: Linguistics and Philosophy 9, 37-61.

Ehrich, V., 1985. Zur Linguistik und Psycholinguistik der sekundären Raumdeixis. In: H. Schweizer (Hrsg.): Sprache und Raum. Stuttgart: Metzler, 130-161.

Ehrich, V. & Ch. Koster, 1983. Discourse Organisation and Sentence Form: The Structure of Room Descriptions in Dutch. In: Discourse Processes 6, 169-195.

Ehrich, V. & H. Vater (Hrsg.), 1988. Temporalsemantik. Beiträge zur Linguistik der Zeitreferenz. Tübingen: Niemeyer.

Fillmore, Ch., 1971. Santa Cruz Lectures on Deixis. Indiana University Linguistic Club.

Fillmore, Ch., 1982. Towards a Descriptive Framework for Spatial Deixis. In: Jarvella & Klein, 31-60.

Herskovits, A., 1986. Language and Spatial Cognition. An Interdisciplinary Study of the Prepositions in English. Cambridge: Cambridge University Press.

Hill, C. 1982., Up/down, front/back, left/right. A contrastive study of Hausa and English. In: Weissenborn & Klein, 13-42.

Hinrichs, E., 1981. Temporale Anaphora im Enlischen. Staatsexamenarbeit. Universität Tübingen.

Hinrichs, E., 1986. Temporal Anaphora in Discourse of English. In: Linguistics and Philosophy 9, 63-82.

Hottenroth, P., 1986. Die Semantik lokaler Präpositionen. Ein prototypen- semantisches Modell für die französische Präposition dans mit einer Analyse der Beziehungen zwischen der Präposition und den Objektbezeichnungen in den Präpositionalsyntagmen. Habilitationsschrift, Universität Konstanz, September 1986.

Jarvella, R.J. & W. Klein (Hrsg.), 1982. Speech, Place & Action. Studies in Deixis and Related Topics. Chichester, New York: Wiley.

Johnson, M., 1987. The body in the mind: the bodily basis of meaning, imagination and reason. Chicago: Chicago University Press.

Kamp, H., 1979. Events, Instants and Temporal Reference. In: A.v. Stechow, & R. Bäuerle (Hrsg.): Semantics from Different Points of View. Berlin: Springer, 376-417.

Kamp, H. & Ch. Rohrer, 1983. Tense in Texts. In: R. Bäuerle, Ch. Schwarze, A. v. Stechow (Hrsg.): Meaning, Use & Interpretation of Language. Berlin, New York: de Gruyter.

Klein, W. & Ch. v. Stutterheim, 1987. Quaestio und referentielle Bewegung in Erzählungen. In: Linguistische Berichte 109, 163-183.

Kluge, F., 1883 (1975). Etymologisches Wörterbuch der deutschen Sprache. Berlin, New York: de Gruyter.

Labov, W. & Waletzky, J., 1967. Narrative Analysis. In: J. Helm (Hrsg.): Essays on the verbal an visual arts. Seattle: University of Washington Press.

Levelt, W.M.J., 1981. Cognitive Styles in the Use of Spatial Direction Terms. In: Jarvella & Klein, 251-268.

Levelt, W.J.M., 1982. Linearization in Describing Spatial Networks. In: S. Peters & E. Saarinen (Hrsg.) Processes, Beliefs and Questions. Dordrecht: Reidel, 199-220.

Linde, Ch., 1974. The linguistic encoding of spatial information. Columbia University Dissertation.

Linde, Ch./W. Labov, 1975. Spatial networks as a site for the study of language and thought. In Language 51, 924-939.

Löbner, S., 1988. Ansätze zu einer integralen semantischen Theorie von Tempus, Aspekt und Aktionsarten. In: Ehrich & Vater: 163-191.

Lynch, K., 1960. The image of the city. Cambridge, Mass.

Miller, G.A. & Ph. Johnson-Laird, 1976. Language and Perception. Cambridge, London, Melbourne.

Oversteegen, L., 1988. Temporale Adverbials in the Two Track Theory of Time. In: Ehrich & Vater (Hrsg.) Tübingen: Niemeyer.

Partee, B.H., 1984. Nominal and Temporal Anaphora. In: Linguistics and Philosophy 7, 243-286.

Quasthoff, U., 1979. Verzögerungsphänomene, Verknüpfungs- und Gliederungssignale in Alltagserzählungen. In: H. Weydt (Hrsg.) Die Partikeln der deutschen Sprache. Berlin, New York: de Gruyter, 39-57.

Sacks, H., 1972. On the Analyzability of Stories by Children. In: J.J. Gumperz & D. Hymes (Hrsg.): Directions in Sociolinguistics. The Ethnography of Communication. New York: Holt, Rinehart and Winston, 325-345.

Schwarze, Ch. (Hrsg.), 1981. Analyse des Präpositions. IIIme Colloque franco-allemand de linguistique théorique du 2 au 4 février 1981 à Constance. Tübingen: Niemeyer.

Smith, C., 1978. The Syntax and Interpretation of Temporal Expressions in English. In: Linguistics and Philosophy 2:1, 43-100.

Smith, C., 1981. Semantic and Syntactic Constraints on Temporal Interpretation. In: P.J. Tedeschi & A. Zaenen (Hrsg.): Syntax and Semantics Vol.14, Tense and Aspect. New York, London: Academic Press.

Stutterheim, C.v., 1986. Der Ausdruck der Temporalität in der Zweitsprache. Berlin: de Gruyter.

Ullmer-Ehrich, V., 1979. Wohnraumbeschreibungen. In: Klein, W. (Hrsg.): Sprache und Kontext. Zeitschrift für Literaturwissenschaft und Linguistik 9 (33), 56-83.

Ullmer-Ehrich, V., 1981. L'usage des prepositions indexicales dans un discours descriptif - la perspecitve deictique et la perspective inherente. In: Schwarze, 224-250.

Ullmer-Ehrich, V., 1982. The Structure of Living Space Descriptions. In: Jarvella & Klein, 219-250.

Vendler, Z., 1967. Linguistics and Philosophy. Ithaca: Cornell University Press.

Weissenborn, J. & W. Klein (Hrsg.), 1982. Here and There. Cross-Linguistic Studies on Deixis and Demonstration. Amsterdam, Philadelphia: Benjamins.

RAUMREFERENZ UNTER EXTREMEN PERZEPTUELLEN BEDINGUNGEN: PERZEPTION, REPRÄSENTATION UND SPRACHLICHE ABBILDUNG

Angela D. Friederici

> Im täglichen Leben weiß jeder, was mit den Begriffen "oben" und "unten" gemeint ist. Die Körper fallen nach unten, und oben ist der blaue Himmel. Aber als man sich von der Kugelgestalt der Erde überzeugt hatte, bemerkte man, daß die Bewohner in Neuseeland offenbar im Raume umgekehrt stehen wie wir, daß sie von uns aus gesehen also gewissermaßen mit dem Kopf nach unten hängen. Freilich konnte man sich schnell damit trösten, daß mit "unten" und "oben" eben einfach die Richtungen zum Erdmittelpunkt hin oder von ihm weg bezeichnet werden, und damit schien die Schwierigkeit beseitigt. In unserer Zeit jedoch können Raketen von der Erde weg in den Raum geschossen werden, und es ist durchaus möglich, daß in einigen Jahren auch Menschen in solchen Raumschiffen für kürzere oder längere Zeit die Erde verlassen. Man kann einsehen, daß für die Besatzung eines Raumschiffes die Begriffe "oben" und "unten" überhaupt keinen Sinn mehr haben können. Aber es ist doch anschaulich schwer vorzustellen, mit welchen Gefühlen man sich in einer Welt bewegen und wie man über diese Welt sprechen oder denken würde, in der Begriffe wie "oben" und "unten" gar nicht mehr existieren.
>
> Heisenberg (1960)

0. Einleitung

Daß die sprachliche Abbildung räumlicher Gegebenheiten nicht immer ganz einfach ist, gehört zu jenen Erfahrungen, die wir öfter machen als uns lieb ist. Denken wir nur an die Situation, nach einem Weg befragt, diesen beschreiben zu müssen. Auch das Verstehen solcher Beschreibungen führt, wie man weiß, nicht immer zum gewünschten Erfolg.

Worin aber liegt diese offensichtliche Schwierigkeit in der Kommunikation über Raum begründet, wenn man doch einerseits über das Wissen der entsprechenden räumlichen Gegebenheiten und andererseits über das notwendige sprachliche Wissen verfügt? Die Schwierigkeit der Abbildung räumlicher Strukturen auf sprachliche Strukturen liegt in deren grundsätzlichen strukturellen Verschiedenheit. Räumliche Strukturen, das heißt RAUM ist dreidimensional. SPRACHE dagegen findet als geordnetes Nacheinander in der Eindimensionalität der Zeit statt. Die Abbildung des Raumes in der Sprache ist somit zwangsläufig unterdeterminiert. Diese Unterdeterminiertheit hat zur Folge, daß der Hörer seinerseits die sprachlichen Informationen nicht immer in eindeutige räumliche Vorstellungen zurückführen kann. Bei beiden Abbildungsprozessen, dem Enkodierungs- wie dem Dekodierungsprozeß müssen konzeptuelle Mechanismen vermittelnd eingreifen.

Den Gesamtprozeß der Abbildung des Raumes auf die Sprache könnte man schematisch wie folgt darstellen (siehe Abb.1).

Abb. 1

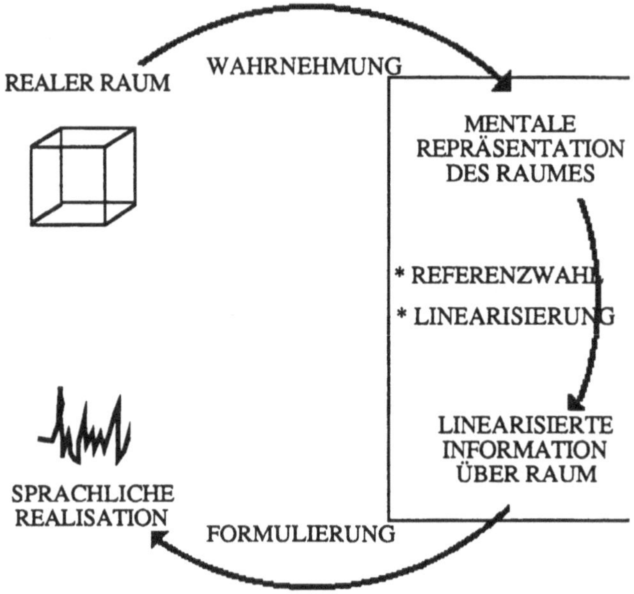

Zunächst muß der dreidimensionale reale Raum wahrgenommen werden. Dies kann vermittels verschiedener perzeptueller Systeme geschehen: dem visuellen, dem vestibularen, dem taktilen und dem motorischen. Beim Menschen ist das visuelle System für die Wahrnehmung von Raum vorrangig. Während der visuellen Wahrnehmung durchläuft die Rauminformation bereits eine erste Transformation, bei der der dreidimensionale Raum auf eine zweidimensionale Netzhaut abgebildet wird. Durch Verrechnungsprozesse im zentralen Nervensystem werden die Abbilder auf der Netzhaut in mentale Repräsentationen überführt. Diese mentalen Repräsentationen von Raum müssen ihrerseits Information über die dritte Dimension enthalten, sollen sie adäquates Verhalten im Raum ermöglichen. Um die mentalen Bilder in Sprache abbilden zu können, muß ein Referenzrahmen gewählt werden, in bezug auf den räumliche Positionen beschrieben werden, darüberhinaus müssen die relevanten Informationen ausgewählt und in ein zeitliches Nacheinander geordnet werden. Ein Transformationsprozeß, der auch als Linearisierungsprozeß bezeichnet wird (Levelt, 1981). Die linearisierten Informationen werden an den Formulator weitergegeben, der syntaktische, lexikalische und phonologische Details der sprachlichen Äußerung festlegt.

Während des Verstehensprozesses muß in umgekehrter Weise die eindimensionale sprachliche Struktur vom Hörer in eine mentale Repräsentation überführt werden, die Grundlage für das Verstehen von Äußerungen über den dreidimensionalen Raum ist.

Die einzelnen Verarbeitungsschritte sollen im Folgenden evaluiert werden. Zunächst werden die Prozesse der Raumwahrnehmung, mögliche Formate von Raumkonzepten und deren Abbildung in der Sprache diskutiert. Sodann wird die Rolle perzeptueller Faktoren, insbesondere die der Schwerkraft für die Verwendung von Raumausdrücken anhand einer Reihe empirischer Untersuchungen erörtert. Zum Schluß soll versucht werden, die Natur der vermittelnden mentalen Repräsentation des Raumes genauer zu bestimmen.

1. Raumwahrnehmung

Erster Schritt in der Abbildung von Raum auf Sprache ist die Wahrnehmung räumlicher Gegebenheiten. Hierzu stehen dem Menschen das visuelle, das vestibulare und das propiorzeptive Wahrnehmungssystem zur Verfügung. Die verschiedenen perzeptuellen Informationen werden während des Wahrnehmungsprozesses zunächst von sogenannten Eingabe(Input)-Systemen verarbeitet und dann zur Weiterverarbeitung an zentrale kognitive Instanzen weitergegeben. Es wird angenommen, daß die einzelnen perzeptuellen Informationen auf einer kognitiven Ebene gewichtet und auf mentale Repräsentationen von Raum abgebildet werden. Soll die Interpretation der räumlichen Informationen eindeutig sein, so setzt dies die Festlegung eines Referenzrahmens voraus, in bezug auf den die Positionen im Raum definiert werden. Denn der Raum an sich ist *isotrop*, d.h. er hat keine Vorzugsachse, die als eindeutige Referenz dienen könnte. Allerdings erhält der Raum, so wie der Mensch ihn wahrnimmt, durch die Schwerkraft eine eindeutig ausgezeichnete Vertikale. Das bedeutet, der Mensch nimmt Raum mit einer Vorzugsachse wahr.

Rock (1973), nach ihm Shepard & Hurwitz (1984) und andere haben argumentiert, daß die stets vorhandene Schwerkraft Hauptdeterminante bei der Wahl eines eindeutigen Referenzrahmens in Wahrnehmung, Orientierung und Kommunikation über Raum ist. Viele Argumente und Befunde aus dem Bereich der Evolutionstheorie (Lorenz, 1981), Psychobiologie (Rock, 1956), der kognitiven Psychologie (Shepard & Hurwitz, 1984) machen die Hypothese vom Einfluß der Schwerkraft auf das menschliche Verhalten plausibel. Nicht nur ist die Schwerkraft grundlegend für den aufrechten Gang, für die Orientierung im Raum, für das Erkennen von Objekten, die Interpretation von visuellen Szenen, sondern sie findet sogar Niederschlag in der Sprache und deren Erwerb (Clark, 1980). Der Beitrag der Schwerkraft für die Orientierung im Raum und das Wahrnehmen von visuellen Reizen wurde in einer Vielzahl von Laborexperimenten ermittelt. Im Vordergrund dieser Untersuchungen stand die Bestimmung des relativen Gewichts der Schwerkraftinformation für Wahrnehmung von und Orientierung im Raum, vor allem dann, wenn diese Information mit anderen perzeptuellen Informationen in Konflikt tritt. Die Gesamtheit der Studien zeigt, daß Schwerkraftinformation ein großes, jedoch kein absolutes Gewicht hat. Werden zum Beispiel schwerkraftbezogene Vertikale und visuelle Hintergrundinformationen in Konflikt gebracht, dadurch daß Versuchspersonen, die aufrecht stehen, ein visueller Hintergrund präsentiert wird, der von der Schwerkraftvertikalen abweicht; so wird die Einschätzung der objektiven (schwerkraftbezogenen) Vertikalen durch den abweichenden visuellen Hintergrund beeinflußt. Die Arbeiten von Witkin und Asch (1948), Bischof und Scherer (1970), Dichgans und Mitarbeiter (1972), Parker und Mitarbeiter (1983) sowie Templeton (1973) seien hier stellvertretend für eine Reihe von Studien zu diesem Problem genannt. Werden schwerkraftbezogene, visuelle und retinabezogene Vertikale in Konflikt gebracht, dadurch daß Versuchspersonen, deren Kopf zur Seite geneigt ist, ein visuelles Muster erkennen sollen, so werden teils Antworten registriert, bei denen die retinalen Koordinaten als Bezugspunkt gewählt werden, der größere Teil der Antworten zeigt jedoch eine Dominanz für die gravitationsbezogene Vertikale als Referenz (Corballis, Anuza & Blake, 1978a; Corballis, Nagoury, Shetzer & Steanatos, 1978b).

Die Befunde der vorliegenden Untersuchungen lassen sich mit einer Theorie vereinbaren, die annimmt, daß eventuelle perzeptuelle Konflikte generell dadurch gelöst werden, daß einer bestimmten Information - in diesem Fall der Schwerkraftinformation - ein besonderes Gewicht zukommt. Die Annahme solcher Gewichtungsprozesse - sei es auf einer unteren oder höheren Ebene des zentralen Nervensystems - wurden von von Holst (1950) und von Kohler (1955) bereits in den 50er Jahren formuliert. *Wie* wir uns diese zentralen Gewichtungsprozesse jedoch im einzelnen vorzustellen haben, *wann* und *wo* zum Beispiel verschiedene perzeptuelle Informationen in Interaktion treten, ob dies auf einer als autonom angenommenen physiologischen Ebene oder auf einer zentralen kognitiven Ebene geschieht, ist bis heute weitgehend ungeklärt. Während die Beschreibung dieser Interaktion noch sehr lückenhaft ist, so können wir doch von den peripheren Verarbeitungsprozessen im visuellen Bereich schon ein genaueres Bild entwerfen. Grundlegend für die Abbildung dreidimensionaler Gegebenheiten auf die Zweidimensionalität der Netzhaut, ist der

Mechanismus der Tiefenwahrnehmung. Obwohl die dritte Dimension der Tiefe keine direkte Abbildung auf der Netzhaut finden kann, wird sie dennoch wahrgenommen. Ohne hier auf die Einzelheiten der Tiefenwahrnehmung einzugehen, kann als allgemeines Prinzip dieser Mechanismen festgehalten werden: durch den unterschiedlichen Winkel mit dem die zwei Augen eines Augenpaares wahrnehmen, durch die permanenten minimalen Bewegung der Augen selbst, durch die Bewegung der wahrzunehmenden Person oder die des wahrzunehmenden Objektes entstehen auf der Netzhaut mehrere Bilder einunddesselben Gegenstandes oder einer Szene. Aus dieser Vielzahl von Einzelabbildungen werden dann durch zentrale Verrechnungsprozesse die entsprechenden Tiefenbeziehungen ermittelt, die die Grundlage für die mentalen Abbilder des dreidimensionalen Raumes bilden. Ob und auf welche Weise andere perzeptuelle Informationen wie zum Beispiel die Schwerkraftinformation an der Erstellung solcher mentalen Bilder beteiligt sind, ist eine offene Frage.

2. Raumkonzepte

Die Natur, bzw. das Format dieser mentalen Abbilder ist gegenwärtig Gegenstand lebhafter Diskussion innerhalb der kognitiven Psychologie. Grundsätzlich lassen sich in dieser Diskussion zwei Standpunkte unterscheiden. Einige kognitive Psychologen - wie z.B. Pylyshyn (1973, 1980) - nehmen an, daß mentale Repräsentationen generell in Form von *Propositionen*, d.h. von Aussagen vorliegen, aus denen jedoch, wenn erforderlich, auch "innere Bilder" erstellt werden können. Die Mehrzahl der Forscher argumentiert - mit Kosslyn (Kosslyn & Shwartz, 1978; Pinker & Kosslyn, 1978) - für eine *analoge*, "bildhafte" Repräsentation der realen Welt. Wieweit diese Analogie geht, ob die mentalen Repräsentationen selbst perzeptuelle Merkmale beinhalten oder nicht, bleibt jedoch undiskutiert. Eine mögliche Interpretation für eine solche Analogie ist die von Downs & Stea (1973) vorgeschlagene. Sie verstehen die Analogie nicht als eine direkte, sondern als eine Funktionsanalogie. Diese funktionsanalogen mentalen Abbilder von Raum, auch "kognitive Karten" genannt, werden als Repräsentationen gesehen, die bereits selbst hoch selektiv, d.h. abstrakt, sind und mit der Wirklichkeit nur in einem indirekten Verhältnis stehen.

Die empirischen Daten, die von den einzelnen Autoren zur Unterstützung der einen oder anderen Annahme über die Eigenschaften mentaler Repräsentationen angeführt werden, sollen hier nicht noch einmal aufgelistet werden, sondern es soll vielmehr der Versuch unternommen werden, darüberhinaus Argumente und empirische Daten aufzuzeigen, die zur Klärung der zugrundeliegenden Struktur mentaler Repräsentationen von Raum beitragen können.

Einen möglichen Einblick in die zugrundeliegende Struktur könnten hierbei Untersuchungen liefern, die den Erwerb und die Entwicklung des Raumkonzeptes studieren. Hier scheinen vor allem jene Arbeiten von Interesse, die den Zusammenhang zwischen den perzeptuellen Faktoren und dem Erwerb des Raumkonzeptes thematisieren. Dieser Zusammenhang wurde bislang vornehmlich in Hinblick auf die visuelle Wahrnehmung untersucht (z.B. Landau, Spelke und Gleitman, 1984; Millar, 1976, 1988). Eine Reihe von Studien an *blinden* Kindern haben nachgewiesen, daß eine euklidische Repräsentation von Raum teils auch ohne visuelle Reize erworben werden kann. So konnten Landau, Spelke und Gleitman (1984) zum Beispiel zeigen, daß ein von Geburt an blindes Kind eine Reihe von räumlichen Aufgaben gemäß einer adäquaten Repräsentation von Raum zu lösen imstande war. Visuelle Information scheint somit nicht notwendiges Kriterium für den Erwerb des Raumkonzeptes. Der Entwicklungsrückstand von blinden Kindern gegenüber normalsichtigen Kindern in bestimmten Aufgaben weist allerdings darauf hin, daß visuelle Wahrnehmung zwar nicht notwendige Bedingung für den Erwerb eines adäquaten Raumkonzeptes ist, den Erwerb desselben jedoch maßgeblich erleichtert (Millar, 1988; Rieser, Lockman & Pick, 1973).

Die Rolle der Vestibularinformation für den Erwerb des Raumkonzepts haben wir kürzlich in einer Studie an vestibulargestörten Kindern untersucht (Friederici, Weissenborn, Lewandowski & Stralka, 1988). Es zeigte sich, daß Kinder mit pheripherer Vestibularstörung trotz fehlender oder drastisch minimierter Vestibularinformation einen normalen, wenngleich auch verzögerten Entwicklungsverlauf hinsichtlich der Raumkognition nahmen. Die Abfolge der einzelnen Entwicklungsstadien entsprach dem normaler Kinder, allerdings wurden die einzelnen Stadien erst zu einem späteren als dem normalen Entwicklungszeitpunkt erreicht. Insgesamt legen die Befunde den Schluß nahe, daß die Bildung eines adäquaten Raumkonzeptes im Prinzip unabhängig ist von *spezifischen* perzeptuellen Reizen. Allerdings standen den in den verschiedenen Studien untersuchten Kindern jeweils eine Reihe anderer Input-Systeme zur Verfügung, mittels derer ein erfahrungsbedingter Aufbau des Raumkonzeptes möglich ist. Bei den vestibulargestörten Kindern könnten visuelle Reize im Zusammenhang mit taktilen und motorischen Erfahrungen, bei den visuell gestörten Kindern vestibulare Reize indirekt Information über die Schwerkraft und somit für die Festlegung einer Vertikalen geliefert haben. Die Vermutung, daß sich ein adäquates Raumkonzept nur dann entwickeln kann, wenn zumindest ein Teil der perzeptuellen Informationen zur Verfügung steht, wird durch einen Fall bestätigt, bei dem ein Kind zusätzlich zu einer Vestibularstörung unter einem massiven visuellen Defizit litt, der erst im Alter von fünf Jahren korrigiert wurde (Friederici et al., 1988). Dieses elfjährige Kind zeigte ein Verhalten, das unterhalb des Leistungsniveaus sechsjähriger Kinder lag. Es scheint, als sei der Erwerb des Raumkonzeptes zwar unabhängig von der *Modalität* des Inputs, nicht jedoch von der Perzeption selbst.

In bezug auf die Natur des Raumkonzeptes erhebt sich die Frage, ob perzeptuelle Informationen, die beim Erwerb des Raumkonzeptes eine Rolle zu spielen scheinen, selbst Teil der mentalen Repräsentation des Raumes sind. Daß perzeptuelle Informationen in der Tat einen Einfluß auf den Erwerb des Raumkonzeptes haben, belegen unter anderem auch Befunde bezüglich der Entwicklung normaler Kinder (z.B. Clark, 1973; Lumsden & Poteat, 1968; Olson, 1975; Olson & Bialystok, 1983). So fand man, daß Kinder, die gezeichnete Unsinnsfiguren vor sich ausrichten sollten, immer die längste Linie als Vertikale wählten (Braine, 1972). Beim Erwerb von Raumausdrücken zeigte sich, daß Kinder zuerst den Ausdruck "oben", dann die Ausdrücke "oben und unten", und danach erst andere Raumausdrücke korrekt interpretieren (Clark, 1980). Clark führt diesen Entwicklungsverlauf auf die konzeptuelle Prägnanz der Vertikalen gegenüber anderen Achsen zurück. Angesichts der erwähnten Untersuchung mit vestibulargestörten Kindern, liegt die Annahme nahe, daß sich diese *konzeptuelle* Prägnanz auf eine *perzeptuelle* zurückführen läßt.

3. Sprachliche Abbildung

Der Einfluß der perzeptuellen Information der Schwerkraft auf die Verwendung von Raumkonzepten und räumlicher Ausdrücke blieb bislang in Untersuchungen zur Raumkognition weitgehend unbeachtet, obwohl Studien zur Raumwahrnehmung der Schwerkraftinformation eine besondere Rolle zuweisen. Die meisten Arbeiten, die sich mit dem Problem der Abbildung räumlicher Strukturen auf sprachliche Strukturen beschäftigen, nehmen offensichtlich die kanonische Ausrichtung der Welt gemäß der Schwerkraft als gegeben, unserem Wissen über Raum inhärent und deshalb für die sprachliche Abbildung unproblematisch an. Zwar wird der Aspekt der Raumreferenz in bezug auf die horizontalen Achsen (vorn/hinten; rechts/links) diskutiert, nicht jedoch in bezug auf die vertikale Achse (siehe jedoch Levelt, 1984).

Bevor wir auf die spezifische Rolle der Schwerkraft für die Raumreferenz eingehen, sollen zunächst kurz die Prinzipien dargestellt werden, nach denen mentale Repräsentationen von Raum auf sprachliche Strukturen abgebildet werden. Die mentalen Raumrepräsentationen beinhalten, so die Annahme, Informationen über die Dreidimensionalität des Raumes in einer analogen oder funktionsanalogen Weise. Während der sprachlichen Abbildung gilt es diese Dreidimensionalität auf die Eindimensionalität sprachlicher Sequenzen abzubilden. Einblick in die konzeptuellen, vorsprachlichen Stadien dieser Abbildungprozesse erhoffte man sich durch systematische

Analyse sprachlichen Materials, das räumliche Beschreibungen in natürlichen Sprechersituationen widerspiegelt. Hierzu analysierte man Wegbeschreibungen, Apartment- oder Wohnraumbeschreibungen (Jarvella & Klein, 1982; Schweizer, 1985).

Die *sprachlichen Mittel*, die eine Sprache zur Abbildung räumlicher Verhältnisse zur Verfügung stellt, lassen sich wie folgt beschreiben. Alle Sprachen der Welt (soweit bekannt) verfügen über zwei Klassen von Wörtern, die diese Abbildung ermöglichen: das System der primären und das der sekundären Raumdeixis (Wunderlich, 1982). Das System der primären Raumdeixis im Deutschen ist zum Beispiel dreigegliedert (es besteht aus den Wörtern hier, da und dort). Das System der sekundären Raumdeixis, das im Vordergrund unserer Erörterung hier stehen soll, ist ebenfalls dreigegliedert; je zwei Elemente stehen für jede der drei Raumachsen zur Verfügung: zwei, die die Vertikale (z-Achse) bezeichnen oben/unten, zwei, die eine Horizontale (x-Achse) angeben (vorn/hinten) und zwei, die die zweite Horizontale (y-Achse) bezeichnen (links/rechts) (Ehrich, 1985).

Grundvoraussetzung für die eindeutige Verwendung oder die Interpretation dieser sprachlichen Elemente ist die Wahl eines *Referenzrahmens* - sei es implizit oder explizit. Als Referenzrahmen können dem Sprachverwender mehrere Koordinaten dienen, entweder die Koordinaten der eigenen Person, die des Hörers oder die der physikalischen Umwelt.

Je nach Wahl der Referenz unterscheidet die Linguistik zwei Verwendungsweisen der Elemente der sekundären Raumdeixis: die deiktische und die intrinsische. Wählt der Sprecher seinen eigenen Körper oder seine eigene visuelle Orientierung als Referenz, so benutzt er die Elemente *deiktisch*. Bei der *intrinsischen* Verwendung dient zum Beispiel das Objekt selbst mit seiner definierten intrinsischen Front als Referenz. Generell gilt jede Verwendungsweise, bei der eine sprecher*un*abhängige Perspektive gewählt wird als intrinsisch. Diese doppelte Gebrauchsweise von Raumausdrücken finden wir in allen Sprachen (Wunderlich, 1982). Sie scheint eine linguistische oder gar kognitive Universale. Es stellt sich nun die Frage, nach welchen Prinzipien die eine oder andere Gebrauchsweise gewählt wird.

Miller und Johnson-Laird (1972) hatten die Hypothese formuliert, daß die Wahl von deiktischer bzw. intrinsischer Perspektive abhängig sei von den Eigenschaften der zu beschreibenden Konfiguration. Vor dem Hintergrund dieser Hypothese sollen kurz eine Reihe von Studien dargestellt werden, die in den letzten Jahren zum Gebrauch von räumlichen Ausdrücken durchgeführt wurden. Im Vordergrund dieser Arbeiten standen zumeist zwei Ziele:

(a) zum einen wollte man versuchen, generelle Strategien zu formulieren, mittels derer das Abbildungsproblem dreidimensionaler auf eindimensionale Strukturen gelöst wird,

(b) zum anderen aber sollten auch die spezifischen Gebrauchsbedingungen für die Verwendung von Raumausdrücken definiert werden.

Als möglichen Zugriff auf die zugrundeliegenden Prozesse bei der Abbildung von Raum auf Sprache verwendeten Linde und Labov (1975) als erste die Methode der Apartmentbeschreibung. Hierbei wurden Versuchspersonen aufgefordert, ihre Wohnung zu beschreiben, ohne daß ihnen weitere Anweisungen gegeben wurden. Linde und Labov (1975) stellten fest, daß die Mehrzahl der Versuchspersonen eine Strategie bei dieser Beschreibung verwendeten, die man als "imaginären Rundgang" bezeichnen könnte. Das heißt, die Wohnung wurde meist von der Perspektive des sich imaginär bewegenden Sprechers aus beschrieben. Die Raumausdrücke wurden *deiktisch* verwendet. Mit der Strategie des imaginären Rundgangs lösten die Versuchspersonen das Problem der Abbildung der Gleichzeitigkeit des dreidimensionalen Raumes auf das zeitliche Nacheinander in der Eindimensionalität der Sprache.

Eine ähnliche Strategie wird auch dann verfolgt, wenn der Sprecher keinen imaginären Rundgang durch den Raum machen kann, wie es zum Beispiel bei der Beschreibung eines besonders kleinen Zimmers der Fall ist. Ehrich (Ullmer-Ehrich, 1982) fand, daß Versuchspersonen in einem solchen Fall nicht etwa wie nach Miller und Johnson-Laird (1972) vermutet, die funktionale Anordnung der Möbel (z.B. Stuhl vor Tisch) und damit die intrinsische Perspektive wählten, sondern, daß sie vielmehr auch unter diesen Bedingungen die deiktische Perspektive bevorzugten. Das Zimmer wurde nach dem Prinzip einer "imaginären Blickwanderung" beschrieben. Ehrich (1985) zieht aufgrund dieser Ergebnisse den Schluß, daß nicht die Eigenschaften der zu beschreibenden Konfiguration selbst die Perspektive und damit den Gebrauch der Raumausdrücke bestimmt, sondern daß die Perspektivenwahl entscheidend determiniert wird durch Anforderungen der Diskursorganisation. Das bedeutet, die Notwendigkeit, im Interesse des Hörers ein möglichst einheitliches Beschreibungsschema zu finden, bedingt die Wahl der Perspektive.

Dem Aspekt der Hörerabhängigkeit von Raumbeschreibung widmete sich eine weitere Studie, die den Einfluß des Hörers auf die Verwendung von Raumausdrücken experimentell zu spezifizieren versucht (Bürkle, Nirmaier und Herrmann, 1986). Sie untersucht die Verwendung der Präpositionen vor/hinter, links/rechts bei der Beschreibung eines dreidimensionalen Miniaturzimmers unter verschiedenen Sprecher-Hörer-Konstellationen. Der Versuchsaufbau erlaubte die Wahl dreier verschiedener Perspektiven: die specherbezogene deiktische, sowie zwei intrinsische, die hörerbezogene und die objektbezogene. Die Ergebnisse dieser Untersuchung zeigten ebenfalls eine Dominanz der deiktischen im Gegensatz zur intrinsischen Verwendung von Präpositionen. Man fand, daß trotz der Anwesenheit des Hörers die Ausdrücke primär sprecherbezogen und nicht - wie man erwartet hatte - hörerbezogen verwendet wurden. Der Sprecher überläßt also dem Hörer die Umkodierung der Perspektive, vor allem dann, wenn es sich um einen gleichgestellten Kommunikationspartner handelt. Die deiktische sprecherbezogene Verwendung der Raumausdrücke galt vornehmlich dann, wenn Sprecher und Hörer das gleiche Wahrnehmungsfeld teilten. Teilten Sprecher und Hörer nicht das gleiche Wahrnehmungsfeld (z.B. der Hörer steht mit dem Rücken zur Szene), so gewann die objektbezogene intrinsische Verwendung der Raumausdrücke an Bedeutung. Bei dieser Verwendungsweise werden die Bezugsachsen für die Interpretation der Ausdrücke unabhängig von Sprecher und Hörer durch das Objekt selbst festgelegt. Eine eindeutige Interpretation der jeweiligen Präposition ist - wie die Autoren meinen - dadurch gewährleistet, daß Sprecher und Hörer auf gemeinsames Wissen über die Welt zurückgreifen können. Dies ermöglicht dem Hörer die Rekonstruktion der räumlichen Gegebenheiten.

Das allgemeine gemeinsame Wissen über die Welt von Objekten und deren Funktionen, auf das Sprecher und Hörer zurückgreifen, ist unlösbar mit den physikalischen Bedingungen dieser Welt verknüpft. Die kanonische Orientierung von Objekten, die als Grundbedingung für den intrinsischen Gebrauch von Raumausdrücken gilt, ist zum Beispiel in bezug auf die physikalische Bedingung 'Schwerkraft' definiert, sei es in naiver Form (z.B. "unten ist da, wo etwas hinfällt, wenn ich es loslasse") oder in Expertenform (d.h. eine physikalische Formel).

Innerhalb der Sprachpsychologie ist die Rolle der Schwerkraft für die Verwendung von Raumkonzepten bzw. von Raumausdrücken bis vor kurzem nicht diskutiert worden. Erst Levelt (1984) hat kürzlich auf den Zusammenhang von Schwerkraft, Referenzwahl und Verwendung der Raumausdrücke hingewiesen.

Abbildungen nach Levelt (1984)

(2.a)

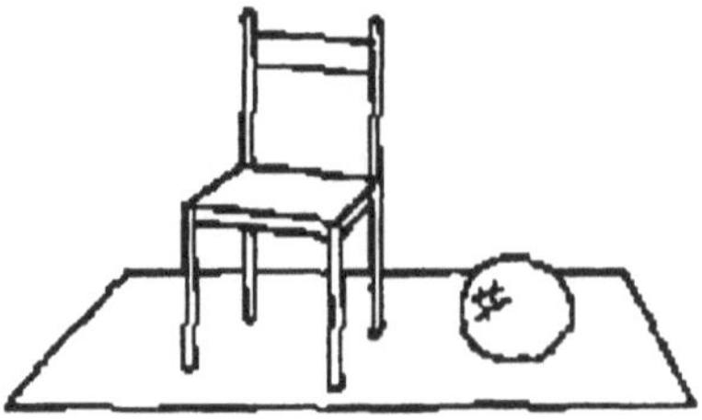

(2.b)

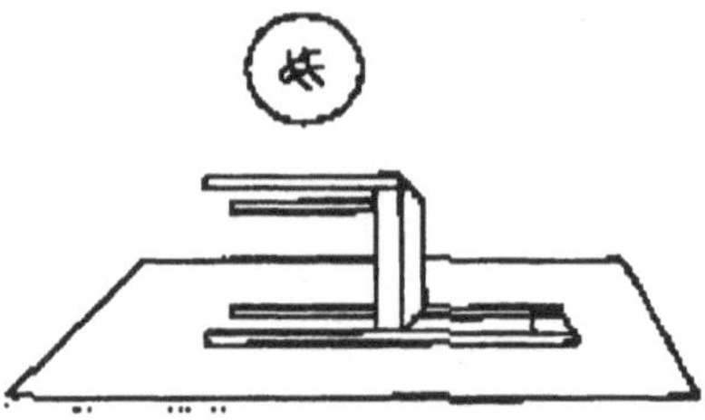

In einem Gedankenexperiment zeigt er, daß das Wissen um die Schwerkraft zur Referenzwahl bei der Verwendung räumlicher Ausdrücke benutzt wird. Er verdeutlicht dies an folgendem Beispiel. Steht ein Stuhl aufrecht, so können wir die Position des Balles (wie in Abb. 2a) in bezug auf den Stuhl objektbezogen als "Der Ball ist links vom Stuhl" definieren. Fast unmöglich erscheint jedoch eine objektbezogene Verwendung der Lokativa, wenn der Stuhl nicht kanonisch orientiert ist (wie in Abb. 2b). "Der Ball ist nicht vor sondern über dem Stuhl." Das bedeutet, daß die schwerkraftbezogenen Koordinaten als primäres Referenzsystem für die Verwendung raumdeiktischer Ausdrücke gelten. Zwar stimmen meist schwerkraftbezogene Koordinaten und objektbezogene Koordinaten überein - immer dann wenn Objekte kanonisch orientiert sind - doch zeigt dieses Gedankenexperiment, daß im Falle nicht-kanonischer Orientierung die Schwerkraft die Referenz für die Interpretation liefert.

Auch in den oben genannten Untersuchungen, so könnte man argumentieren, waren jeweils die Schwerkraftkoordinaten für die Verwendung von Raumausdrücken (implizit) ausschlaggebend, denn bei der deiktischen, personenbezogenen Verwendung stimmten jeweils personenbezogene und schwerkraftbezogene Referenz überein (d.h. die Versuchsperson stand oder saß aufrecht) und bei der intrinsischen, objektbezogenen Verwendung waren jeweils objektbezogene und schwerkraftbezogene Vertikale identisch. Ob die Schwerkraft in der Tat für die Verwendung von Raumkonzepten ausschlaggebend ist, kann aufgrund der vorliegenden Daten nicht entschieden werden. Ziel der nachfolgenden Experimente ist es, die Rolle der Schwerkraft für die Verwendung von Raumkonzepten systematisch zu bestimmen.

4. Experimente:
Die Verwendung von Raumkonzepten unter extremen perzeptuellen Bedingungen

Die Wahrnehmungspsychologie hat wie oben erwähnt in einer Vielzahl von Arbeiten auf die herausragende Rolle der Schwerkraft für die Wahl des Referenzrahmens bei der Wahrnehmung von Raum hingewiesen. Es ist demnach nicht unplausibel anzunehmen, daß entweder eine durch die Schwerkraft ausgezeichnete Vertikale oder eine zu dieser analog ausgezeichnete Vertikale notwendiger Teil einer mentalen Repräsentation von Raum oder deren Verwendung ist. Eine Studie mit vestibulargestörten Kindern hatte gezeigt, daß die unmittelbare Wahrnehmung von Schwerkraft zwar nicht notwendige Bedingung für den Erwerb des Raumkonzeptes ist, daß jedoch Schwerkraft zumindest mittelbar, d.h. durch andere Modalitäten, wahrgenommen werden muß, wenn der adäquate Erwerb der Raumkognition gesichert sein soll (Friederici et al., 1988). Angesichts dieses Befundes stellt sich die Frage, wie ein Mensch, der unter normalen Schwerkraftbedingungen sein Raumkonzept erworben hat, dieses in einer Umgebung benutzt, in der Schwerkraftinformation verändert oder aber gar nicht vorhanden ist. Falls perzeptuelle Information inhärentes Merkmal der mentalen Repräsentation von Raum ist, so sollte der Wegfall dieser Information zu Problemen bei der Verwendung räumlicher Konzepte führen. Falls mentale Repräsentationen Informationen über den realen Raum jedoch perzept-unabhängig kodieren, so sollte die Verwendung der Raumkonzepte relativ unabhängig von den Inputbedingungen sein. Diese Hypothese wird in einer Reihe von Experimenten untersucht, die alle ein Paradigma verwenden, bei dem verschiedene visuelle Muster verbal beschrieben werden sollen. Die einzelnen Experimente untersuchen dies unter verschiedenen Schwerkraftbedingungen: Experiment 1 unter normalen Schwerkraftbedingungen und aufrecht stehender Position der Versuchsperson, d.h. bei Übereinstimmung von Schwerkraft- und Körpervertikalen; Experiment 2 unter normalen Schwerkraftbedingungen in liegender Position, d.h. bei Nicht-übereinstimmung von Schwerkraft- und Körpervertikalen und Experiment 3 in der Schwerelosigkeit, d.h. bei Wegfall der Schwerkraftinformation.

4.1 Experiment 1: Verwendung von Raumausdrücken in stehender Position

Das erste Experiment untersuchte den Einfluß verschiedener perzeptueller Faktoren für die Verwendung von Raumausdrücken unter normalen Schwerkraftbedingungen bei Übereinstimmung von Schwerkraft- und Körperkoordinaten. Die Aufgabe der Versuchsperson bestand darin, verschiedene visuelle Muster verbal zu beschreiben. Die visuell dargebotenen Muster bestanden jeweils aus zwei intrinsischen Objekten (Bäumen), die den visuellen Hintergrund bildeten und zwei nicht-intrinsischen Objekten (ein weißer und ein schwarzer Ball) deren relative Position zueinander bestimmt werden sollte (siehe Abb.3)[1].

---

[1] Legende für Abb. 3:
Mögliche Referenzrahmen für die Beschreibung eines Beispiel-Stimulus-Items.
+ bedeutet 'oben', - bedeutet 'unten' und die Punkte geben die zu beschreibenden Positionen an.
(a) Kopf- bzw. retinale Referenz bei Kopfneigung um 35° nach rechts,
(b) Achse der zu beschreibenden Punkte - hier 7°,
(c) Kopf- bzw. retinale Vertikale bei aufrechter Kopfhaltung,
(d) visuelle Hintergrund-Vertikale (Bäume),
(e) Kopf- bzw. retinale Vertikale bei Kopfneigung um 35° nach links.

Abb.3

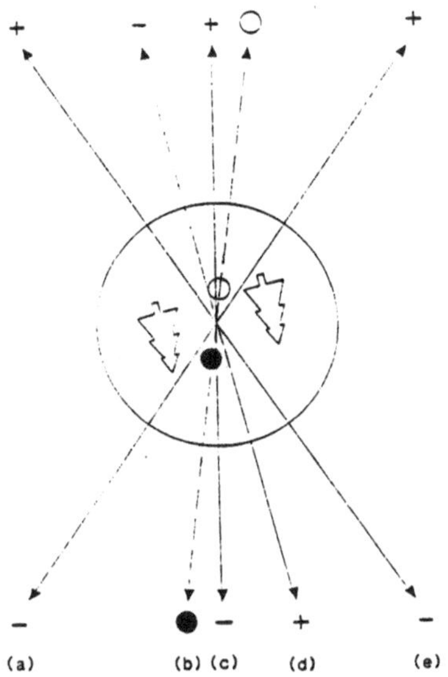

Die relative Position der Bälle sowie die Orientierung der Bäume wurde systematisch in Schritten von 7° zwischen 7° und 360° variiert. Die visuellen Muster wurden in einer speziell konstruierten Brille präsentiert, so daß kein Bezug auf die visuelle Umgebung des Labors möglich war (Details siehe Friederici und Levelt, 1986). Aufgabe der Versuchsperson war es, die Position des weißen Balles in Relation zum schwarzen Ball mit den Ausdrücken "oben/unten/rechts/links" und Kombinationen dieser Ausdrücke zu beschreiben. Drei perzeptuelle Faktoren wurden systematisch variiert: erstens, (a) die Position der nicht-intrinsischen Objekte in bezug auf die retinale Vertikale und zweitens, (b) die Vertikale des visuellen Hintergrundes (intrinsisch orientierte Objekte) in bezug auf die retinale Vertikale. Als dritter Faktor wurde (c) die retinale Vertikale in bezug auf die schwerkraftbezogene Vertikale durch Änderung der Kopfposition variiert, d.h. die Versuchsperson mußte die Beschreibung der visuellen Muster sowohl bei aufrechter Kopfhaltung wie unter einer seitlich geneigten Kopfhaltung von 35° leisten.

Ausgewertet wurde die Richtigkeit der Anworten jeweils in bezug auf die drei möglichen Referenzsysteme (retinale Koordinaten, visuelle Hintergrundkoordinaten oder Schwerkraftkoordinaten) (Abb.3). (Für die Details dieser Auswertung siehe Friederici und Levelt, 1986). Die Analyse zeigt, daß die Versuchspersonen unter normalen Schwerkraftbedingungen beim aufrechten Stand die durch die Gravitation ausgezeichnete Vertikale als Referenz benutzten, selbst dann, wenn der Kopf in Relation zum Körper um 35° nach rechts oder links geneigt war. Obwohl der visuelle

Hintergrund nicht als primäre Referenz benutzt wurde, so hatte er doch einen Einfluß auf die Antwort, die sich in der ebenfalls gemessenen Latenzzeit niederschlug. Stimmten die Orientierung des visuellen Hintergrundes und die Ballposition nicht überein, so waren die Latenzzeiten länger als wenn beide Informationen die gleiche Vertikale anzeigten. Diese Ergebnisse zeigen, daß der Gravitation ein Hauptgewicht bei der Verwendung von Raumausdrücken zukommt. Lediglich die Zeit, die zur Antwort benötigt wird, ändert sich mit der intrinsischen Ausrichtung des visuellen Hintergrundes, nicht jedoch die Wahl des Referenzrahmens selbst.

Dieses erste Experiment legt nahe, daß Versuchspersonen - sofern vorhanden - Schwerkraftinformation als primäre Referenz für die Beschreibung visueller Muster benutzen. Allerdings stimmten bei diesem Experiment Gravitations- und Körpervertikale überein, so daß nicht eindeutig entschieden werden kann, ob die Gravitationsvertikale oder aber die Körperachse das primäre Referenzsystem ist. Ein weiteres Experiment sollte dies klären, indem Schwerkraft- und Körpervertikale durch Horizontallage der Versuchsperson in Nichtübereinstimmung gebracht wurden.

4.2 Experiment 2: Verwendung von Raumausdrücken in liegender Position

Experiment 2 benutzte das gleiche Paradigma und das identische Stimulusmaterial. Die Versuchspersonen wurden auf dem Rücken liegend in horizontaler Position getestet. Ebenso wie in Experiment 1 mußten die Versuchspersonen ihre Beschreibung unter Übereinstimmung von Körper- und Kopf- bzw. retinalen Vertikalen wie auch mit seitlich 35° abgewinkelter Kopfhaltung (d.h. Kopflage) liefern.

Die Analyse, die analog der von Experiment 1 durchgeführt wurde, ergab, daß Versuchspersonen in Horizontallage nicht etwa die Körpervertikale als Referenz benutzen, sondern die Antworten unter der Kopf-geneigt-Bedingung zeigen deutlich, daß Versuchspersonen vielmehr die Kopfachse, d.h. die retinalen Koordinaten selbst als primäre Referenz wählen[1]. Die zusätzliche Analyse der Antwortlatenzzeiten ergab, daß bei Übereinstimmung von Kopf- (bzw. retinalen) und Körpervertikalen jene visuellen Muster am schwierigsten zu beschreiben waren, die minimal von der retinalen Vertikalen abwichen (7° Abweichung), größere Abweichungen (14°) führten dagegen nicht zu längeren Reaktionszeiten. Reaktionszeiten im Bereich der

[1] Kopf- und retinale Vertikale werden synonym gebraucht. Obwohl die beiden Vertikalen unter der Kopf-geneigt-Bedingung mindestens beim aufrechten Stand nicht völlig identisch sind, da die Kopfneigung meist ein sogenanntes 'Gegenrollen' der Augen von 2-5° zur Folge hat, muß der Unterschied hier unberücksichtig bleiben, da die gewählte Untersuchungsmethode nur visuelle Muster enthält, die 7° von der Vertikalen abweichen.

retinalen Horizontalen zeigten keine solche Abhängigkeit von dem Grad der Abweichung, d.h. alle Antworten wurden gleich schnell gegeben. Eine ähnliche Dissoziation zwischen dem vertikalen und dem horizontalen Bereich war für die Kopf-geneigte Bedingung nicht vorhanden. Dies deutet daraufhin, daß die Körperachse, obwohl nicht als primäre Referenz gewählt, sehr wohl einen Einfluß auf die Verwendung der Raumausdrücke hat.

Insgesamt lassen sich die Ergebnisse der zwei Experimente mit einer Theorie übereinbringen, die besagt, daß die spontane Wahl der Referenz Ergebnis eines Gewichtungsprozesses ist, in den verschiedene perzeptuelle Faktoren eingehen. Perzeptuelle Konflikte, d.h. die Nicht-Übereinstimmung verschiedener Koordinatensysteme wird durch unterschiedliche Gewichtung der einzelnen Faktoren gelöst. Dies scheint vor allem dann zusätzliche mentale Kapazität zu erfordern, wenn die Abweichungen zweier oder mehrerer Koordinatensysteme minimal ist.

4.3 Experiment 3: Verwendung von Raumausdrücken in der Schwerelosigkeit

Die Experimente unter normalen Schwerkraftbedingungen erlauben Aussagen über das relative Gewicht von Schwerkraftinformation für die Referenzwahl, jedoch nicht über ihre absolute Rolle. Im Rahmen der neuerlichen Möglichkeiten, unter Mikrogravitationsbedingungen im Weltraum zu experimentieren (Young et al., 1984, 1986), wurde es möglich, die Frage nach der absoluten Rolle der Schwerkraft für den Gebrauch von Raumausdrücken experimentell zu beantworten. In einem Experiment, das Teil der Wissenschafts-Mission D1 war, konnten wir erste Erkenntnisse über diese Frage gewinnen (Friederici & Levelt, 1986).

Ein Experiment, das mit gleichem Paradigma und Stimulusmaterial wie Experiment 1 und 2 in der Schwerelosigkeit durchgeführt wurde, versucht folgende Fragen zu beantworten:

(a) sind die Versuchspersonen bei nicht vorhandener Schwerkraftinformation in der Lage, adäquate Raumbeschreibungen zu geben und wenn ja,
(b) welches Koordinatensystem wählen sie spontan als Referenzrahmen?

Die Ergebnisse von zwei Versuchspersonen, die wir in der Schwerelosigkeit testen konnten, sind klar und in aller Kürze dargestellt. Während des siebentägigen Aufenthaltes der Versuchspersonen in der Schwerelosigkeit konnten wir insgesamt zwei Testsessionen durchführen. Bei den Versuchen schwebte der Proband frei und ohne Fixierung im schwerelosen Raum. Ein zweiter Astronaut achtete darauf, daß der Proband nicht mit Wand, Fußboden oder Decke des Raumschiffes kollidierte. Ansonsten waren Versuchsdurchführung und Apparatur wie in Experiment 1 und 2.

Ein erster Versuchsdurchgang in der Schwerelosigkeit, der bereits 2 Stunden nach Eintritt in den Orbit durchgeführt wurde, zeigte, daß die Probanden selbst in dieser perzeptuell *nie* zuvor erfahrenen Situation fähig sind, die vorgegebenen visuellen Muster relativ fehlerfrei zu beschreiben. Die qualitative Analyse zeigt, daß die Probanden auch in der Schwerelosigkeit nicht den visuellen Hintergrund der intrinsisch ausgerichteten Objekte als Referenzsystem nehmen, sondern vielmehr die von Kopf- bzw. retinale und Körperachse gemeinsam angezeigte Vertikale. Da es während dieses ersten Durchgangs aus Zeitgründen nur möglich war, eine der Bedingungen zu testen und wir zunächst die Frage beantworten wollten, ob unter der weniger komplexen Bedingung, bei der Kopf- bzw. retinale und Körperachse übereinstimmen, adäquate Raumbeschreibungen geliefert werden können, erlauben die Daten der ersten Messung keine Unterscheidung der beiden Achsen.

Bei einer zweiten Messung, nach einer Schwerelosigkeitserfahrung von zwei Tagen konnte ein weiterer Test durchgeführt werden, bei dem sowohl die Bedingung "Kopf gerade" wie die Bedingung "Kopf geneigt" durchgeführt wurde. Unter der Bedingung "Kopf gerade" zeigen die Probanden die gleiche Referenzwahl wie unmittelbar nach Eintritt in den Orbit. Allerdings machten die ebenfalls erhobenen Reaktionszeiten deutlich, daß die Antworten mit längerem Aufenthalt in der Schwerelosigkeit schneller gegeben werden konnten. Die Koordinaten, die in Abwesenheit der Schwerkraft als Referenz benutzt wurden, waren eindeutig die Kopf- bzw. retinalen Koordinaten. Denn wurden Kopf- bzw. retinale Achse und Körperachse durch seitliches Kopf-Neigen voneinander getrennt, so zeigte sich, daß die zwei Versuchspersonen nicht etwa ihre Körperachse, sondern allein ihre Kopfachse, d.h. ihre retinalen Koordinaten als Referenz benutzten. Dies scheint in sofern sinnvoll, als dieses Referenzsystem der visuellen Eingabe gegenüber am stabilsten ist.

Die Daten dieses Experiments zeigen, daß Raumkonzepte, selbst wenn unter der spezifischen perzeptuellen Bedingung der Schwerkraft erworben, in der perzeptuell völlig neuen, nie erfahrenen Situation der Schwerelosigkeit relativ problemlos verwendet werden können. Der erste Befund, daß Probanden unter extrem neuen perzeptuellen Bedingungen unmittelbar in der Lage sind, Raumkonzepte adäquat zu verwenden zusammen mit dem zweiten Befund der Steigerung der Reaktionsschnelligkeit, weisen darauf hin, daß hier möglicherweise zwei unterschiedliche Adaptionsmechanismen zum Tragen kommen. Ein erster, sofort wirksamer Mechanismus, der eines der vorhandenen Koordinatensysteme als Referenz wählt und in bezug auf dieses vorhandene Konzepte anwendet und ein zweiter Mechanismus, der diese neuen Abbildungsprozeduren zwischen erstmals erfahrenen perzeptuellen Informationen und vorhandenen Konzepten etabliert.

Ingesamt deuten die Ergebnisse daraufhin, daß die mentale Repräsentation von Raum abstrakt und perzept-unabhängig ist. Eine solche Form der Repräsentation ist vielleicht am ehesten mit der Vorstellung von propositionalen oder allenfalls funktionsanalogen Repräsentationsformen vereinbar, bei der perzeptuelle Merkmale nicht integraler Bestandteil der Repräsentation selbst sind, sondern in unabhängiger Weise repräsentiert werden können.

5. Schlußfolgerung

Aufgrund der hier gesichteten Befunde ergeben sich folgende Schlußfolgerungen:

Aufbau und Erwerb einer adäquaten Raumrepräsentation sind unabhängig von der *Modalität* perzeptueller Erfahrungen. Daß der *Aufbau* adäquater Repräsentationen von Raum allerdings nicht gänzlich unabhängig von perzeptuellen Reizen ist, bestätigen unter anderem die Befunde der verzögerten Entwicklung der Raumkognition bei perzeptuell gestörten Kindern.

Einmal erworben, liegen die mentalen Repräsentationen von Raum losgelöst von bestimmten perzeptuellen Informationen, in einer abstrakten Form vor. Die Raumkonzepte sind im Prinzip unabhängig von perzeptuellen Faktoren, allerdings ist bei deren Verwendung die jeweilige Referenzwahl deutlich durch perzeptuelle Faktoren beeinflußt.

Es ist diese menschliche Fähigkeit, Sachverhalte in einer abstrakten und perzept-unabhängigen Form mental zu repräsentieren, die es erlaubt, Wissen unabhängig von räumlichen und zeitlichen Gegebenheiten zu kognizieren und zu kommunizieren.

Literatur

Bischof, N. & Scheerer, E., 1970. Systemanalyse der optisch-vestibulären Interaktion bei der Wahrnehmung der Vertikalen. Psychologische Forschung, 34, 99-181.

Braine, L.G., 1972. A developmental analysis of the effect of stimulus orientation on recognition. American Journal of Psychology, 85, 157-188.

Bürkle, Nirmaier & Herrmann, 1986. "Von dir aus" Zur hörerbezogenen lokalen Referenz. Arbeiten der Forschungsgruppe Sprechen und Sprachverstehen im sozialen Kontext. Heidelberg/Mannheim.

Clark, H.H., 1973. Space, time, semantics and the child. In T.E. Moore (ed.) Cognitive development and the acquisition of language. New York: Academic Press.

Clark, E.V., 1980. Here's the top: Non-linguistic strategies in the acquisition of orientational terms. Child Development, 51, 329-338.

Corballis, M.C., Anuza, T. & Blake, L., 1978a. Tachistoscopic perception under head tilt. Perception & Psychophysics, 24, 274-284.

Corballis, M.C., Nagoury, B., Shetzer, L.I. & Stefanatos, G., 1978b. Mental rotation under head tilt: Factors influencing the location of the subjective frame reference. Perception & Psychophysics, 24, 263-272.

Dichgans, J., Held, R., Young, L. & Brandt, T., 1972. Moving visual scenes influence the apparent direction of gravity. Science, 178, 1217-1219.

Downs, R. & Stea, D., 1973. Cognitive maps and spatial behavior. In R. Downs & D. Stea (eds.) Image and Enviornment. London: Arnold.

Ehrich, V., 1985. Zur Linguistik und Psycholinguistik der sekundären Raumdeixis. In: H. Schweizer (Hg.) Sprache und Raum. Stuttgart: Metzler, 130-195.

Friederici, A.D. & Levelt, W.J.M., 1986. Cognitive processes of spatial coordinate assignment: On weighting perceptual cues. Naturwissenschaften, 73, 455-458.

Friederici, A.D. & Levelt, W.J.M. Perceptual constraints on the use of deictic terms: Describing space under different head and body positions. Manuskript MPI für Psycholinguistik, Nijmegen.

Friederici, A.D., Weissenborn, J., Lewandowski, C. & Stralka, R. Perceptual constraints in the acquistion of spatial knowledge: Evidence from vestibular impaired children. Manuskript MPI für Psycholinguistik, Nijmegen.

Heisenberg, W., 1960. Sprache und Wirklichkeit in der moderen Physik. In Gestalt und Gedanke. Jahrbuch der Bayerischen Akademie der schönen Künste. Band 6. München: R. Oldenburg.

von Holst, E., 1950. Die Arbeitsweise des Statolithenapparates bei Fischen. Zeitschrift für vergleichende Physiologie, 32, 60-120.

Jarvella, H.J. & Klein, W. (eds.), 1982. Speech, place and action. Chichester: Wiley.

Kohler, I., 1955. Die Methode des Brillenversuchs in der Wahrnehmungspsychologie mit Bemerkungen zur Lehre von der Adaptation. Zeitschrift für experimentelle und angewandte Psychologie, 3, 381-417.

Kosslyn S.M. & Shwartz, S.P., 1978. Visual images as spatial representations in active memory. In E.M. Riseman & A.R. Hanson (Eds.) Computer Vision. New York: Academic Press.

Landau, B., Spelke, E. & Gleitman, H., 1984. Spatial knowledge in a young blind child. Cognition, 16, 225-260.

Levelt, W.J.M., 1981. The speaker's linearization problem. Philosophical Transactions of the Royal Society, London, Series B, 295, 305-315.

Levelt, W.J.M., 1984. Some perceptual limitations in talking about space. In A.J. Van der Grind & J.J. Koenderink, Limits in Perception, Utrecht: VNU Science Press.

Linde, C. & Labov, W., 1975. Spatial networks as a site for the study of language and thought. Language, 51, 924-939.

Lorenz, K.Z., 1981. The Foundations of Ethology. Nwe York: Springer Verlag.

Lumsden, E.A. & Poteat, B.W., 1968. The salience of the vertical dimension in the concept of "bigger" in five- and six-year-olds. Journal of Verbal Learning and Verbal Behavior, 7, 404-408.

Millar, S., 1976. Spatial representation by blind and sighted children. Journal of Experimental Child Psychology, 12, 460-479.

Millar, S., 1988. Models of sensory deprivation: The nature/nurture dichotomy and spatial representation in the blind. International Journal of Behavioral Development, 11, 69-87.

Miller, G.A. & Johnson-Laird, P.N., 1976. Language and perception. Cambridge: University Press.

Olson, D.R., 1975. On the relations between spatial and linguistic processes. In: J. Eliot & N.J. Salkind (eds.) Children's spatial development. Springfield: Thomas.

Olson, D.R. & Bialystok, E., 1983. Spatial cognition. The structure and development of mental representations of spatial relations. Hillsdale: Erlbaum.

Parker, D.E., Poston, R.L. & Gulledge, W.L., 1983. Spatial orientation: visual-vestibular-somatic interaction. Perception & Psychophysics, 33, 139-146.

Pinker, S. & Kosslyn, S.M., 1978. The representation and manipulation of three dimensional space in mental images. Journal of Mental Imagery, 2, 69-84.

Pylyshyn, Z.W., 1973. What the mind's eye tell the mind's brain: A critique of mental imagery. Psychological Bulletin, 80, 1-24.

Pylyshyn, Z.W., 1980. Computation and Cognition: Issues in the foundations of cognitive science. The Behavioral and Brain Sciences, 3(1), 111-132(b).

Rieser, J.J., Lockman, J.J. & Pick, H. The role of visual experience in knowledge of spatial layout. Perception and Psychophysics, 28, 185-190.

Rock, I., 1956. The orientation of forms on the retina and in the environment. American Journal of Psychology, 69, 513-528.

Rock, I., 1973. Orientation and Form. New York: Academic Press.

Schweizer, H. (Hg.) (1985) Sprache und Raum. Stuttgart: Metzler.

Shepard, R.N. & Hurwitz, Sh., 1984. Upward direction, mental rotation, and discrimination of left and right turns in maps. Cognition, 18, 161-194.9

Templeton, W., 1973. The role of gravitational cues in the judgment of visual orientation. Perception & Psychophysics, 14, 451-457.

Ullmer-Ehrich, V., 1982. The structure of living space descriptions. In: R.J. Jarvella & W. Klein (eds.) Speech, place and action. Chichester, Wiley.

Witkin, H.A. & Asch, S.L., 1948. Studies in space orientation: IV. Further experiments on perception of the upright with displayed visual fields. Journal of Experimental Psychology, 38, 762-782.

Wunderlich, D., 1982. Sprache und Raum. Studium Linguistik, 12, 1-19.

Young, L.R., Oman, C.M., Watt, D.G.D., Money, K.E. & Lichtenberg, B.K. (1984) Spatial orientation in weightlessness and readaption to earth's gravity. Science, 225, 205-208.

Young, L.R., Oman, C.M., Watt, D.G.D., Money, K.E., Lichtenberg, B.K., Kenyon, R.V. & Arrott, A.P., 1986. Sensory adaptation to weightlessness and readaptation to one-g: an overview. Experimental Brain Research, 64, 291-298.

ZWISCHEN-BERICHT*

Christopher Habel

1. Vorbemerkungen

Als generelle Struktur der Bedeutung - lokaler - Präpositionen wird in erster Näherung eine Lokalisierungsrelation[1] zwischen dem externen Argument der Präpositionalphrase, d.h. dem zu lokalisierenden Objekt (im weiteren als LO bezeichnet) und einer spezifischen Region bzgl. des internen Arguments (als Referenzobjekt RO bezeichnet) angenommen:

(1) λ y λ x (LOK (x, PRÄP* (y)))

Ausgehend von dieser Grundannahme ergeben sich jedoch noch eine Reihe weitergehender Fragen, für die eine allgemeine und befriedigende Antwort noch aussteht; eine Skizze der wichtigsten Probleme soll im vorliegenden Abschnitt erfolgen, bevor speziellere Analysen durchgeführt werden können. Zuerst ist zu klären, über welchen Objekten die Lokalisierungsrelation operiert, oder in formaler Betrachtungsweise, welches der Definitionsbereich der zweistelligen Lokalisierungsrelation ist. Dies bedeutet, dass der ontologische Status der Lokalisierungsargumente festzulegen ist. Ohne auf Details hier einzugehen, nehme ich die Existenz einer ontologischen Domäne von lokalen Regionen an[2], im weiteren LR.

Hiermit ergeben sich für die Festlegung des Definitionsbereichs von LOK vier Möglichkeiten (D bezeichnet die Domäne der Objekte, BOOL = {true, false} die Menge der Wahrheitswerte):

(2)	a.	LOK : D x D	→ BOOL
	b.	LOK : D x LR	→ BOOL
	c.	LOK : LR x D	→ BOOL
	d.	LOK : LR x LR	→ BOOL

* Für Diskussionen und Anregungen zu dieser Arbeit danke ich K. Carstensen, C. Eschenbach, M. Herweg, S. Kanngießer, S. Pribbenow und K. Rehkämper.

1 Für diese Sichtweise wird - überzeugend - von Wunderlich/Herweg (ersch.) und Herweg (1988, 1989) argumentiert. (1) findet sich z.B. als (1) in Herweg (1989).

2 Bierwisch (1988) verwendet die Bezeichnung "locations". Die von mir vorgeschlagene Terminologie soll darauf verweisen, dass das Region-Konzept auch für nicht-lokale Domänen verwendet werden kann, d.h. dass der lokale Bereich ein Spezialfall einer generellen Konzeption darstellt.

Welche dieser Möglichkeiten sind nun sinnvoll? Die oben skizzierten Annahmen über die Struktur von Präpositionsbedeutungen legt nahe, dass die zweite Argumentstelle eine Region erfordert, d.h. dass die Fälle a. und c. ausgeschlossen werden können. Der Fall b. liegt (1), also der Wunderlich/Herweg-Formulierung zugrunde. Ich werde jedoch im weiteren die Lösung d. vorziehen, da sie m.E. einige - an anderer Stelle zu erläuternde - Vorteile besitzt. Voraussetzung für dieses Vorgehen ist, für jedes Objekt $d \in D$ eine charakteristische Region anzunehmen, d.h. eine Abbildung

(3) REG : $D \rightarrow LR$

zu postulieren. Hiermit ergibt sich statt (1) die Formulierung

(4) $\lambda y \lambda x$ (LOK (REG (x), PRÄP* (y)))

für die Präpositionsbedeutung. Es ist offensichtlich, dass (1) und (4) äquivalent sind, falls man

(5) $LOK_{W/H}$ (a, b) gdw. LOK (REG (a), b)

(der Index W/H kennzeichnet die Wunderlich/Herweg-Lokalisierung) ansetzt; d.h., dass in (4) die Region des externen Arguments x berücksichtigt wird, während in (1) x selbst als Argument zu $LOK_{W/H}$ auftritt. Dieser Unterschied wird relevant, wenn man Fälle "partieller Lokalisierung", wie etwa

(6) die Blumen in der Vase

betrachtet (vgl. Abschnitt 4.3. von Herweg (1989)). Der entscheidende Punkt ist, welcher Modul - in einem hier nicht weiter geklärten Sinne - die Partialität berücksichtigt. Im Wunderlich/Herweg-Ansatz muss dies durch LOK geschehen. Ich hingegen gehe von einer einheitlichen Verwendung/Bedeutung/Funktion von LOK aus; die Partialität wird durch die Abbildung REG berücksichtigt werden.

Bierwisch (1988) reduziert die Lokalisierungsrelation auf die mengentheoretische Inklusion, erwähnt jedoch, dass sie auch als mereologische Teil-Ganzes-Beziehung konstruiert werden könne. Die lokale Inklusion - und als solche ist LOK aufzufassen - hängt wesentlich von der internen Struktur - in einem formalen Sinne - der Domäne LR ab.

Hiermit kann ich zur eigentlichen Themenstellung, der Bedeutung von Präpositionen zurückkommen. Wie (1) bzw. (4) andeuten, ist der Kern der Präpositionsbedeutung eng mit der Region PRÄP*(y) verbunden. PRÄP* ist eine regionenkonstituierende Funktion, also eine Abbildung

(7.a) PRÄP* : $D \rightarrow LR$.

Wie in Habel/Pribbenow (1988) am Beispiel von bei-Regionen (also BEI*) gezeigt wurde, ist die Region BEI*(y) unter gewissen Umständen von weiteren Parametern abhängig, etwa dem zu lokalisierenden Objekt, dem Bezugspunkt der Äusserung (bo) oder der lokalen Gesamtkonstellation (konkurrierende Objekte). Ob diese weiteren Parameter als zusätzliche Argumente von PRÄP* realisiert werden (8.a), PRÄP* als parametrisierte Funktion betrachtet wird (8.b), oder eine Berücksichtigung durch zusätzliche Bedingungen erfolgen muss (8.c), ist gegenwärtig nicht entscheidbar.

(8) a. λ y λ x (LOK (REG (x), PRÄP* (y, x, bo, ...))),
b. λ y λ x (LOK (REG (x), $PRÄP*_{x,bo,...}$(y))),
c. λ y λ x (LOK (REG (x), PRÄP* (y)) ∧ ...)

(8.a) entspricht dem Vorschlag in Habel/Pribbenow (1988), (8.c) entspricht (68) in Herweg (1988).

Nur ausführliche Analysen sprachlichen Materials, eingebettet in einer generellen Theorie des Verstehensprozesses, können weitere Anhaltspunkte geben.

2. Probleme mit *zwischen*

2.1 Einige Phänomene bei lokalem *zwischen*

Während in den letzten Jahren detaillierte Untersuchungen zu zahlreichen anderen (lokalen) Präpositionen durchgeführt wurden, führt zwischen ein regelrechtes Schattendasein: Entweder erfährt diese Präposition keine Behandlung (z.B. bei Herskovits (1986) oder Hawkins (1984)) oder aber nur eine kurze Erwähnung, z.B. bei Wunderlich (1982) bzw. Wunderlich/Herweg (ersch.). Die wohl umfassendste Untersuchung liegt in Moilanen (1979) vor.[1]

Worin ist diese stiefmütterliche Behandlung begründet? Der Grund liegt m.E. darin, dass angenommen wird, alles (in bezug auf lokale Präpositionen) Wesentliche könne an den einfacheren[2] Fällen, wie in, auf und bei, untersucht werden. Im weiteren werde ich auf zwei für die Analyse von zwischen relevante Gesichtspunkte eingehen:

- zwischen erfordert als Referenzobjekt einen komplexen Diskursreferenten

---

[1] Moilanen widmet zwischen 10 von 170 Seiten, ohne m.E. auf einige der wichtigsten Besonderheiten einzugehen. In Abschnitt 3 werde ich auf die Analysen von Moilanen, Wunderlich und Wunderlich/Herweg eingehen.

[2] Inwiefern zwischen als komplexer anzusehen ist, wird im folgenden ausführlich dargestellt werden.

- die von ZWISCHEN[1] durch ZWISCHEN* generierten (bzw. charakterisierten) Regionen sind von den zugrundeliegenden Strukturierungen des Raumes abhängig.

Betrachten wir hierzu einige Beispiele:

(9) a. Paul sass zwischen Hans und Maria.
  b. Paul sass zwischen den Eltern.

Das Referenzobjekt ist in beiden Fällen ein komplexer Diskursreferent, bei dem die Lokalisierung der Bestandteile für die Interpretation von zwischen herangezogen wird. Dies führt dazu, dass und in der Konstruktion "zwischen NP_1 und NP_2" nicht strikt kompositional (im Sinne eines Junktors) analysiert werden kann.

Betrachtet man die Konfigurationen in Abb. 1, so sieht man, dass die "Zwischenrelation" nicht nur durch eine lineare Strukturierung des Raumes induziert wird:

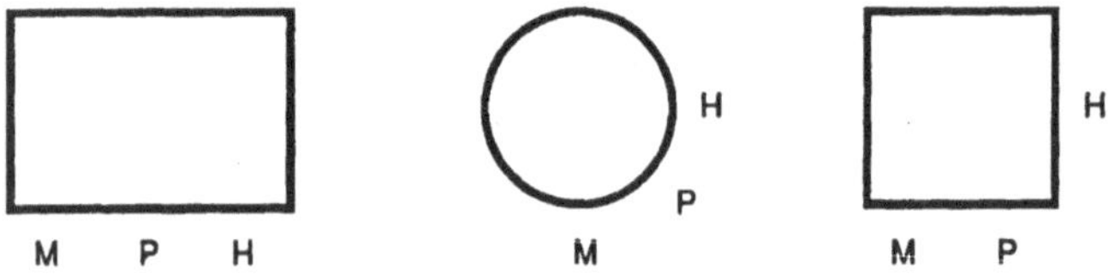

Abb. 1: Lineare und nicht-lineare ZWISCHEN-Konstellationen

Komplexe Diskursreferenten können auch durch singulare NPen eingeführt werden:

(10) Das Ehepaar Müller sass auf der Couch.
  a. Ihre Tochter sass zwischen ihnen.
  b. Ihre Tochter sass dazwischen.

Der interessante Fall ist (10.b): da zwischen ein komplexes RO erfordert, ist hier ein entsprechendes Objekt im Diskurs zu suchen, hier eingeführt durch die singulare NP "das Ehepaar Müller". Neben punktförmigen Referenzobjekten[2] können auch flächige oder räumliche Referenzobjekte eine ZWISCHEN-Region konstituieren:

(11) a. punktförmig: Bonn liegt zwischen Köln und Mainz.
  b. flächig: Belgien liegt zwischen Frankreich und den Niederlanden.

Das die ZWISCHEN-Region konstituierende komplexe Objekt kann auch durch mehr als zwei Objekte[3] gebildet werden, wie

(12) Luxemburg liegt zwischen Belgien, Frankreich und Deutschland.

---

[1] ZWISCHEN bezeichnet im weiteren das "präpositionale Konzept" auf der Domänenebene D.

[2] Auf die Klassifikation "punktförmig" vs. "flächig" wird in Abschnitt 3.3 ausführlich - unter dem Gesichtspunkt der Dimensionalität - eingegangen werden.

[3] Obwohl zwischen ebenso wie die englische Entsprechung between in ihrer etymologischen Herkunft die "Zweiheit" betont, ist eine Einschränkung auf zweielementige Referenzobjekte nicht gerechtfertigt.

zeigt. Die Anzahl der das komplexe Referenzobjekt konstituierenden atomaren Referenzobjekte kann beliebig gross sein, wie etwa bei:

(13) Das Haus steht zwischen Kiefern.

Auch hier wird durch ein komplexes Objekt eine zwischen-Region induziert. Zum Abschluss will ich noch einmal auf den Fall des grammatisch singularen Referenzobjektes zurückkommen. Man betrachte

(14) a. Der Trainer stand zwischen den Spielern.
b. ?Der Trainer stand zwischen der Mannschaft.
c. Der Trainer stand bei der Mannschaft.

Abb. 2

jeweils für die in Abb. 2 dargestellte Konfiguration.

Die geringe Akzeptabilität von (14.b) scheint darin begründet zu sein, dass in diesem Fall in der Betrachtungsweise eine Präferenz für das Ganze, die Mannschaft, gegenüber den Spielern besteht. Dass Prozesse, die die Perspektive vom Ganzen auf konstituierende Teile verlagern, für zwischen-Probleme eine wesentliche Rolle spielen, zeigt sich auch an:

(15) " ... mit einem großen fremden Vogel in einem Käfig, den er ... zwischen dem Gitter durch mit einem Stäbchen anstach."[1]

Hier wird das Gitter umkonzeptualisiert zu einem Komplex aus Gitterstäben, der eine ZWISCHEN-Region konstituiert. Zusammenfassend lässt sich feststellen, dass ZWISCHENein komplexes Referenzobjekt erfordert, dessen Bestandteile unter Umständen - vgl. Abschnitt 3 - eine ZWISCHEN-Region konstituieren können.

2.2. Komplexe Objekte - Ein Exkurs

Da zwischen - wie im vorangegangenen Abschnitt erläutert wurde - stets auf ein plurales, d.h. komplexes Referenzobjekt bezug nimmt, soll im vorliegenden Abschnitt eine kurze Skizze der Analyse komplexer Diskursobjekte erfolgen. Diskursobjekte sind interne Stellvertreter für Objekte der Realität (bzw. fiktionaler oder möglicher) Welten, die vom Sprecher/Hörer innerhalb eines mentalen Modells verwendet werden.[2] Diskursobjekte r_i, werden durch Terme einer Repräsentations-

[1] G. Keller, ges. Werke 1889, 4, 20 nach Grimm's "Deutsches Wörterbuch" Bd. 32:1329. (1984).

[2] Zu mentalen Modellen siehe insbesondere Johnson-Laird (1983). Die hier vorgelegt Skizze der mentalen Modelle und der Diskursobjekte ist ausführlich in Habel (1986) dargestellt. In diesem Ansatz bezeichne ich Diskursreferenten als "Referenzobjekte" (RefOs). Um eine Verwechslung mit dem in Theorien zu lokalen Ausdrücken verwendeten Gebrauch von "Referenzobjekt" (vgl.

sprache gekennzeichnet. Eine besonders grundlegende Form der Designation erfolgt durch Namen, so dass sich etwa die folgende Konstellation innerhalb eines Diskursmodells - spezieller eines referentiellen Netzes (RefN) im Sinne von Habel (1986) - ergibt:

(16) r_1 - Hans
r_2 - Maria

Für die "Eltern von Paul" ergibt sich das folgende RefN:

(17) r_3 - Paul
r_4 - ALL x: eltern_von (x, r_3)

(Man beachte, dass ALL ein termbildender Operator ist, d.h. nicht mit dem formelbildenden All-Quantoren identifiziert werden darf.) Das Referenzobjekt für die PP zwischen Hans und Maria ist ebenso wie r_4 ein komplexes Diskursobjekt, welches über eine Summationsoperation, durch "$\oplus$" bezeichnet, gebildet ist[1]:

$$r_5 = r_1 \oplus r_2$$

Der Formulierung (4) aus Abschnitt 1 folgend, sind dann für die Interpretation von

(18) a. zwischen den Eltern
b. zwischen Hans und Maria

die entsprechenden komplexen Referenzobjekte als Argumente der gebietskonstituierenden Funktion zu verwenden, also

(19) a. ZWISCHEN* (r_4)
b. ZWISCHEN* ($r_1 \oplus r_2$)

zu berücksichtigen. Aufgrund der Kommutativität der Summation,

$$r_i \oplus r_j = r_j \oplus r_i$$

ergibt sich, dass zwischen a und b und zwischen b und a zu identischen ZWISCHEN-Regionen führen.

Die Struktur referentieller Netze (in Verbindung mit dem Summationshalbverband) führt dazu, dass von komplexen Diskursobjekten aus ihre Bestandteile zugreifbar sind, teils direkt (19.b), teils inferentiell (19.a), indem aus einer ALL-Designation auf die Teile geschlossen wird. Dieser Prozess wird in (20) skizziert:

Abschnitt 1) zu vermeiden, werde ich im folgenden stets "Diskursobjekt" verwenden, andererseits aber soweit wie möglich die Notation von Habel (1986) zugrundelegen.

[1] Zur Summation von Diskursobjekten vgl. Link (1983) bzw. Eschenbach et al. (1989). Eschenbach (1988) skizziert eine Integration der Link'schen Konzeption in die der referentiellen Netze; ALL entspricht dem Operator σ bei Link (1983).

(20) r_4 - ALL X : eltern_von (x, r_3)
r_6 - IOTA x : mutter_von (x, r_3)
r_7 - IOTA x : vater_von (x, r_3)
$r_4 = r_6 \oplus r_7$.

Nach diesem kurzen Überblick über die Repräsentation und Verarbeitung komplexer Diskursobjekte werde ich im folgenden Abschnitt auf die räumlichen Aspekte bei der Auswertung von ZWISCHEN* eingehen.

3. *Zwischen* und die Struktur des Raumes

Wie ich in den Abschnitten 1 und 2 dargestellt habe, besteht das Ziel der vorliegenden Arbeit darin, die zu zwischen assoziierte gebietskonstituierende Funktion ZWISCHEN* zu spezifizieren und somit eine prozedurale Darstellung der Relation ZWISCHEN anzugeben. Hierbei wird insbesondere auf das mathematische Konzept "Weg" zurückgegriffen, durch das das kognitive Konzept "Pfad" formalisiert werden kann[1].

Wichtig ist es hierbei, die verschiedenen Untersuchungs- bzw. Darstellungsebenen, nämlich die Domäne D der Objekte und die Domäne LR der lokalen Regionen zu unterscheiden.

Diese Beziehung zwischen den Ebenen ist durch

PRÄP(LO, RO) gdw. REG(LO) $\subset$ PRÄP*(RO)

gegeben.[2] Die weiteren Untersuchungen (in den Abschnitten 3.1 - 3.3) werden sich stets auf Relationen bzw. gebietskonstituierende Prozesse auf der Domäne der lokalen Regionen beziehen. Dies bedeutet, dass Relationen über Regionen bzw.

[1] Pfadkonzepte werden z.B. von Miller/Johnson-Laird (1976) und Jackendoff (1983) verwendet; in beiden Ansätzen wird jedoch keine hinreichende Explikation des Begriffes vorgenommen. Die Tragfähigkeit des im vorliegenden Aufsatz entwickelten Wegkonzeptes für die in den genannten Arbeiten untersuchten Probleme, wird der Gegenstand einer zukünftigen Untersuchung sein.

[2] Eine auf ZWISCHEN spezialisierte Formulierung dieses generellen Beziehungsprinzips, bei der aufgrund der Annahme punktförmiger Lokationsentitäten nicht Mengeninklusion sondern die Elementbeziehung verwendet wird, findet sich in (26.a).

Prozesse, die aus Regionen neue Regionen erzeugen, betrachtet werden. Derartige Prozesse haben also die zu (7.a) verwandte Darstellung:

(7.b) $PRÄP_{LR}^{*} : LR \rightarrow LR$.

Da die in der obigen Abbildung dargestellte Beziehung zwischen den Ebenen D und LR als kanonisch angesehen werden kann, werde ich im weiteren den Index LR vermeiden, obwohl die folgenden Untersuchungen überwiegend die LR-Ebene betreffen werden.[1]

3.1 Die Basis: Bezugsgerade

Ausgangspunkt ist der 1-dimensionale Fall, speziell die Anordnung von Punkten auf einer Geraden. Hierfür besagen Hilberts (1977: 4-5) Anordnungsaxiome:

(21) Zu drei verschiedenen Punkten a, b, c einer Geraden gilt stets, dass genau einer, ohne Beschränkung der Allgemeinheit: b, zwischen den beiden anderen liegt: b ZWISCHEN <a, c>[2]

Aus den Anordnungsaxiomen (und Verknüpfungsaxiomen) lassen sich leicht einige relevante Folgerungen für ZWISCHEN ableiten.

(22) ZWISCHEN ist bzgl. des Referenzobjektes symmetrisch[3]
b ZWISCHEN <a, c> gdw. b ZWISCHEN <c, a>

Dieser Sachverhalt rechtfertigt die Notation {a, c} für das komplexe Argument der Relation, d.h. die Schreibweise b ZWISCHEN {a, c}, die als notationelle Variante von b ZWISCHEN (a $\oplus$ c) angesehen werden kann.

(23) ZWISCHEN ist nicht reflexiv, d.h.
a, c auf G : $\neg$ a ZWISCHEN {a, c}
$\neg$ c ZWISCHEN {a, c}

---

1 Diese Vorgehensweise, die den ontologischen Typ der Argumente nicht berücksichtigt, kann als eine Verwendung "generischer" Relationen und Funktionen aufgefasst werden, in der die Typkorrektheit "automatisch angepasst" wird. Darüberhinaus ist zu erwähnen, dass grundsätzlich die Struktur der lokalen Domäne, bzw. die Bezugsentität (Gerade vs. Pfad) durch weitere Parameter berücksichtigt werden muss, wie ich es (46) andeute.

2 Ich verwende hier eine Notation, die einerseits der geometrischen Sichtweise Hilberts entspricht und andererseits die Anforderungen einer Präpositionalanalyse genügt. Aus Gründen der besseren Lesbarkeit erfolgt die Formulierung in Infix-Notation. a, b, c sind punktförmige Objekte aus LR.

3 Die höheren Eigenschaften Symmetrie, Reflexivität (23) und Transitivität (24) - vgl. auch im Zusammenhang mit der erweiterten Definition des Verbindungsweges: (37.b) - werden hier in übertragener Weise verwendet. Man beachte, dass sie üblicherweise für zweistellige Relationen definiert werden und hier für Relationen mit einem komplexen zweiten Argument verwendet werden.

Ausserdem ergibt sich, dass ZWISCHEN (in einem intuitiven Sinne) transitiv ist (vgl. Hilbert 1977: p6, Satz 5):

(24) b ZWISCHEN {a, c} & c ZWISCHEN {b, d}
dann
b ZWISCHEN {a, d} & c ZWISCHEN {a, d}

Sind a und c Punkte einer Geraden G, so gibt es unendlich viele Punkte AUF G, die zwischen a und c liegen; die Menge dieser Punkte sei im weiteren durch

(25) ZWISCHEN* {a, c}

bezeichnet und es gilt (b. folgt aus der Irreflexivität (23)):

(26) a. a, b, c auf G
b ZWISCHEN {a, c} gdw. b $\in$ ZWISCHEN* {a, c}
b. a $\notin$ ZWISCHEN* {a, c}

Durch (26) wird - für den 1-dimensionalen geradlinigen Fall - die kanonische Beziehung zwischen ZWISCHEN-Relation und der ZWISCHEN-Region, die durch die ZWISCHEN*-Funktion konstituiert wird, hergestellt.

Bisher wurden stets nur Punkte auf G betrachtet; eine offensichtliche Erweiterung betrifft die Berücksichtigung von "Abschnitten" der Geraden, d.h. von gewissen Punktmengen. Als Abschnitte einer Geraden sollen solche Teile bezeichnet werden, die - informell gesprochen - keine Lücken aufweisen.

(27) A ist Abschnitt der Geraden G gdw.
a, b $\in$ A : ZWISCHEN* {a, b} $\subset$ A

Aufbauend auf dieser Definition des Abschnittes kann der Definitionsbereich für ZWISCHEN erweitert werden.

(28) a. Sei A ein Abschnitt auf G und a, b Punkte auf G, a, b $\notin$ A, so gilt:
A ZWISCHEN {a, b} gdw. A $\subset$ ZWISCHEN* {a, b}

b. Seien A und B disjunkte Abschnitte auf G:
ZWISCHEN* {A, B} :=
{x | x $\notin$ A & x $\notin$ B & $\exists$ a $\in$ A, b $\in$ B: x ZWISCHEN{a, b}}

c. Seien A und B disjunkte Abschnitte auf G, c Punkt, C Punktmenge auf G
c ZWISCHEN{A, B} gdw: c $\in$ ZWISCHEN* {A, B}
C ZWISCHEN {A, B} gdw: C $\subset$ ZWISCHEN*{A, B}

Durch diese Definition ist das Inventar für eine Analyse einfacher <u>zwischen</u>-Situationen bereitgestellt, wie es - in ähnlicher Weise - Moilanen (1979: 119ff) zugrunde liegt:

(29) "Zwischen stellt eine lineare Relation her, indem durch sie je drei Individuen mit einer Geraden so verbunden werden, dass sich das zu Lokalisierende auf der durch die zwei übrigen Individuen begrenzten Strecke befindet." (S. 121)

Wie man sieht, leistet die oben definierte - auf Punktmengen erweiterte - Relation ZWISCHEN das Verlangte. Hierbei sind jedoch zwei Modi zu unterscheiden:

(30) a. Gegeben sei eine mit zwischen formulierte Beziehung, gesucht sind Bedingungen an die beschriebene Situation.

b. Gegeben ist eine räumliche Konstellation, geprüft werden muss, ob eine ZWISCHEN-Situation vorliegt, d.h., ob eine Beschreibung mit zwischen angemessen ist.

Die Situation (30.a) fordert die Existenz einer für die ZWISCHEN-Beschreibung konstitutiven Geraden, d.h. der Hörer einer entsprechenden Äusserung kann eine derartige Gerade annehmen und sie im internen, mentalen Modell voraussetzen[1]; in der Situation (30.b) hat der Sprecher aufgrund einer räumlichen Konstellation zu prüfen, ob eine für die ZWISCHEN-Beschreibung konstitutive Gerade existiert. Für das Beispiel Bonn liegt zwischen Köln und Mainz liegt den hier skizzierten Überlegungen folgend eine wie in Abb. 3.a dargestellte Konstellation zugrunde; hierbei wird von einer punktförmigen Betrachtungsweise der Städte ausgegangen. Auch wenn die Städte als flächig angesehen werden, wie es aufgrund des "Mass-Stabes" für

(31) Leverkusen liegt zwischen Düsseldorf und Köln.

angemessen ist (siehe Abb. 3.b), kann die "eindimensionale Analyse" aufrecht erhalten werden, indem man auf geeignete Punktmengen, nämlich Schnitte zwischen der Stadtregion und der ZWISCHEN-konstituierenden Geraden, übergeht. Diese Sichtweise nimmt etwa Moilanen (1979: 126) ein.[2]

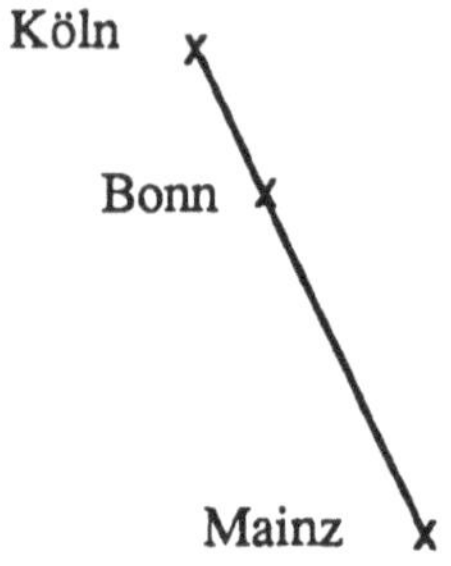

Abb. 3.a

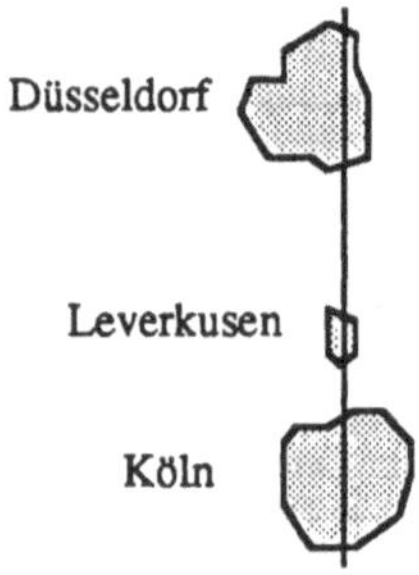

Abb. 3.b

[1] Probleme in Hinblick auf diese Annahme behandele ich im folgenden Abschnitt 3.2.

[2] Das Problem "höherer Dimensionalität", d.h. ZWISCHEN in 2- bzw. 3-dimensionalen Räumen wird in Abschnitt 3.3 behandelt werden.

3.2 Erweiterung 1: Bezugswege

Bei näherer Betrachtung (vgl. Abb. 1) zeigt sich, dass die im vorangegangenen Abschnitt 3.1 vorgelegte Analyse viele relevante Fälle nicht abdeckt. So lässt sich für

(32) Duisburg liegt zwischen Essen und Düsseldorf.

keine ZWISCHEN-konstituierende Gerade angeben. Für Bahnreisende ist (32) eine korrekte, verständliche und natürliche Beschreibung der räumlichen Konstellation, ohne dass der "Bezugsweg" angegeben werden müsste.

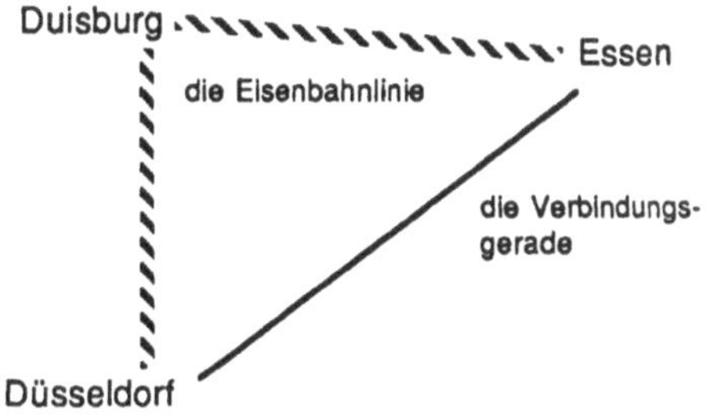

Abb. 4: Bezugsgerade vs. Bezugsweg

Hieraus ergibt sich, dass die folgenden Problemkreise untersucht werden müssen:

(33) a. Über Verbindungsgeraden hinaus sind weitere Bezugswege zu berücksichtigen.

b. Die Verwendung verschiedener Bezugswege kann zu verschiedenen ZWISCHEN-Prädikationen führen; informell ausgedrückt: b liegt bzgl. Bezugsweg-1 zwischen a und c, aber bzgl. Bezugsweg-2 nicht zwischen a und c.

c. Welche Bezugswege sind für welchen Kontext angemessen?

Zuerst einmal ist also das Konzept des Bezugsweges zu klären; hierbei nehme ich Überlegungen von Wunderlich (1982), Wunderlich/Herweg (ersch.) und Bierwisch (1988) auf, die Wege als grundlegendes Konzept für die Analyse von Direktionalen verwendet haben.[1] Grundlage der Überlegungen ist die entsprechende Konzeption der Topologie:

(34) I = [0, 1] sei das Einheitsintervall[2] in den reellen Zahlen.
LR die Menge der lokalen Regionen
φ: I $\rightarrow$ LR ist ein parametrisierter Weg, gdw. φ stetig ist bzgl. der LR zugrundeliegenden Topologie.

("Topologie" ist hier identisch zu "topologische Struktur". In diesem Abschnitt gehe ich - ohne nähere Erläuterungen hierzu zu geben - von einer "natürlichen

---

[1] Eine detaillierte Analyse der Unterschiede zwischen den Wegkonzepten von Wunderlich/Herweg, Bierwisch und dem hier hier vorgestellten kann in diesem Aufsatz nicht erfolgen. Ich werde nur auf die wichtigsten Punkte an geeigneter Stelle verweisen.

[2] [0,1] bezeichnet das abgeschlossene, (0,1) das offene Einheitsintervall.

Topologie", die von einer Metrik induziert wird, aus. Vorerst, in Abschnitt 3.2, werde ich keine höher-dimensionalen Regionen berücksichtigen (siehe jedoch Abschnitt 3.3)).[1]

Weitere wichtige Konzepte betreffen den Anfang, das Ende und die Punktmenge des Weges:

(35) $\varphi(0) =: A(\varphi)$ heisst Anfangspunkt
$\varphi(1) =: E(\varphi)$ heisst Endpunkt
$\varphi(I)$ heisst Spur des parametrisierten Weges φ.

Offensichtlicherweise sind gerade diese Gesichtspunkte, die eine Unterscheidung "des Weges von A nach E" und "des Weges von E nach A" möglich machen, für Analysen lokaler und direktionaler Konzepte wesentlich; die "Durchlaufungs-geschwindigkeit", die einen zeitlichen Aspekt ins Spiel bringt, ist hingegen nicht von Relevanz.[2] Ohne hier auf Details eingehen zu wollen, sei auf ein für die vorliegenden Probleme adäquateres Konzept übergegangen: Wege sind Äquivalenzklassen von parametrisierten Wegen[3]; die Äquivalenzrelation berücksichtigt die Orientierung und vernachlässigt die Geschwindigkeit des Durchlaufens. (Informell ausgedrückt: Verschiedene parametrisierte Wege φ_1 und φ_2 mit gleichen Anfangs- und Endpunkten und Spuren können - soweit sie sich nur in der "Bewegungs-geschwindigkeit der Punkte bzgl. der Spur" unterscheiden - zusammengefasst werden.) Jede Parametrisierung des Weges kann als Repräsentant herangezogen werden, wenn Aussagen über den Weg gemacht werden sollen. Dies bedeutet, dass auch Wege über Abbildungen definiert sind, diese Abbildungen jedoch stets als Repräsentanten der entsprechenden Äquivalenzklasse parametrisierter Wege zu verstehen sind. Zur Unterscheidung verwende ich im weiteren grosse Buchstaben des griechischen Alphabets für Wege, also bezeichnet

$\varphi: I \rightarrow LR$ einen parametrisierten Weg,
$\Phi: I \rightarrow LR$ einen Weg.

Eine für die weiteren Untersuchungen wichtige Klasse von Wegen sind solche, bei denen kein Punkt aus LR mehrfach durchlaufen wird:[4]

---

[1] Ebensowenig werde ich im Rahmen dieser Untersuchung "höherdimensionale Wege", wie sie von Bierwisch (1988, Abschnitt 2.4) vorgeschlagen werden, weiterverfolgen. Vgl. auch den Beginn von Abschnitt 3.3.

[2] Bierwisch (1988: 14f) begründet auf einer entsprechenden Einschätzung seine Kritik an Wunderlich/Herweg, die parametrisierte Wege verwenden.

[3] Die Äquivalenzrelation wird durch Parametertransformationen, d.h. stetige, surjektive, monoton wachsende Funktionen $I \rightarrow I$, gestiftet.

[4] Einzige Ausnahme ist der gemeinsame Anfangs- und Endpunkt eines einfach geschlossenen Weges.

(36) Ein Weg Φ heisst einfach, falls gilt:
$\forall$ x, y $\in$ (0, 1) gilt: $x \neq y \Rightarrow \Phi(x) \neq \Phi(y)$

Zum Abschluss der "technischen Vorbemerkungen" sei darauf hingewiesen, dass Spuren keine vollen Rückschlüsse auf die Wege zulassen: Der Weg von A nach E, der Weg von E nach A und der Weg von A nach E und zurück nach E, und ... verfügen über dieselbe Spur. Dies bedeutet, dass für die Beschreibung von weg- bzw-pfadartigen Objekten drei Formalisierungsmöglichkeiten existieren:

- parametrisierte Wege
- Wege
- Spuren,

die jeweils durch Äquivalenzklassenbildung auseinander hervorgehen. Für die Untersuchung von Lokalen und Direktionalen werden nur Wege und Spuren Verwendung finden.

Ich komme nun zurück auf das Beispiel

(32) Duisburg liegt zwischen Essen und Düsseldorf.

Für die Verwendung von <u>zwischen</u> konstitutiv ist die Existenz eines Weges mit den Eigenschaften:

(37) a. $\Phi : I \rightarrow LR$
$\Phi(0)$ = REG (Düsseldorf)
$\Phi(1)$ = REG (Essen)
$\exists$ y $\in$ (0, 1) : $\Phi(y)$ = REG (Duisburg)

Dieser spezielle Fall genügt dem folgenden Explikationsversuch für ZWISCHEN

(37) b. b ZWISCHEN {a, c}
gdw. es existiert ein Weg Φ mit
$\Phi(0) = a$, $\Phi(1) = c$ [1] und
$\exists$ y $\in$ (0, 1) mit $\Phi(y) = b$

Wie man sieht, ist (37.b) eine Verallgemeinerung der Definition (29), die auf einer konstituierenden Geraden basiert, insofern als die Strecke von a nach b als Spur eines Weges aufgefasst werden kann. Die Erweiterungen, die in Abschnitt 3.1 eingeführt wurden, können in analoger Weise für (37) durchgeführt werden. Auch die

[1] Die "Auswahl", dass der Weganfang bei a und das Wegende bei c liegt, ist irrelevant, da aus der Existenz des Weges Φ die Existenz eines inversen Weges Φ^{-1} folgt, mit $\Phi^{-1}(0) = c$ und $\Phi^{-1}(1) = a$. Man beachte, dass Φ und Φ^{-1} die gleiche Spur bezeichnen, aber entgegengesetzte Orientierung besitzen, also verschiedene Wege sind.

Transitivität von ZWISCHEN ergibt sich in entsprechender Weise, da über Wegen (und Spuren) eine natürliche Summationsoperation existiert.

(38) $\Phi_1 : [0, 1] \rightarrow LR \qquad \Phi_2 : [0, 1] \rightarrow LR$

$\Phi_1(0) = a, \quad \Phi_1(1) = \Phi_2(0) = b, \quad \Phi_2(1) = c$

dann sei

$\Phi := \Phi_1 + \Phi_2$ definiert durch

$$\Phi(x) = \begin{cases} \Phi_1(2x) & x \in \left[0, \frac{1}{2}\right] \\ \Phi_2(2x-1) & x \in \left[\frac{1}{2}, 1\right] \end{cases} \qquad \text{die Summe von } \Phi_1 \text{ und } \Phi_2$$

Es gilt: $\Phi(0) = \Phi_1(0) = a$, $\Phi(1) = \Phi_2(1) = c$

Der Explikationsversuch (37) ist offensichtlicherweise zu generell und daher nicht adäquat, da formal gesprochen, für jede Konstellation von drei Punkten a, b, und c der Ebene ein Weg Φ gefunden werden kann, so dass die Bedingung zu (37) erfüllt ist. Dies bedeutet, dass nur gewisse Wege geeignet sind, ZWISCHEN-Beziehungen zu konstituieren; welche Arten von Wegen hierfür in Frage kommen und welche Faktoren die Auswahl bestimmen, werde ich an exemplarischen Beispielen untersuchen.

Eine Ausnahmestellung nehmen die Verbindungsgeraden ein, da sie unabhängig vom Kontext und von der Konzeptualisierung des Raumes stets eine ZWISCHEN-Region konstituieren; dies dürfte auch der Grund dafür sein, dass sie z.B. von Moilanen (1979) als einziges Mittel zur Explikation von ZWISCHEN herangezogen wurden. Die nächste Gruppe von geeigneten Pfaden wird durch mögliche Verbindungen, z.B. Verkehrswege[1], gebildet. In dieser Gruppe ist etwa das Beispiel (32) einzuordnen: Eisenbahnlinien (bzw. deren induzierte Spuren) sind als Verbindungen zwischen Orten bekannt und daher auch ohne explizite Erwähnung für die Konstituierung einer ZWISCHEN-Beziehung geeignet. Entsprechendes gilt für Strassen, Wege und Flussläufe. Über den Typ des Verkehrweges hinaus sind sonstige natürliche, pfadartige Objekte als weg-konsituierende Entitäten geeignet, etwa Küstenlinien und Gebirgsränder. Als weitere Möglichkeit ist die Induzierung von Wegen durch eine Anordnung von Einzelobjekten zu berücksichtigen, wie sie etwa durch ein Folge von Telegraphenmasten gebildet wird. Bei allen derartigen - im engeren oder weiteren Sinne - induzierten Wegen, ist stets die Frage, ob dem Hörer die entsprechenden Konstellationen bekannt sind, für das Verstehen eines Satzes ausschlaggebend. Dies sei an

[1] Vgl. hierzu die von Miller/Johnson-Laird (1976: 377) aufgelisteten Objekte des Typs "pathway".

(39) a. Traben-Trarbach liegt zwischen Wolf und Enkirch.
b. Die Festung Mont Royal liegt zwischen Wolf und Enkirch.

verdeutlicht (vgl. Abb. 5). Ist beim Sprecher ein situativer Rahmen - gebildet durch die Orte Wolf und Enkirch sowie den Moselverlauf - bekannt, so bieten sich zwei Wege für die Konstituierung eines zwischen-Bereiches an, die Verbindungsgerade und der Moselverlauf (bzw. dessen Spur). Hier ist eine Spezifizierung - den Grice'schen Konversationsmaximen folgend - etwa durch "an der Mosel" (a) oder "auf der Höhe" (b) angebracht.

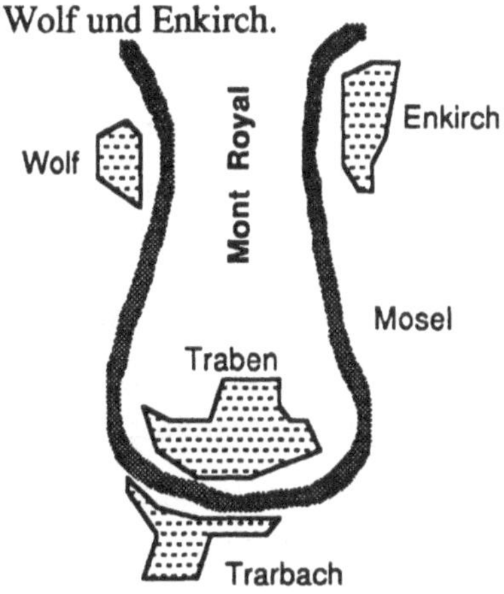

Abb. 5

Abschliessend will ich auf das in Abb.1 dargestellte Beispiel

(9.a) Paul sass zwischen Hans und Maria.

zurückkommen. Situationen bei denen ein Tisch im Spiel ist, z.B. falls (9.a) im Rahmen der Beschreibung eines Essens geäussert wird, legen fest, dass nur für am-Tisch-sitzen geeignete Pfade zur Konstituierung in Frage kommen (siehe Abb. 6). Dies bedeutet, dass der Tisch als konkurrierendes Objekt - vgl. Habel/Pribbenow (1988) - berücksichtigt werden muss; insbesondere spielen die Form des Tisches und die Plazierung der Personen eine entscheidende Rolle. In diesem Fall ist der ZWISCHEN-konstituierende Weg so zu wählen, dass die Spur keinen Schnitt mit der Tischregion aufweist. Anschaulich gesprochen: Der Tisch bestimmt den Verlauf der für sitzen-Situationen geeigneten Spuren.

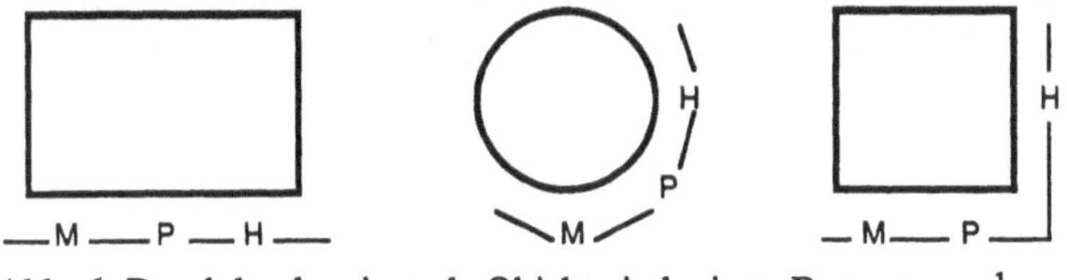

Abb. 6: Durch konkurrierende Objekte induzierte Bezugswege[1]

Die von Wunderlich (1982: 16) aufgestellte Forderung, dass die zwischen-Region durch "möglichst kurze Wege" konstituiert wird, ist aufrechtzuerhalten, wenn man

[1] Dass bei dieser Sichtweise 2-dimensional argumentiert wird (vgl. hierzu auch Abschnitt 3.3), ist dadurch gerechtfertigt, dass die vertikale Achse bei der Positionierung an einem Esstisch - normalerweise - keine Relevanz besitzt.

einerseits die Berücksichtigung konkurrierender Objekte (s.o.) zulässt und andererseits grundsätzlich die Möglichkeit eröffnet, Wege entsprechend unterschiedlicher Verbindungsmodi als zwischen-konstituierend anzusehen.

Bevor ich auf die interne Struktur des Raumes, d.h. der Domäne LR der lokalen Regionen eingehe, möchte ich die Einordnung von zwischen in die traditionelle Klassifikation[1] (vgl. Wunderlich/Herweg (ersch.), Bierwisch (1988)) lokaler Präpositionen in topologische Präpositionen, z.B. in, an, auf, bei, und Richtungs-Präpositionen, z.B. vor, hinter, über, unter, rechts, links skizzenhaft diskutieren.

Eine wesentliche Unterscheidung zwischen den beiden Präpositionsgruppen liegt in der Modifizierbarkeit durch Massangaben.

(40) a. Leverkusen liegt 15km vor Köln.
b. *Leverkusen liegt 15km bei Köln.

Massangaben beziehen sich auf das gerichtete Bezugsobjekt (Vektor oder Achse), das für die Richtungs-Präposition konstitutiv ist.[2] Topologische Präpositionen stellen kein gerichtetes Bezugsobjekt bereit und sind daher nicht durch Massangaben modifizierbar; bei - auf den ersten Blick als Ausnahmen wirkenden - Fällen wie

(41) Der Nagel steckt drei Zentimeter tief in der Wand

wird ein die Massangabe zulassendes Bezugsobjekt durch das Verb und nicht durch die Präposition induziert. Zwischen lässt Massangaben nicht zu:

(42) *Leverkusen liegt 15km zwischen Köln und Düsseldorf

Dies weist darauf hin, dass die ZWISCHEN-Region als Punktmenge anzusehen ist, für die die Annahme einer Richtung unerheblich ist. Dass die Richtung keine relevante Rolle spielt, ergibt sich auch aus (22), der Symmetrie bzgl. der Komponenten des Referenzobjektes. Diese Eigenschaften weisen zwischen als topologische Präposition aus, deren Bezugsregion zwar über einen Weg gebildet werden kann, die jedoch nur in bezug auf die Spur, d.h. "Weg ohne Richtung" interpretiert werden kann.

---

[1] Wunderlich/Herweg führen zusätzlich die Klasse "wegbezogener Präpositionen" (z.B. um, durch, längs, ...) ein. Diese Gruppe halte ich - ohne hier eine Begründung angeben zu können - für eine Untergruppe der topologischen Präpositionen.

[2] Zur Modifikation durch Massangaben vgl. u.a. Wunderlich/Herweg (ersch.), Bierwisch (1988) und Lang (1989).

3.3 Erweiterung 2: höherdimensionale Konstellationen

3.3.1 Null-dimensionale Referenzobjekte: Bezugswege

In den bisherigen Abschnitten dieses Kapitels habe ich Aspekte der Dimensionalität vernachlässigt, insbesondere wurden ausschliesslich ein-dimensionale ZWISCHEN-Regionen betrachtet. Als Basis der lokalen Domäne LR nehme ich eine Menge LP von Raumpunkten mit einer dreidimensionalen metrischen Struktur an.[1]

Ausgehend von der Auszeichnung von Punkten, d.h. Objekten der Dimension 0, ergibt sich eine - leichte - Modifikation des Wegkonzeptes, das auf (34) basiert:

(43) Ein parametrisierter Weg ist ein-dimensional, falls
$\varphi(x) \in LP$ für alle $x \in [0, 1]$

Diese Charakterisierung schliesst die von Bierwisch (1988: 25ff) behandelten höherdimensionalen Wege aus. Im weiteren werde ich nur ein-dimensionale Wege mit eindimensionalen Spuren betrachten, ohne dies stets explizit zu erwähnen; diese Wege dürften dem intuitiven Wegkonzept am ehesten entsprechen.[2]

Der Stand der zwischen-Diskussion, wie er in Abschnitt 3.2 dargelegt wurde, kann also folgendermassen zusammengefasst werden:

> Zwei punktförmige Objekte mit den Lokationen A, B $\in$ LP konstituieren über ein-dimensionale Wege Φ ein-dimensionale ZWISCHEN-Regionen: ZWISCHEN$^*_\Phi$ {A, B}

In 3.2 habe ich darauf hingewiesen, dass für die Konstituierung von (eindimensionalen) ZWISCHEN-Regionen stets die Existenz eines ausgezeichneten, d.h. "natürlichen", Weges zwischen A und B vorausgesetzt werden muss, dass also die blosse Möglichkeit, einen Weg zu finden nicht ausreicht. Diese Beschränkung auf ausgezeichnete Wege gebietet einer Inflation möglicher Bezugswege Einhalt.

---

[1] Die im weiteren diskutierte Geometrie wird als euklidische Geometrie angelegt werden. Ob diese Annahme empirisch gerechtfertigt ist, soll hier nicht diskutiert werden, da die weiteren Überlegungen einen exemplarischen Charakter aufweisen, deren wesentlicher Zweck in der Skizzierung der für eine Analyse lokaler Präpositionen, speziell von zwischen, relevanten Konzepte liegt.
Über die metrische Struktur ist auf kanonische Weise das Konzept der "offenen Menge" festgelegt und somit eine Topologie des Raumes definiert.

[2] Die Ein-Dimensionalität der Spuren ist - mathematisch gesehen - nicht durch einfache Methoden sicherzustellen. Die "Peano-Kurve", ein Weg, der das gesamte Einheitsquadrat überdeckt und somit eine zwei-dimensionale Spur aufweist, hat in der Geschichte der Mathematik eine bedeutende Rolle gespielt: Der Begriff der topologischen Dimension, der aufgrund derartiger "pathologischer Fälle" entwickelt wurde, ist für die weiteren Untersuchungen sicherlich einschlägig, soll aber, da er die Explizierung erheblich komplizieren würde, hier nicht detailliert berücksichtigt und diskutiert werden.

Wie ist jedoch, wenn ausschliesslich ausgezeichnete Wege berücksichtigt werden, ein Fall wie

(44) Vechta liegt zwischen Osnabrück und Bremen.

(vgl. Abb. 7) zu behandeln? Geht man von den ausgezeichneten Wegen der Verbindungsgeraden (Φ_1), der Eisenbahnspur (Φ_2) und der Autobahnspur (Φ_3) zwischen Osnabrück und Bremen aus, so liegt REG (Vechta) auf keiner dieser Spuren.[1]

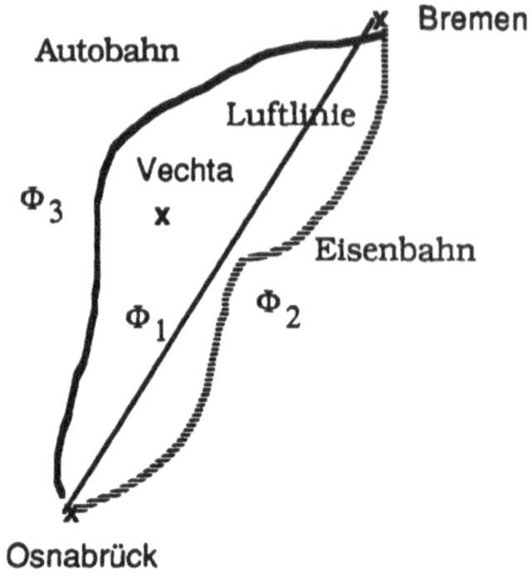

Abb. 7

Hierbei ist es sinnvoll, auszunutzen, dass die Deformierbarkeit von Wegen zu den wesentlichen Eigenschaften einer topologischen Betrachtungsweise gehören.

(45) Sind φ_1 und φ_2 zwei parametrisierte Wege mit
$\varphi_1(0) = \varphi_2(0)$ und $\varphi_1(1) = \varphi_2(1)$, und existiert eine stetige Abbildung
δ: I x I → LR mit
$\delta(0, y) = \varphi_1(y)$ $\quad$ $\delta(1, y) = \varphi_2(y)$
$\delta(x, 0) = \varphi_1(0) = \varphi_2(0)$ $\quad$ $\delta(x, 1) = \varphi_1(1) = \varphi_2(1)$
so heissen φ_1 und φ_2 ineinander deformierbar.[2]

Das Konzept der Deformierbarkeit von Wegen ist in Abb. 8 veranschaulicht.

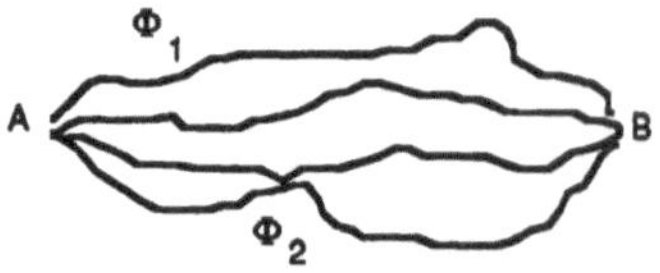

Abb. 8: Deformation von Wegen

Ohne hier auf Details des Deformationskonzeptes einzugehen, kann festgehalten werden, dass Φ_1, Φ_2 und Φ_3 (aus Abb. 7) durch Deformation ineinander überführbar sind.

---

[1] Darüberhinaus kann festgestellt werden, dass keine der üblichen Strassenverbindungen von Osnabrück über Vechta nach Bremen führt. Dass die Autobahn weder Osnabrück noch Bremen trifft, kann im Rahmen einer geeigneten Vergröberung der realen Verhältnisse vernachlässigt werden.

[2] Die Deformierbarkeit kann kanonisch auf Wege übertragen werden. In der Notation der Topologie werden φ_1 und φ_2 als homotop bezeichnet; vgl. Schubert (1969).

Hierauf aufbauend lässt sich eine Charakterisierung einer zweidimensionalen ZWISCHEN-Region ableiten:

(46) Falls Φ_1 und Φ_2 zwei ineinander deformierbare Wege von A nach B sind, so gilt für alle C, die Bildpunkte der Deformation sind, d.h.
$\exists\, x \in [0, 1], y \in (0, 1) : \delta(x, y) = C$, dass
$C \in \text{ZWISCHEN}^*_{\Phi_1, \Phi_2} \{A, B\}$

Die Charakterisierung (46) dient als Leitlinie für die weiteren Untersuchungen; zahlreiche Problem sind gegenwärtig noch nicht hinreichend geklärt. Einige Anmerkungen sollen deutlich machen, in welchen Bereichen eine Beschreibung von ZWISCHEN-Regionen - aufbauend auf (46) - wirksam werden können.

1. Durch (46) kann ausgehend von natürlichen ZWISCHEN-Wegen eine höherdimensionale ZWISCHEN-Region charakterisiert werden. Eine Einschränkung auf den zwei-dimensionalen Fall ist nicht notwendig.
2. Ebenso wie von natürlichen ZWISCHEN-Wegen ausgegangen wird, muss eine Natürlichkeits-Bedingung für die Deformationsabbildung angenommen werden.
3. Die Deformationsabbildung wird u.a. metrischen Beschränkungen unterworfen sein. Informell - und anschaulich - beschrieben: Die Deformation darf keine "zu grossen" Abstände zu den Ausgangswegen aufweisen.
4. Natürliche Deformation eines einzelnen Weges kann ebenfalls eine ZWISCHEN-Region konstituieren; vgl. Abb. 9.

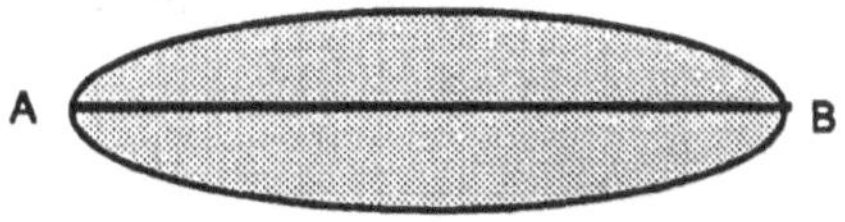

Abb. 9

5. Das Prinzip der Weg- bzw. Spurdeformation kann den ZWISCHEN-Regionen konstituierenden Prozessen (im Sinne von Habel/Pribbenow (1988)) zugrundegelegt werden.
6. Die hier vorgestellte Konzeption - insbesondere unter der Erweiterung der Anm. 4 - korrespondiert zu der in Wunderlich (1982) dargestellten ZWISCHEN-Region als Menge von Wegen.

3.3.2 Null-dimensionale Referenzobjekte: konvexe Hüllen

In den bisherigen Beispielen habe ich stets Fälle des Typs "a ZWISCHEN {b, c}" betrachtet; wie

(47) Hans steht zwischen Maria, Peter und Anne.

zeigt, sind aber auch ZWISCHEN-Regionen zu berücksichtigen, die durch mehr als zwei Objekte konstruiert werden. Hier ist davon auszugehen, dass z.B. - wie Abb. 10.a veranschaulicht - durch drei null-dimensionale lokale Objekte (aus LP) eine zwei-dimensionale Region (aus LR) ausgezeichnet wird.

Abb. 10.a

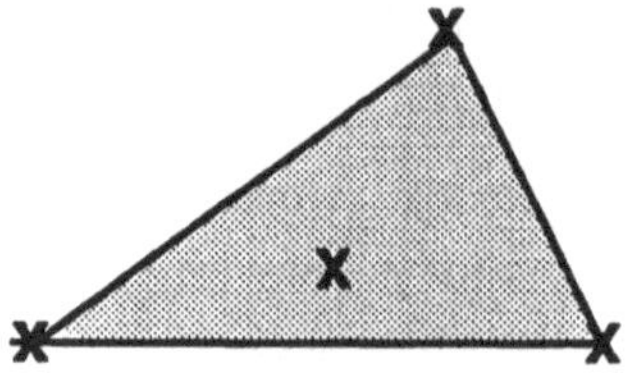

Abb. 10.b

Wie diese ZWISCHEN-Region zu berechnen ist, ergibt sich in offensichtlicher Weise aus der metrischen Struktur der lokalen Domäne. Die "mathematischen Details" werde ich in diesem Aufsatz nicht ausführen. Benötigt werden Abstandskonzepte und das Konzept der konvexen Hülle von lokalen Objekten, in Abb. 10.b am Beispiel eines Tripels von Lokationen (zu Referenzobjekten) veranschaulicht.[1] Es ist davon auszugehen, dass es zu den kognitiven Fähigkeiten von Sprachbenutzern gehört, entsprechende räumliche Konzepte zu verwenden. Man beachte, dass die im Verlauf der vorliegenden Untersuchung erläuterten Konzepte der Verbindungsgeraden und verbindenden Wege auf den gleichen Grundkonzepten basieren.

Am Beispiel (47) können auch einige der wichtigsten pragmatischen Bedingungen für die Verwendung von zwischen bei mehr als zwei Referenzobjekten verdeutlicht werden. Ein Hörer von (47) kann davon ausgehen, dass die erwähnten Referenzobjekte nicht kollinear angeordnet sind, d.h., dass Anne, Maria und Peter nicht in einer Reihe stehen, sondern eine nicht-lineare Gruppierung (wie in Abb. 10) bilden. Warum ist die lineare Konstellation (Abb. 11) auszuschliessen? Die Überlegungen der vorausgegangenen Abschnitte zeigen, dass im

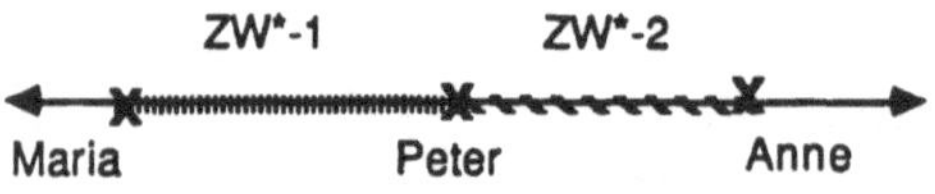

Abb. 11

[1] Eine Menge M ∈ LR ist konvex, wenn für alle Punkte x, y ∈ LP gilt: Falls x, y ∈ M so ist die verbindende Strecke verbind (x, y) ⊂ M.Die konvexe Hülle von Punkten $a_1, ..., a_n$ ∈ LP ist die minimale konvexe Menge zu $a_1, ..., a_n$. Eine in den meisten Fällen relevante Minimalitätsbedingung ist durch die "Begrenzung" durch die "externen" Verbindungsstrecken der $a_1, ..., a_n$ gegeben.
Man beachte, dass z.B. die Verbindungsstrecke die konvexe Hülle zweier Punkte ist; mit anderen Worten, das Konzept der konvexen Hülle stellt eine natürliche Generalisierung des Konzeptes Verbindungsweg dar.

linearen Fall, zwei ZWISCHEN-Regionen konstituiert werden, ZWISCHEN*{M, P} und ZWISCHEN*{P, A}. Dem Hörer ist also eine eindeutige Anordnung nicht möglich. Unter der Annahme, dass der Sprecher zu einer eindeutigen Anordnung fähig ist, ist er den Grice'schen Maximen folgend, verpflichtet, diese auch in der Äusserung zu kommunizieren, also entweder 48.a) oder (48.b) zu äussern.

(48) a. Hans steht zwischen Maria und Peter.
b. Hans steht zwischen Anne und Peter.

Die Äusserung von (47) in bezug auf die kollineare Konstellation ist als nicht hinreichend informativ abzulehnen; ein Hinweis, der dem Hörer mitteilt, dass der Sprecher die Details der Konstellation nicht kennt, z.B. weil er die Zwillingsschwestern Anne und Maria nicht unterscheiden kann, wäre angemessen.

Anders ist die Situation, wenn, wie in

(49) Ich habe das Auto zwischen den Alleebäumen geparkt.

die Teilobjekte des komplexen Referenzobjektes nicht hinreichend individualisiert werden können, und dieses für den Hörer erschliessbar ist. Ebensowenig ist

(50) Hans sitzt zwischen den Eltern und den Grosseltern.

im kollinearen Fall problematisch, da hier als Referenzobjekt zwei komplexe Objekte vorliegen, für die wiederum das übliche Verfahren für die Konstituierung von ZWISCHEN-Regionen bzgl. Geraden-Abschnitten (28.c) anwendbar ist.

Die Diskussion der Kollinearitätsproblematik zeigt, dass die Referenzobjekte einer zwischen-PP so gewählt werden sollten, dass durch sie eine möglichst minimale ZWISCHEN-Region konstituiert werden kann. Für den Fall dreier nicht-kollinearer Referenzobjekte ergibt sich als am meisten umfassende ZWISCHEN-Region, die in Abb. 10.b. dargestellte konvexe Hülle. Da andererseits gewisse Teile der konvexen Hülle einschränkender durch ZWISCHEN-Regionen von nur zwei der drei angesprochenen Referenzobjekte bezeichnet werden können, ist eine Präferenz für "die Mitte der konvexen Hülle" anzunehmen (vgl. Abb. 12).

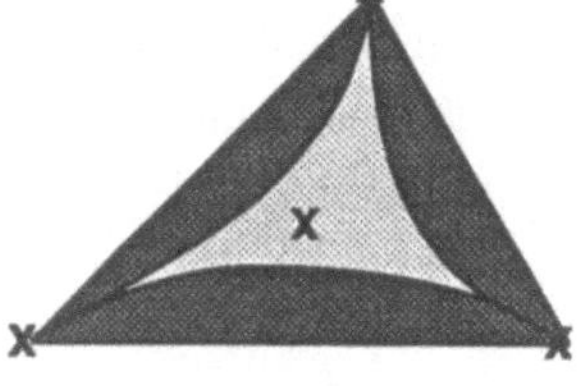

Abb. 12: ZWISCHEN-Region mit Präferenzstruktur

Man beachte, dass derartige Präferenzen nicht den semantischen Kern von zwischen betreffen, sondern auf pragmatische Verwendungsbedingungen basieren.

Bevor ich auf den Fall "flächiger Referenzobjekte" eingehe, seien ZWISCHEN-Konstellationen, die auf mehr als drei Referenzobjekten basieren, skizzenhaft behandelt. Die oben am Fall von Referenzobjekttripeln erläuterten Konzepte, insbesondere das der konvexen Hülle, können in entsprechender Weise für komplexe Referenzobjekte mit beliebig vielen atomaren Referenzobjekten verwendet werden.[1] Hierbei betrachte ich nochmals das Beispiel

(13) Das Haus steht zwischen Kiefern.

bzw. eine Variante von (14.a)

(51) Beckenbauer stand zwischen den Spielern.

Die Kiefern bzw. die Spieler konstituieren über die konvexe Hülle eine ZWISCHEN-Region. Entsprechend zur Nicht-Reflexivität im Fall der Bezugsgeraden (23) gilt:

(52) $\forall r_i \in R : \mathrm{REG}\,(r_i) \not\subseteq \mathrm{ZWISCHEN}^*\,(R)$,

d.h. die ZWISCHEN-Region eines komplexen Referenzobjektes R umfasst nicht die Lokationen der atomaren Referenzobjekte, die R konstituieren. Dies erklärt auch die Akzeptabilitätsbewertungen in

(53) a. ? Die tausendjährige Eiche steht zwischen den Eichen.
b. Die tausendjährige Eiche steht zwischen den anderen Eichen.
c. ? Der Mittelstürmer steht zwischen den Spielern.
d. Der Mittelstürmer steht zwischen den anderen Spielern.

Als pragmatische Disjunktheitsforderung (zwischen zu lokalisierendem Objekt und komplexen Referenzobjekt) kann (52) für Präferenz-Implikaturen herangezogen werden, z.B. kann aus (51) geschlossen werden, dass Beckenbauer - vermutlich - kein Spieler (der angesprochenen Mannschaft) ist.[2]

3.3.3 Höherdimensionale Referenzobjekte

Die bisher verwendeten Konzepte der zwischen-Analyse - wie Verbindungsstrecke, Verbindungsweg und konvexe Hülle - sind auch für die Fälle, in denen nicht-punktförmige Referenzobjekte auftreten, verwendbar. Die Frage der Dimensionalität von Objekten betrifft insbesondere die Frage des Mass-Stabes bzw. des Detaillierungsgrades einer Konzeptualisierung lokaler Konstellationen. Wenn also in den bisherigen Beispielen nicht nur Personen sondern sogar Städte als punktförmig angesehen wurde, so deshalb, weil bei dem für das betreffende Problem relevanten

---

[1] Anwendungsbedingungen, z.B. in Hinblick auf Kollinearität, sind in analoger Weise übertragbar.

[2] Man beachte, dass ich von Präferenz gesprochen habe. (53.c) wird sicherlich in vielen Fällen als voll akzeptabel aufgefasst werden. Ebenso konnte (51) auch geäussert werden, als Beckenbauer noch als aktiver Spieler zur Mannschaft gehörte. Hier scheinen Tendenzen zu existieren, deren Wirkungsweise genauer untersucht werden müssen.

"Detailstufe" der Konzeptualisierung die räumliche Ausdehnung der entsprechenden Referenzobjekte nicht mehr berücksichtigt werden müssen.[1]

Wenn die Referenzobjekte ein-dimensionale Lokationen betreffen, wie in

(54) Die Binnenalster liegt zwischen Lombardsbrücke und Jungfernstieg.

so ist die von diesen Objekten konstituierte ZWISCHEN-Region über die konvexe Hülle der zugehörigen lokalen Regionen gegeben (siehe Abb. 13).

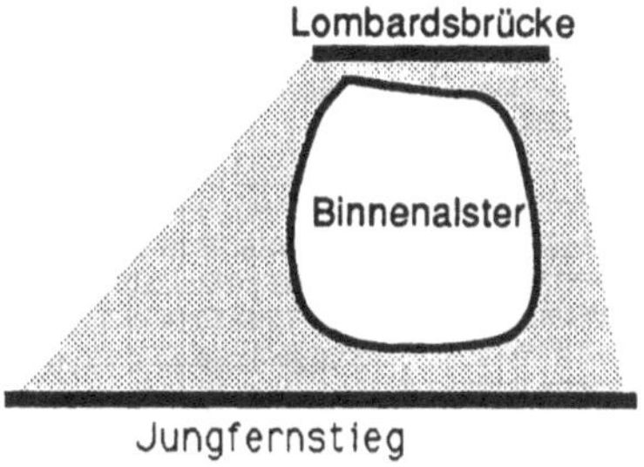

Abb. 13: ZWISCHEN-Region zu ein-dimensionalen Lokationen

Bei der Charakterisierung der ZWISCHEN-Region über konvexe Hüllen sind einige zusätzliche Bedingungen zu berücksichtigen, die zum gegenwärtigen Zeitpunkt - leider noch nicht - in einer einheitlichen, vollständigen Formalisierung dargestellt werden können. Ich werde mich daher darauf beschränken, anhand einiger Beispiele die wesentlichsten Einschränkungen zu beschreiben. Als wichtige Bedingung an die Konstruktion der ZWISCHEN-Region erweist sich wie schon früher in

(52) $\forall r_i \in R : \text{REG}\ (r_i) \notin \text{ZWISCHEN*}\ (R)$

die Nicht-Reflexivitätsforderung für komplexe Referenzobjekte R, d.h. die lokalen Regionen der Referenzobjekte gehören nicht zur ZWISCHEN-Region bzgl. R. Diese Forderung ist als Ausschlussbedingung aufzufassen, durch die gewisse Gebiete aus der konvexen Hülle zu R, die als Bezugsregion für ZWISCHEN*(R) fungiert, ausgegrenzt werden. Dass (52) nicht ausreichend ist, sieht man etwa an den zu

(55) a. Die Lombardsbrücke liegt zwischen Binnenalster und Aussenalster.
b. Zwischen dem kleinen und dem grossen Kreis.

gehörigen Konstellationen, die in Abb. 14.a - b dargestellt sind.

In beiden Fällen liegen Punkte der konvexen Hülle vor, die eindeutig nicht zur ZWISCHEN-Region zu rechnen sind. Die Lösung für die Beschreibung derartiger Konstellationen basiert auf dem allgemeinen, schon früher verwendeten Konzept der Richtung. Es werden nur solche Raumpunkte zur ZWISCHEN-Region gerechnet, die auf einem Verbindungsweg (einer Verbindungsstrecke) zwischen den Referenz-

[1] Auf Probleme des Mass-Stabes kognitiver Karten und hiermit verbunden von Einbettungsoperationen zwischen räumlichen Darstellungen bin ich in Habel (1988a, 1988b) eingegangen.

objekten liegen, d.h. die ausgehend von $r_1 \in R$ "in Richtung" $r_2 \in R$ liegen, vgl. Abb. 14.c.

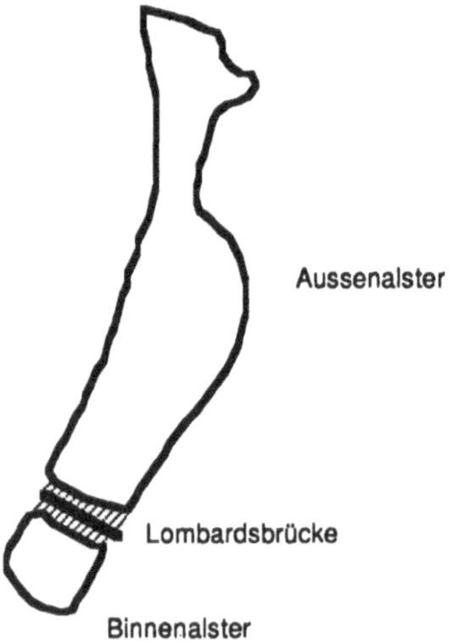

Abb. 14.a: 2-dimensionalen Lokationen

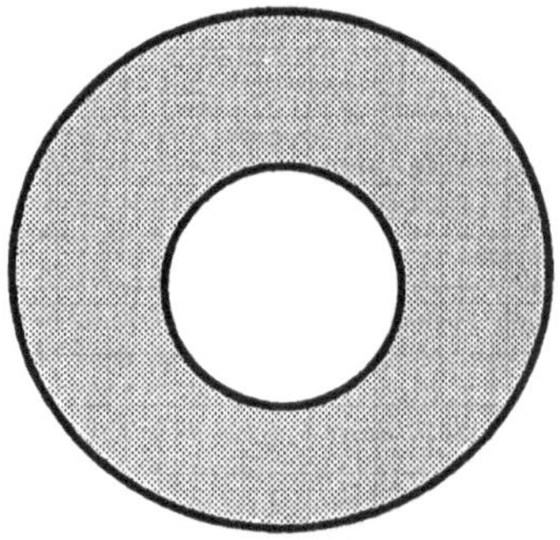

Abb. 14.b: Enthaltenseinskonstellation

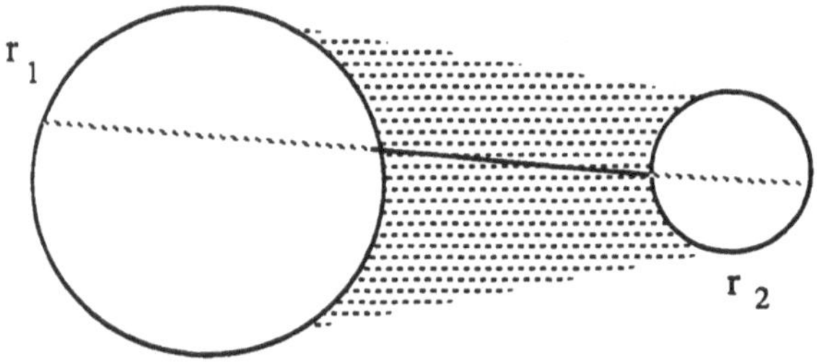

Abb. 14.c: ZWISCHEN-Region zu Kreislinien

Ohne diese Vorschrift im Detail erläutern zu wollen, werde ich einige wichtige Aspekte dieser Konzeption aufführen:

1. Verbindungswege sind für eine ZWISCHEN-Region nur dann konstitutiv, wenn sie - bildhaft beschrieben - nach dem Verlassen von r_1 keine weiteren Teile von r_1 treffen bis sie r_2 erreichen. Diese Bedingung ist eine Verallgemeinerung der Einfachheitsforderung (40) für Verbindungswege. Sie schliesst gewisse Punkte der konvexen Hülle zu R aus der ZWISCHEN-Region aus.

2. Von Bierwisch (1988) werden höherdimensionale Wege, also auch solche Abbildungen (ich verwende hier nicht Bierwischs Terminologie, sondern eine an der topologischen Notation angelehnte Formulierung)

   $\Phi : I \rightarrow LR$

betrachtet, bei denen $\Phi(x)$ höherdimensional ist. Für den Fall (55.a) / Abb 14.b, der Bierwischs Beispiel (62) entspricht, kann man sich den parametrisierten Weg φ als eine Abbildung veranschaulichen, die z.B. konzentrische, immer grösser werdende Kreislinien liefert. Man beachte, dass auch hier eine Einfachheitsbedingung, also $\varphi(x) \cap \varphi(y) = \emptyset$, für $x \neq y$ erfüllt sein muss. Die von mir vorgeschlagene Formalisierung umfasst also Bierwischs Vorschlag.

3. Es ist zu beachten, dass die Auswahl einer Richtung, etwa von r_1 nach r_2 für das beschriebene Verfahren irrelevant ist. Die Existenz des inversen Weges (vgl. Abschnitt 3.2) sichert, dass unabhängig von der Wahl der Richtung die gleiche Region charakterisiert wird, d.h. dass die ZWISCHEN-Region eindeutig bestimmt ist.

4. Wie u.a. Abb. 14.c zeigt, sind die konvexen Hüllen der einzelnen Referenzobjekte aus der ZWISCHEN-Region auszuschliessen, d.h. es ist ein - in bezug auf (52) verschärfte Nicht-Reflexivitätsforderung anzunehmen:

$$\forall r_i \in R : \text{KONV\_HÜLLE}(\text{REG}(r_i)) \not\subset \text{ZWISCHEN}^*(R)$$

5. Die Verwendung des Richtungskonzeptes ermöglicht es, dass in lokalen Konstellationen, die von zwei Objekten (r_1, r_2) gebildet werden, und gerade solche Konstellationen sind für zwischen konstitutiv, "relative Frontseiten" beschrieben werden können:

$\text{FRONT}_{r_2}(r_1)$ ist die Menge der Randpunkte von r_1, die auf Verbindungsgeraden von r_1 nach r_2 liegen. Somit kann

$\text{ZWISCHEN}^* \{r_1, r_2\}$

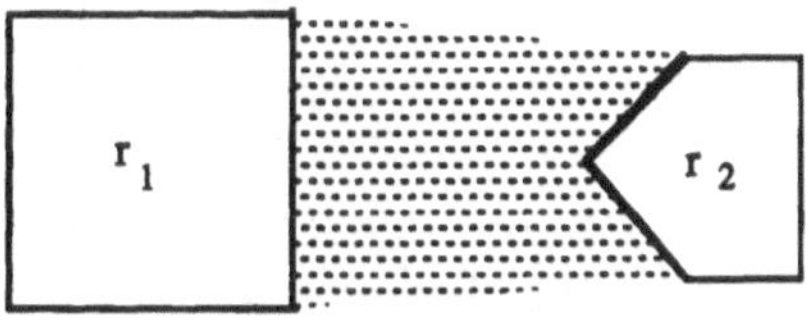

Abb. 15: ZWISCHEN-Region und FRONT-Seiten

als $\text{ZWISCHEN}^* \{\text{FRONT}_{r_2}(r_1), \text{FRONT}_{r_1}(r_2)\}$ charakterisiert werden.

Die hier skizzierten Vorschläge sind in entsprechender Weise auch für dreidimensionale Lokationen anwendbar:

(56) Zwischen den Häusern sind Wäscheleinen gespannt.

Ebenso wie im Fall der durch Verbindungswege konstituierten ZWISCHEN-Regionen ist auch bei solchen, die über konvexe Hüllen gebildet werden, die Modifikation durch Deformationen möglich. Die Bedeutung des Deformationskonzeptes zeigt sich auch daran, dass in Zusammenspiel mit konkurrierenden Objekten (vgl. die Diskussion in den Fällen des "am runden Tisch Sitzens" bzw. des "über Eck Sitzens") die Deformation der Verbindungsstrecken der Form des Tisches entsprechend vorgenommen wird.

Zum Abschluss dieses Abschnittes will ich die wichtigsten topologischen Konzepte die für die Beschreibung lokaler ZWISCHEN-Konstellationen benötigt werden, zusammenfassen:

- Der Raum LR lokaler Regionen ist über der Menge LP (lokaler Punkte) definiert. Auf LR existiert eine Metrik, die eine Topologie induziert.
- Verbindungswege (bzw. deren Spuren) sind die Konzepte, die den Zusammenhang von Lokationen (Punkte bzw. Regionen aus LR) herstellen. Über Verbindungswege ist ebenfalls das Konzept der Richtung formalisierbar.
- Die konvexe Hülle von Lokationen stellt die Bezugsregion für ZWISCHEN-Regionen bereit; diese können als Einschränkungen gegenüber der Hülle aufgefasst werden. Die beiden relevanten Typen der Einschränkung sind durch die Nicht-Reflexivitätsforderung und die Forderung der Konstituierung durch Verbindungswege (bzw. Frontseiten) gegeben.
- Da Verbindungsweg und konvexe Hüllen topologische Konzepte sind, ist eine Deformation der durch sie induzierten Regionen - in geringem Umfang - möglich.

Die Annahme gebietskonstituierender Prozesse (Habel/Pribbenow 1988) für die Generierung von lokalen Regionen setzt insbesondere voraus, dass die oben genannten topologischen Konzepte als kognitiv real anzusehen sind, d.h. dass Sprecher/Hörer in der Lage sind, entsprechende Operationen im mentalen Modell räumlicher Konstellationen durchzuführen. Eines der wichtigsten offenen Probleme betrifft die Frage nach natürlichen Verbindungswegen und natürlichen Deformationen.

3.4 Beziehungen zu anderen lokalen Präpositionen

Wie ich in Abschnitt 3.2 dargelegt habe, ist zwischen eine topologische Präposition, die jedoch - da Wege und Richtungen eine wesentliche Rolle bei der Konstituierung der ZWISCHEN-Region haben - starke Beziehungen zu einigen Richtungs-Präpositionen aufweist.

Die topologische Präposition, die die engste Verwandtschaft zu zwischen aufweist, ist in. Als grundlegend für die Bedeutung von in wird üblicherweise, so z.B. von

Herweg (1988, 1989), der "Ort" des Referenzobjektes angenommen; Herweg (1988: 74) definiert das semantische Denotat von <u>in</u> als

(57) $[\text{in}] = \lambda x\ \lambda y\ (\text{LOK}\ (x, \text{PLACE}\ (y)))$.

und charakterisiert (S. 71) PLACE (x) als den von einem Objekt x eingenommenen Raum. Dies erläutert er durch

> "Die Region Place (x) umfaßt nicht nur den Raum, den x materiell einnimmt, sondern gegebenenfalls auch den inneren "leeren", d.h. von den materiellen Teilen von x (eventuell nur partiell) umschlossenen Raum." (S. 71)

Die Ausführungen des vorangegangenen Abschnittes machen deutlich, wie diese Charakterisierung expliziert werden kann, und zwar dadurch, dass

(58) PLACE (x) = KONV_HÜLLE (REG (x))

angenommen wird.

Da ich hier nicht <u>in</u> thematisierten will, seien nur einige Beziehungen zwischen <u>in</u> und <u>zwischen</u> skizzenhaft behandelt. Besonders interessant sind hier solche Konstellationen, in denen eine komplexes, aus mehreren atomaren Referenzobjekten gebildetes Referenzobjekt $R = \oplus\, r_i$ vorliegt, wie es etwa durch

(59) Das Haus steht zwischen Kiefern.

der Fall ist. ZWISCHEN* (R) bezieht sich auf ein komplexes Referenzobjekt, dessen Bestandteile "zugreifbar" bzw. thematisiert sind. Ist jedoch die Thematisierung auf das komplexere Referenzobjekt gerichtet, ohne die Zugänglichkeit der Bestandteile zuzulassen, ist eine <u>in</u>-Beschreibung vorzunehmen:

(60) a. Das Haus steht im Wald.
b. Die tausendjährige Eiche steht im Stadtwald.
c. *Die tausendjährige Eiche steht zwischen den Bäumen (des Stadtwaldes).

Die IN-Region des Stadtwaldes umfasst also auch die Lokation der tausendjährigen Eiche; die Disjunktheitsforderung, die aus der Nicht-Reflexivität von ZWISCHEN folgt, ist also für IN nicht aufrecht zu halten. Nicht vollständig geklärt sind für mich die Fälle (Akzeptabilitätsunterschiede) in:

(61) a. *Der Trainer steht in der Mannschaft.
b. Der Bratschist sitzt im Orchester.

Die Nichtakzeptibilität von (61.a) könnte dadurch begründet sein, dass <u>Mannschaft</u> stets auch eine Thematisierung der Einzelpersonen bewirkt und insofern keine <u>in</u>-Konstellation vorliegt. Die Akzeptabilität von (61.b) könnte entsprechend über die Grösse des Orchesters gerechtfertigt werden, d.h. aufgrund der Anzahl der Musiker steht eine Thematisierung der Bestandteile hinter der des Komplexes zurück.[1] Die hier skizzierte Argumentationslinie, die sicherlich noch auf ihre Adäquatheit untersucht werden muss, setzt voraus, dass im Lexikon Informationen über die "Zugänglichkeit" der Bestandteile eines komplexen Objektes vorliegen.

Falls eine ZWISCHEN-Situation mit zwei Referenzobjekten vorliegt, ist über die Verbindungswege (-geraden) stets auch ein Paar von Richtungen induziert; genauer: jeder Verbindungsweg Φ beinhaltet eine Richtung und über den inversen Weg Φ^{-1} ist eine "Gegenrichtung" festgelegt. Aus diesem Grund ist davon auszugehen, dass systematische Beziehungen zwischen ZWISCHEN-Konstellationen und durch Richtungspräpositionen beschreibbaren Konstellationen existieren. Diese sind durch das folgende Regelsystem, das die Beziehungen zwischen den präpositionalen Konzepten festlegt, beschreibbar:

(62) a. Falls a ZWISCHEN {b, c}
dann a VOR c VON b AUS
und c HINTER a VON b AUS

b. Falls a VOR c VON b AUS
bzw. c HINTER a VON b AUS
dann a ZWISCHEN {b, c}

Eine herausragenden Rolle nehmen für Richtungs-Präpositionen die Verbindungswege ein, die durch Achsen gegeben sind, insbesondere durch die Achsen, die den menschlichen Wahrnehmungsraum strukturieren (vgl. Lang 1989): die vertikale Achse (über/unter), die Betrachterachse (vor/hinter) und die horizontale Achse (rechts, links). Die Richtung über Verbindungswege zu definieren (vgl. auch Bierwisch 1988) ist eine Generalisierung gegenüber dem Lang'schen Vorschlag, aber auch gegenüber dem Vorschlag von Wunderlich/Herweg (i. Ersch.), der auf einem nicht detailliert ausformulierten Vektorenkonzept basiert.

Die Konstellation a VOR c VON b AUS erfordert - falls der Bezugsort b im Diskurs festgelegt ist - keine explizite Verbalisierung des Bezugsortes. Ebenso ist nicht unbedingt eine Explizierung des Verbindungsweges, der die Richtung definiert, notwendig. Daher ist die in (32) beschriebene und in Abb. 4 dargestellte räumliche Konstellation bei im Diskurs oder im situativen Kontext festgelegten Bezugsort Düsseldorf auch beschreibbar als:[2]

---

[1] Eine andere Erklärung könnte darin bestehen, im Fall (61.b) eine Umkonzeptualisierung anzunehmen, d.h. Orchester als den Ort des Orchesters im Konzertsaal (oder der Oper) zu interpretieren.

[2] Man beachte, dass der auf Vektoren basierende Ansatz von Wunderlich/Herweg (ersch.) modifiziert werden müsste, um (63) zu erklären.

(63) Duisburg liegt vor Essen.

Welche der Richtungs-Präpositionen in einer ZWISCHEN-Konstellation angemessen ist, hängt davon ab, ob der Verbindungsweg eindeutig als Variante (d.h. Deformation) einer der prominenten Achsen beschrieben werden kann.[1] Hierbei ist anzumerken, dass das Paar vor/hinter den unspezifizierten Fall ebenso betreffen, wie den durch die Betrachterachse spezifizierten. Daher sind auch bei eindeutig horizontalen Konstellationen sowohl unter- als auch vor-Beschreibungen möglich:

(64) a. Die Hütte liegt unter dem Gipfel.
b. Die Hütte liegt vor dem Gipfel.

Diese Skizze der Beziehungen zwischen Richtungs-Präpositionen bzw. topologischen Präpositionen und zwischen sollten u.a. als Anregung für weitere Arbeiten verstanden werden: offensichtlich ist, dass viele Konzepte die für eine zwischen-Analyse verwendet werden, auch bei der Analyse anderer Präpositionen einsetzbar sind. Andererseits sind die Bedingungen für die Anwendung der Transformationsregeln (62), und insbesondere der achsen-spezifischen Spezialisierungen, sicherlich noch nicht hinreichend geklärt.

4. Weiteres zu *zwischen*

4.1 Anmerkungen zum nicht-lokalen Gebrauch von *zwischen*

Nachdem ich im vorangegangenen Kapitel 3 die für die Analyse von zwischen in lokalen Domänen benötigten Konzepte vorgestellt habe, werde ich jetzt einige Verwendungen von zwischen in nicht-lokalen Domänen untersuchen und dabei zeigen, wie die zugrundeliegenden räumlichen Konzepte auf nicht-lokale Domänen übertragen werden können. Ich beginne mit einigen Beispielen:

(65) a. Wir treffen uns zwischen 2 und 3 Uhr.
b. Den Aufsatz schreibe ich zwischen der DGfS-Tagung und Semesterbeginn.
c. Argon ist das Edelgas zwischen Neon und Krypton.
d. Grün liegt zwischen gelb und blau.
e. Der Golf ist das VW-Modell zwischen Polo und Passat.
f. h liegt zwischen a und c.

[1] Dies bedeutet, dass zu (62) speziellere Beziehungsregeln für über/unter und rechts/links formuliert werden können.

Die Beispiele (65.a) und (65.b) betreffen temporale Objekte. Entsprechend zum räumlichen Fall gehe ich auch hier davon aus, dass die Domäne der temporalen Regionen TR über atomaren, temporalen Objekten TO definiert ist, und dass über TR eine metrische und somit eine hiervon induzierte topologische Struktur vorliegt.[1] Sind t_1 und t_2 aus TR, so können unter der Annahme einer ein-dimensionalen Zeitstruktur die Explikationsvorschläge aus den Abschnitten 3.1 und 3.2 direkt übernommen werden.[2] Ob hierbei von einem Zeitkontinuum (isomorph zur Menge der reellen Zahlen oder der rationalen Zahlen) ausgegangen wird oder von einer diskreten Menge von Zeitobjekten, ist nicht wesentlich, wie ich an der Analyse diskreter Domänen im weiteren nachweisen werde.

Für die Beispiele (65.c) - (65.f) ist jeweils eine Subdomäne[3] anzusetzen, die eine lineare Ordnung aufweist: (65.c) liegt das Periodensystem der Elemente, (65.d) die Anordnung im Farbspektrum, (65.e) die Modellpalette eines Automobilherstellers und (65.f) die Dur-Tonleiter zugrunde.[4] Jeweils ist davon auszugehen, dass dem Sprachbenutzer das (bzw. ein) Anordnungskriterium der Subdomäne bekannt ist.

Sei also D eine Domäne (Subdomäne) mit Anordnung $\leq$, so ist eine ZWISCHEN-Region zu d_1 und d_2 (aus D) dann konstituierbar, wenn d_1 und d_2 "verschieden", aber vergleichbar bzgl. $\leq$ sind.[5]

In einer derartigen Konstellation gilt:

(66) $d \in \text{ZWISCHEN*} \{d_1, d_2\}$ für $d_1 \leq d_2$
gdw. $d \neq d_1, d \neq d_2$
und $d_1 \leq d \leq d_2$

---

[1] Details der temporalen Domäne sind nicht Gegenstand des vorliegenden Aufsatzes. Die hier durchgeführten Überlegungen sind mit den verschiedenen Vorschlägen für eine temporale Struktur, die von van Benthem (1983) vorgelegt wurden, verträglich.

[2] Auch die Annahme von Verzweigungen der Zeitstruktur in der Zukunft (branching time) erfordert keine Erweiterung des Konzeptinventars, wenn die Einschränkung vorgenommen wird, dass Verbindungswege zwischen verschiedenen Zweigen ausgeschlossen werden.

[3] Ich verwende hier den Begriff der "Subdomäne", um einerseits eine Inflation von Domänen zu vermeiden und andererseits die Frage, welche Domänen einer konzeptuellen Theorie zugrundegelegt werden sollte, hier nicht diskutieren zu müssen. Zur Domänenproblematik: siehe Bierwisch (1988), Jackendoff (1983, 1987).

[4] Interessant, aber hier nicht weiter untersucht ist die Frage, in wieweit diese linearen Ordnungen durch räumliche Anordnung induziert sind; das Farbspektrum ist als lokale Anordnung in Abbildungen bekannt, die Tastenfolge des Klaviers etwa, spiegelt die inhärente Ordnung der Tonleiter ebenfalls räumlich wider.

[5] Die partielle Ordnung $\leq$ muss nicht vollständig sein, d.h. es können in D nicht miteinander vergleichbare Objekte existieren. Ob die Annahme nicht vollständiger Ordnungen adäquat und notwendig ist, muss in zukünftigen Untersuchungen geprüft werden. Die Annahme einer verzweigten Zukunft (s.o.) legt es jedoch nahe, auch partielle, nicht vollständige Ordnungen zuzulassen.
Im Falle der teil_von-Ordnung betrifft die Verschiedenheit den Aspekt der Disjunktheit. Daher ist die Formulierung zwischen Eimsbüttel und Hamburg nicht zulässig.

Die Analogie zwischen (66) und der auf Verbindungswegen basierenden Charakterisierung (37.b) ist offensichtlich, wenn man sich vergegenwärtigt, dass jeder Weg Φ eine Ordnung auf der Spur induziert. Unter dieser Sichtweise kann (37.b) als Spezialfall von (66) aufgefasst werden. Zieht man die Theorie stetiger Abbildungen auf geordneten Mengen (bzw. Verbänden) heran, wie sie z.B. in Stoy (1977: 78-112) dargestellt ist, so sieht man, dass auch (66) wegbasiert ist, d.h. dass d auf einer Spur von d_1 nach d_2 liegt.

4.2 Zusammenfassung und Ausblick

Zusammenfassend kann somit festgestellt werden, dass ZWISCHEN-Konstellationen in solchen Domänen auftreten können, in denen eine partielle Ordnung vorliegt. Verbindungswege, die auf der partiellen Ordnung basieren, konstituieren ZWISCHEN-Regionen. Die wesentlichen Bedingungen an die Existenz einer derartigen ZWISCHEN-Region betreffen:

- die Disjunktheit der Referenzobjekte,
- die Existenz einer Verbindungsregion (Verbindungsweg oder verbindende Teile der konvexen Hülle).

Zusätzlich zu diesen, einen ZWISCHEN-Bereich konstituierenden Bedingungen, sind Verwendungsbedingungen zu berücksichtigen. Hierunter fällt z.B. die Forderung nach Eindeutigkeit des Bereiches, die ich in Hinblick auf ZWISCHEN-Konstellationen mit mehr als zwei Referenzobjekten am Beispiel des Kollinearitätsproblems in Abschnitt 3.3 diskutiert habe.

Darüberhinaus ist - den Griceschen Maximen folgend - eine Forderung nach maximaler Informativität anzunehmen: d.h. die Erwähnung einer ZWISCHEN-Region induziert beim Hörer die Konstituierung einer minimalen Objektmenge. Dies will ich abschliessend an Beispielen erläutern:

(67) a. Paul sass zwischen Hans und Maria.
b. Lüneburg liegt zwischen Hamburg und Hannover.
c. ?Lüneburg liegt zwischen Hamburg und München.

Es ist davon auszugehen, dass Implikaturen der Art

(68) Falls a ZWISCHEN {b, c}
so existiert kein im Diskurs relevantes Objekt d, für das gilt:
a ZWISCHEN {b, d} oder a ZWISCHEN {c, d}

von Sprecher/Hörern verwendet werden. Da ZWISCHEN-Regionen auf Wegen basieren, hängen derartige Implikaturen davon ab, welche Wege Sprecher und Hörer berücksichtigen, insbesondere also, welche Wege als natürliche Verbindungswege aufgefasst werden können.

Literatur

van Benthem, Johan. 1983. The logic of time. A model-theoretic investigation into the variaties of temporal ontology and temporal discourse. Dordrecht, Reidel.

Bierwisch, Manfred. 1988. On the grammar of local prepositions. Syntax, Semantik und Lexikon. (Studia grammatica 29.) hg. von Manfred Bierwisch, Wolfgang Motsch, Ilse Zimmermann. Berlin, Akademie-Verlag. 1-65.

Eschenbach, Carola. 1988. SRL als Rahmen eines textverarbeitenden Systems. GAP-AP 3. Univ. Hamburg.

Eschenbach, Carola, Christopher Habel, Michael Herweg, Klaus Rehkämper. 1989. Remarks on plural anaphora. Proceedings of the 4th Conference of the European Chapter ACL.

Habel, Christopher. 1986. Prinzipien der Referentialität. Berlin, Springer.

Habel, Christopher. 1988a. Prozedurale Aspekte der Wegplanung und Wegbeschreibung. Sprache in Mensch und Computer. hg. von Helmut Schnelle, Gert Rickheit. Wiesbaden, Westdeutscher Verlag. 107-133.

Habel, Christopher. 1988b. Cognitive linguistics: the processing of spatial concepts LILOG-Report 45. Stuttgart, IBM.

Habel, Christopher, Simone Pribbenow. 1988. Gebietskonstituierende Prozesse. LILOG-Report 18. Stuttgart, IBM.

Hawkins, Bruce. 1984. The semantics of english spatial prepositions. San Diego/Cal. (Ph.D. Diss. Univ. of Cal.)

Herskovits, Anette. 1986. Language and spatial cognition. Cambridge, Cambridge University Press.

Herweg, Michael. 1988. Zur Semantik einiger lokaler Präpositionen des Deutschen. Überlegungen zur Theorie der lexikalischen Semantik am Beispiel von <u>in</u>, <u>an</u>, <u>bei</u> und <u>auf</u>. LILOG-Report 21. Stuttgart, IBM.

Herweg, Michael. 1989. Ansätze zu einer semantischen Beschreibung topologischer Präpositionen. In diesem Band.

Hilbert, David. [12]1977. Grundlagen der Geometrie. Stuttgart, Teubner.

Jackendoff, Ray. 1983. Semantics and cognition. Cambridge/Mass., MIT-Press.

Jackendoff, Ray. 1987. Consciousness and the computational mind. Cambridge/ Mass., MIT-Press.

Johnson-Laird, Philip N. 1983. Mental models. Cambridge, Cambridge University Press.

Lang, Ewald. 1989. Primärer Orientierungsraum und inhärentes Proportionsschema. In diesem Band.

Link, Godehart. 1983. The logical analysis of plurals and mass terms: a lattice-theoretical approach. Meaning, use, and interpretation of language. hg. von Rainer Bäuerle, Christoph Schwarze, Armin von Stechow. Berlin, de Gruyter. 302-323.

Miller, George, Philip N. Johnson-Laird. 1976. Language and perception. Cambridge, Cambridge University Press.

Moilanen, Markku. 1979. Statische lokative Präpositionen im heutigen Deutsch. Tübingen, Niemeyer.

Schubert, Horst. ²1969. Topologie. Stuttgart, Teubner.

Stoy, Joseph. 1977. Denotational semantics. Cambridge/Mass., MIT-Press.

Wunderlich, Dieter. 1982. Sprache und Raum. Studium Linguistik 12. 1-19 und 13. 37-59.

Wunderlich, Dieter, Michael Herweg. ersch. Lokale und Direktionale. Handbuch der Semantik. hg. von Armin v. Stechow, Dieter Wunderlich. Königstein/Ts., Athenäum.

STADTBESCHREIBUNGEN. ZUR KONZEPTUALISIERUNG VON MAKRORÄUMEN UND STÄDTISCHER IDENTITÄT

Dietrich Hartmann

0. Städte als Makroräume. Städte als Individuen mit Image

Ausgangspunkt unserer Überlegungen zum Verhältnis von Sprache und Raum ist die Frage, wie Städte und damit große Räume mit oft diffusen Grenzen konzeptualisiert werden. Welche ihrer Elemente gehören zum räumlichen Wissen ihrer Bewohner, wie ist dieses Wissen strukturiert und welche Eigenschaften weisen dessen sprachliche Repräsentationen auf? Zur Beantwortung dieser Fragen wurden Beschreibungen von Städten und Stadtquartieren erhoben und analysiert.[1] Will man Stadtbeschreibungen und ihre Eigenschaften mit den Eigenschaften jener Diskurstypen vergleichen, wie sie bisher vorliegenden Untersuchungen zu Sprache und Raum auf der Basis von experimentellen oder im "Feld" erhobenen sprachlichen Daten zugrunde liegen,[2] so liegt die Frage nahe, ob sich charakteristische Unterschiede hinsichtlich sprachlichem Aufbau und gedanklicher Erfassung der jeweiligen Raumverhältnisse bereits in Abhängigkeit von dem wechselnden räumlichen Ausmaß des jeweils repräsentierten Objekttyps ergeben. Während man Beschreibungen von Wohnräumen und auch Wohnungen als sprachliche Repräsentation von Mikroräumen bezeichnen kann, wird man es bei Stadt- wie auch bei Wegbeschreibungen mit der Konzeptualisierung und den anhängenden Problemen von Makroräumen zu tun haben. Zu fragen ist daher, ob und mit welchem Ergebnis sich Fragestellungen, die wie die Deixisproblematik an bisher bekannten Diskurstypen entwickelt worden sind, auch an Stadtbeschreibungen anbringen lassen. Die sprachliche Seite von Stadtbeschreibungen ist bisher in der Linguistik nicht behandelt worden, es sei denn, man rechne die einschlägigen Untersuchungen zu Wegbeschreibungen hinzu.[3]

---

[1] Seit vier Jahren beschäftigt sich eine Arbeitsgruppe am Germanistischen Institut der Ruhr-Universität Bochum mit Fragen der Wahrnehmung und sprachlichen Repräsentation von Städten in Zusammenhang mit Sprache-Raum-Problemen. Einzelergebnisse teils programmatischen Charakters liegen in publizierter Form vor (Hartmann 1987, 1988, i.E.).

[2] Zu Wegbeschreibungen: Klein 1979, Wunderlich/Reinelt 1982, Weissenborn 1985, Habel 1987a, 1987b; zu Wohnungsbeschreibungen: Linde/Labov 1975/85; zu Wohnraumbeschreibungen Ullmer-Ehrich 1979.

[3] Zur einschlägigen Literatur siehe Fußnote 2. Im übrigen sind wir der Meinung, daß Stadtbeschreibungen, wie wir sie verstehen, Probleme eigener Art ergeben, wie die folgenden Ausführungen zu zeigen versuchen.

Mündliche oder schriftlich konstituierte Informantentexte zu Städten haben bisher eher die Aufmerksamkeit von Umweltpsychologie (z.B. Lynch 1960), von Geographie und hier insbesondere von Stadtgeographie (vgl. z.B. Downs/Stea 1973/85, 1977/82) erregt, aber auch die Philologien, insbesondere die Literaturwissenschaft (vgl. z.B. Freisfeld 1982, Kreutzer 1985) beschäftigt. Stadtbeschreibungen in unserem Sinne stellen somit ein neues Feld zum Studium von Problemen dar, wie sie sowohl aus der Analyse mikroräumlicher Raumkonfigurationen als auch aus vorliegenden Studien zu Makroräumen (z.B. Weissenborn 1985 und die oben genannten Arbeiten zu Wegbeschreibungen) bekannt sind. Natürlich muß geprüft werden, ob Stadtbeschreibungen gegenüber mikroraumgebundenen Diskurstypen nicht Gelegenheit zur Entwicklung neuer Fragestellungen innerhalb der Sprache-Raum-Problematik bieten, die sich aus dem hier vorliegenden spezifischen Typ von Raumkonfiguration moderner westeuropäischer Städte ergeben.

Mit Städten als Makroräumen und demzufolge mit Stadtbeschreibungen als deren sprachliche Repräsentation sind jedoch Fragestellungen verbunden, die in Verbindung mit Mikroräumen kaum eine Rolle spielen. Im Vergleich zu Wohnungen, Wohnräumen und Wegen wird Städten eine sehr viel ausgeprägtere Individualität zugeschrieben, die durch ihre Geschichte geprägt erscheint und durch den Besitz von Eigennamen symbolisiert wird. Städte besitzen ein Image oder ein Bild im Bewußtsein ihrer Bewohner, aber auch im kollektiven Bewußtsein einer Sprachgemeinschaft. Wie ist diese städtische Identität zu fassen? Unter sprachwissenschaftlichen Aspekten liegt die Analyse von Stadtnamen nahe. Sowohl in die Intension der Namen wie auch in Ausdrücke für häufig anzutreffende Beinamen von Städten gehen stereotype Vorstellungen von Eigenschaften städtischer Makroräume ein, die auch Raumvorstellungen einschließen können, man vgl. die Beispiele unter (1) und (2).

(1) Venedig - die Dogenstadt

(2) Hamburg - das Tor zur Welt

Städte können über stereotype Attribute hinaus mittels vielfältiger differenzierter sprachlicher Ausdrucksformen individualisert und damit identifizierbar gemacht werden. Die Reichhaltigkeit dieser Ausdrucksformen für spezifische städtische Individualität und Identität zeigt sich, wenn wir einen onomasiologischen Standpunkt als heuristisches Prinzip einnehmen und vom Gegenstand, hier der Stadt, ausgehend nach den sprachlichen Formulierungskonventionen als Schemata fragen, mit deren Hilfe das Wissen über einzelne Städte weitergegeben wird. Als Ergebnis stellen wir die Sammlung von solchen Formulierungstechniken in Tabelle 1 vor. Städte unterliegen wie auch ihre Teile unterschiedlichen Bewertungen seitens ihrer Bewohner oder anderer Sprechergruppen, wie Arbeiten aus verschiedenen wissenschaftlichen Traditionen zu Städten beispielsweise der Tradition des "kognitiven Kartierens"

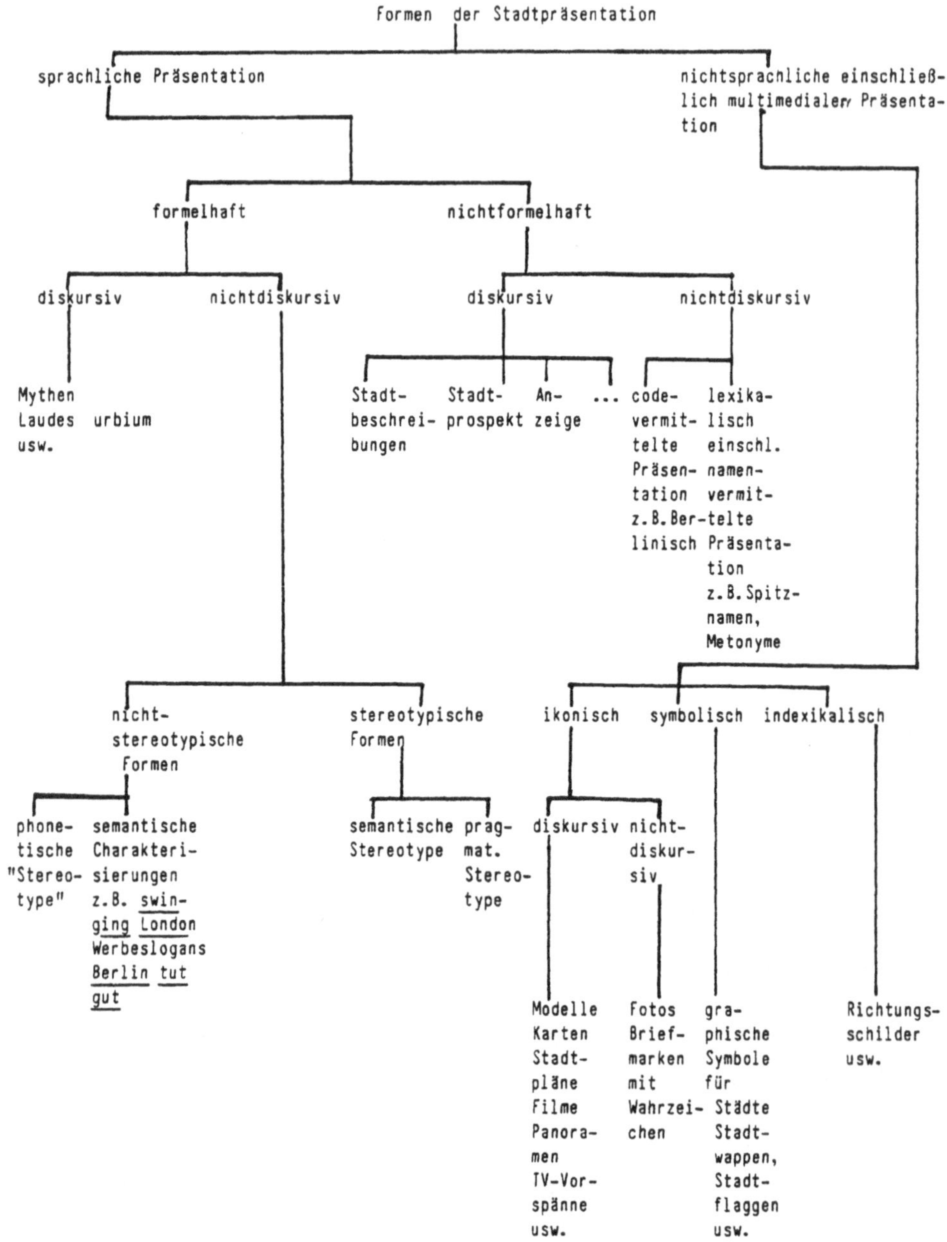

Figur 1: Sprachliche und nichtsprachliche Formen der Stadtpräsentation

(Downs/Stea 1977/82), aber auch unsere bisherige Analysen von einzelnen "Präsentationsformen" für Städte gezeigt haben. Städte als Gesamteinheit wie auch städtische Bestandteile werden nicht nur räumlich wahrgenommen und in geographisch euklidischen Dimensionen gedanklich und sprachlich fixiert und damit räumlich identifizierbar gemacht, sondern sind auch Objekt sozialer Kategorisierungsprozesse, wobei als eher randständiges Beispiel wiederum Exemplare für stereotype Attributionen genommen werden: München - Weltstadt mit Herz, Klein-Chicago und verwandte Formen. Sie dienen zum Ausdruck von "Identitätskategorien" (Downs/Stea 1977/82) für eine individuelle Stadt, die eine positive und im andern Fall negative Bewertung implizierten. Städte existieren damit nicht nur als geographisch, sondern auch als sozial faßbare Entitäten, anders als Wege, Wohnungen und Wohnräume. Es muß daher geprüft werden, ob kognitiv orientierte Analysen zur Konzeptualisierung städtischer Entitäten von deren Konzeptualisierung als sozialem "Raum" grundsätzlich absehen können, da auch unsere erhobenen Stadtbeschreibungen durchweg Bewertungen der Informanten zu städtischen Total- oder Teilräumen enthalten.

Unser Untersuchungsinteresse an Stadtbeschreibungen ist daher zumindest zweigipfelig, indem wir Fragestellungen zur sprachlichen und kognitiven Repräsentation der Stadt als Makroraum von solchen unterscheiden, die mit dem Image und in diesem Sinn Bild der Stadt im individuellen oder kognitiven Bewußtsein zu tun haben. Aus verschiedenen Gründen gehen wir zunächst von einer getrennten Behandlung dieser beiden Fragenbereiche aus und berücksichtigen im folgenden nur räumliche Probleme. Wir wenden uns daher zunächst einer Auflistung von Präsentationsformen für Städte zu, anschließend der Analyse eines speziellen Falls von Stadtrepräsentation, hier der Stadtbeschreibung und legen dazu einen Klassifikationsvorschlag vor. Der Hauptteil der Erörterung gilt der Darstellung von Beschreibungstechniken für Raumfigurationen, der Stadtbeschreibung als Diskurstyp sowie den sprachlichen und diskursstrukturellen Mitteln bei dem Aufbau der sprachlichen Repräsentation städtischer Makroräume.

1. Formen des Wissens über Städte

Um Aufschluß über Verbreitung und Anteil räumlichen Wissens über Städte auch in anderen sprachlichen Ausdrucksklassen als in Stadtbeschreibungen zu erhalten, wird die Übersicht in Tabelle 1 vorgestellt.[4] Unter "Formen der Stadtpräsentation" verstehen wir Muster sprachlicher und nichtsprachlicher Äußerungen als zeichenhafte Ergebnisse von Wahrnehmungsprozessen und Darstellungskonventionen für städtische räumliche, soziale und sonstige raumgebundene Konfigurationen. Wir legen als erstes Klassifikationsprinzip für Formen der Stadtpräsentation das zwischen sprachlicher und nichtsprachlicher Präsentation zugrunde, dem zwangsläufig gewisse Unterschiede im methodischen Zugang seitens der damit angesprochenen wissenschaftlichen Traditionen mit der Stadt als Gegenstand entsprechen (Linguistik, Psychologie, Soziologie, Literaturwissenschaft, Geographie, Geschichte).

"Formelhafte Präsentationen" erfassen alle Äußerungstypen, die in formal gleichbleibendem Gebrauch Städten bestimmte Eigenschaften zu- oder absprechen, beispielsweise <u>Hongkong - die Drehscheibe Südostasiens</u>, <u>Hamburg - das Tor zur Welt</u>, <u>München - die heimliche Hauptstadt Deutschlands</u> usw.[5]. Downs/Stea (1977/82: 149ff.) sprechen in Zusammenhang mit solchen Beispielen von "Identitätskategorien", in denen "sich die charakteristischen Merkmale direkter und indirekter Erfahrungen mit einem Ort miteinander verbinden".

Die klassifikatorische Trennung zwischen "diskursiven" und "nichtdiskursiven" formelhaften Wissensformen erlaubt uns die Unterscheidung zwischen den weiter unten zu besprechenden stark und schwach expandierten formelhaften Ausdrücken. Unter "diskursiver Stadtpräsentation" werden beschreibende, relativ umfängliche darstellende Texte zur Stadt verstanden, unter "nichtdiskursiven Texten" solche Formulierungsklassen, die von knapper sprachlicher Form teilweise unterhalb des Formats eines Satzes gekennzeichnet sind. In Einzelfällen mag eine eindeutige Zuordnung schwierig sein, dies gilt im übrigen für die gesamte Klassifikation.

Als Beispiel für "formelhafte diskursive Stadtpräsentation" betrachten wir die antiken, mittelalterlichen und humanistischen Städtelobe und Stadtbeschreibungen, denen feste rhetorische oder topographische Beschreibungsmuster zugrunde liegen (Classen 1980), und die mit Stadtwahrnehmung im neuzeitlichen Sinn im übrigen wenig zu tun haben. Wegen ihrer beschränkten internen Variationsmöglichkeiten sehen wir sie als expandierte Formeln an.

---

[4] Da die Genese von Tabelle 1 bereits an anderer Stelle dargelegt wurde (Hartmann 1987, 1988), beschränke ich mich auf eine Erläuterung einiger Klassifikationskriterien und Kategorieninhalte. Die in Tabelle 1 vorgelegte Klassifikation unterliegt einigen Einschränkungen. Sie bezieht sich in erster Linie auf heutiges Wissen von heutigen Orten vorzugsweise in Westeuropa, wie es vorzugsweise in mündlichen und schriftlichen nichtwissenschaftlichen Texten aufzufinden ist.

[5] Es handelt sich in den zitierten Fällen um eine auf eine bestimmte syntaktische Normalform geraffte Formulierung. In Zeitungstexten erscheinen Städtenamen und stereotype Attribute oft Substituendum-Substituens-Beziehungen, und zwar gewöhnlich in der oben genannten Reihenfolge.

"Formelhafte nichtdiskursive Stadtpräsentationen" sind die bereits oben erwähnten, in Verbindung mit Ortsnamen repetitiv verwendeten Stadtattribute wie beispielsweise München - die heimliche Hauptstadt Deutschlands oder Rom - die ewige Stadt usw. Die Frage nach dem Anteil räumlicher Vorstellungen an den einzelnen Präsentationsklassen muß einer entsprechenden Sichtung einschlägiger Daten zum Gebrauch in deutschsprachigen und anderen Sprachgemeinschaften überlassen werden, wozu wir erste Analysen vorgelegt haben (Hartmann 1988).

In der Absetzung der "stereotypischen" von den "nichtstereotypischen" formelhaften Ausdrucksformen folgen wir Downs/Stea (1977/82: 160), die wie wir Stereotype von Städten als Teilklassen der Identitätskategorie auffassen. Unter Ortsstereotypen werden bei Downs/Stea (1977/82) falsche, unterstellende Aussagen über Städte und Regionen verstanden, die durch selektive Auswahl der Fakten oder durch falsche Berichte zustande gekommen sind. Es handelt sich um sehr lebendige Vorstellungen im Bereich von sozialen Gruppen oder des kollektiven Bewußtseins einer Sprachgemeinschaft, wonach Eigenschaften und Charakteristika von Orten gegenüber anderen Orten dominant gesetzt und in unzulässiger Weise verallgemeinert werden. Sie sind oft sprachlicher Ausdruck von Vorurteilen und positiven oder negativen Einstellungen (zur Unterscheidung von Stereotyp und Vorurteil vgl. Quasthoff 1973). Als Beispiele für entsprechende Bezeichnungen für Regionen könnten dienen: Kohlenpott für das heutige Ruhrgebiet, Baden-Württemberg, das Musterländle, für Städte: Mainhattan für Frankfurt, Paris, die Stadt der Sünde.

Wir trennen weiter zwischen phonetischen, semantischen und pragmatischen stereotypischen Stadtpräsentationen. Mit "phonetischen Stereotypen" werden gewisse "signalhafte Merkmale" (Meng 1988) in der Lautartikulation erfaßt, aufgrund deren Sprecher als Mitglied einer bestimmten sozialen Gruppe oder Bewohner einer bestimmten Region klassifiziert werden. So werden amerikanische Schauspieler, die in US-amerikanischen Spielfilmen einen deutschen Offizier darzustellen haben, bestimmte schnarrend klingende Aussprachevarianten des Englischen bevorzugen. Auf Orte bezogen, hat Labov auf das Brooklynese als charakteristische Sprechweise von New Yorker Arbeitern hingewiesen (Labov 1972), wobei es sich sicherlich mehr um eine soziale als regionale Varietät handelt. Die Dialektologie hat gezeigt, wie von der Sprechweise eines Individuums auf dessen regionale Herkunft geschlossen werden kann.

Unter "semantischen Stereotypen" von Orten wird die regelhafte Zuschreibung von festgelegten Eigenschaften für Städte verstanden, z.B. Stockholm - das Venedig des Nordens; Hamburg - das Tor zur Welt (vgl. Schönfeld 1986, Hartmann 1988).

Die Kategorie der "pragmatischen Stereotype" zielt auf charakteristische Verhaltensweisen von Bewohnern einer bestimmten Stadt oder auf situative Bedingungen ihres Umfelds. So werden in Witzen Einwohner bestimmter Städte gewisse Eigenschaften zugeschrieben (z.B. Charme den Wienern, Fixigkeit den Berlinern, Langsamkeit den Bernern usw.) oder eine bestimmte Eigenschaft einer Stadt als Ganzes (z.B. eine hohe Verbrechensrate in Chicago). Beim Anflug auf Wien läßt der Kapitän eines Flugzeugs einer österreichischen Fluglinie Klänge des Wiener Walzers erklingen und spricht bei der Durchsage vor der Landung gegebenenfalls vom Kaiserwetter in Wien.

Ob es notwendig ist, wie in Tabelle 1 vorgesehen, in Absetzung von der stereotypischen Stadtpräsentation eine gesonderte Klasse formelhafter nichtstereotypischer Stadtpräsentation vorzugeben, muß einer entsprechenden Datendurchsicht überlassen werden. Immerhin könnte ein pragmatisches Kriterium eine gewisse Trennschärfe verbürgen, wenn Äußerungen mehr deskriptiver Prägung ("nichtstereotypische Formeln") von vorwiegend einstellungsbekundenden und damit Image transportierenden Äußerungen unterschieden werden; man stelle Beispiele in (3) solchen in (4) gegenüber:

(3) a. Stockholm - das Venedig des Nordens
b. Moskau - das dritte Rom
c. Düsseldorf - der Schreibtisch des Ruhrgebiets
d. Köln - die Domstadt

(4) a. Venedig - die Königin der Meere
b. Köln - die Perle am Rhein
c. Paris - die Krone Frankreichs

Vergleiche aus multinationaler und interkultureller Sicht sind sicherlich aufschlußreich für die Beurteilung und Verbreitung, Kulturspezifik und Universalität von Stadtstereotypen und Stadtformeln. Wie erste Informantentests ergeben haben, konzeptualisieren formelhafte Präsentationsformen nur in beschränktem Maße räumliche Vorstellungen. Am geringsten werden städtische Binnengliederungen widergespiegelt, eher Merkzeichen im Sinne Lynchs oder auch Wahrzeichen, vielfach werden auch räumliche Bezüge der Stadt als nicht weiter differenzierter Gesamtheit zu ihrer Umgebung widergegeben. Dabei geht es beispielsweise um die Lage der Stadt hinsichtlich charakteristischer regionaler Linien (oft Flüsse) oder um die Konzeptualisierung einer der wichtigsten städtischen Funktionen, nämlich die der Vermittlerfunktion im Hinblick auf die benachbarte Region, beispielsweise mittels der Türmetaphorik, man vgl. (5) bis (7); für weitere Details sei auf entsprechende Untersuchungen in Hartmann (1988) verwiesen:

(5) a. Paris - die Seinemetropole
b. München - die Isarmetropole

(6) a. Straßburg - die Münsterstadt
b. Köln - die Domstadt

(7) a. Leningrad - das Fenster zum Westen
b. Hamburg - das Tor zur Welt

Betrachten wir die Präsentationsformen für Städte, die wir in Figur 1 als "nichtformelhaft" gekennzeichnet haben und die wiederum einer Subklassifizierung nach den Textmerkmalen "diskursiv" und "nichtdiskursiv" unterworfen wurden. Neben den Stadtbeschreibungen literarischen Genres verstehen wir unter Stadtbeschreibung im engeren Sinn einen Diskurstyp, der wie eine Wegbeschreibung, eine Wohnungsbeschreibung oder eine Wohnraumbeschreibung auf räumlicher Erfahrung beruht und mittels einer Blickwanderung über eine Stadt bzw. einen Stadtteil oder mittels einer imaginären Wanderung durch die Stadt hindurch sprachlich und interaktiv realisiert wird. Stadtbeschreibungen im engeren Verständnis als von Informanten elizitierte Texte wurden erstmals in Hartmann (1987) vorgestellt. Da wir weiter unten eine ausführliche Analyse von Stadtbeschreibungen als Diskurstyp vorstellen, begnügen wir uns hier mit diesen Hinweisen.[6] "Stadtprospekte" als Sammelbezeichnung für Texte mit meist institutioneller Autorschaft (kommunale Presseämter, Verkehrsvereine, regionale Kommunalverbände usw.) enthalten neben Hinweisen auf räumliche Elemente Mittel und Strategien der positiven Selbstdarstellung gemäß der auf Image-Präsentation und Image-Verbesserung bedachten Intention der Verfasser. Anzeigen entsprechenden Typs, produziert sowohl von städtischen wie auch regionalen Institutionen, aber auch im Auftrag von Industrie- und anderen Unternehmen, lassen wir um der detaillierteren Beschäftigung mit Stadtbeschreibungen im engeren Sinn willen unberücksichtigt.

Unter den "nichtformelhaften Formen der Stadtpräsentation" mit den Merkmalen "nichtdiskursiv" ragen die code-vermittelten Ausdrucksformen hervor. Darunter verstehen wir stadtspezifische Sprechweisen wie z.B. "Kölnisch" oder "Berlinisch", die Stadtsprache(n) New Yorks oder die von Shanghai usw. Zu fragen ist, ob sich solche Varietäten nicht eher auf Landschaften oder Regionen als auf Städte beziehen. Völlig offen ist auch die Abgrenzung der oben genannten Kategorie zu den angesprochenen phonetischen Stereotypen (signalhaften Merkmalen), wo man sicherlich mit unterschiedlichem Ausmaß an vorwissenschaftlichem Alltagswissen in Sprachgemeinschaften rechnen muß.

Deskriptive Arbeit erfordert auch die Untersuchung von Stadtpräsentationen, die mit Hilfe "lexikalischer Mittel" einschließlich Eigennamen wie Namen von Städten

---

[6] Eine Dissertation zu Reiseführern und deren "Bild der Stadt" (Lynch 1960) ist gegenwärtig am Germanistischen Institut der Ruhr-Universität in Vorbereitung.

geformt werden, z.B. Spreeathen für Berlin. In metonymischer Verwendungsweise stehen Namen von Straßen für Städte, wobei sich diese wiederum in Abhängigkeit von bestimmten Kontextbedingungen auf Regierungen oder andere Institutionen beziehen können; eine ähnliche Verwendung finden Ausdrücke für Gebäude; man vergleiche die Beispiele in (8) und (9).

(8) a. Kurfürstendamm für Berlin
b. Jungfernstieg für Hamburg

(9) a. im Capitol - 'amerikanisches Repräsentantenhaus' oder 'amerikanischer Senat'
b. das Weiße Haus - 'der amerikanische Präsident'
c. Bonn - 'die Regierung der BRD' oder 'Bundesrepublik Deutschland'

Die "nichtsprachlichen Stadtpräsentationen" einschließlich der multimedialen Präsentationsformen, beispielsweise der Text-Bild-Kompositionen auf Briefmarken, werden in Figur 1 nach einer geläufigen semiotischen Zeichenklassifikation subklassifiziert. Mit "ikonischen" diskursiven und nichtdiskursiven Präsentationsformen sind vor allem schriftliche, bildliche oder filmische Medien gemeint, deren Zeichenkombinationen in einer Ähnlichkeitsbeziehung zu der abzubildenden Realität stehen. Dies trifft beispielsweise für Stadtpläne zu, die Straßen, Kreuzungen, Eisenbahnen usw. abbilden, jedoch nicht jedes Haus in der Stadt, wohl wiederum ausgezeichnete Gebäude wie Bahnhöfe oder große Industrieanlagen. Auch Vorspänne zu TV-Serien wie "Dallas" oder "Denver-Clan" bilden einzelne Wahrzeichen in Form bedeutender Gebäude usw. ab, die wiederum Merkzeichencharakter haben können, und Filme über New York bedienen sich im Vorspann gern der stilisiert dargestellten weltberühmten sky-line von Manhattan. Damit sind einige Prinzipien, die den Aufbau von nichtsprachlichen ikonischen Stadtpräsentationen steuern, deutlich geworden. Nicht die gesamte Stadt wird auf Karten oder in TV-Vorspännen abgebildet, sondern eine Auswahl von Objekten. Stilisierungen nach unterschiedlichen Konventionen bilden ein weiteres Prinzip. Der Frage, welchen Regeln die Objektselektion bei Stadtpräsentationen folgt, wenden wir uns im nächsten Abschnitt zu.

Zur Erläuterung der "symbolischen " und "indexikalischen" nichtsprachlichen Präsentationsformen mögen die in Figur 1 aufgeführten Beispiele dienen. Im übrigen heben wir zum Schluß unserer Erläuterungen zu Figur 1 hervor, daß viele Präsentationsformen selten oder gar nicht allein, sondern nur im Zusammenwirken mit anderen auftreten. So werden gewisse phonetische Stereotype durchweg mit semantischen und pragmatischen Stereotypen zusammenarbeiten, so daß zum Stereotyp des Rheinländers oder Sachsen nicht nur die notwendige Artikulation gewisser phonetischer "signalhafter Merkmale", sondern auch ein "Gemütlichkeit" oder "Schlauheit" signalisierendes Verhalten gehört. Auch Regionen werden durch den Städten entsprechende Ausdrucksformen vertreten: beispielsweise können im Alltag (Zeitungen) anzutreffende Formulierungen wie in (10) als Beispiel für formelhafte Präsentationen für Regionen und Länder dienen.

(10) a. NRW (Nordrhein-Westfalen) - das bevölkerungsreichste und am dichtesten bevölkerte Land in der Bundesrepublik Deutschland
b. das rote Hessen
c. Amerika - das Land der unbegrenzten Möglichkeiten

Auf eine sorgfältigere Sammlung von einschlägigen Daten und deren Prüfung auf interkulturelle Übereinstimmung oder Abweichung müssen wir an dieser Stelle verzichten.

Interessant ist nun die Frage, ob alle Wissenselemente, die den in Tabelle 1 aufgezählten Wissensformen zugeordnet werden, in gleicher Weise als Bestandteile räumlichen Wissens aufgefaßt werden sollten. Dazu liegen bisher kontroverse Antworten vor. Forscher wie Downs/Stea (1977/82) und andere, die mit dem Begriff der kognitiven Karten arbeiten, erklären beispielsweise auch stereotypische Qualitäten eines Ortes als Mittel zur Charakterisierung von dessen "Identität" zu Elementen menschlichen Raumwissens, die zur Lokalisierung eines Orts auf einer "kognitiven Karte" dienen (Downs/Stea 1982: 127ff.). Andererseits ist der Begriff der kognitiven Karte bisher alles andere als klar, und man kann die Existenz von "kognitiven Karten" mit guten Argumenten bezweifeln. Zur notwendigen Trennung zwischen räumlichem und nichträumlichem Wissen kann uns ein pragmatisches Kriterium dienen, das sich aus der Eignung eines gegenständlichen Elementes oder einer Eigenschaft für menschliche Orientierungsbedürfnisse ergibt. Es wird noch zu zeigen sein, daß dieses pragmatische Kriterium nicht trivial ist.[7]

2. Stadtbeschreibungen als Diskurstyp

2.1 Zur Empirie von Stadtbeschreibungen

Die hier zugrunde gelegten Stadtbeschreibungen von verschiedenen Städten der Bundesrepublik Deutschland wurden bei erwachsenen Sprechern erhoben, die gute Ortskenntnisse besaßen. Die Ausgangsfrage wurde im offenen Interview gestellt, wobei ihre Formulierungen im einzelnen variierten. Der Informant wurde bei-

---

[7] Der Begriff der Orientierung darf natürlich nicht so weit wie in Downs/Stea (1977/82) gefaßt werden, so daß er auch Wissen umfaßt, das nicht an Entfernungs- und Richtungsvorstellungen gebunden ist. Räumliches Wissen in unserem Sinn erscheint dagegen weitgehend mit Entfernungs- und Richtungsangaben vernetzt und damit perspektivisch geprägt (vgl. auch Graumann 1960).

spielsweise aufgefordert, einem angenommenen Fremden die räumliche Lage einer bestimmten Stadt zu erklären. Ziele und wissenschaftliches Interesse der Untersuchung wurde den Informanten nicht erläutert, vielmehr wurde die Interviewfrage mit Interessen an Stadtplanung und Stadtentwicklung motiviert.

Die räumlichen Strukturen eines Makroraums wie einer Stadt mündlich zu beschreiben, gehört nur im beschränkten Maß zu den alltäglichen Routinehandlungen eines Sprechers. Die Aufforderung zu einer Stadtbeschreibung ist daher sozial weniger gut interpretierbar als die Bitte um eine Wegauskunft.[8] Die vergleichsweise geringe soziale Verankerung des mündlichen Diskurstyps "Stadtbeschreibung" im alltäglichen Handeln werten wir, bezogen auf die uns hier interessierenden Fragestellungen zu Sprache und Raum, nicht als Hindernis für Untersuchungen zum Verhältnis von räumlichem Wissen und sprachlicher Repräsentation.

2.2 Eine Klassifikation von Stadtbeschreibungen aufgrund von Beschreibungstechniken

Wir fanden in unseren Interviewdaten drei Beschreibungstechniken für Städte: Die Liste, die Karte und die imaginäre Wanderung. Beschreibungen, die sich des Listenprinzips bedienen, spiegeln im Vergleich zu anderen Beschreibungstypen nur wenig an räumlicher Struktur der jeweiligen Stadt wider.

Liste. Eine Stadtbeschreibung als Liste enthält in relativ ungerichteter Folge Benennungen von Sehenswürdigkeiten und wichtigen Institutionen, darüber hinaus aber auch von flächenhaften Elementen wie City, Stadtpark und Stadtteilen, die nach Auffassung des Informanten insgesamt charakteristisch für die zu beschreibende Stadt sind (vgl. dazu Text 1, Anhang). In Listen referieren die Benennungen für Wahrzeichen und andere Referenzobjekte oft stadtprototypischer Prägung gewöhnlich nicht, es fehlen lokale Adjektive, Adverbien und Präpositionen mit primär- bzw. sekundärdeiktischen Funktionen, die zur Abbildung von räumlichen Beziehungen des städtischen Bezugsraums (Ehrich 1985) in der sprachlichen Repräsentation dienen können. Listen fehlt somit die Wiedergabe räumlicher Perspektivik und damit auch das imaginäre Subjekt mit seinem festen oder wechselnden Standort, wie es für

[8] Mündliche Beschreibungen einer Stadt ergeben sich im Alltag am ehesten in Auskunftssituationen, beispielsweise dann, wenn am Bahnhof ein Einheimischer einem gerade ankommenden Fremden den Plan oder Teilplan eines Stadtraums erklärt. Ansonsten handelt es sich bei Stadtbeschreibungen um einen Diskurstyp, der vor allem in der schriftlichen Tradition der westlichen Kultur beheimatet ist. Stadtbeschreibungen finden sich in heutigen Autoatlanten, in moderner Prosa wie auch in der Belletristik des 18. und 19. Jahrhunderts, man vergleiche die Übersicht in Hartmann (1987).

die Struktur anderer Beschreibungssorten kennzeichnend ist. Angaben zu einem Referenzrahmen fehlen weitgehend. Die Reihenfolge, in der die erwähnten Objekte benannt werden, besitzt eine nur schwach ausgeprägte Analogie zur städtischen Topographie, wenn man die Aufzählung von Wahrzeichen, Institutionen und anderen räumlichen Objekten mit deren Verteilung auf einem Stadtplan vergleicht (siehe Text 1, Anhang). Gibt somit die Beschreibungstechnik der Liste die Erfahrung eines Stadtraums in recht unstrukturierter Weise wieder, so sind andererseits einzelne Ansätze zur Repräsentation räumlicher Strukturen auch hier zu erkennen. Listen folgen offenbar stets dem Prinzip, den Ausgangspunkt der Beschreibung in die Innenstadt zu verlegen, von wo aus sich der Beschreibende mental in die Außenbezirke vorwärtsbewegt (vgl. Text 1, Anhang). Da Listen die Eigenschaft der gerichteten Beschreibung von "innen" nach "außen" auch mit "Karten" und "imaginären Wanderungen" (siehe unten) teilen, können sie als Realisierung von einer solchen Präsentationsform für Makroräume aufgefaßt werden, die sich nur graduell von den anderen unterscheidet.

Karten: Ein zweiter Typ von Beschreibungstechnik liegt vor, wenn eine Stadt oder ihre Teile von einem konstant bleibenden imaginären Standort aus in globaler Weise und gleichsam "raumraffend" betrachtet wird. Wo genau der Standort des imaginären Beobachters angesiedelt ist, erscheint keineswegs klar. Dieser Beobachter legt Orientierungsachsen über eine Stadt, wobei es sich um "natürliche" Gegebenheiten handeln kann, man vergleiche das Transkript Text 2 aus dem Anhang: Isar (16), Englischer Garten (22), Hauptverkehrsader (50). Bei der Konstruktion der Achsen wird in dem vorliegenden Beispiel auf ein anderes Bezugssystem referiert, hier auf das System der Himmelsrichtungen, man vergleiche in unserem Beispiel Zeile 20. Weiter ist an unserem Text interessant, daß die Achsenkonstruktion hier mehrfach angewendet wird. Zunächst auf einen größeren Teil von München (12-27), dann auf die Altstadt (28ff.), insbesondere fällt hier die West-Ost-Richtung Kaufinger Straße (60) auf, dann die Nord-Süd-Richtung (66ff.), nördlich vom Marienplatz, Viktualienmarkt Richtung Südosten (77ff.). Das Achsenmodell wird ein drittes Mal verwendet, wenn es um die Beschreibung der Lage einzelner Sektoren, d.h. Bereiche geht, (Schwabing (112)). Die Perspektive des Beschreibenden ist die eines Beobachters, der einen festen Standort hat und dabei seinen Blick über die Stadt wandern läßt.

Imaginäre Wanderungen: Als dritte Beschreibungstechnik, die in den Ausgangsdaten angewendet wird, ergab sich die einer "imaginären Wanderung" durch die Stadt, wonach der Sprecher als Cicerone zusammen mit dem Zuhörer eine gewisse Strecke in der Stadt abschreitet. Da diese Beschreibungstechnik bereits in Zusammenhang mit Wegbeschreibungen ausführlich erörtert worden ist (vgl. z.B. Klein 1979), und da ich diese Strategie auch an anderer Stelle anläßlich von Stadtbeschreibungen besprochen habe, möchte ich hier nur kurz darauf eingehen. Vergleicht man die Struktur der imaginären Wanderung aus Wegbeschreibungen mit der in Stadtbeschreibungen, so fallen sofort einige wichtige Unterschiede auf. Sie betreffen zunächst Start und Ziel der Fortbewegung durch die Stadt. Bei Wegbeschreibungen liegt Start und Ziel durch die mit der Bitte um Wegauskunft mitgegebenen Informationen fest. In Stadtbeschreibungen gemäß unserer Definition ist sowohl Start wie Ziel nicht festgelegt. Der Sprecher muß erst einen geeigneten Ausgangspunkt in seinem Gedächtnis suchen. Auch die Gestaltung des Abschlusses der Stadtbeschreibung scheint bei der imaginären Wanderung auf den ersten Blick in das Ermessen des Antwortenden hineingestellt zu sein. Ein Kriterium für die Beendigung der imaginären Wanderung ist zunächst nicht erkennbar. Diese relative Offenheit des Stadtspaziergangs macht auch die deutliche diskursstrukturelle Markierung des Abschlusses erforderlich. Kommentierende Bemerkungen dieser Art fehlen dagegen in Wegbeschreibungen (vgl. dazu Hartmann 1988, i.E.). Insgesamt ist die imaginäre Wanderung viel vager und lockerer als in Wegbeschreibungen angelegt.

Die inhaltliche Ausgestaltung von Stadtbeschreibungen scheint von mehreren Faktoren abhängig zu sein, deren Einfluß und Zusammenspiel noch zu klären ist. Plausibel ist zunächst, daß die Formulierung der Ausgangsfrage die Form der folgenden Beschreibung steuern kann. Wir haben aufgrund unserer Erhebungen, deren sprachliche Daten zweckmäßigerweise zunächst qualitativ ausgewertet werden, den Eindruck, daß eher formell und knapp formulierte Interviewfragen ohne spezifische Adressatenbenennung die Produktion von Beschreibungen als Aufzählung oder Listen bezüglich des gesamten Stadtgebietes befördern (vgl. Text 1, Anhang). Die ausdrückliche Benennung eines Adressaten, als Beispiel diene der "imaginäre Fremde", elizitierte in anderen Intervies einen imaginären Rundgang nur durch den Stadtkern. Fachliche Geübtheit von Interviewern wie auch sprachliches Geschick der Informanten sowie dessen Interessen und Ortskenntnisse spielen für den Reichtum oder die Armut an Details innerhalb einer Stadtbeschreibung ebenfalls eine wichtige Rolle.

2.3 Zum Aufbau des Diskurstyps Stadtbeschreibung

Listen: Obwohl die von uns erhobenen Stadtbeschreibungen eine beträchtliche Variabilität etwa hinsichtlich des Textumfangs sowie der Detailfreudigkeit zeigen, so lassen die Daten dennoch gewisse Strukturelemente erkennen, seien sie nun obligatorisch oder fakultativ. Stützen wir uns zunächst auf den ersten Text des

Anhangs, so ergibt sich eine durchsichtige Gliederung. Die Stadtbeschreibung setzt nach zwei Aufforderungsfragen der Interviewerin ein, der Beginn der Stadtbeschreibung wird diskursstrukturell durch einen Sprecherwechsel markiert (Text 1, 05-06), ebenso ihr Schluß, der wiederum mit einem Sprecherwechsel kongruiert. Beginn und Ende der Beschreibung werden auch sprachlich markiert, indem an beiden Stellen die Sprecherin explizit als Person und als auskunftgebende Expertin und zwar nur an diesen Stellen hervortritt, mit einem Verbum dicendi zu Beginn und mit einer rhetorischen Frage und einer abschließenden Bemerkung in der Schlußphase (Text 1, 35).

Innerhalb der eigentlichen Stadtbeschreibung lassen sich in unserem Beispiel eine Eingangsphase, ein Mittelteil und eine Schlußphase voneinander trennen. Die Eingangsphase enthält ein kontaktbezogenes Signal, das die Übernahme des turns anzeigt (mhm 06), gefüllte Pausen, rhetorische Fragen, die der Selbstvergewisserung der gestellten Aufgabe und Versicherung von deren Verständnis an die Adresse des Fragers dienen (06-08). Damit ist die Eingangsphase abgeschlossen. Der Mittelteil beginnt mit einer geographischen Lagebestimmung (08-09) und mit einer Klassifizierung der zu beschreibenden Stadt mittels einer Größenklasse. Sowohl Lagebestimmung wie auch Klassifizierungsvorgänge sind als Strukturelemente und dazu in recht unterschiedlicher Ausgestaltung zu Beginn des Mittelteils von vielen Stadtbeschreibungen zu finden. Oft erscheinen an dieser Stelle auch Formulierungen zur Geschichte der Stadt oder auch die Bekundung von Einstellungen (Ich lebe gern hier). Erst nach diesen ortsverortenden Textpassagen, die zur globalen Orientierung des Hörers dienen, folgt die Raumbeschreibung im engeren Sinn (10ff.). Die Raumbeschreibung der Stadt ist in Text 1 wiederum untergliedert, einem "Überblick" über den gesamten Stadtraum folgt die detaillierte Aufzählung von Einzelobjekten, hier in Listenform. Die Schlußphase der Stadtbeschreibung ist sowohl durch die rhetorische Frage (31) wie auch durch andere den turn-Schluß signalisierende Formeln gekennzeichnet. Die Stadtbeschreibung in anderen Texten haben davon abweichende Formen, zeigen jedoch unter diskursstrukturellen Aspekten Entsprechungen zu den eben getroffenen Feststellungen.

Folgt man dem Inventar an Bausteinen für subjektive Stadtkarten, wie es von Lynch (1960) entwickelt worden ist, so läßt sich von Listen sagen, daß in diesen Beschreibungsformen ganz bestimmte Elementklassen bevorzugt verwendet werden. Unser Beispiel für eine Liste (Text 1, Anhang) für Bochum bevorzugt Bereiche, Landmarken, Wahrzeichen und Gebäude, wobei die meisten Gebäude als Exemplar ihrer Gattung und die Gattung selber vorgeführt werden (Hochhäuser, Einfamilienhäuser, Rathaus, Verwaltungsgebäude), Brennpunkte und Grenzlinien spielen dagegen für diese Beschreibung keine Rolle; zwar wird die Ruhr (29 u.a.) als Fluß genannt, jedoch eher als Bestandteil eines "nobleren" (32) Stadtteils und Attribut des "Südens" (27) mit seinen Grünanlagen und Übergängen in ländliche Bereiche denn als Grenzlinie. Dagegen benötigen die Sprecher in der entschieden detailfreudigeren Beschreibung der Innenstadt unter Anwendung der Beschreibungstechniken "imaginäre Wanderung" und "Karte" in viel höherem Maß als bei Listen die Benennungen von Brennpunkten und vor allem von Grenzlinien (vgl. Text 2, Anhang).

Karten: Zum Studium des Aufbaus von Beschreibungen mit Hilfe der Kartentechnik[9] wird im folgenden eine Beschreibung Münchens zugrunde gelegt (Text 2, Anhang). Die ersten Sätze dieser Beschreibung geben dem Hörer die Möglichkeit, die Lage der Stadt festzulegen, indem die Stadt in ein System von Orientierungslinien eingebunden wird. Als erste Orientierungslinie wird ein Fluß (die Isar) mit der Vorstellung einer unbestimmten, offenbar jedoch hinreichenden Länge ausgewählt. Die Wahl dieser Orientierungsachse, die sich damit einer natürlichen Eigenschaft der Oberflächenmorphologie jener Region bedient, ist offenbar wiederum durch das System der Himmelsrichtungen als tiefer zugrundeliegendem System gesteuert (die Isar bildet eine Scheidelinie von Norden nach Süden durch die Stadt, (19ff.)). Die zweite Orientierungslinie ergibt sich durch die Plazierung der Altstadt Münchens auf die linke Flußseite (der historische Stadtkern München liegt am linken Isarufer (18ff.)). An diesem Teil der Stadtbeschreibung ist zweierlei bemerkenswert, erstens: ein System von Orientierungsachsen dient dazu, dem Hörer die Lage der Stadt in bezug auf ihre natürliche Umgebung zu veranschaulichen. Wenn sich unsere Beschreibung nach Abarbeitung des Eingangsteils dann der Innenstadt als nächstem Großbereich und Beschreibungsgegenstand zuwendet, wird des öfteren auf diese Orientierungsachsen zurückgegriffen. Mit der Einbettung der Stadt in ein System naturräumlicher Achsen und demzufolge in die damit verbundenen Landschaftsräume besitzt diese Eingangspassage eine ähnlich orientierende Funktion für die Fixierung der Stadt in

[9] Die Wahl des Terminus "Karte" erfolgt in Anlehnung an die gleichnamige Benennung einer Beschreibungstechnik für Wohnungen bei Linde/Labov (1975/85), die in diesem Zusammenhang einen Beobachter annehmen, der "von oben" gleichsam auf den Grundriß der Wohnung schauend diese beschreibt. Für Stadtbeschreibungen wurde diese Redeweise bereits an früherer Stelle übernommen (vgl. Hartmann 1987, i.E.), allerdings dahingehend modifiziert, daß von einer prinzipiell nicht-horizontalen Betrachtungsperspektive gesprochen wurde. Was "Betrachtung von oben" eigentlich heißt, bedarf weiterer Klärung. Bei einschlägigen Beispielen für Stadtbeschreibungen handelt es sich keineswegs um eine Betrachtung von einem Standpunkt aus, der im strengen Sinn über der Stadt angesiedelt ist, etwa in dem Sinn, wie jemand aus einem Flugzeug oder von einem Hubschrauber aus eine Stadt wahrnimmt. Die Identifizierungsprobleme, die in den letzgenannten Fällen entstehen, ergeben sich für die hier vorliegenden Stadtbeschreibungen nicht. Schaut jemand aus einem Flugzeug auf eine Stadt, so muß er die in diesem Moment wahrgenommenen Eindrücke mit den möglicherweise bereits bekannten Wahrnehmungsergebnissen aus der horizontalen Sehrichtung vergleichen, koordinieren und verarbeiten. Die Fähigkeit, Entfernungen zwischen auseinanderliegenden Punkten in der Stadt raffen zu können, scheint eher auf dem Zusammenspiel von Fähigkeiten zum Kartenlesen und der Verarbeitung von Wahrnehmungen aus der Horizontalen zu bestehen.

den sie umgebenden Großraum wie in Text 1 die Äußerung Bochum ist eine Stadt im Ruhrgebiet, wenn auch die Lagebestimmung im Fall München sehr viel präziser als in der Stadtbeschreibung von Bochum ist. Nun scheint für den Aufbau dieses Diskurstyps nicht nur die Initialstellung der eingangs entworfenen Karte für den Aufbau wichtig zu sein, sondern auch die charakteristische Okkurrenz bestimmter Stadtelemente. Der Aufbau des Kartensystems ist, dem Ausmaß der erfaßten Stadtfläche nach, der am gröbsten gerasterte Beschreibungsteil in der gesamten Beschreibung, er fällt recht global aus und umfaßt vorwiegend Bereiche und Flächen (z.B. Englischer Garten 22), jedoch ohne die Insertierung von Gebäuden und anderen Details. Demgegenüber konzentrieren sich die dann folgenden Beschreibungsteile auf die Besprechung einzelner Bereiche wie z.B. der Innenstadt oder anderer Stadtteile, wobei diese Beschreibungspassagen relativ häufig mit räumlichen Details wie Gebäuden, Theatern, Plätzen usw. durchsetzt sind. Indem diese Beschreibungsteile einen höheren Detaillierungsgrad aufweisen, läßt sich auf den gesamten Text gesehen, eine Ordnung nach unterschiedlichen Detaillierungsgraden erkennen. Somit besitzt der erste Teil der eigentlichen Stadtbeschreibung eine klar erkennbare Orientierungsfunktion für den gesamten Text sowohl durch die Verortung der Stadt als gesamter Einheit gegenüber ihrer großräumlichen Umgebung wie auch durch die Bereitstellung von ersten Grundlinien, auf die der weitere Textaufbau zurückgreifen kann.

Der nächste erkennbare Abschnitt der Stadtbeschreibung gilt der Vorführung der Innenstadt (28ff.), deren Deskription sich vereinzelt der Aufzählungstechnik bedient, (... die wichtigsten Bauten ... das Rathaus und die großen Theater ... (39ff.)) allerdings wie gesagt, ansatzweise, da in diesem Text die Technik des Beschreibens mittels direkter und nichtdirekter Orientierungslinien (Systeme von Bezugsachsen, Systeme von Himmelsrichtungen) recht strikt durchgehalten wird und daher die Entfaltung anderer Beschreibungstechniken beschränkt. Auch die Beschreibung der Innenstadt setzt auf weite Teile hin die Annahme einer Orientierungsachse voraus, wozu der Richtungsverlauf der Münchener Fußgängerzone als Vorlage dient, nämlich die Linie Stachus-Marienplatz-Kaufingerstraße (vgl. Fußgängerzone 51/52ff. auch Kaufingerstraße (82)). Die Auswahl gerade dieser Straßenfluchten scheint durch ihren optisch dominierenden Charakter, d.h. durch ihre Breite, ihre Erscheinungsweise als wichtiger Geschäfts- und Einkaufsstraße wie auch durch ihre West-Ost-Ausrichtung bestimmt zu sein. Sie dient weiter als Bezugslinie zur Lokalisierung weiterer Brennpunkte (Viktualienmarkt (82ff.) Münchener Stadtmuseum (85ff.) Sendlinger Tor (89)). Die Beschreibung des hier zugrunde liegenden Konzepts von Innenstadt, die weitgehend auf der Repräsentation des historischen Stadtkerns beruht, schließt ab mit der Darstellung ihrer Begrenzung durch den inneren Ring, i.e. Blumenstraße-Sonnenstraße-Stachus-Maximiliansplatz-Oskar-von-Miller-Ring usw. (vgl. Hauptverkehrsader (51) Mittlerer Ring (96), Innerer Ring, die Straße, die um den historischen Stadtkern herumfährt (106ff.)). Soweit meine Darstellung der beschreibungsstrategischen Grundlinien bei der Repräsentation der Innenstadt.

Nun umfaßt München noch sehr viel mehr als diesen historischen Ortskern und auch dem Informanten ist dies bewußt, zumal im Eingangsteil bereits Vorstellungen sichtbar wurden, die über die Altstadt hinaus reichen. Zur sprachlichen Repräsentation der bisher nicht berücksichtigten Teile der Stadt arbeitet der Sprecher wiederum ein System von orientierenden Achsen aus, das nicht über die ganze Stadt gelegt wird, sondern radialen Charakter besitzt. Zentrum dieser Radialstruktur ist die Innenstadt. In der sprachlichen Darstellung werden diese Radialachsen im Uhrzeigersinn angeordnet. Das tiefer zugrunde liegende Orientierungssystem ist auch hier wieder das der Himmelsrichtungen. Es wird mit der Richtung nach Norden begonnen, dann wird zum Osten übergegangen, dann zum Westen und schließlich wird der Süden anvisiert. An die Nennung dieser Achsen wird eine Besprechung des jeweiligen Bereichs angeknüpft, der sich mit ihm berührt, so daß sich zwanglos Details städtischer Bebauung und Entwicklung einfügen lassen. Ich beschränke mich auf die Nennung der einzelnen Richtungen: Norden (112ff.) wobei, wie oft, eine Straße, hier die Folge Ludwigstraße-Leopoldstraße als Leitlinie gewählt wird (128ff.), die übrigens in Wirklichkeit eher nach Nordosten als nach Norden gerichtet ist. Als nächstes folgt die Konzipierung der Ostrichtung (159ff.), gestützt auf die Anlage der Prinzregentenstraße über die Isar hinaus; auf den Osten folgt in der Präsentation die Westachse (203ff.), darauf die Südachse Richtung Starnberg (214ff.). Man sieht, daß die Aufzählung nicht durchweg dem Prinzip des Uhrzeigersinns folgt. Bei Starnberg angelangt, stellt der Informant fest, daß sich jetzt ein weiterer Ring zur Beschreibung Münchens anbietet, der allerdings nicht durch ein Radialsystem von Achsen, sondern durch die Benennung von Bereichen abgeschritten wird, deren räumliche Einordnung als bekannt vorausgesetzt wird, und dies mit Recht, weil vorher das Achsensystem genannt worden ist: Neu-Perlach (236), Neu-Biberg (236), Ottobrunn (246), Flughafen (254), Riem (256), Erdinger Moos (257), Olympiastadt (261), Nymphenburg (263), Starnberg (263). Die Richtung der Beschreibungsbewegung geschieht im Gegensatz zu der Beschreibung des engeren Kreises in Text 2 jetzt im Gegenuhrzeigersinn. Beide konzentrischen Beschreibungsbewegungen ergeben somit das Bild einer Schneckenhauswindung, ein Bild, das von dem Informanten auch selber expliziert wird (254). Das Radialachsenprinzip wird auch bei den anderen Stadtbeschreibungen verwendet, selbst in solchen höchst einfachen Charakters, wie er Listen oder Aufzählungen kennzeichnet. Daher läßt sich die Beschreibungstechnik mit Hilfe von Radial- wie auch von durchgängigen Achsen als allgemeines Prinzip der Darstellung von Makroräumen, wie sie Städte nun einmal darstellen, auffassen.

Aus dem Vorstehenden wird deutlich, daß in diesem Fall die Stadt durch Achsenkreuz und Radialachsensystem als Makroraum überschaubar und damit beschreibbar gemacht worden ist. Die vollständige verbale Verarbeitung eines solchen Orientierungsrasters, das über eine Stadt gelegt wird, ruft offensichtlich den Eindruck einer gewissen Vollständigkeit hervor, man vergleiche dazu den Schlußteil in Text 2, in dem der Informant die Vollständigkeit seiner Deskription feststellt (265ff.), mit der offenheitsmarkierenden Formel in Text 1 (35ff.).

Imaginäre Wanderung: Wir haben auf diskursstrukturelle Unterschiede zwischen imaginären Wanderungen innerhalb von Wegauskünften und als Beschreibungstechnik in Stadtbeschreibungen bereits oben hingewiesen. In Stadtbeschreibungen ist der Start der imaginären Wanderung im Gegensatz zu Wegbeschreibungen nicht durch den Standort der Interaktanten festgelegt wie auch in Stadtbeschreibungen das Ziel der Wanderung nicht durch die Initialfrage fixiert wird. Beide wichtigen Referenzpunkte werden vielmehr durch andere Bedingungen des Interaktionskontexts oder den Einfluß gewisser Konventionen festgelegt. Eine unserer Beschreibungen Münchens wurde außerhalb der Stadt aufgenommen und hier scheint die Lage des Aufnahmeortes wie die Formulierung der Initialfrage für die Festlegung des Startplatzes am Bahnhof wichtig zu sein, andere Informanten nahmen den Stachus als "Zentralpunkt" an, von dem aus, wie in den meisten Beschreibungen, zunächst in den historischen Kern von München hineingeführt wurde.

Ein Ziel der imaginären Wanderung bei Stadtbeschreibungen gibt es, wörtlich genommen, nicht, da der Zweck dieser Aktivität ja in der Wahrnehmung des Stadtbildes beruht. Das Ende der räumlichen Bewegung durch die Stadt mittels der imaginären Wanderung wird nicht durch die explizite Markierung eines "Ortes" als Ziel, sondern durch einen Kontrast zwischen verschiedenen Kategorien räumlicher Objekte mit schlußindizierender Funktion angezeigt. In einem unserer Texte wird der Hörer nach der Benennung von eher kleinräumigen Lokalobjekten in Form von Fixpunkten (Stachus, Rathaus, Maximiliansplatz usw.) in vergleichsweise größere Räume oder "Bereiche" (Lynch 1960) wie Englischer Garten geführt, wo sich dann die Raumbewegung auflöst. Die Beobachtung zu dem Kontrast Kleinräumigkeit-Großräumigkeit mit schlußinduzierender Funktion wird durch andere Transkripte bestätigt.

Ein weiterer wichtiger Unterschied, der die spezielle Ausprägung der imaginären Wanderung in Stadtbeschreibungen betrifft, geht die Auswahl der angegebenen Fixpunkte sowie auch deren Verhältnis zueinander an. In Wegbeschreibungen funktionieren Ortsbenennungen als Fixpunkte zur Angabe von Änderungen in der Bewegungsrichtung oder als Referenzpunkte zur Sicherung des Verständnisses. In Stadtbeschreibungen dagegen bleibt die Angabe der Fixpunkte gelegentlich recht vage, im

Prinzip werden jedoch auch in Stadtbeschreibungen mittels Ortsbenennungen Fixpunkte zur Orientierung gegeben, die auch in einer Wegbeschreibung stehen könnten, also Orte, wo etwa eine Änderung der Fortbewegungsrichtung ausgedrückt werden muß. Andererseits werden auch Orte genannt, die keineswegs als Fixpunkte im Sinne einer Origomarkierung dienen. Sie sind eher als charakteristische Elemente zur Beschreibung dieser bestimmten Stadt anzusehen. Ob die Selektion auch dieser Elemente gewissen Regeln folgt, muß an dieser Stelle offen und weiteren Forschungen überlassen bleiben. Charakterisierende Ortsbenennungen, die eine Stadtbeschreibung dem Texttyp nach in die Nähe einer "Schilderung" rücken, sind eher als Landmarken im Sinne von Lynch (1960) oder als Merkzeichen im Verständnis von Downs/Stea (1977/82) zu fassen, man vergleiche beispielsweise zu München die Abfolge Marienplatz-Rathaus, Frauenkirche. Hier handelt es sich um nach Meinung des Sprechers herausragende Sehenswürdigkeiten, die für die Beschreibung der Stadt unerläßlich sind.

Imaginäre Wanderungen in Stadtbeschreibungen kennen auch beiläufig vollzogene Rückwärtsbewegungen in der Stationenabfolge, die wiederum in Wegbeschreibungen nicht denkbar sind, außer im Fall eines Neuansatzes. Stadtbeschreibungen, die auf dem Beschreibungstext der imaginären Wanderung beruhen und eher einen Stadtbummel als eine zielbewußt durchgeführte Bewegung widerspiegeln, sind andererseits nicht orientierungslos angelegt, auch wenn sie nicht einer rigide gehandhabten Zweck-Mittel-Relation zum Erreichen eines bestimmten lokalen Ziels verpflichtet sind. Ihr Zweck ist in der selektiv gesteuerten Abschilderung einer Stadt zu sehen, die weniger aufgrund der Angabe eines festen Schemas von Fixpunkten in räumlich-linearer Anordnung faßbar wird denn als eine variable Form, deren Struktur nur dynamisch und graduell zwischen den extremen Werten einer Liste und einer ausführlichen, subjektiv bewerteten und von Einstellungen des Sprechers geprägten Schilderung angesiedelt ist.

3. Sprachliche und kognitive Repräsentation der Stadt als Makroraum

3.1 Der Aufbau des städtischen Makroraums und dessen sprachliche Mittel

Zu unseren leitenden Erkenntnisinteressen an Stadtbeschreibungen gehört, global formuliert, die Frage, wie die im wörtlichen Sinn zu verstehende und auch üblicherweise im Alltag zu konstatierende Nichtübersehbarkeit moderner Großstädte, aufgefaßt als Makroraum, dem Hörer mittels verbaler Beschreibungen kognitiv, sprachlich-kommunikativ und interaktiv zugänglich gemacht wird. Die Durchsicht der elizitierten Daten ergab, daß zur Bewältigung der kommunikativen Aufgabe des

Sprechers die Verwendung von gewissen Beschreibungstechniken wie die der Liste, der Karte und der imaginären Wanderung bzw. des Stadtbummels die schrittweise zu vollziehende Abarbeitung der räumlich hochkomplexen Stadt als Makroraum und die entsprechende "Portionierung" der Informationen erlaubte. Wir wiesen auf bestimmte Unterschiede beim Einsatz der genannten Beschreibungstechniken in Stadtbeschreibungen gegenüber bisher bekannten Diskurstypen hin, denen im übrigen teilweise mikroräumliche Raumkonfigurationen zugrunde liegen. Der Nachweis von Beschreibungstechniken läßt, wie oben gezeigt wurde, die Wirksamkeit und den Nutzen beispielsweise von Orientierungssystemen (mehr oder weniger natürliche Kanten oder Linien in Verbindung mit dem System der Himmelsrichtungen, Radialachsen und Straßen als Bewegungslinien in Verbindung mit dem System der Himmelsrichtungen) für die Durchführung der gesamten Beschreibung erkennen. Die Analyse der oben genannten Beschreibungstechniken allein beantwortet jedoch noch nicht die weitergehende Frage, wie der subjektive Makroraum im Detail aufgebaut ist und welche sprachlichen Mittel dazu verwendet werden. Zum Problem des subjektiven Aufbaus von städtischen Makroräumen zählen wir folgende Fragen:

(i) Wie wird der städtische Makroraum gegen andere, ihm nicht zuzurechnende Räume abgegrenzt, d.h. gegenüber der näheren oder weiteren Umgebung?

(ii) Enthält die Beschreibung der Stadt eine Binnengliederung des städtischen Raums und wie wird gegebenenfalls diese Binnengliederung sprachlich realisiert?

(iii) Welche möglicherweise prototypischen Elemente der Stadt enthalten Stadtbeschreibungen (vgl. Hartmann i.E.)?

(iv) Wie ist in Stadtbeschreibungen das Verhältnis von deiktischer und intrinsischer Perspektivik vertreten und worin liegt der sprachliche und kognitive Übergang von der einen zur anderen Perspektive begründet?

(v) Wo und in welcher Form treten "Verzerrungen kognitiver Karten" (Downs/Stea 1973/85: 32ff.) auf, d.h. Abweichungen der jeweiligen subjektiven Geometrie von der euklidischen Abbildung der wirklichen Welt?

(vi) Welcher Art sind die Orientierungssysteme in Stadtbeschreibungen und wie kommen die zugrunde liegenden Referenzrahmen zustande?

(vii) Unter welchen Bedingungen wird eine Beschreibung als "vollständig" angesehen?

Hier alle vorstehend formulierten Probleme zum Aufbau städtischer Räume gleichermaßen zu erörtern, ist nicht möglich. Einige der aufgeworfenen Fragen wie z.B. die zur städtischen Binnengliederung, zur Abgrenzung des städtischen Raums gegen den ihn umgebenden Raum und zu den beschreibungssteuernden Orientierungssystemen sind oben in Zusammenhang mit der Behandlung von Beschreibungstechniken implizit oder explizit behandelt worden. Hier will ich, wenn auch notgedrungen nur knapp, auf die in (ii) aufgeworfene Frage zur subjektiven Binnengliederung eingehen, wobei ein Zusammenhang mit der in (vii) formulierten Frage nach der "Vollständigkeit" einer realisierten Beschreibung hergestellt wird.

Informanten, die sich in ihrer Großstadt auskennen, haben ein deutlich erkennbares Bewußtsein von einer Binnengliederung oder Aufteilung ihrer Stadt in Stadtviertel und Quartiere und deren Situierung im gesamten Stadtraum; sie besitzen Vorstellungen von deren sozialspezifischer Wohnbevölkerung und ziehen Vergleiche zwischen den einzelnen Stadtvierteln (siehe Text 1 zu Bochum, Anhang). Bittet man Stadtbewohner um globale Beschreibungen ihrer Stadt, so wird ebenso deutlich faßbar die Dominanz der Innenstadt (City, Innenstadt usw.) im Bewußtsein ihrer Bewohner. Der singuläre Status der Innenstadt gegenüber der Vielfalt der Stadtteile wird sprachlich expliziert (Text 1, Zeile 8), also mit lexikalischen Mitteln hervorgehoben, und die Beschreibung der Innenstadt nimmt die erste Stelle innerhalb der gesamten Deskription gegenüber der nachgeordneten sprachlichen Präsentation der Stadtteile ein. Imaginäre Wanderungen innerhalb von Stadtbeschreibungen setzen vor oder in unmittelbarer Nähe der Innenstadt ein, und auch das Textbeispiel für die Verwendung einer kartenmäßigen Stadtbeschreibung konzentriert sich nach der Festlegung des Orientierungssystems auf den historischen Ortskern von München und damit auf die jetzige Innenstadt. Nicht nur mit lexikalischen, sondern auch mit Hilfe diskursstruktureller Mittel wird die subjektive Bedeutsamkeit der Innenstadt als ausgezeichneter Bereich hervorgehoben, indem die Beschreibung der City oft einen viel höheren Detaillierungsgrad als die Beschreibung der einzelnen Stadtteile aufweist (vgl. insbesondere Text 2, Anhang). Damit spiegelt sich die "objektiv" festzustellende höhere Intensität der innerstädtischen Bebauung und funktionalen Differenzierung gegenüber den "Außenbezirken" auch sprachlich-diskursstrukturell wider. In Text 2, dessen Stadtbeschreibung nach dem Prinzip der Kartentechnik angelegt ist, setzt die "eigentliche" Beschreibung, d.h. die Beschreibung visuell wahrnehmbarer Artefakte der Stadt bei der Innenstadt an und bewegt sich mit Hilfe des Radialachsenprinzips und der verbalen Befolgung gedanklich kleinerer und größerer konzentrischer Kreise um den Stadtkern herum und dazu schneckenförmig nach außen hin. Grundsätzlich wird dabei eine Bewegung vom Stadtkern weg vollzogen, für deren Charakterisierung die Bewegung "von innen nach außen" nur eine unzulängliche Formulierung wäre. Ich will hier jedoch nicht auf das Problem der Beschreibungsrichtungen und auf das Phänomen der damit verbundenen grundsätzlichen Gerichtetheit der Beschreibung aus der Innenstadt heraus in die umliegenden Städte eingehen, sondern auf die dazu parallele Abnahme des Detaillierungsgrads der Beschreibung aufmerksam machen. In Text 2 wird zumindest die Lage der äußersten

Bezirke Münchens als relativ weit weg vom Stadtkern entfernte Ortsteile nicht nur durch ihre nachgeordnete Position in der Beschreibungssequenz angezeigt, sondern auch diskursstrukturell durch die fehlende Detaillierung; es werden zur Bezeichnung der äußersten Stadtbezirke nur noch deren Namen genannt (z.B. Neu-Perlach, Neu-Biberg, Zeile 128). Es werden natürlich auch lexikalische Mittel verwendet, um die Innen-Außen-Bewegungsrichtung des Beschreibenden zu signalisieren. Der Aufbau des subjektiven städtischen Makroraums vollzieht sich also gerichtet, grundsätzlich von der Innenstadt weg und hin zu dem mehr oder weniger diffusen Rand als Ring von Außenbezirken. In semantischer Hinsicht werden Teile der Stadt ausdrücklich voneinander unterschieden (City, einzelne Stadtviertel) oder, mit Lynch (1960) zu sprechen, Bereiche und deren Unterbereiche, die jedoch mit verschiedenem Detaillierungsgrad in der Beschreibung ausgestattet werden. Dabei nimmt der Detaillierungsgrad der Beschreibung parallel zum Verlauf der Innen-Außen-Beschreibungsrichtung kontinuierlich ab.

3.2 Zur "Vollständigkeit" von Stadtbeschreibungen

In der Frage, wann eine Beschreibung einer Stadt oder eines anderen komplexen Gebildes einigermaßen vollständig ist, werden die Beobachter möglicherweise unterschiedliche Ansichten haben, abhängig etwa von der Wohndauer, vom Arbeitsplatz, von Art und Grad der sozialen Einbindung, von Fortbewegungsgewohnheiten und anderem mehr. Wir reduzieren die Frage der Vollständigkeit auf die weitere nach den sprachlichen Mitteln, die den Eindruck einer geschlossenen Beschreibung zustande bringen. Gewiß signalisieren rhetorische Fragen und diskursschließende Formeln das vorläufige oder endgültige Ende einer Beschreibungshandlung, man vgl. (11) und (12).

(11) Mhm, was gibt's noch zu Bochum zu sagen (Text 1, Zeile 31)

(12) a. Eh, okay, mehr fällt mir jetzt erstmal nicht ein (Text 1, Zeile 32)
b. Das wäre eine Beschreibung. Ich weiß nicht, ob du was damit anfangen kannst (Text 2, Zeile 266ff.)

Während die genannten diskursstrukturellen wie auch andere Mittel den Aufbau des jeweiligen Beschreibungsdiskurses selber betreffen, kann die spezifische sprachliche und kognitive Präsentation von räumlichen Bestandteilen der Stadt den Eindruck einer "runden" Beschreibung vermitteln. Ich hatte oben auf die Verwendung semantischer wie diskursstruktureller Mittel zum Aufbau städtischer Makroräume, insbesondere auf die diskursstrukturell unterschiedliche Repräsentation von Teilorten hingewiesen, die relativ nahe oder relativ ferne zu einem angenommenen

Zentrum, hier der Innenstadt, liegen. Während die Innenstadt als ein ausgezeichneter "Bereich" (Lynch 1960) erscheint, der mittels der sprachlichen Präsentation von Details "gefüllt" wird, werden vom Zentrum weit entfernte Teile der Stadt nur mit ihrem Namen benannt und als "Bereiche" verstanden, die sprachlich nicht mehr mit baulichen und anderen Einzelheiten aufgefüllt werden und in diesem Sinn "leer", d.h. unspezifiziert bleiben.

Literatur

Canter, David. 1977. The Psychology of Place. London, The Architectual Press ltd.

Classen, Carl Joachim. 1980. Die Stadt im Spiegel der Descriptiones Laudes urbium in der antiken und mittelalterlichen Literatur bis zum Ende des 12. Jahrhunderts. Hildesheim, New York, Olms.

Downs, Roger M., Stea, David. 1973. Cognitive maps and spatial behaviour: process and products. Image and environment, hg. von Downs, Roger M., Stea, David, Chicago, Albine, 8-26. übrs.: Kognitive Karten und Verhalten im Raum - Verfahren und Resultate der kognitiven Kartographie. Sprache und Raum. Ein Arbeitsbuch für das Lehren von Forschung, hg. von Harro Schweizer, 18-43. Stuttgart, Metzler 1985.

Downs, Roger M., Stea, David. 1977. Maps in Minds. New York, Harper & Row. Übers. Kognitive Karten: Die Welt in unseren Köpfen. (Reihe UTB 1126). New York, Harper & Row 1982.

Ehrich, Veronika. 1985. Zur Linguistik und Psycholinguistik der sekundären Raumdeixis. Sprache und Raum. Ein Arbeitsbuch zum Lehren von Forschung, hg. von Harro Schweizer, 130-161. Stuttgart, Metzler.

Freisfeld, Andreas. 1982. Das Leiden an der Stadt. Spuren der Verstädterung in deutschen Romanen des 20. Jahrhunderts. (Kölner Germanistische Studien 17). Köln, Wien, Böhlau.

Graumann, Carl Friedrich. 1960. Grundlagen einer Phänomenologie und Psychologie der Perspektivität. Berlin, de Gruyter.

Habel, Christopher. 1987a. Prozedurale Aspekte der Wegplanung und Wegbeschreibung, Sprache in Mensch und Computer, hg. von Helmut Schnelle, Wiesbaden, Westdeutscher Verlag. Auch: LILOG-Report 17.

Habel, Christopher. 1987b. Repräsentation räumlichen Wissens. Mitteilung Nr. 153. Fachbereich Informatik der Universität Hamburg.

Hartmann, Dietrich. 1987. Sprache, Raum und Perspektivität in Stadtbeschreibungen. Perspektivität in Sprache und Text, hg. von Peter Canisius. (Bochumer Beiträge zur Semiotik 6). 183-228, Bochum, Brockmeyer.

Hartmann, Dietrich. 1988. Das Bild der Stadt in unseren Köpfen. Zur Organisation des Wissens über städtische und andere Raumtypen aus kognitiv-linguistischer und soziolinguistischer Sicht. Jahrbuch der Deutschdidaktik 1987/88, hg. von Harro Müller-Michaels, Tübingen, Narr, 32-72.

Hartmann, Dietrich. i.E. Stadtwahrnehmung und Stadtbeschreibung: Zu Wahrnehmung und Präsentationsweisen von Orten in Texten, Semiotik: Interdisziplinäre und historische Aspekte, hg. von Udo L. Figge (Reihe Bochumer Beiträge zur Semiotik 15). Bochum, Brockmeyer.

Klein, Wolfgang. 1979. Wegauskünfte. Zeitschrift für Literaturwissenschaft und Linguistik 33, 9-57.

Kreutzer, Eberhard. 1985. New York in der zeitgenössischen amerikanischen Erzählliteratur. (Anglistische Forschungen 182) Heidelberg, Winter.

Labov, William. 1972. The Social Setting of Linguistic Change. Sociolinguistic Patterns. Conducts and Communication, 260-326. Philadelphia. Übers.: Die soziale Bedingtheit des Sprachwandels. William Labov. Sprache im sozialen Kontext, Bd. 2, 259-318, Königstein/Ts., Scriptor 1978.

Levelt, Willem J.M. 1982. Cognitive Styles in the Use of Spatial Direction Terms. Speech, Place, and Action, hg. von Robert J. Jarvella, Wolfgang Klein, 251-268, Chichester (etc.), John Wiley & Sons.

Lynch, Kevin. 1960. The Image of the City. Cambridge, Mass., The MIT Press & Harvard University Press. Übers.: Das Bild der Stadt. (Bauwelt Fundamente 16). Frankfurt/M., Wien 1965.

Meng, Katharina. 1988. Berlinisch im Kindergarten. Berlinisch in Geschichte und Gegenwart. Stadtsprache und Stadtgeschichte. hg. von Hartmut Schmidt. (Linguistische Studien Reihe A. Arbeitsberichte 174. Akademie der Wissenschaften der DDR). 75-88, Berlin, Akademie der Wissenschaften der DDR.

Quasthoff, Uta M. 1973, Soziales Vorurteil und Kommunikation - Eine sprachwissenschaftliche Analyse des Stereotyps. Frankfurt, Athenäum

Schönfeld, Günter 1986. Zur Syntaktik, Semantik und Pragmatik von festen Fügungen aus Städtenemane und Attributen. Mit einem Problemaufriß der Klassifizierbarkeit von festen Fügungen als Stereotype. Seminararbeit zum Hauptseminar: Städtebilder: Was wissen wir von Städten? Germanistisches Institut der Ruhr-Universität Bochum. Ms.

Weissenborn, Jürgen. 1985. "Ich weiß ja nicht von hier aus, wie weit es von dahinten aus ist". Makroräume in der kognitiven und sprachlichen Entwicklung des Kindes. Sprache und Raum. Arbeitsbuch für das Lehren von Forschung hg. von Harro Schweizer, 209-244. Stuttgart, Metzler.

Wunderlich, Dieter, Reinelt, Rudolf. 1982. How to Get There from Here. Speech, Place, and Action, hg. von Robert J. Jarvella, Wolfgang Klein, 184-201. Chichester (etc.), John Wiley & Sons.

Anhang

Text 1

Stadtbeschreibung	:	Bochum 8
Interviewerin	:	Dagmar Leick
Informant/in	:	H
Aufnahmeort	:	Bochum-Gerthe
Aufnahmedatum	:	23.07.1980
Transkription	:	Dagmar Leick
Gerät	:	Tokyo Monkey
Kassette, Zählwerk	:	B1, 27-128

F = Frager
I = Informant

F: Bitte beschreib Bochum.

I: Mhm, stellt sich
mir die Frage erstmal, was ich dir be-, beschreiben soll, mhm wenn
ich Bochum beschreiben soll ... Bochum ist eine Stadt
im Ruhrgebiet, mhm un hö hat, hö, hö, wieviel? 350? glaub'
ich ungefähr tausend Einwohner, is ja auch egal. ( ) Mhm
besteht aus mehreren Stadtteilen und einer City, ei-
ner Innenstadt. ( ) Nam in der Innenstadt befindet sich
die Hauptdienstleistungsbetriebe, halt Rathaus, Ver-
waltungsgebäude, dann Bahnhof usw. Ferner hat Bochum eine
Universität (Lachen) und ne astronomische Beobachtungs-
station. Besonders für Bochum ist, daß es z.B. das Berg-
baumuseum hat, was es in anderen Städten so nicht gibt.
Ferner hat Bochum einen Stadtpark, mhm, dan sind die
Stadtteile die Bochum, zu Bochum gehören, ( ) mhm haben
ne unterschiedliche Struktur. Z.B. ist Querenburg,
wo auch die Universität sich befindet, eben gibt's
hauptsächlich Hochhäuser und dort wohnen auch sehr
viele Studenten, während z.B. mehr im Norden von Bo-
chum, z.B. Gerthe, gibt's Gerthe, Riemke, gibt's (La-
chen) mehr Bergarbeitersiedlungen oder wohnen mehr
Arbeiter im Vergleich zu Querenburg. Mhm, dann gibt's
ja Stiepel, das liegt, ist wiederum ein Stadtteil im Süden, wo es mehr
so Grünanlagen und so weiter gibt, der auch in der Nähe
der Ruhr liegt. Die Ruhr ist ein Fluß, der durch Bo-, Bochum
fließt und da gibt es eben wesentlich mehr Einfami-
lienhäuser, meines Erachtens, als in den anderen Stadt-
teilen und auch mehr mhm noblere, sag ich jetzt mal,
Einfamilienhäuser auch un also eben solche mhm reichere
Leute. Mhm, was gibt's noch zu Bochum zu sagen? ( )
Eh, okay, mehr fällt mir jetzt erstmal nicht ein.

Text 2

Stadtbeschreibung : München 2
Interviewer : D. Hartmann
Informant : R
Aufnahmeort : Roßhaupten
Aufnahmedatum : 3.4.1986
Transkription : V. Thienenkamp

.....
12 I: Die
13 Stadtlandschaft München läßt sich - sowohl - entlang von
14 Hauptachsen als auch entlang historischer Entwicklungen - eh
15 strukturiert wahrnehmen. Die eine Hauptachse die sich geogra-
16 phisch anbietet, ist die Isar, als eine Orientierungslinie
17 F: aha
18 I: München - der historische Stadtkern München liegt
19 am linken Isarufer, und die Isar bildet eine Scheidelinie von
20 Norden nach Süden durch die Stadt,
21 F: ah ja
22 I: verstärkt sich durch die Anlage des Englischen Gartens
23 der so einen grünen Keil, also Isarauen und der englische Garten
24 bilden zugleich dann auch einen Grünkeil - nicht bloß der Fluß
25 hier sondern zugleich eine, eine Erholungslandschaft, die
26 F: ja
27 I: eben vom Süden nach Norden zieht -
28 ( ) Das zweite - zentrale Moment ist sind die historischen
29 Stadtkerne - sozusagen - sind die die mittelalterlichen frühneu-
30 zeitliche Stadt und dann die Entwicklungen des 19. Jahrhunderts
31 und das was über die Entwicklung des 19. Jahrhunderts hinausgeht
32 F: ah
33 I: eh vorzustellen. wir haben also einen Stadtkern, der ursprünglich
von einer
34 Stadtmauer umgeben war, wo es bis heute Tore gibt Als ein
35 F: ah - richtig ja
36 I: Beispiel das Sendlinger Tor Das Isar- Tor oder
37 F: hab ich mitbekommen da auch Karlsplatz ist da (...)
38 I: - also - sozusagen hier eine - einen einen einen Stadtkern, der das
histori-
39 sche Zentrum auch die wichtigsten Bauten umfaßt. Das Rathaus und
die
40 F: aha
41 I großen Theater - Um diesen historischen Kern herum, der also auch
in
42 F: ahah
43 I: Richtung Viktualienmarkt zur Isar dann abfällt, also eben (...)
auf der
44 linken Isar (...) Das ist das linke Isarufer (...)
45 F: Das ist das linke Isarufer jetzt
46 I: (...) wenn man sich die Isar so vorstellt
wie hier wie nen historischen
47 F: ja ja
48 I: Stadtkern haben der eben von einer Mauer umgeben war, wo es noch
Tore gibt
49 F: ja
50 I: deutliche Orientierungspunkte bis heute und eine Hauptverkehrsader
51 F: ja (...)
52 I: hier herum fährt. Das Stadtzentrum selber ist zu einem gut Teil
Fuß-
53 F: aha
54 I: gängerzone beziehungsweise wird von öffentlichen Verkehrsmitteln
ge-

55 F: ja
56 I: kreuzt (...) aber heute nicht mehr
57 F: (.....) die Kaufinger oder wie heißt die? Kaufingerstraße? Nein -
58 I: ja, ja
59 F: Fußgängerzone ist da die ist, die (...)
60 I: das ist sozusagen eine, eine, eine Hauptblockade, die auch den Nord-
61 Süd Verkehr durch den historischen Stadtkern natürlich unter
62 unterbricht, ne? Denn die (Theatiner) straße, wo wesentlich
63 F: ja, ja, ja
64 I: (...) die, die, die, die, die Straßenbahn fährt.
65 F: Ja, ja
66 I: und dann halt der große Platz vor dem
67 F: Das hab ich auch (...)
68 I: Residenztheater - also zwischen, zwischen Marienkirche und
69 F: ja - da ist jetzt
70 I: Residenztheater Ja? Da ist ein Parkhaus drunter?
71 F: ein Parkhaus drunter Ja - da haben wir
72 I: (...) ist wenig Verkehr (...) Der Käfer am Eck
73 F: geparkt, ja
74 I: (...) soviel - nicht - ein bissel (...) gastronomische (....)
75 - Und eben auf der anderen Seite den, den, den
76 F: Ja. Richtig. Ja.
77 I: Viktualienmarkt - wie in Richtung Sendlinger Tor, Isar-Tor und so
78 F: Ach, so
79 I: in dieser Ecke - wo auch das Münchener Stadtmuseum dann (...)
80 F: Ja, auf welcher anderen Seite meinst Du? Von der Isar? Oder nein
81 I: Also nicht jetzt da, nicht Residenzplatz, Theatiner, sondern also
82 von von von von - wenn wir die, die die Kaufingerstraße nehmen
83 südlich davon. Süd, süd süd südöstlich davon - Viktua-
84 F: Ach so - ja - richtig ja - ja
85 I: lienmarkt (...) [ ] (....) bis hin zum Münchener Stadtmu-
86 F: ja ja ja
87 I: seum (ist so ein) Lokalkultur (....) Das ist also Richtung
88 F: ja ja
89 I: Sendlinger Tor (.....) Isar-Tor. [ ] Mhm [ ] Ja, hier
90 hier wär zentrale (....) Staatskanzleien, Staatskanzlei - äh, zen-
91 trale - zentrale Räume hier haben. Also organisatorisch, nicht?
92 F: mhm
93 I: was man, was man, was man sich da anschauen (will). Dann haben
94 wir einen - also sozusagen von Süden nach Norden, wenn ich jetzt
95 von diesem Isar-Tor da ausgehe, - Ahm [ ] einen, einen
96 mittleren Ring, ah, um die Stadt - äh - also ein ein ein - ein
97 F: Mhm
98 I: zweite - wenn man so will nahezu konzentrische - äh Autostraße
99 F: Mhm
100 I: - die den Verkehr erfaßt, nicht?
101 F: mh Das ist aber nicht die - das
102 I: Nein, nein
103 F: hier ist nicht die Autobahn, die um München herumgeht. Das
104 I: Es gibt einen Autobahnring, dann gibt' einen mittleren mittleren
105 F: ist was andres.
106 I: Ring, und dann gibt es quasi als inneren Ring diese Straße, die um
107 F: Ring
108 I: den um den historischen Stadtkern herumfährt - nicht? Ne?
109 F: Ah ja ja, ja
110 I: - Ahm [8 sek.] Ja und dann gibt es eine große
111 F: Schön, ja. Mmh
112 I: Achse, die also sozusagen das Richtung Schwabing, ahm - die die
113 F: mmh
114 I: [7 sek.]
115 F: Das ist auch - Da gehört auch die Theatinerstraße dazu
116 I: Die geht quer dazu. Mmh Also hinter

117 F: geht quer dazu Ach so
118 I: dem - hinter der Residenz ist ein freier Platz, da ist ja noch
119 die Frage, was da kommen soll, da gibt's ja noch dann Strei-
120 tigkeiten, wie das wieder aufgebaut wird. Gibt's ein bißchen
121 F: Ach so
122 I: noch so ein ein ein mögliches Straßenentwicklungsgebiet, das (sind
123 doch noch ....) (....) Da ist noch ein bissel was. - Äh sozu-
124 F: Aha ja (....)
125 I: sagen an diesem, an diesem letzten Ring das Haus der Kunst, das
126 ist ein Orientierungspunkt und äh, äh das das ist ein, das Schwa-
127 binger Tor von dem aus es dann - äh - eben eine große Hauptachse
128 nach Norden (.....) nach Schwabing.
......
159 .... - Ähm - Wir haben eine zweite solche
160 Entwicklungsachse - äh - von der Stadt aus äh, über die Isar hin-
161 F: mh, ja
162 I: über äh Friedensengel, Bayerischer Senat - also das das ehemalige,
163 das war glaub' ich das Prinzregenten-Palais gewesen. Äh, -
164 das mag aber nicht stimmen, das weiß ich nicht. Sozusagen nach
165 Osten, nicht? Wenn man, wenn man, wenn man, wenn man am Isar-Tor
166 F: Mmh
167 I: steht Der Senat
168 F: Ist das, wo der Landtag jetzt drin ist? Wenn da Der
169 I: Und der Landtag, der
170 F: Senat dieses Maximilianeum? Oder ist das was
171 I: Das ist was anderes.
172 F: anderes jetzt wieder? Ist was anderes, okay.
173 I: Ähm, also da gibt's eine Achse, die geht an dem Haus der deutschen
174 wie heißt das? Haus der Technik? - Deutsches Museum?
175 F: - Deutsches
176 I: Nicht? Das ist auf so einer Insel in der Isar
177 F: Museum, ja das gibt es. Das
178 I: und da, da hinauf.
178a F: gibt es. Ich bin noch nie dagewesen, möcht, will
179 I: Und da gibt's jetzt - auch interessant - ein bißchen
180 F: aber immer hin.
181 I: südlich davon dieses neue Kulturzentrum und und und Konzerthalle
182 - Gasteig - nicht ? Und dahinter, dahinter
183 F: Ach, hab ich (....) gelesen, ja.
184 I: - Hotel Vier Jahreszeiten, also da gibt's sozusagen das ist
185 F: ah, ja
186 I: eine, eine eine Art Richtung München-Ost. Ja ?
.....
203 I: Und dann haben wir - sozusagen wenn man um das herumgeht dann eine
204 eine Entwicklungsachse, die vom Stachus, vom Hauptbahnhof weggeht -
205 Ähm Ja? Die nach Westen geht - Ähm -
206 F: kenn ich auch nicht, ja
207 I: Da sind ein paar so, das wird dann nobliger, Nobelvororte - äh
208 Richtung Nymphenburg Das Sommerschloß der bayrischen Könige,
209 F: Ja ?
210 I: Nymphenburg und (....)
211 F: Ja das kenn ich, da gibt's die Autobahn nach Stuttgart
212 I: Ja, ja mmh mmh Da kann man aber über Berg am Laim
213 F: (irgendwo) ja die Richtung
214 I: [3 sek] Also man, da gibt's in in der Stadt auch so eine Dimen-
215 sions-Entwicklungsachse - Wenn weiter, sozusagen gegen den
216 F: Ach so
217 I: Uhrzeigersinn weitergehe, ist die die die letzte Entwicklungsrich-
218 tung oder Entwicklungsachse, die ja noch da ist (also) übrigbleibt
219 ist die Richtung Starnberger See. - Was also auch so eine Le-
220 F: Ja
221 I: Lebensrichtung ist, viele Leute, die eben in Richtung Starnberger
222 F: ja
223 I: See sich dann angesiedelt haben Ähm - die auch bis hin zu Starn-

224 F: Ja
225 I: also durch durch die U-Bahn, durch das U-Bahn-Netz und S-Bahn-Netz
226 F: Ja
227 I: also S-Bahn besteht eben die Möglichkeit, ähnlich
228 F: ja S-Bahn-Netz, ja
229 I: wie man das ja auch in London oder in Paris kennt, eben in
230 Starnberg zu leben und zur Arbeit nach München ne?
231 F: ja viele ja, es
232 I: ähm nicht?
232a F: ist typisch geradezu für für München in der ganzen Bun-
233 I: Und wenn wir jetzt in diesem äußer, äußersten Ring sind, so-
234 F: desrepublik
235 I: zusagen Stadterweiterungsregionen, die ich nicht alle kenne, aber
236 von denen ich eben Neu-Perlach, Neu-Biberg nennen kann, in der
237 F: ja ja
238 I: 'Zeit' in der letzten Woche war doch da irgendjemand, der gesagt
239 hat, man soll Neu-Perlach unter Denkmalschutz stellen, damit spä-
240 tere Generationen mal sehen können, wie die 'Neue Heimat' in den
241 F: (....) Ach so
242 I: siebziger Jahren (Lachen) Wohnmaschinen gebaut
243 F: Ja? Hab ich garnicht mitbekommen, ja?
244 I: hat. Ah
245 F: Ja? Ach ja, ja, sie, ich hab' aber auch Bilder schon (...)
246 I: Ottobrunn Neu-Perlach Neu-
247 F: der 'neuen Heimat' gesehen. Die sind schrecklich, ja
248 I: Biberg, so was - das hat, hat, ist Märkisches-Viertel-artig-
249 Ja - ja ja - ja ja - [3 sek.] Das wär's was ich
250 F: Neu-Perlach jetzt
251 I: kann's nicht vollständig rekonstruieren. Es gibt ein paar - nicht
252 es gibt, wenn Du dann hinaufgehst, hast Du dann diesen diesen
253 Flughafen, also wenn ich jetzt in einer (fähr) fahr ich jetzt in
254 einer Schnecke ein zweites Mal außen rum, nicht? - Neu-Biberg
255 F: ja ja
256 I: Neu-Perlach, äh, den den Flughafen alt und neu, Riem und dann
257 Erdinger Moos, nicht? Das ist noch, da noch ein Stück weiter
258 F: im
259 I: in dieser Richtung jetzt. Im Nord- im Nord-
260 F: Osten ist das (nicht?) Kann das sein? im Nord-
261 I: osten Nordosten Ja, ja - Olympiastadt - eben auf diesem
262 F: Nord - Nordosten
263 I: - auf diesem Ring wäre dann Nymphenburg, ne? - Starnberg -
264 F: ja
265 I: also da ist der Ring im Einzugsbereich von München. Das wäre
266 F: Ja ja ja
267 I: eine Beschreibung. Ich weiß nicht, ob Du was damit anfangen kannst

ANSÄTZE ZU EINER SEMANTISCHEN BESCHREIBUNG TOPOLOGISCHER PRÄPOSITIONEN*

Michael Herweg

1. Vorbemerkungen

In diesem Beitrag werden semantische Analysen der deutschen Präpositionen in, an und bei in ihren lokalen Verwendungen vorgeschlagen. In der Literatur werden diese Präpositionen bzw. vergleichbare Präpositionen anderer Sprachen häufig als *topologische Präpositionen* bezeichnet (s. z.B. Wunderlich/Herweg ersch.). Diese Bezeichnung soll zum Ausdruck bringen, daß die genannten Präpositionen lokale Konstellationen von Objekten dadurch beschreiben, daß sie ein Objekt in einer für die jeweilige Präposition spezifischen Region lokalisieren, die in topologischen Begriffen als Umgebung oder Nachbarschaftsregion eines anderen Objekts charakterisiert werden kann. Anders als z.B. die sog. Richtungspräpositionen über, unter, vor, hinter, rechts und links nehmen sie nicht Bezug auf räumliche Dimensionen (Vertikalität, primäre und sekundäre Horizontalität), Richtungen und Perspektiven (deiktische, d.h. vom Sprecher oder einem anderen Bezugszentrum der Äußerungssituation induzierte, oder intrinsische, d.h. durch die räumliche Orientierung der betreffenden Objekte vorgegebene Perspektiven).

Lokale Präpositionen werden im folgenden semantisch als Lokalisierungsrelationen analysiert, denen systematisch eine regionenkonstituierende Funktion zugeordnet ist.[1] Die Bedeutung einer Präposition wird als eine Lokalisierungsrelation zwischen dem Denotat ihres externen Arguments (dem *zu lokalisierenden Objekt* LO) und derjenigen Region aufgefaßt, die man erhält, wenn man die zugeordnete regionenkonstituierende Funktion auf das Denotat des internen Arguments der Präposition (das *Referenzobjekt* der Lokalisierung RO) anwendet. Formal läßt sich diese Auffassung der Bedeutung einer Präposition in der Sprache der Prädikatenlogik mit

* Teile dieses Artikels entstanden im Rahmen des Projekts LILOG-Raum an der Universität Hamburg. Dieses Projekt wird von der IBM Deutschland GmbH, Stuttgart, gefördert, der ich für die Unterstützung danke. Für Diskussionen, Kritik und Anregungen zu dieser und früheren Fassungen des Artikels danke ich C. Eschenbach, C. Habel, S. Löbner, C. Maienborn, R. Mayer, S. Pribbenow, K. Rehkämper und M.-T. Schepping.

[1] Vgl. Schwarze (1989) über die funktionale und die relationale Komponente der Bedeutung einer Präposition.

λ-Abstraktion wie folgt darstellen; (1) ist das allgemeine Schema für semantische Denotate lokaler Präpositionen (s. Wunderlich/Herweg ersch.):[1]

(1) $\lambda y\ \lambda x$ (Lok (x, PRÄP*(y)))

Hier sind x und y Variablen über geeignete (d.h. überhaupt lokalisierbare bzw. als Referenzobjekte von Lokalisierungen geeignete) Objekte. Lok ist eine Lokalisierungsrelation zwischen Objekten und Regionen. "Lok(x, p)" erhält die Deutung, daß der von x eingenommene Ort in der Region p enthalten ist (s.u., 4.2, (9)). PRÄP* schließlich ist eine Variable für die regionenkonstituierenden Funktionen, die den Präpositionen zugeordnet sind, d.h. für Funktionen, die Objekte auf zusammenhängende ausgedehnte Raumeinheiten (Regionen) abbildet, die für die jeweiligen Präpositionen charakteristisch sind. "Lok(x, PRÄP*(y))" bedeutet entsprechend, daß der von x eingenommene Ort in der Region PRÄP*(y) enthalten ist. Angewandt z.B. auf die PP <u>bei der Kirche</u> ergibt sich die folgende semantische Repräsentation:

(2) λx (Lok (x, BEI*(k)))

BEI* ist hier die der Präposition <u>bei</u> zugeordnete regionenkonstituierende Funktion und k das durch die regierte NP im jeweiligen Kontext denotierte Objekt der Sorte 'Kirche'. Die Bedeutung der PP <u>bei der Kirche</u> ist also die Eigenschaft eines Objektes x, in der BEI*-Region der betreffenden Kirche lokalisiert zu sein.

2. Lokale Verwendungsweisen topologischer Präpositionen

Betrachten wir zunächst einige Standardverwendungen von <u>in</u>, <u>an</u> und <u>bei</u>:

(3) a. Das Hemd ist im Schrank.
b. Am Schrank befindet sich ein Zettel.
c. Der Lichtschalter befindet sich beim Schrank.

Die durch die Präpositionen ausgedrückten lokalen Relationen zwischen LO und RO (bzw. die spezifizierten Regionen PRÄP*(RO)) lassen sich informell etwa wie folgt charakterisieren: In (3a) wird LO in der Innenregion von RO lokalisiert. Ein Schrank besitzt eine echte Innenregion, nämlich denjenigen (Hohl-) Raum, der von den äußeren materiellen Teilen des Schranks, d.h. von seinen Wänden, vollständig

[1] Vgl. die Überlegungen in Wunderlich/Kaufmann (1989:10) zu einer allgemeineren, ohne die Relation Lok formulierten semantischen Repräsentation der Präpositionen, die durch den Kontext, z.B. die Sorte des Arguments y (im Schema (1)), auf eine lokale, temporale oder gegebenenfalls weitere Lesart festgelegt wird. Die spezifischere Formulierung (1) wurde aufgrund der auf lokale Lesarten beschränkten Fragestellung des vorliegenden Beitrags gewählt. In lokalen Kontexten ist (1) mit den Vorschlägen von Wunderlich/Kaufmann äquivalent.

umschlossen wird. Aufgrund dieser Eigenschaft können Schränke als geschlossene Behältnisse für andere Objekte, z.B. Kleidungsstücke, fungieren.

Im Gegensatz zu (3a) wird LO in (3b) und (3c) in spezifischen Außenregionen von RO lokalisiert. (3b) beschreibt eine Situation, in der die gesamte Oberfläche von RO oder, in der Standardinterpretation des Satzes, die Oberfläche abzüglich Ober- und Unterseite zur Bestimmung der betreffenden Region heranzuziehen ist. Man wird in aller Regel annehmen, daß LO an einer der Seitenflächen von RO befestigt ist, daß m.a.W. der betreffende Zettel so lokalisiert ist, daß ein direkter räumlicher Kontakt mit Vorderseite, Rückseite oder einer der lateralen Flächen des Schranks besteht, durch den LO in einer bestimmten Position gehalten wird.

Während die fraglichen Regionen in (3a) und (3b) jeweils relativ zu ausgezeichneten Teilen von RO zu bestimmen sind, wird RO in (3c) undifferenziert als Ganzes betrachtet. LO wird einfach in der räumlichen Nachbarschaft des betreffenden Schranks angesiedelt; ein direkter räumlicher Kontakt zwischen LO und RO wie in (3b) wird nicht ausgedrückt.

Die in der logisch-semantischen Literatur vorgeschlagenen Analysen lokaler Präpositionen beschreiben häufig solche Standardverwendungen wie in den Sätzen unter (3), so z.B. Wunderlich (1982) (vgl. aber Lutzeier 1985). Wunderlich bedient sich, ebenso wie Lutzeier, (einer Erweiterung) des Instrumentariums der Topologie. Die der Präposition in zugeordnete regionenkonstituierende Funktion IN*[1] liefert gemäß dieser Analyse eine Region, die als *echte Innenregion* R_i der Region R charakterisiert ist, die RO einnimmt. Daß R_i eine echte Innenregion von R ist, wird so expliziert, daß R_i derjenige Teil von R ist, dessen Punkte in keiner Randumgebung von R liegen.

Die Präpositionen an und bei werden zur Gruppe der Präpositionen der *äußeren Umgebung* zusammengefaßt. Den Unterschied zwischen an und bei bestimmt Wunderlich wiederum rein topologisch: Die mit bei verbundene regionenkonstituierende Funktion BEI* spezifiziert die äußere Umgebung der Region von RO, AN* dagegen seine *äußere Randumgebung*. Der topologische Begriff der Randumgebung soll den für an als charakteristisch angenommenen, in der oben beschriebenen Standardinterpretation von (3b) verwendeten Begriff des direkten Kontakts zwischen LO und RO explizieren. Der Kontaktbegriff wird hier, ähnlich wie bei Lutzeier (1985), als räumliche Kontiguitätsrelation expliziert, d.h. auf den Begriff der direkten räumlichen Nähe bzw. der Nachbarschaft von LO und RO zurückgeführt.

Selbst wenn man sich auf lokale Verwendungen beschränkt und temporale (im letzten Jahr, am Sonntag, beim Vortrag) und andere nichtlokale Verwendungen außer acht

---

[1] Aus Gründen der Einheitlichkeit der Darstellung verwende ich, anders als Wunderlich (1982), durchgängig die oben eingeführte Notation der Form PRÄP*.

läßt, weisen die zu behandelnden Präpositionen ein so umfangreiches Spektrum an Möglichkeiten auf, spezifische, von Kontext zu Kontext teilweise erheblich differierende lokale Relationen zwischen Objekten auszudrücken, daß es, so ein häufig vorgebrachtes Argument, schwierig, wenn nicht sogar ausgeschlossen (s. Lakoff 1982: 83) erscheint, eine einheitliche Bedeutung etwa im Stil von Wunderlich anzugeben, die sich in allen kontextuellen Ausprägungen der Präpositionenbedeutungen wiederfindet. Stattdessen wird vorgeschlagen, in der Repräsentation der Wortbedeutung die verschiedenen kontextspezifischen Interpretationsmöglichkeiten exemplarisch aufzulisten, in der Regel im Rahmen eines prototypensemantischen Modells, in dem die Verwendungs- bzw. Interpretationsvielfalt lokaler Konstruktionen in Begriffen mehr oder weniger zentraler, d.h. prototypischer bzw. peripherer, Verwendungen bzw. Interpretationen der betreffenden Präpositionen beschrieben wird (s. z.B. Lakoff 1982, Herskovits 1986, Hottenroth 1986, Wesche 1986/87).

Da die relevanten Phänomene im Bereich der topologischen Präpositionen, die für eine solche Auffassung angeführt werden, überwiegend bekannt und gut dokumentiert sind (s. z.B. Herskovits 1986 für das Englische sowie die Artikel zur Präpositionalsemantik in diesem Band), will ich hier nur in aller Kürze die wichtigsten auflisten und an Beispielen illustrieren.

1) Variationen in der lokalen Relation zwischen LO und RO

Mittels ein und derselben Präposition können in verschiedenen Kontexten deutlich unterscheidbare Relationen zwischen LO und RO ausgedrückt werden. Die Unterschiede betreffen einerseits die Regionen PRÄP*(RO), die eine Präposition PRÄP je nach Kontext relativ zu RO festlegt (s. (4)), und andererseits, für uns von besonderem Interesse, die Art und Weise, in der LO in der jeweiligen Relation involviert ist (s. (5)). Die Phänomene sind am deutlichsten bei <u>in</u> zu beobachten.

(4) a. Das Hemd ist im Schrank.
b. Im Schrank ist ein Holzwurm.

In (4a) liegt die bekannte Standardverwendung von <u>in</u> vor. (4b) wird aufgrund unseres Wissens über Holzwürmer und ihre Aufenthalts- und Ernährungsgewohnheiten dagegen in aller Regel nicht so verstanden, daß LO sich in dem vom materiellen Teil des Schranks umgebenen Hohlraum befindet, sondern im materiellen Teil des Schranks selbst, seinen Wänden, Türen und gegebenenfalls weiteren hölzernen Teilen wie z.B. Einlegeböden.

(5) a. Die Glühbirne steckt in der Fassung.
b. Die Blumen sind in der Vase.
c. Er hat eine Pfeife im Mund.

Die Sätze unter (5) unterscheiden sich darin von den Sätzen unter (4), daß in der nächstliegenden Interpretation LO nicht vollständig in der Innenregion von RO lokalisiert ist, sondern nur partiell, was im Schema (1) nicht vorgesehen ist.

2) Variationen in den lokalen Eigenschaften von RO

Der zweite große Phänomenbereich betrifft die Anforderungen, die eine Präposition an die raumbezogenen Eigenschaften möglicher Referenzobjekte stellt, sowie die Art und Weise, in der sie relativ zu RO geeignete Regionen für die Lokalisierung eines anderen Objekts *in*, *an* bzw. *bei* RO erzeugt. Aufschlußreich ist hier wiederum in:

(6) a. In der Schüssel liegt Obst.
b. Die Bücher stehen im Regal.
c. Im Baumwipfel sitzt ein Vogel.
d. Der Stuhl steht in der Zimmerecke.
e. Er hält einen großen Ball in den Händen.

Hier soll der Hinweis genügen, daß für die Anwendung von in auf Objekte unterschiedlicher Gestalten (Schüsseln, Regale, Baumwipfel usw.) in vielen Fällen Prinzipien der Wahrnehmungsorganisation ausschlaggebend sind. Diese sind dafür verantwortlich, daß der Betrachter eines Objekts in der Wahrnehmung Oberflächenteile, die einem Objekt in Hinblick auf eine bestimmte "ideale" Form, etwa die Form eines geschlossenen Behältnisses, fehlen, z.B. im Sinne einer Hüllenbildung ergänzen kann (vgl. Schulze 1987 über Gestaltfortführungsprinzipien).

3) Zusätzliche nichtlokale Bedeutungsaspekte

Der letzte hier zu nennende Phänomenbereich betrifft die Überlagerung der rein lokalen Bedeutungen der Präpositionen durch nichtlokale, z.B. funktionale, intentionale u.a. Aspekte. Eine wichtige Rolle spielen nichtlokale Aspekte in vielen Verwendungen von an, insbesondere im Kontrast zu bei. Vgl.:

(7) a. Peter arbeitet am Schreibtisch.
b. Peter arbeitet beim Schreibtisch.

(7a) und (7b) können Situationen beschreiben, die in bezug auf die lokalen Relationen zwischen LO und RO ununterscheidbar sind. Anders als (7b) legt (7a) aber eine Interpretation nahe, derzufolge zwischen Peter und dem Schreibtisch nicht alleine eine bestimmte lokale Beziehung besteht, sondern außerdem eine funktionale Beziehung etwa in der Weise, daß Peter den Schreibtisch als wesentlichen Bestandteil in seine Arbeit einbezieht, beispielsweise indem er dort ein Buch schreibt (vgl. die Analysen der englischen Präposition at in Herskovits 1986, Wesche 1986/87 und Garrod/Sanford 1988). Im Kontrast dazu legt (7b) nahe, daß kein funktionaler Zusammenhang zwischen Peters Arbeit und dem Schreibtisch besteht. Gemäß (7b) arbeitet Peter lediglich in der näheren Umgebung des Schreibtischs, ohne daß der Schreibtisch in Peters Arbeit einbezogen ist.

3. Zur Konzeption der Lexikalischen Semantik

Die semantische Analyse lokaler Präpositionen muß die Prinzipien beschreiben, die der gesamten, oben nur angedeuteten, Bandbreite von Verwendungsmöglichkeiten dieser Ausdrücke zugrunde liegen. Aus dieser Forderung läßt sich aber nicht folgern, daß bereits an der Repräsentation der Wortbedeutung einer Präposition das gesamte Spektrum ihrer konzeptuellen Interpretationsmöglichkeiten ablesbar sein muß, wie dies etwa in den gängigen, in der Präpositionalsemantik sehr einflußreichen Ansätzen im Paradigma der Prototypensemantik vorgesehen ist, von denen ich oben einige genannt habe. Bei der Interpretation lokaler Konstruktionen spielt neben sprachlichem Wissen im eigentlichen Sinn in großem Umfang Wissen z.B. über räumliche Eigenschaften von Objekten je nach Sortenzugehörigkeit, über typische und kanonische Beziehungen zwischen Objekten und anderes mehr (s. u.a. Habel/Pribbenow 1988, Pribbenow 1989) eine Rolle. Es wird also auf Informationen über konzeptuelle Zusammenhänge rekurriert, die nicht durch die Bedeutungen der verwendeten Ausdrücke vermittelt werden, sondern durch eine andere, gegenüber sprachlichen Bedeutungen eigenständige, nichtsprachliche Wissensquelle.

Die hier vertretene Auffassung von Wortbedeutungen steht in der Tradition der Semantikkonzeption von Bierwisch (1983; 1988) und Lang (1987; 1989) (s.a. Wunderlich/Kaufmann 1989) und wendet sich gegen die in Jackendoff (1983) propagierte und auch in der Prototypensemantik vertretene Auffassung der Identifikation von semantischen Strukturen bzw. Wortbedeutungen und konzeptuellen Strukturen. Innerhalb der Gesamtheit der kognitiven Systeme wird eine eigene, vom konzeptuellen System unabhängige, genuin sprachliche Komponente angenommen, zu der das semantische System im allgemeinen und Wortbedeutungen im besonderen gehören. Für diese existiert eine eigene Repräsentationsebene der *semantischen Form*, die, als autonome Komponente des modular organisierten Sprachsystems, die semantische Komposition regelt und zwischen Sprachsystem und konzeptuellem System vermittelt.

Dieser Auffassung zufolge, die ich hier aus Platzgründen nur andeuten kann,[1] ist die lexikalische Bedeutung einer Präposition unterdeterminierend in bezug auf die

---

[1] S. aber die ausführliche Begründung dieser Position sowie die Auseinandersetzung mit ausschließlich konzeptorientierten Ansätzen im allgemeinen und der Prototypensemantik im besonderen in Herweg 1988.

möglichen, je nach Kontext ausgedrückten lokalen Relationen. Sie legt lediglich den gemeinsamen Bestand aller möglichen kontextspezifischen konzeptuellen Ausdifferenzierungen fest, ohne mit einer speziellen Ausdifferenzierung identisch zu sein. Die Interpretation einer lokalen Konstruktion in einem gegebenen Kontext ergibt sich dieser Vorstellung zufolge, anders als nach den Vorstellungen der Prototypensemantik und anderer rein konzeptorientierter Ansätze, nicht auf *einer* integrativen konzeptuellen Ebene, sondern durch das Zusammenspiel von semantischer Information im engeren Sinn und konzeptueller Information, also durch das Zusammenwirken einer genuin sprachlichen und einer außersprachlichen Ebene. Wortbedeutungen werden als abstrakte Strukturen aufgefaßt, die lediglich allgemeine Bedingungen festlegen für die verschiedenen möglichen, je nach Gegebenheiten des Kontexts erzielbaren konkreten Ausprägungen bzw. Verwendungen (vgl. Schwarze/Wunderlich 1985: 11). Im Fall einer lokalen Präposition beispielsweise heißt dies grob gesagt - Details folgen im nächsten Abschnitt -, daß in die lexikalische Repräsentation nur eine allgemeine Charakterisierung des Typs der Regionen aufzunehmen ist, die sie je nach Kontext bezüglich RO als Lokation von LO festlegen kann, also z.B. im Fall von in eine Charakterisierung als Region vom Typ 'Innenraum'. Damit kann auf der semantischen Ebene an einer Bedeutungsrepräsentation von Präpositionen etwa im Stil von Wunderlich (1982) festgehalten werden. (Eine Auseinandersetzung mit Wunderlichs spezifischen Vorschlägen folgt in Abschnitt 4.) Darüber hinausgehende Festlegungen, etwa hinsichtlich der besonderen Beschaffenheit des Innenraums eines RO der Objektsorte X im Fall eines LO der Objektsorte Y im Standardfall und im Nichtstandardfall, werden nicht bereits auf der Ebene der Wortbedeutungen getroffen, sondern ergeben sich als konkrete kontextbedingte Ausdifferenzierungen der abstrakten Wortbedeutung erst auf einer eigenen konzeptuellen Ebene, gegebenenfalls im Zusammenhang mit einer Akkommodation der Objektkonzepte an die Präpositionenbedeutung. Auf dieser konzeptuellen Ebene sind die für die Ausdifferenzierung erforderlichen Informationen über standardisierte und nichtstandardisierte Innenräume von Objekten der diversen Sorten, über weitere relevante Eigenschaften der Objekte, über ihre kanonischen Beziehungen zueinander und dergleichen mehr repräsentiert.

Einer der Gründe, die für eine solche Konzeption der lexikalischen Semantik sprechen (vgl. Herweg 1988), ist der folgende: Die Konzeption zeichnet sich gegenüber ihren Konkurrenten durch ein höheres Maß an systematischer und kognitiver Ökonomie aus. Anstelle höchst komplexer konzeptueller Wortbedeutungen mit einem großen Anteil an spezifischer Kontextinformation werden einfachere, auf einer höheren Abstraktionsstufe angesiedelte Wortbedeutungen angenommen. Verschiedene Leistungen bei der Interpretation werden auf die zuständigen kognitiven Subsysteme verteilt. Auf der systematischen Seite wird dadurch eine nur schwer zu rechtfertigende Inflation an mehrdeutigen lexikalischen Einheiten - Stichwort: Polysemieinflation in prototypensemantischen Analysen von Präpositionen[1] - verhindert. Die theoretische Erklärung der Interpretationsbandbreite bei lokalen Präpositionen wird von der lexikalisch-semantischen Ebene auf die konzeptuelle Ebene verlagert: statt semantischer Mehrdeutigkeit flexible konzeptuelle Ausdifferenzierbarkeit einer einheitlichen, hinreichend allgemeinen Wortbedeutung (vgl. Wunderlich/Kaufmann 1989 u.a.). Auf der kognitiven Seite wird eine verbesserte mentale Handhabbarkeit von Wortbedeutungen erzielt (vgl. die von der hier vertretenen Semantikkonzeption unabhängige Argumentation in Johnson-Laird 1987).

4. Zur semantischen Beschreibung topologischer Präpositionen

4.1 Semantische und konzeptuelle Grundbegriffe

Bei den folgenden Überlegungen zur semantischen Beschreibung der Präpositionen in, an und bei handelt es sich um allgemeine und grundsätzliche Vorschläge zur Analyse der Wortbedeutungen, die als Grundlage einer umfassenderen semantischen und konzeptuellen Theorie des lokalen Sprachinventars dienen sollen, die der oben andeutungsweise dargestellten Bandbreite an kontextspezifischen Ausdrucksmöglichkeiten gerecht werden kann. Das Augenmerk richtet sich im folgenden besonders auf das notorische Problem der Rolle nichtlokaler Konzepte in Präpositionenbedeutungen, vor allem auf die Rolle der oft (zuletzt mit Nachdruck in Garrod/Sanford 1988) zitierten Konzepte 'Behältnis', '(interaktiver) Kontakt' oder 'Zusammenhang' usw., und ihr Verhältnis zu den rein lokalen Konzepten. Die Vorschläge beanspruchen nicht, für jede spezifische Interpretation einer lokalen Konstruktion in einem bestimmten Kontext eine Erklärung zu liefern. Da spezifische Prozesse der konzeptuellen Spezifizierung und Akkommodation, d.h. der kontextuell induzierten Anpassung von Präpositionenbedeutungen und Nominalbedeutungen bzw. Objektkonzepten, nicht Gegenstand der Semantik, sondern der Theorie des konzeptuellen Systems sind, bleiben diesbezügliche Fragen in den meisten Fällen offen.

Neben den oben erläuterten Grundvorstellungen zur lexikalischen Semantik sind die folgenden Annahmen für das Weitere leitend:

---

[1] Die fraglichen Präpositionen werden in prototypensemantischen Ansätzen durchweg als Polyseme behandelt (Lakoff 1982, Herskovits 1986, Hottenroth 1986 u.v.a.). Dies gilt bereits für die in der konzeptuellen Interpretation differierenden lokalen Verwendungen und nicht erst dann, wenn z.B. zusätzlich temporale und andere nichtlokale Verwendungen betrachtet werden.

- Die Bedeutungen von in, an und bei können mit Hilfe rein lokaler Konzepte beschrieben werden. Nichtlokale, z.B. funktionale, interaktive, intentionale u.a. Konzepte gehören nicht zur Wortbedeutung der Präpositionen.[1]

- Die genannten nichtlokalen Konzepte sind Umdeutungen lokaler Konzepte, die unter bestimmten, unten (4.3) näher erläuterten Umständen als zusätzliche Interpretationen der Relation zwischen LO und RO neben der lokalen Relation auftreten können. Sie spielen eine wesentliche Rolle als pragmatische Bedingungen für die Anwendbarkeit lokaler Präpositionen über ihren semantisch determinierten definiten Anwendungsbereich hinaus.

Das generelle Schema für die formale Repräsentation der Bedeutung einer lokalen Präposition habe ich oben unter (1) eingeführt. Die Bedeutung jeder lokalen Präposition wird durch die Zuordnung einer Lokalisierungsrelation einschließlich der für die Präposition charakteristischen regionenkonstituierenden Funktion festgelegt. Ergänzend können gegebenenfalls weitere Bedingungen bezüglich der lokalen Relation zwischen LO und RO hinzukommen (s.u., 4.2, zu bei). In diesem Sinn ist die Bedeutung einer lokalen Präposition ausschließlich durch lokale Konzepte bestimmt. Pragmatisch können die spezifischen Nachbarschaftsregionen eines Objekts in einer gegebenen Situation aber durchaus auch durch nicht rein lokale Gesichtspunkte bestimmt sein (s.u.).

Es gilt nun, die Funktion PRÄP* für die einzelnen Präpositionen geeignet zu spezifizieren. Die wesentlichen Teile der Bedeutungen der Präpositionen in, an und bei können mit Hilfe von Konzepten charakterisiert werden, die auf fundamentale *deiktische Kategorien* zurückzuführen sind, d.h. auf Kategorien, mittels derer sich das System der deiktischen Referenz strukturieren läßt. Diese deiktischen, hier auch in der Analyse nichtdeiktischer Ausdrücke angewandten Konzepte wiederum lassen sich mittels topologischer Konzepte explizieren.

Der Begriff des topologischen Konzepts ist im folgenden jedoch nicht im strengen mathematischen Sinn zu verstehen, sondern zunächst intuitiv-vortheoretisch. Es wird nur partiell beansprucht, daß die benutzten Konzepte eine exakte Entsprechung in der mathematischen Topologie haben. Bei der erforderlichen formalen Präzisierung der verwendeten Terminologie ist der klassische Apparat der mathematischen Topologie hinzuzuziehen, aber gegebenenfalls geeignet zu qualifizieren und zu modifizieren. Ich werde im vorliegenden Papier keine Vorschläge in dieser Richtung machen, sondern ausschließlich informell argumentieren, da es mir lediglich um eine intuitive

---

[1] Vgl. Schwarze (1989) über die Position des interaktiven Raums in der Theorie des Raumlexikons; s.a. Wunderlich/Herweg (ersch.). Schwarze argumentiert überzeugend, daß zur Bedeutung von frz. chez eine interaktive Komponente gehört. Dieses Ergebnis läßt sich aber m.E. nicht auf dt. bei, an u.a. übertragen.

semantische und konzeptuelle Motivierung derjenigen deiktischen Begriffe geht, die in einer geeigneten formalen Rekonstruktion der Prinzipien der Raumreferenz zum Tragen kommen. Eine formale topologische Fundierung der Lokalsemantik hat bekanntlich Wunderlich (1982) vorgeschlagen. Ich verweise auf meine obige Skizze von Teilen dieses Vorschlags und auf die Darstellung in Wunderlich (1982).

Für die semantische Beschreibung der hier zu behandelnden Präpositionen sind zunächst die folgenden deiktischen Konzepte grundlegend:

- Place(x), der von einem Objekt x eingenommene Raum, der "Ort" von x;
- Prox(x), eine ausgezeichnete Umgebungsregion von x;
- Dist(x), eine von Place(x) und Prox(x) getrennte Region von x.

Einige Erläuterungen hierzu: "Place", "Prox" und "Dist" sind, ebenso wie die weiteren, unten eingeführten Konzepte, Funktionen, die Objekten in Situationen Regionen zuordnen. Die Region Place(x) umfaßt nicht nur den Raum, den x materiell einnimmt, sondern gegebenenfalls auch den inneren "leeren", d.h. von den materiellen Teilen von x (eventuell nur partiell) umschlossenen Raum (vgl. Wunderlich 1985: 344). In Anbetracht von Objekten wie Bäumen und Baumwipfeln, Zimmerecken, Paaren von Händen usw. sollte die Funktion Place auch den oben (s. die Beispiele unter (6)) angesprochenen Fall erfassen, in dem eine Region, die wir als den Raum ansehen, der von einem Objekt eingenommen wird, erst in der Wahrnehmung nach bestimmten Prinzipien der Gestaltfortführung konstruiert wird, etwa durch Ergänzung von Konturen.

Die Region Prox(x) ist eine, wenn auch in der Regel unscharf, so doch prinzipiell begrenzte Region, die den Ort von x einschließt und sich um diesen herum ausdehnt. Es handelt sich hier um die Zusammenhangs- oder *Proximalregion* des Objekts x, d.h. um diejenige Region, die - je nach Art des Objekts - durch dessen Einfluß geprägt ist, innerhalb der ein potentieller Akteur mit dem Objekt interagieren oder allgemein umgehen kann, innerhalb der es betrachtet werden kann, es anderweitig zugänglich ist oder allgemein ein Zusammenhang mit dem Objekt etabliert werden kann. Kurzum: Die Proximalregion eines Objekts entspricht weitestgehend dem, was in Miller/Johnson-Laird (1976) als seine *region of interaction* charakterisiert ist. Die *Distalregion* (Dist(x)) eines Objekts ist von der Proximalregion vollständig disjunkt. Sie ist die Region innerhalb der Bezugsdomäne, die eindeutig nicht mehr zum Einflußbereich eines Objekts im beschriebenen Sinn gehört.

Was genau in einer Situation als Proximalregion eines Objekts gilt und was nicht, hängt im allgemeinen von einer Vielzahl ineinandergreifender Faktoren ab und ist daher im Einzelfall nicht immer leicht zu beschreiben: Ein Rathaus z.B. dominiert seinen Vorplatz und einen gewissen seitlichen und rückwärtigen Bereich. Vergleichbares gilt für Wohnhäuser, doch ist hier die Proximalregion gegenüber einem Rathaus in der Regel deutlich kleiner. Die Proximalregion eines Schreibtischs in einem Arbeitszimmer nimmt nur einen Teil des Zimmers ein. Die Proximalregionen der Objekte auf einem Schreibtisch erstrecken sich gewöhnlich nicht über den gesamten Raum hinweg, den die Schreibtischplatte einnimmt, und bemessen sich nach ihrer perzeptuellen Salienz, z.B. ihrer Größe, oder ihrer funktionalen Salienz, z.B. der Häufigkeit oder Wichtigkeit ihres Gebrauchs.

Ich will auf die Frage der pragmatischen Faktoren bei der Bestimmung von Proximalregionen hier nicht weiter eingehen, aber drei Punkte hervorheben. Erstens: Ich sehe es als gesichert an, daß wir in der Regel einen, wenn auch in den Randbereichen mitunter unscharfen, so doch in praktischer Hinsicht recht klaren und verläßlichen Begriff davon haben, was in einer Situation (bezüglich einer zugrundeliegenden räumlichen Bezugsdomäne) als Proximalregion eines Objekts zählt, was als seine Distalregion zählt, und wo gegebenenfalls ein unbestimmter Übergangsbereich zwischen beiden Regionen liegt.

Zweitens: Die Wahl der Begriffe soll nicht zu der Annahme verleiten, diese Regionen seien überwiegend metrisch bestimmt. Zwar bestehen häufig Überlappungen mit dem, was wir als Nah- bzw. Fernbereich eines Objekts bezüglich einer Vergleichsdimension (Entfernung, in Anspruch genommene Zeit beim Abschreiten oder Abfahren einer Strecke o.ä.) einschätzen. Primär sind Proximal- und (mittelbar als deren Komplemente in einer Bezugsdomäne) Distalregionen jedoch durch funktionale, soziale, perzeptuelle und andere Faktoren bestimmt.

Drittens: Der Begriff der Proximalregion spielt, ebenso wie der komplementäre Begriff der Distalregion und der Begriff der von einem Objekt eingenommenen Region, eine fundamentale Rolle bei der Strukturierung des lokalen Ausdrucksinventars. In einer allgemeinen, nicht auf lokale Anwendungsdomänen beschränkten Charakterisierung besitzen diese deiktischen Begriffe vermutlich den Status semantischer Grundeinheiten, mittels derer sich weite Bereiche der sprachlichen Referenz analysieren lassen.[1]

Wie sind nun die fraglichen Präpositionen auf die genannten Grundbegriffe bezogen? Es ist sinnvoll, zu ihrer semantischen und konzeptuellen Beschreibung zusätzlich den Begriff der Außenregion eines Objekts x, Ext(x), als Komplement des von x

[1] Im Bereich der lokalen Deixis z.B. ist hier proximal, dort distal. Vgl. die Begriffe der *Proximal-* und *Distalphasen von Ereignissen* in der semantischen Analyse temporaler Ausdrücke in Herweg (1987) und Löbner (1988), wo die Tempora Futur und Präteritum als distale, Präsens als proximale Kategorien relativ zum Äußerungsereignis analysiert werden. Eines der Hauptanliegen der Theorie der gebietskonstituierenden Prozesse (Habel/Pribbenow 1988) besteht darin, die situativen Faktoren zu identifizieren, durch die die lokalen Proximalregionen von Objekten (in meiner Terminologie!) bestimmt sind. S.a. Bierwisch (1988) über Proximalität und Distalität.

eingenommenen Raums Place(x) in seiner Proximalregion Prox(x) einzuführen. Es sollen unter anderem die folgenden Beziehungen gelten (es wird vorausgesetzt, daß Regionen zusammenhängend sind):

(8) a. Place(x) $\subseteq$ Prox(x)
b. Ext(x) = Prox(x) - Place(x)
c. Prox(x) $\cap$ Dist(x) = $\varnothing$

"$\subseteq$" ist die räumliche Teil-von-Relation, "-" die Differenzbildung zwischen Regionen ("$r_1 = r_2 - r_3$" steht für "r_1 ist die Komplementregion zu r_3 in r_2"), "$\cap$" die Schnittbildung zwischen Regionen. In zweidimensionaler Betrachtung lassen sich die eingeführten lokalen Konzepte wie folgt graphisch darstellen:

Abb. 1

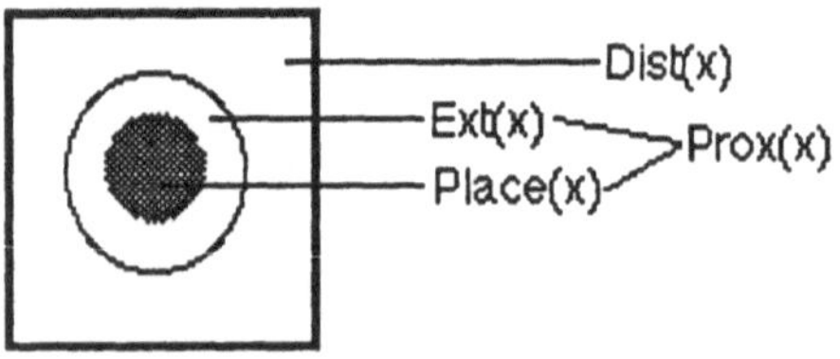

Diese deiktischen Regionenkonzepte besitzen weitestgehend Entsprechungen in der topologischen Rekonstruktion der Präpositionalsemantik in einer Domäne von Raumpunkten in Wunderlich 1982. Ich will eine solche Interpretation aber weder voraussetzen noch implizieren.

4.2 Semantik topologischer Präpositionen

Mit dem bisher eingeführten Instrumentarium lassen sich die zu behandelnden Präpositionen bereits nahezu vollständig beschreiben. Zunächst definieren wir die Relation Lok aus dem Schema (1) (x ist eine Variable über lokalisierbare Objekte, r eine Variable über Regionen):

(9) Lok (x, r) $\Leftrightarrow$ Place(x) $\subseteq$ r

Beginnen wir mit der Definition des semantischen Denotats von in, notiert als "[in]":

(10) [in] = $\lambda y\ \lambda x$ (Lok (x, Place(y)))

Damit steht, anders als in der oben skizzierten topologischen Analyse von Wunderlich (1982), für in der gesamte von RO im Sinn der Funktion Place eingenommene Raum zur Verfügung. Die materiellen Begrenzungen eines Objekts werden zur Innenregion gerechnet, d.h. zu der Region, in der mittels der Präposition in ein Objekt lokalisiert werden kann. Beispielsweise wird bei flächigen Objekten, *in* denen sich etwas befinden kann, z.B. bei Tennisfeldern, Mittelkreisen von Fußballfeldern usw. (Der Ball war noch im Feld., Die beiden Mannschaftskapitäne und der Schiedsrichter haben sich im Mittelkreis versammelt.), die äußere Feldmarkierung in der Regel noch zur Innenregion gerechnet: Ein Ball muß die Feldmarkierung vollständig überschritten haben, damit er nicht mehr *im Feld* ist. Auch bei Hohlkörpern gehört der Raum, den seine Wände einnehmen, noch zur Innenregion des Objekts. Nehmen wir z.B. einen Schrank und betrachten die oben diskutierten Sätze (4a) und (4b), hier wiederholt als (11a) und (11b), sowie die klassische Beispiele unter (11c) und (11d):

(11) a. Das Hemd ist im Schrank.
b. Im Schrank ist ein Holzwurm.
c. Im Schrank ist ein Riß.
d. Im Schrank ist ein schönes Muster.

Auf der semantischen Ebene wird nicht zwischen verschiedenen Lokationen für LO differenziert; in legt aufgrund seiner Wortbedeutung in allen Sätzen unterschiedslos den gesamten Raum des Schranks im Sinn der Funktion Place als mögliche Lokation für LO fest. Erst auf der konzeptuellen Ebene werden bestimmte Teilregionen des eingenommenen Raums danach unterschieden, ob sie aufgrund unserer Kenntnis der Objekte und ihrer Beziehungen zueinander als Lokationen für LO mehr oder weniger in Frage kommen.[1] Die resultierende konzeptuelle Interpretation der Sätze hat aber nur default-Status: (11b), möglicherweise auch (11a), lassen mehrere Deutungen, allerdings von unterschiedlichem Plausibilitätsgrad, zu.

Anders als in (11a) und (11b) werden in den Sätzen unter (12) durch in eindeutig verschiedene Regionen festgelegt:

(12) a. Im Fenster ist ein Sprung.
b. Im Fenster steht eine Blume.

Der Grund ist aber wiederum nicht in der Semantik von in zu sehen. Das Satzpaar (12) weist vielmehr darauf hin, daß die, semantisch eindeutige, regionenkonstituierende Funktion Place auf konzeptuell spezifizierten Objekten operiert, d.h. erst nach Durchführung eventueller konzeptueller Differenzierungen und Verschiebungen (i.S.v. Bierwisch 1983). In (12a) und (12b) liegen unterschiedliche Spezifizierungen des vieldeutigen 'Fenster'-Konzepts vor: In (12a) geht es nur um einen materiellen Teil, die Fensterscheibe, in (12b) dagegen um eine Öffnung in der Wand, die partiell durch umgebende Mauersteine o.ä. umschlossen ist. Entsprechend legt Place, da auf

---

[1] Einige Aspekte der konzeptuell ausdifferenzierten Interpretation lokaler Konstruktionen mit in unter extensiver Verwendung nichtsprachlicher Information, v.a. über sortenspezifische Eigenschaften von LO und RO, diskutiert, allerdings in einem anderen theoretischen Rahmen, Pribbenow (1989).

verschiedene Argumente angewandt (nur eine Sorte kann man z.B. öffnen, mit einem Stein einwerfen usw.), unterschiedliche Regionen fest.[1]

Kommen wir nun zu bei. Es liegt nahe, die BEI*-Region eines Objekts mit seiner Außenregion zu identifizieren, d.h. mit seiner Proximalregion abzüglich des Raums, den das Objekt selbst einnimmt: BEI*(x) = Ext(x). Dies entspräche dem oben erläuterten Vorschlag in Wunderlich (1982). In dieser Interpretation läßt sich bei aber nur unzureichend gegenüber an abgrenzen; wie wir unten sehen werden, kommt Wunderlichs spezielle Unterscheidung von an und bei für uns nicht in Frage. Zwar überschneidet sich der Anwendungsbereich von an und bei; dennoch lassen sich häufig signifikante Unterschiede zwischen beiden Präpositionen ausmachen. Vergleichen wir die folgenden Satzpaare:

(13) a. Das Buch liegt am Kleiderschrank.
b. Das Buch liegt beim Kleiderschrank.
(14) a. Das Auto ist am Bahnhof geparkt.
b. Das Auto ist beim Bahnhof geparkt.
(15) a. Er lehnt an der Wand.
b. ??Er lehnt bei der Wand.
(16) a. Der Zettel klebt am Schrank.
b. ??Der Zettel klebt beim Schrank.
(17) a. Er wartet an der Kasse.
b. Er wartet bei der Kasse.

In (13) läßt sich schwerlich ein Unterschied zwischen den beiden Versionen feststellen: In beiden Fällen wird das Buch in der äußeren Proximalregion des Kleiderschranks lokalisiert. Es wird allerdings gelegentlich argumentiert, daß durch die Verwendung von an, nicht aber von bei, eine Art von Zusammenhang zwischen LO und RO ausgedrückt wird, z.B. die lokale Nähe. In der Tat läßt sich eine solche Deutung oft feststellen, vor allem dann, wenn sich konzeptuell zwischen LO und RO ein nichtlokaler Zusammenhang, z.B. eine kanonische oder, wie in (14), eine häufig vorkommende Beziehung zwischen den Objekten, etablieren läßt. So legt (14a) im Kontrast zu (14b) die Interpretation nahe, daß das Auto nicht an einem beliebigen Ort im Umkreis des Bahnhofs, sondern in der unmittelbaren Nähe des Bahnhofs, z.B. auf einem speziellen, dem Bahnhof zugehörigen Parkplatz, geparkt ist. Im Kontrast zu an legt bei in (14b) dagegen eine Interpretation nahe, derzufolge sich das Auto

[1] Vgl. Lang (1987: 451, Fn. 39), der in einem solchen Fall, auch motiviert durch die unterschiedliche Anwendbarkeit von Dimensionsadjektiv-Gruppen, eine Verschiebung des assoziierten Objektschemas, d.h. der Repräsentation der dimensional relevanten Teile des Objektkonzepts (s.a. Lang 1989), annimmt.

gerade nicht auf dem zugehörigen Parkplatz, sondern einfach nur in der Umgebung des Bahnhofs befindet.

Diese Beobachtungen alleine reichen jedoch noch nicht aus, die Unterschiede schon in der Wortbedeutung auf der Ebene der ausgedrückten lokalen Verhältnisse, etwa in Begriffen der lokalen Distanz oder des lokalen Zusammenhangs, zu erfassen, wie es die oben skizzierte Analyse von an in Wunderlich (1982) mittels des Begriffs der äußeren Randumgebung intendiert. Erstens werden die beschriebenen Interpretationen nur unter bestimmten Bedingungen nahegelegt. In (13a) z.B., wo konzeptuell kein allgemeiner nichtlokaler Zusammenhang zwischen LO und RO angenommen werden kann, ist keine derartige Interpretation erkennbar. Zweitens handelt es sich selbst dort, wo solche Interpretationen nahegelegt werden, allenfalls um pragmatische Inferenzen, die durch den Kontrast zweier nahe verwandter Präpositionen ausgelöst werden (s.u., 4.3). Als solche können sie mühelos aufgehoben werden; vgl.

(18) a. Das Auto ist beim Bahnhof geparkt, genau gesagt auf dem Parkplatz direkt beim/am Haupteingang.
b. Das Auto ist am Bahnhof geparkt, und zwar vom Haupteingang aus gesehen die große Straße hinunter und dann in der zweiten Seitenstraße links.

Ein deutlicher Unterschied zwischen an und bei kommt in den Satzpaaren (15) und (16) zum Ausdruck. In Verbindung mit Verben wie lehnen und kleben ist nur an akzeptabel; bei ist nahezu ausgeschlossen. Will man für (15b) und (16b) trotz ihrer eingeschränkten Akzeptabilität eine Interpretation angeben, so allenfalls die, daß das jeweilige LO zwar in der BEI*-Region von RO lokalisiert ist, daß LO aber nicht *an* RO, sondern *an* einem anderen, nicht genannten Objekt lehnt bzw. klebt.

(15a) und (16a) implizieren, daß zwischen LO und RO ein unmittelbarer räumlicher Kontakt besteht, eine räumliche Beziehung, die bei offensichtlich nicht ausdrücken kann, wie die (b)-Versionen zeigen. Sollte man aus diesem Befund den Schluß ziehen, daß an den räumlichen Kontakt von LO und RO ausdrückt, bei hingegen einen solchen Kontakt ausschließt? Zu diesem Zweck könnte man sich etwa einer Relation © der Kontiguität zwischen Regionen bedienen ("r_1 © r_2" mit der Interpretation: "Die Region r_1 grenzt unmittelbar an die Region r_2") und in die Wortbedeutung von an die Klausel "Place(LO) © Place(RO)" aufnehmen, in die Wortbedeutung von bei dagegen die Negation dieser Klausel.

Als Bestandteil der Wortbedeutung von an wäre die Bedingung der Kontiguität zu stark für alle anderen bislang diskutierten Fälle (s. (13a), (14a)), in denen durch an keine Kontiguität impliziert wird. Die Interpretation des unmittelbaren räumlichen Kontakts zwischen LO und RO kommt vielmehr erst durch bestimmte Positionsverben wie lehnen und kleben zustande, die wir als *Kontaktverben* bezeichnen können und die semantisch eine entsprechende Kontiguitätsklausel enthalten.

Kontaktverben sind syntaktisch für eine lokale Komplement-PP subkategorisiert. Semantisch enthalten Kontaktverben, als Teilklasse der Positionsverben, eine Relation zwischen Objekten und Regionen. Ich nehme an, daß Kontaktverben semantisch die lokale Kontiguität ihres ersten Arguments mit einem zweiten Objekt implizieren; dieses zweite Objekt ist das Denotat der NP aus der Komplement-PP des Verbs. Sei - in einer vereinfachten, auf die hier verfolgten Zwecke zugeschnittenen Analyse - die Relation R_k die Denotatrelation eines Kontaktverbs, P* die der Präposition aus der Komplement-PP zugeordnete regionenkonstituierende Funktion und y das Denotat des internen NP-Arguments der Präposition. Es soll gelten:

(19) R_k (x, P*(y)) → Place(x) © Place(y)

Aus (19) folgt, daß Kontaktverben semantisch nur solche Komplement-PPn akzeptieren, deren präpositionale Köpfe die Kontiguität ihrer beiden semantischen Argumente LO und RO zulassen. Damit liefern uns Kontaktverben den Schlüssel zur semantischen Unterscheidung von an und bei.

Anders als z.B. Lutzeier (1985: 105) ziehe ich aus den Befunden zur Kombinierbarkeit von an und bei mit Kontaktverben nicht den Schluß, daß an den räumlichen Kontakt von LO und RO fordert und bei die Frage des Kontakts offen läßt (diese Sicht liegt offenbar auch der Analyse von an in Wunderlich 1982 zugrunde; s.o.), sondern wähle den Weg, daß an lediglich die Möglichkeit eines Kontakts zuläßt, bei hingegen einen räumlichen Kontakt zwischen LO und RO explizit ausschließt. Ich schlage daher die folgenden semantischen Repräsentationen vor:

(20) [an] = λy λx (Lok(x, Ext(y)))
(21) [bei] = λy λx (Lok(x, Ext(y)) ∧ ¬(Place(x) © Place(y)))

Durch an wird LO einfach in der proximalen Außenregion von RO lokalisiert. Über ein eventuelles Aneinandergrenzen der von LO und RO eingenommenen Regionen wird keine Aussage gemacht. Durch bei wird LO ebenfalls in der proximalen Außenregion von RO lokalisiert, mit der zusätzlichen Bedingung, daß ein Aneinandergrenzen der Regionen von LO und RO ausgeschlossen ist.

Diese Analyse wird den diversen beschriebenen Beobachtungen zu an und bei gerecht. Sie erklärt, warum Konstruktionen wie (15b) und (16b), in denen ein Kontaktverb mit einer bei-Phrase kombiniert wird, semantisch nicht akzeptabel sind bzw., bei wohlwollender Betrachtung, eine Uminterpretation obligatorisch machen, derzufolge der durch das Verb ausgedrückte Kontakt nicht zwischen LO und RO, d.h. dem Denotat des internen Arguments von bei, besteht, sondern allenfalls zwischen LO und einem anderen Objekt bestehen kann, das im Satz selbst nicht genannt wird.[1] In einer solchen Uminterpretation kann die bei-Phrase nicht als Komplement bzw. Argument des Verbs aufgefaßt werden, sondern nur als Adjunkt bzw. Modifikator. Man ist gezwungen anzunehmen, daß das subkategorisierte Verbkomplement in beiden Sätzen fehlt. Über die Konsequenzen dieser Einschätzung für die syntaktische Analyse von (15b) und (16b) und über die tatsächliche Akzeptabilität der Konstruktionen will ich hier keine Aussagen machen.

Der Kontakt zwischen zwei Objekten (bzw. den entsprechenden Regionen) wird also niemals durch die Semantik der Präposition an selbst ausgedrückt, sondern immer erst durch andere Faktoren impliziert. Diese Faktoren müssen aber keineswegs sprachlicher Natur sein wie z.B. im Fall von Kontaktverben. Betrachten wir die folgenden Konstruktionen:

(22) a. Das Bild ist an der Wand.
b. Das Bild ist bei der Wand.

(23) a. das Etikett an der Flasche
b. das Etikett bei der Flasche

Da kein Kontaktverb oder ein vergleichbares Verb vorkommt, wird weder in (22a) noch in (23a) der Kontakt semantisch, d.h. durch die Bedeutung der verwendeten sprachlichen Ausdrücke, impliziert. In den (b)-Versionen dagegen wird ein Kontakt semantisch ausgeschlossen, nämlich durch die Bedeutung von bei. Dieses Ergebnis der vorgeschlagenen Analysen erscheint angemessen. In der Tat müssen wir die (b)-Versionen, analog zu (15b) und (16b), so interpretieren, daß sich das Bild bzw. das Etikett zwar in der äußeren Umgebung der Wand bzw. der Flasche befindet, aber nicht im Kontakt mit diesen Objekten.

In den (a)-Versionen wird eine Kontakt-Interpretation aber auch nur, als default-Interpretation, *nahegelegt*. Zwingend ist sie nicht: Die Relationen zwischen den Objekten können dieselben sein wie in den (b)-Versionen. Die deutlich präferierten Kontakt-Interpretationen in (22a) und (23a) sind nicht semantisch, sondern ausschließlich konzeptuell begründet, und werden rein pragmatisch etabliert (s.u., 4.3). Es handelt sich um Interpretationen, die durch Inferenzen auf der Grundlage unseres Wissens über Objekte bestimmter Sorten und über die typischen und kanonischen Beziehungen zwischen diesen Objekten zustande kommen. Will man auf der Grundlage solcher konzeptueller Zusammenhänge ausdrücken (oder nahelegen), daß ein Kontakt zwischen den genannten Objekten besteht, ist aufgrund der Wortbedeutungen an geeignet, bei aber ausgeschlossen.

[1] Vgl. auch Konstruktionen wie Mit der linken Hand fühlt er an / ??bei der Flasche die Temperatur., Sie berührt ihn an / ??bei seinen Haaren. In den Versionen mit bei wird ebenfalls die beschriebene Uminterpretation obligatorisch.

Der Unterschied zwischen (17a) und (17b) kann mit Hilfe des bislang eingeführten Instrumentariums, auch unter Berücksichtigung der beschriebenen konzeptuellen Gesichtspunkte, noch nicht erfaßt werden. In bezug auf die lokalen Verhältnisse läßt sich in (17) auch kein Unterschied zwischen der Version mit an und der Version mit bei erkennen. Der Unterschied liegt ausschließlich auf nichtlokalem Gebiet: (17a) verstehen wir gewöhnlich so, daß LO in der genannten Region wartet, um an der Kasse bezahlen zu können; in (17b) erwarten wir dagegen eher, daß keine solche Absicht vorliegt, sondern daß LO auf eine nicht genannte, kontextuell zu ergänzende Person (oder ein Ereignis) wartet. M.a.W.: an trägt in (17a) eine intentionale Konnotation; in (17b) fehlt diese intentionale Konnotation oder wird im Kontrast zu (17a) sogar negiert. Ich werde im folgenden Abschnitt auf den Stellenwert solcher nichtlokaler Konzepte in der Semantik lokaler Präpositionen eingehen.

4.3 Nichtlokale Konzepte

Satzpaare wie (17) werden, wie oben anläßlich der Sätze (7) bereits angedeutet wurde, vor allem, aber nicht nur in der prototypensemantischen Literatur häufig zum Anlaß genommen anzunehmen, bestimmte Präpositionen - im vorliegenden Beispiel an - könnten je nach Situation zusätzlich oder alternativ zu ihrer lokalisierenden Funktion ausdrücken, daß zwischen LO und RO eine funktionale, intentionale, soziale o.a. nichtlokale Beziehung besteht. Entsprechend dem klassischen Verfahren in der Prototypensemantik wird diese Ausdrucksmöglichkeit direkt an der Wortbedeutung der betreffenden Präposition festgemacht: Man führt ein besonderes nichtlokales Konzept in die semantische Repräsentation ein und propagiert dieses Konzept dann als eine der verschiedenen möglichen, mehr oder weniger prototypischen, kontextspezifischen Bedeutungsvarianten der Präposition.[1]

Zweifelsohne sind die Phänomene z.T. treffend beobachtet: In der Tat *können* die Konstruktionen oftmals so verstanden werden, daß sie neben der rein lokalen Information über die Positionen von Objekten relativ zueinander auch Informationen über intentionale o.a. Beziehungen zwischen Objekten liefern. Zwingend ist eine solche Deutung jedoch nie oder nur in den seltensten der Fälle, die im allgemeinen von den Befürwortern dieses Ansatzes als Belege angeführt werden. Bezeichnenderweise werden die Kontextbedingungen, unter denen die beschriebenen nichtlokalen Deutungen zum Tragen kommen, nirgendwo hinreichend präzise angegeben. Es

---

[1] S. z.B. Herskovits 1986, Wesche 1986/87 u.a. für das englische at wie in He is sitting at his desk., He is waiting at the bus stop. mit den intentionalen Interpretationen ... in order to write a book. bzw. ... in order to catch a bus.

erscheint mir daher als sehr problematisch, die nichtlokalen Konzepte in irgendeiner Form in die Wortbedeutungen der betreffenden Präpositionen aufzunehmen.[1]

Im vorliegenden Ansatz haben nichtlokale (Zusatz-)Interpretationen lokaler Ausdrücke ihren theoretischen Ort nicht in der Semantik, d.h. in der Wortbedeutung von Präpositionen, sondern in der Pragmatik, d.h. hier: in der Theorie der kontextuellen Anwendungsbedingungen für lokale Präpositionen. Damit soll die Rolle nichtlokaler Konzepte in der semantischen und konzeptuellen Beschreibung lokaler Konstruktionen keineswegs abgewertet werden. Im Gegenteil: Ich will im folgenden einige Zusammenhänge aufzeigen, in denen die genannten Konzepte eine Funktion übernehmen, die deutlich über die eher periphere Rolle als gelegentlich oder häufiger mögliche Zusatzinterpretationen lokaler Ausdrücke hinausgeht, die ihnen in der Prototypensemantik und in anderen rein konzeptuell orientierten Ansätzen gewöhnlich zugewiesen wird.

Wir müssen hier etwas weiter ausholen und auf das oben (s. 2, (5)) angesprochene Phänomen der partiellen Lokalisierung von Objekten zu sprechen kommen. Fälle bloß partieller Lokalisierung sind in den oben vorgeschlagenen semantischen Repräsentationen lokaler Präpositionen nicht vorgesehen. Durch eine lokale Präposition wird LO nach dem Schema (1) prinzipiell als Ganzes in der betreffenden Region lokalisiert. Nun gibt es aber bekanntlich viele vollkommen problemlose Anwendungen der aufgeführten Präpositionen auf Situationen, in denen sich lediglich Teile von LO in der fraglichen Region befinden; s. (24) für <u>in</u>:

(24) a. Die Blumen sind in der Vase.
b. Er hat einen Schirm in der Hand.
c. Er hat eine Zigarette im Mundwinkel.

---

[1] Garrod/Sanford (1988) vertreten, ausdrücklich über Herskovits (1986) hinausgehend, die weitaus radikalere Position, daß die Bedeutungen der englischen lokalen Präpositionen <u>in</u>, <u>at</u> und <u>on</u> prinzipiell, d.h. nicht nur in bestimmten Verwendungskontexten, einen lokalen und einen nichtlokalen Anteil aufweisen. Diese Präpositionen drücken demnach in allen lokalen Verwendungen sog. funktionale geometrische Relationen ("functional geometric relations") aus, die sich aus einer rein lokalen und einer funktional-interaktiven Komponente zusammensetzen. Die rein lokalen Relationen sind die der Rauminklusion bei <u>in</u>, der Kontiguität bei <u>on</u> und der Koinzidenz bei <u>at</u>. Die interaktiven Relationen sind die der funktionalen Kontrolle von LO durch RO kraft einer Behältnisfunktion ("containment") von RO bei <u>in</u> und kraft einer Stützungsfunktion ("support") von RO bei <u>on</u>. Im Fall von <u>at</u> wird RO funktional durch LO kontrolliert: LO befindet sich in einer Position, mit RO verbundene oder auf RO gerichtete Aktivitäten zu kontrollieren (Relation der "functional coincidence" in der Terminologie von Garrod/Sanford). Die gemischt lokalen und funktionalen Analysen von engl. <u>in</u> und <u>at</u> sind gemäß der im vorliegenden Beitrag für die topologischen Präpositionen des Deutschen entwickelten Argumentation zurückzuweisen. Zur Analyse von engl. <u>on</u>, das den regulären Anwendungsbereich von dt. <u>auf</u> weitgehend einschließt, vgl. aber den vorläufigen Vorschlag zu <u>auf</u> in Herweg (1988), wo ebenfalls neben einer rein lokalen Relation mit dem Konzept der Stützung operiert wird.

Vergleichbare Phänomene lassen sich auch im Fall von an beobachten. Grundsätzlich müssen wir davon ausgehen, daß die AN*-/Ext-Region jedes Objekts begrenzt ist. Wir können uns daher z.B. eine Situation in einem Supermarkt vorstellen, in der sich eine Warteschlange von Kunden von der Kasse aus durch das Geschäft hindurch an der Tiefkühltruhe vorbei bis zum entgegengesetzten Ende des Raums erstreckt, an dem sich die Wursttheke befindet. In dieser Situation befindet sich ein beträchtlicher Teil der Warteschlange eindeutig außerhalb der AN*-/Ext-Region der Kasse (Man beachte, daß sich z.B. die Tiefkühltruhe vermutlich bereits nicht mehr *an* der Kasse befindet!). Dennoch können wir in dieser Situation ohne Schwierigkeiten mit dem Term die Schlange an der Kasse auf die Warteschlange referieren.

Auf den ersten Blick erscheinen die Bedeutungsbeschreibungen nach dem Schema (1) für solche Beispiele ungeeignet. Sollte man daher die Beschreibungen der Präpositionen auf die Weise abschwächen, daß die Präpositionen von vornherein nur ausdrücken, daß mindestens ein Teil von LO in der betreffenden Innenregion von RO lokalisiert wird, daß m.a.W. eine vollständige Lokalisierung von der Semantik der Präpositionen zwar nicht ausgeschlossen, aber auch nicht gefordert wird? Ein solcher Schritt, den z.B. Miller/Johnson-Laird (1976), Lutzeier (1985) und Herskovits (1986) für in vorschlagen, wäre jedoch übereilt. Tatsächlich handelt es sich nämlich bei den geschilderten Fällen um Instanzen eines Phänomens, das keinesfalls auf bestimmte Präpositionen beschränkt ist und das auf einer allgemeineren Ebene durch das Zusammenwirken semantischer und pragmatischer Faktoren erklärt werden kann. Es als idiosynkratisches Phänomen auf der Wortebene zu repräsentieren, ist daher theoretisch schlecht motiviert.

Die Formulierungen (10), (20) und (21) nach dem Schema (1) sind durch die logische Natur der Beziehung zwischen einem Prädikat und seinen Argumenten gerechtfertigt: Prädikate beziehen sich immer auf ihre Argumente in deren Gesamtheit; Objekte sind unteilbar bezüglich der Prädikation, deren Gegenstand sie sind. M.a.W.: Jede Prädikation folgt dem *Prinzip der Homogenität* der Argumente in bezug auf das Prädikat. Löbner (1987) betrachtet dieses Prinzip als strukturelle Präsupposition von Prädikationen, die wie folgt formuliert werden kann:

(25) Präsupposition der Homogenität von Argumenten:
Das Argument einer Prädikation ist homogen bezüglich der Prädikation.

Verletzungen der Homogenitätspräsupposition (bei Löbner und im folgenden kurz PAH für "Presupposition of Argument Homogeneity") führen zu Wahrheitswertlücken: Den betreffenden Sätzen kann keiner der Wahrheitswerte "wahr" oder "falsch" zugeordnet werden. Löbner führt Beispiele der folgenden Art an:

(26) a. Die Bauern sind weiß.
b. Das Essen ist vegetarisch.
c. Die japanische Flagge ist rot.
d. Istanbul ist in Europa.

Mit Blick auf ein vollständig bestücktes Schachfeld, auf dem sich acht weiße und acht schwarze Bauernfiguren befinden, ist (26a) weder wahr noch falsch: Das Denotat der pluralen NP die Bauern, eine Gruppe von Objekten, erfüllt das Prädikat, ebenso wie die Negation des Prädikats, nur partiell. Das gleiche gilt für (26b) in einer Situation, in der es beispielsweise um ein Essen in einer Gesellschaft geht, bei dem sowohl Gerichte ganz ohne Fleisch als auch Gerichte mit Fleisch serviert werden: Weder (26b) noch die Negation von (26b) treffen auf die Situation zu. (26c) und (26d) zeigen, daß PAH nicht nur im Fall von definiten Pluraltermen und Massentermen wirksam ist, bei denen die betroffenen Argumente komplexe Individuen (Gruppen bzw. Stoffportionen) sind, sondern auch für die Denotate singularer Terme gilt: Da sich die genannten Objekte inhomogen in bezug auf das jeweilige Prädikat verhalten, besitzen die beiden Sätze keinen Wahrheitswert.

Bei Löbner dient PAH zur Unterscheidung der semantischen Eigenschaften von definiten Termen und echten Quantorenphrasen. Er diskutiert folglich nicht die Möglichkeit etwaiger pragmatischer Toleranzbedingungen, unter denen in bestimmten Äußerungssituationen ein Prädikat angewandt werden kann, obwohl es strenggenommen nicht global auf sein Argument zutrifft. Daß solche Fälle existieren, liegt aber auf der Hand; s. z.B. die folgenden Sätze:

(27) a. Mein Auto ist rot.
b. Die Zuhörer sind erschöpft.

Man darf ein Auto unter normalen Umständen auch dann noch als rot bezeichnen, wenn es nichtrote Teile enthält, z.B. wenn die Lackierung an einigen Stellen ausgebessert und in einer anderen Farbe überstrichen worden ist. Fragt man nach der Farbe seines Autos, nimmt man in Kauf, daß nicht alle Teile dieselbe Farbe haben; man denke nur an Fenster, Chromteile usw. Solche Teile werden, ebenso wie ausgebesserte und überstrichene Stellen geringen Ausmaßes, von vornherein in bezug auf die farbliche Charakterisierung eines Autos als irrelevant betrachtet. Eine Antwort wie (27a) wird im allgemeinen dann als zutreffend akzeptiert, wenn die Farbe Rot dominiert, als Grundfarbe erkennbar ist. Erst wenn keine Farbe eindeutig dominiert, kann das Objekt nicht durch ein einzelnes Farbprädikat charakterisiert werden.

Eine Äußerung von (27b) können wir uns beispielsweise in einer Situation vorstellen, in der es um die Frage geht, ob ein Redner seinen Vortrag über die vorgesehene Vortragszeit hinaus fortsetzen soll oder nicht. (27b) kann mit Blick auf die

Zuhörerschaft als Begründung für den Abbruch des Vortrags auch dann akzeptiert werden, wenn eine Minorität der Zuhörer noch nicht erschöpft ist. Für die Alternative Abbruch oder Fortsetzung können solche Minoritäten innerhalb von komplexen Objekten als irrelevant erachtet werden. Ein einzelner, an der Fortsetzung interessierter Zuhörer kann in der Regel (27b) nicht zurückweisen und sich dabei darauf berufen, die Zuhörerschaft verhalte sich nicht homogen in bezug auf die Eigenschaft des Erschöpftseins.

Diese Beispiele zeigen nicht, daß PAH als ein generelles semantisches Prinzip der logischen Beziehung zwischen Prädikaten und Argumenten aufgegeben werden muß. Es wäre kaum sinnvoll anzunehmen, die genannten Prädikate müßten prinzipiell nur partiell auf ihre Argumente zutreffen. Die Beispiele zeigen lediglich, daß in einer Äußerungssituation Gesichtspunkte leitend sein können, die es erlauben, bei der Frage nach der Angemessenheit einer Äußerung in Hinblick auf ein bestimmtes kommunikatives Ziel über gewisse Abweichungen von der globalen Erfüllung oder Nichterfüllung eines Prädikats hinwegzusehen. Abweichungen von der Homogenitätsvoraussetzung für Prädikationen werden alleine aufgrund pragmatischer Bedingungen toleriert.

Kommen wir zu unserer Ausgangsfrage zurück, zu der Frage der Anwendbarkeit lokaler Präpositionen auf Situationen mit partiell lokalisiertem LO. Zunächst ist festzustellen, daß PAH in der Formulierung (25) die Beziehung zwischen einer lokalen PP und ihrem Argument formal erfaßt: Eine lokale PP ist semantisch ein einstelliges Prädikat von der Form "$\lambda x(Lok(x, PRÄP^*(a)))$" (a sei das Denotat der von P regierten NP), für dessen Argument folglich die Homogenitätspräsupposition gilt. In den oben aufgeführten, hier wiederholten Sätzen unter (24) liegt daher eine Verletzung der PAH vor, wenn sie auf Situationen bezogen werden, in denen sich LO bloß partiell in der jeweiligen PRÄP*-Region befindet:

(24) a. Die Blumen sind in der Vase.
b. Er hat einen Schirm in der Hand.
c. Er hat eine Zigarette im Mundwinkel.

Semantisch betrachtet sind die Sätze unter den beschriebenen Umständen folglich weder wahr noch falsch. Daß sie in der Praxis dennoch problemlos auf Situationen der geschilderten Art angewandt werden können, liegt auch hier, wie schon bei den Sätze unter (27), an der Existenz bestimmter pragmatischer Toleranzbedingungen.

Um einen Eindruck von den pragmatischen Bedingungen zu gewinnen, die für lokale Präpositionen einschlägig sind, kontrastieren wir zunächst (24) mit (28):

(28) a. Istanbul ist in Europa. (= (26d))
b. Das Auto ist in der Garage.

(28b) soll auf die in Abb. 2 dargestellte Situation bezogen werden:

Abb. 2

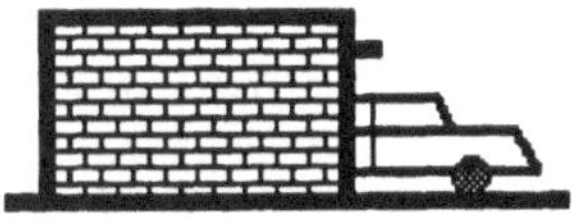

Beide Sätze sind, bezogen auf die geographische Situation in der Türkei bzw. die Situation in Abb. 2, aufgrund von Verletzungen der PAH weder wahr noch falsch. Anders als für die Sätze unter (24) lassen sich für (28a) und (28b) aber keine (oder nur schwer) Äußerungssituationen vorstellen, in denen diese Sätze dennoch angemessen zur Charakterisierung der genannten Situationen verwendet werden können.

Den Unterschied zwischen (28) und (24) sehe ich vor allem darin, daß in (28) das jeweilige RO nicht als ein *Behältnis* für LO im folgenden Sinn fungiert: RO umschließt LO zumindest partiell und hält LO kraft dieser räumlichen Umschließung in einer bestimmten Position. Eine prototypische Behältnisrelation besteht z.B. zwischen einer Flasche und einer Flüssigkeit, die in die Flasche gefüllt wurde: Ohne die stützende Funktion der Flasche, in der sie eingeschlossen ist, würde die Flüssigkeit zerfließen. Anders als die durch in ausgedrückte lokale Relation kann die funktionale Behältnisrelation durchaus auch bei lokal bloß partiell umschlossenem LO erfüllt sein. So kann z.B. eine Blume kraft partieller Umschließung durch eine Vase in einer bestimmten, etwa aufrechten Position gehalten werden. Das gleiche gilt für eine Zigarette, deren Mundstück sich im Mundwinkel eines Rauchers befindet, wodurch sie in einer bestimmten Position gehalten wird, die sie ohne eine solche Stützung nicht einnehmen könnte, oder für einen Schirm, um dessen Griff oder einen beliebigen anderen Teil sich eine Hand legt.

Das beschriebene funktionale Konzept eines Behältnisses ist kein Bestandteil der Wortbedeutung der Präposition in in der hier vertretenen Konzeption der lexikalischen Semantik. Das Behältniskonzept muß keinesfalls in allen Verwendungen von in erfüllt sein; siehe z.B. die reinen Lokalisierungen von LO in einer Region in Sätzen wie Peter ist in Amerika. - Amerika hier als ein Behältnis für Peter zu bezeichnen, wäre vollkommen nichtssagend, kontraintuitiv und theoretisch unmotiviert -, aber auch (28b) (unabhängig von Abb. 2 betrachtet). Ich betrachte das funktionale Behältniskonzept vielmehr als Resultat einer konzeptuellen Umdeutung der rein lokalen Relation, die in aufgrund seiner Wortbedeutung ausdrückt. Die nichtlokale Umdeutung fungiert in der konzeptuell ausdifferenzierten Interpretation einer lokalen Konstruktion mit in als Zusatzdeutung: Sie kommt unter bestimmten, im folgenden erläuterten Umständen als zusätzliche Interpretation der Relation zwischen LO und RO neben der rein lokalen Relation ins Spiel. Die Zusatzdeutung des lokalen

Konzepts der Einschließung einer Region in einer anderen als funktionales Behältniskonzept ist dabei keineswegs trivial. Das Behältniskonzept ist nicht nur durch bloße Umschließung charakterisiert, was lediglich eine Umschreibung der lokalen Relation in funktionalen Termini wäre, sondern zusätzlich dadurch, daß RO gegenüber LO eine stützende Funktion übernimmt.[1]

Die wesentliche Funktion dieses Behältniskonzepts bei der konzeptuellen Interpretation lokaler Konstruktionen sehe ich als pragmatische Toleranzbedingung für die Anwendbarkeit von in trotz Verletzung der Homogenitätspräsupposition PAH. In einer Situation, in der sich LO nur teilweise in der Innenregion von RO, Place(RO), befindet, kann aus pragmatischen Gründen dennoch gewöhnlich die Präposition in zur Beschreibung der lokalen Relation zwischen LO und RO benutzt werden, wenn RO gegenüber LO die Funktion eines Behältnisses im oben beschriebenen Sinn erfüllt. Auf diese Weise lassen sich die pragmatischen Akzeptabilitätsunterschiede zwischen den Sätzen unter (24) und (28) erklären. In (24) können die Referenzobjekte als Behältnisse für ihr jeweiliges LO fungieren, nicht aber in (28). Aufgrund der Eigenschaften der beteiligten Objekte lassen sich in (28) zu den reinen, durch in ausgedrückten Lokalisierungsverhältnissen konzeptuell keine funktionalen Behältnisbeziehungen zwischen RO und LO ergänzen, so daß eine Ausdehnung des Anwendungsbereichs der Präposition über ihren semantisch festgelegten Bereich hinaus pragmatisch nicht toleriert wird.

Aufschlußreich ist in diesem Zusammenhang (24a), Die Blumen sind in der Vase. Da es sich bei LO um ein komplexes Objekt handelt, das sich aus verschiedenen gleichartigen Einzelobjekten zusammensetzt, kann PAH in zweierlei Hinsicht verletzt werden: Zum einen, dies ist die gewöhnliche Situation, können sich alle Blumen nur partiell, also z.B. nur mit ihren Stielen, aber eben nicht vollständig mitsamt den Blüten im Inneren der Vase befinden; zum anderen - dies ist die eher ungewöhnliche Situation - können sich einige Blumen vollständig im Inneren von RO befinden, andere Blumen dagegen vollständig außerhalb (Kombinationen aus beiden Abweichungen können wir ignorieren). Nur im ersten Fall läßt sich (24a) aus pragmatischen Gründen anwenden; im zweiten Fall wird die Verletzung von PAH dagegen im allgemeinen nicht toleriert. Der Grund für diesen Unterschied ist darin zu sehen, daß nur im ersten Fall, nicht aber im zweiten, die Vase noch als Behältnis für das komplexe Objekt die Blumen im oben beschriebenen Sinn fungiert.

[1] In einer Verbindung der bekannten funktionalen Begriffe "containment" und "support" (s. S. 117, Fn.) handelt es sich bei dem von mir intendierten Behältniskonzept in Schlagworten also um "support by containment". Dieses Behältniskonzept könnte zu eng gefaßt sein. Eine Garage wie in Abb. 2 beispielsweise *stützt* zwar nicht die in ihr lokalisierten Objekte, *schützt* sie aber z.B. vor Regen. Ein verallgemeinertes Behältniskonzept sollte diese Funktion möglicherweise einschließen (diesen Hinweis verdanke ich M.-T. Schepping). Meine Argumentation bezüglich (28b) und Abb. 2 gilt aber auch für ein solchermaßen verallgemeinertes Behältniskonzept.

Kommen wir zu an. Das zur Wortbedeutung von an ergänzbare nichtlokale Konzept läßt sich leicht aus der Charakterisierung der Proximalregion eines Objekts ableiten. Es handelt sich um das Konzept des allgemeinen Zusammenhangs zwischen LO und RO. Ein lokales Konzept, demzufolge LO in einer Region lokalisiert wird, in der potentiell mit RO interagiert werden kann, kann dahingehend umgedeutet werden, daß LO, wenn es in der Proximalregion von RO lokalisiert ist, in irgendeiner Form auf RO bezogen ist. Dieses Konzept des Bezogensein oder Zusammenhangs wiederum kann auf unterschiedliche Weise interpretiert (d.h., im Sinn von Bierwisch, konzeptuell spezifiziert) werden, nämlich funktional, interaktiv, intentional usw.

Per se drückt an nicht aus, daß tatsächlich mehr als ein lokaler Zusammenhang zwischen LO und RO besteht (obwohl natürlich die Proximalregion von RO als Region des *potentiellen* nichtlokalen Zusammenhangs zwischen RO und anderen Objekten charakterisiert ist; s.o.). Wie oben mehrfach angedeutet wurde, wird mittels an vielfach nur eine kontingente Lokalisierung ohne funktionale oder intentionale Implikationen ausgedrückt. Diesem Umstand trägt die oben vorgeschlagene semantische Repräsentation von an Rechnung. Annahmen über Beziehungen zwischen LO und RO, die über die bloßen lokalen Verhältnisse hinausgehen, sind pragmatische Inferenzen auf der Basis von nichtsprachlichem Wissen über Objekteigenschaften und Beziehungen zwischen Objekten, die ohne Schwierigkeiten aufgehoben werden können (s.o. die Diskussion der Sätze (13) - (16)).

Im Kontrast zu bei kann das Konzept des Zusammenhangs, das ja für bei aufgrund seiner Wortbedeutung ebenso gilt wie für an, häufig sogar zum Konzept des funktionalen oder intentionalen *Kontakts* verschärft werden. Mit der Beschreibung der Mann am Klavier kann eine Person bezeichnet werden, die sich, ohne sich in irgendeiner Weise mit dem Klavier zu beschäftigen, einfach nur im Umkreis des Klaviers aufhält. Im Kontrast zum kontaktausschließenden bei und aufgrund unseres Wissens über Aktionen, die Personen an Klavieren ausführen können oder häufig ausführen, legt die Beschreibung dagegen nahe, daß es sich um eine Person handelt, die beispielsweise auf dem Klavier musiziert, also mit ihm in funktionalem (und lokalem) Kontakt steht. Mittels (17a) Er wartet an der Kasse. kann ebenfalls eine kontingente Lokalisierung der Person ausgedrückt werden. Wiederum im Kontrast mit bei (vgl.o., (17b)) legt (17a) aber häufig eine Interpretation nahe, derzufolge die betreffende Person wartet, um an der Kasse zu bezahlen, und nicht etwa auf eine andere, ungenannte Person oder ein Ereignis. Die Person intendiert m.a.W. einen funktionalen, nicht primär lokal bestimmten Kontakt mit der Kasse.

Die geschilderten Kontaktinterpretationen der Versionen mit an kommen vermutlich etwa durch das folgende pragmatische Raisonnement zustande: Von den beiden hier erörterten Präpositionen für Außenregionen ist bei die spezifischere. bei schließt, wie gesehen, den lokalen Kontakt zwischen LO und RO aus, während an die Frage des Kontakts offenläßt und daher in Kontexten, in denen semantisch oder konzeptuell räumlicher Kontakt impliziert wird, die alleine zulässige Präposition ist. Wird nun die unspezifischere Präposition gewählt, so kann auf den Unterschied zwischen den beiden Präpositionen fokussiert werden. Es kann dann eine Präferenz bestehen, das, was in der Bedeutung der unspezifischeren Präposition im Vergleich zur spezifischeren Präposition eigentlich offengelassen wird, in diesem Fall die Frage der Existenz eines Kontaktes, als definitiv gegeben zu interpretieren. Eine derartige, pragmatisch begründete Interpretation muß sich nicht nur auf die lokalen Gesichtspunkte beziehen, sondern kann gleichermaßen nichtlokale, also z.B. funktionale oder intentionale Zusatzdeutungen der lokalen Konzepte, betreffen.

Die beschriebenen Interpretationen sind allesamt nur Resultat von optionalen Zusatzannahmen über denkbare Beziehungen zwischen LO und RO, die lediglich unter bestimmten kontextuellen und situativen Umständen erzeugt werden. Eine entscheidende Funktion können die aus der Wortbedeutung als konzeptuelle Zusatzdeutungen ableitbaren nichtlokalen Konzepte aber wiederum in der Frage der Tolerierbarkeit semantischer Abweichungen übernehmen. Nehmen wir die oben aufgeführte Phrase die Schlange an der Kasse in Verbindung mit der dort beschriebenen Hintergrundsituation, derzufolge sich die Schlange von der Kasse durch den Geschäftsraum hindurch bis zu einer Wursttheke erstreckt, die sich am entgegengesetzen Ende des Raums befindet. Die Schlange befindet sich nur zum Teil in der Proximalregion der Kasse. Folglich liegt eine Verletzung der Homogenitätspräsupposition PAH vor. Eine entsprechende Aussage wie (29) ist in bezug auf die geschilderte Situation rein semantisch weder eindeutig wahr noch eindeutig falsch:

(29) Die Schlange ist an der Kasse.

Die Begründung im Rahmen der hier vorgeschlagenen Konzeption dafür, daß (29) dennoch als Beschreibung der Situation akzeptiert werden kann, liegt nunmehr auf der Hand. Obwohl sich die Schlange nur partiell in der durch an spezifizierten Region befindet, kann ein nichtlokaler Zusammenhang zwischen der Schlange und der Kasse angenommen werden, demzufolge die gesamte Schlange einschließlich ihres Endes intentional auf die Kasse bezogen ist. Die Annahme eines intentionalen Zusammenhangs zwischen Schlange und Kasse, die in der Einordnung der Schlange als *Warteschlange*, möglicherweise induziert durch das entsprechende Verb warten, explizit gemacht werden kann, erlaubt es, die Schlange in der geschilderten Situation ohne Schwierigkeiten als die Schlange an der Kasse zu bezeichnen. Dagegen kann sie schwerlich als die Schlange an der Wursttheke bezeichnet werden, obwohl sich in statischer Betrachtung möglicherweise kein Unterschied in der lokalen Relation zwischen Schlange und Kasse sowie zwischen Schlange und Wursttheke ausmachen läßt. (Die Prädikation kann in einem solchen Fall sogar explizit negiert werden: Das ist die Schlange an der Kasse, nicht die Schlange an der Wursttheke.)

Eine Warteschlange ist ein komplexes Objekt mit einer lokalen Ausrichtung, die durch eine inhärente Bewegung induziert wird: Jedes Teilobjekt vollzieht (oder soll vollziehen) innerhalb einer gewissen Zeitspanne eine Bewegung, die in einer bestimmten Zielregion endet. Aufgrund dieser Ausrichtung kann einer Schlange zu jedem Zeitpunkt ihrer Existenz eine Vorderseite (der "Anfang" oder "Kopf" der Schlange) und eine Rückseite (ihr "Ende" oder "Schwanz") zugeordnet werden. Auf die Anwendbarkeit einer lokalen Präposition wie an hat die Existenz ausgezeichneter Seiten von LO semantisch keinen Einfluß, wie sich anhand eines Vergleichs diverser Konstruktionen leicht zeigen ließe (das gleiche gilt für in, bei und auf). In Zweifelsfällen wie die Schlange an der Kasse gegenüber die Schlange an der Wursttheke besteht aber die Möglichkeit einer intentionalen Zusatzdeutung der lokalen Ausrichtung von LO: Man reiht sich in eine Schlange z.B. deshalb ein, um in der Zielregion etwas zu erstehen oder um dort zu bezahlen. Damit kann die oben geschilderte Situation im Supermarkt so aufgefaßt werden, daß die lokale Relation zwischen der Schlange und der Kasse, nicht dagegen die Relation zwischen der Schlange und der Wursttheke, trotz der Inhomogenität von LO in bezug auf die Prädikation mittels an charakterisiert werden darf, da die aus der Wortbedeutung von an konzeptuell ableitbare pragmatische Bedingung für die Anwendbarkeit der Präposition bei Verletzung von PAH, die Existenz eines nichtlokalen Zusammenhangs zwischen LO und RO, nur im ersten Fall erfüllt ist.

5. Fazit

Es wurden höchst allgemeine Bedeutungen von in, an und bei in überwiegend deiktisch-topologischen Begriffen vorgeschlagen. Diese Bedeutungen sind abstrakt in dem Sinn, daß sie lediglich die Bandbreite konzeptueller Interpretationsmöglichkeiten der Präpositionen determinieren, aber nicht mit bestimmten kontextspezifischen konzeptuellen Interpretationen lokaler Konstruktionstypen identisch sind. Diese kommen erst durch den sprachlichen Kontext (z.B. die Verbbedeutung) oder zusätzliche Ausnutzung nichtsprachlicher Information über sortentypische Objekteigenschaften, Beziehungen zwischen Objekten und dergleichen zustande, in letzterem Fall grundsätzlich als Interpretationen mit default-Status. Nichtlokale Konzepte gehören nicht zur Wortbedeutung topologischer Präpositionen, sondern sind rein pragmatisch begründete konzeptuelle Zusatzdeutungen der lokalen Bedeutungskomponenten. Sie spielen eine wesentliche Rolle bei der pragmatischen Begründung der Anwendbarkeit lokaler Präpositionen über ihren semantisch festgelegten definiten Anwendungsbereich hinaus.

Literaturverzeichnis

Bierwisch, Manfred, 1983. Semantische und konzeptuelle Repräsentationen lexikalischer Einheiten. Untersuchungen zur Semantik, hg. von R. Ruzicka, W. Motsch, 61-99. (studia grammatica 22.) Berlin, Akademie-Verlag.

Bierwisch, Manfred, 1988. On the grammar of local prepositions. Syntax, Semantik und Lexikon, hg. von M. Bierwisch, W. Motsch, I. Zimmermann, 1-65. (studia grammatica 29.) Berlin, Akademie-Verlag.

Garrod, Simon C., Sanford, Anthony J., 1988. Discourse models as interfaces between language and the spatial world. Journal of Semantics 6, 147-160.

Habel, Christopher, Pribbenow, Simone, 1988. Gebietskonstituierende Prozesse. LILOG-Report 18, IBM Stuttgart und Universität Hamburg.

Herskovits, Annette, 1986. Language and Spatial Cognition. An Interdisciplinary Study of the Prepositions in English. Cambridge u.a., Cambridge University Press.

Herweg, Michael, 1987. Zur Semantik temporaler Konjunktionen. Kölner Beiträge zur empirischen Sprachforschung 1, 40-83.

Herweg, Michael, 1988. Zur Semantik einiger lokaler Präpositionen des Deutschen. Überlegungen zur Theorie der lexikalischen Semantik am Beispiel von "in", "an", "bei" und "auf". LILOG-Report 21, IBM Stuttgart und Universität Hamburg.

Hottenroth, Priska-Monika, 1986. Die Semantik lokaler Präpositionen. Ein prototypensemantisches Modell für die französische Präposition *dans* mit einer Analyse der Beziehungen zwischen der Präposition und den Objektbezeichnungen in den Präpositionalsyntagmen. Habilitationsschrift, Universität Konstanz, September 1986.

Jackendoff, Ray, 1983. Semantics and Cognition. Cambridge/Mass.: The MIT Press.

Johnson-Laird, Philip N., 1987. The mental representation of the meaning of words. Cognition 25, 189-211.

Lakoff, George, 1982. Categories and Cognitive Models. Ms., University of California at Berkeley, Cognitive Science Program Series (auch als L.A.U.T. Paper).

Lang, Ewald, 1987. Semantik der Dimensionsauszeichnung räumlicher Objekte. Grammatische und konzeptuelle Aspekte von Dimensionsadjektiven, hg. von M. Bierwisch, E. Lang, 287-458. (studia grammatica 26/27.) Berlin, Akademie-Verlag.

Lang, Ewald, 1989. Objektschemata und räumliche Konfiguration. In diesem Band.

Löbner, Sebastian, 1987. The conceptual nature of natural language quantification. erscheint in: Proceedings of the Symposium on "Logic and Language" at Debrecen, Aug. 1987, hg. von A. Szabolcsi. Hungarian Academy of Sciences, Budapest.

Löbner, Sebastian, 1988. Ansätze zu einer integralen semantischen Theorie von Tempus, Aspekt und Aktionsarten. Temporalsemantik. Beiträge zur Linguistik der Zeitreferenz. hg. von V. Ehrich, H. Vater, 163-191. Tübingen, Niemeyer.

Lutzeier, Peter, 1985. Sprachliche Vermittler von Räumlichkeit. Zur Syntax und Semantik lokaler Präpositionen. Sprache und Raum, hg. von H. Schweizer, 90-110. Stuttgart, Metzler.

Miller, George A., Johnson-Laird, Philip N., 1976. Language and Perception. Cambridge/Mass., Belknap Press.

Pribbenow, Simone, 1989. Regelbasierte Interpretation lokaler Präpositionen am Beispiel von *in* und *bei*. In diesem Band.

Schulze, Rainer, 1987. The perception of space and the function of topological prepositions in English: A contribution to cognitive linguistics. Perspectives on Language in Performance. Studies in Linguistics, Literary Criticism, and Language Teaching and Learning, hg. von W. Lörscher, R. Schulze, 299-322. Tübingen, Narr.

Schwarze, Christoph, 1989. Polysemie als Prozedur, am Beispiel von frz. *à travers* und *chez*. In diesem Band.

Schwarze, Christoph, Wunderlich, Dieter, 1985. Einleitung in: Handbuch der Lexikologie, hg. von C. Schwarze, D. Wunderlich, 7-23. Königstein/Ts., Athenäum.

Wesche, Birgit, 1986/87. At Ease with 'At'. Journal of Semantics 5, 385-399.

Wunderlich, Dieter, 1982. Sprache und Raum. Stud. Linguistik 12, 1-19; 13, 37-59.

Wunderlich, Dieter, 1985. Raumkonzepte - Zur Semantik der lokalen Präpositionen. Nach-Chomskysche Linguistik. Neuere Arbeiten von Berliner Linguisten, hg. von T. T Ballmer, R. Posner, 341-351. Berlin: de Gruyter.

Wunderlich, Dieter, Herweg, Michael, ersch. Lokale und Direktionale. erscheint in: Handbuch der Semantik. Band 2, hg. von A. v. Stechow, D. Wunderlich. Königstein/Ts., Athenäum (demn.).

Wunderlich, Dieter, Kaufmann, Ingrid, 1989. Lokale Verben und Präpositionen - semantische und konzeptuelle Aspekte. Arbeitspapier im DFG-Projekt "Räumliche Lokalisierung", Universität Düsseldorf.

DIREKTIONALE PRÄPOSITIONEN*

Ingrid Kaufmann

1. Theoretischer Hintergrund

Das Ziel dieser Arbeit ist es, den Aspekt der Direktionalität bei der Klasse lokaler Präpositionen, die sowohl Dativ- als auch Akkusativ-Rektion aufweisen, im Rahmen eines zweistufigen Semantikmodells zu behandeln.

Unter einer zweistufigen Semantik-Konzeption möchte ich ein Modell verstehen, in dem die semantischen Repräsentationen nicht direkt auf die Welt abgebildet werden, sondern vermittelt über eine konzeptuelle Ebene, auf der zusätzliches Wissen integriert wird. Grund für die Annahme einer zusätzlichen konzeptuellen Ebene ist die generelle Unbestimmtheit sprachlicher Ausdrücke, die erst in einem konkreten Kontext spezifiziert werden können. Will man die unterschiedlichen Lesarten lexikalischer Ausdrücke durch eine zugrundeliegende semantische Repräsentation erfassen, so darf diese nicht völlig spezifiziert sein, sondern nur einen abstrakten Rahmen bilden, der dann auf der konzeptuellen Ebene unter Rückgriff auf Kontextinformation passend aufgefüllt wird. Die semantische Repräsentation eines Lexikoneintrags muß lediglich die Information bereitstellen, die nötig ist, um den kompositionalen Aufbau der Ausdrücke, in denen das Wort vorkommt, zu gewährleisten. Dabei wird nicht angestrebt, die Bandbreite der unterschiedlichen Lesarten eines Ausdrucks zu erfassen; dies geschieht erst auf der konzeptuellen Ebene unter Zuhilfenahme von weiterer Information aus dem Kontext. Die semantische Repräsentation muß lediglich so gestaltet sein, daß sich für alle möglichen syntaktischen Strukturen die Bedeutung des komplexen Ausdrucks kompositional ergibt.

Ausnahmen sind die sogenannten Umweginterpretationen, bei denen man davon ausgehen kann, daß die Interpretation nicht kompositional zustande kommt, so daß eine Uminterpretation über Rückgriff auf Information der konzeptuellen Ebene vorgenommen werden muß. Umweginterpretationen sollten jedoch beschränkt sein; sowohl in der Häufigkeit ihres Auftretens als auch in ihrer Akzeptabilität.

---

* Dieser Artikel entstand im Rahmen des DFG-Projekts "Räumliche Lokalisierung" (Wu 86/10-2) und ist die schriftliche Fassung eines Vortrags auf dem Präpositionenkolloquium an der BUGHS Wuppertal im November 1988. Für Diskussionen, Anregungen und Kritik möchte ich E. Lang, S. Löbner, D. Wunderlich, sowie den "drei Typen" R. Fabri, Y. Mori und A. Ortmann danken.

Im folgenden möchte ich einen Vorschlag für die semantische Repräsentation einer Gruppe lokaler Präpositionen innerhalb einer zweistufigen Bedeutungsanalyse machen.

Lokale Präpositionen lassen sich klassifizieren in:
- statische (nicht-direktionale): vor, hinter, an, auf, neben, über etc. [Dat]
- direktionale: vor, hinter, an, auf, neben, über etc. [Akk]
- Wegpräpositionen: durch, über [Akk]
- Gestaltpräpositionen: um, längs
- Richtungspräpositionen: zu, nach

Hier sollen die direktionalen Präpositionen und ihr statisches Gegenstück behandelt werden, also die Klasse der Präpositionen, die Dativ- und Akkusativ-Rektion aufweist.

2. Direktionale Präpositionen bei Bierwisch (1988)

Bierwisch (1988) stellt eine Analyse direktionaler Ps in einer zweistufigen Semantik vor.

Er baut dabei auf der Repräsentation nicht-direktionaler Ps auf, deren Lexikoneintrag folgende Informationen enthält:

z.B. über:

phon. Form: /über/
synt. Kategorie: [-V, -N, -Dir]
sem. Form: ^y ^x [x ABOVE y]

[Dir] ist ein morphologisches Merkmal, das mit der Dativ- bzw. Akkusativ-Rektion der Präposition korreliert; y ist das interne, x das externe Argument der Präposition.

Um die Korrespondenz zwischen dem Wert des Merkmals [Dir] und der Kasusforderung der Präposition zu erfassen, schlägt Bierwisch folgenden Eintrag vor, der die direktionale und die nicht-direktionale Variante umfaßt:

/über/, [-V,-N,αDir], ^y ^x [(αPF)LOCx ABOVE LOCy]
|
[-αOBL]

wobei +OBL Merkmal von Dativ, -OBL Merkmal von Akkusativ ist. Semantisch korrespondiert mit dem Wert von [Dir] ein Funktor PF (path function), der angewendet auf ein Ortsprädikat ein Wegprädikat ergibt.

Damit dieser Funktor operieren kann, muß also im Falle von P[+dir] das externe Argument als Weg interpretiert werden, während es im Fall von P[-dir] eine Region ist. Überführt wird ein Ortsargument in ein Wegargument durch Anwendung der Funktion path, die einer Region die Struktur einer Intervallschachtelung zuweist. PF steht hier als eine Variable, die je nach Präposition zu spezifizieren ist: bei Ursprungspräpositionen ist PF = INIT (der Anfang des Weges wird herausgegriffen), bei Zielpräpositionen ist PF = FIN anzusetzen, da hier das Ende des Weges lokalisiert wird.

Ist der Wert des Merkmals [Dir] positiv, so wird das interne Argument im Akkusativ realisiert und die Path function aktiviert.

Grund für diese Analyse ist die Beobachtung, daß direktionale Ps nicht nur in Kombination mit Bewegungsverben vorkommen, wo Weg als eine Abbildung von Zeit in Raum aufgefaßt werden könnte, sondern auch in statischen attributiven Konstruktionen wie die Straße in den Wald. Hier ist ein zeitunabhängiges Wegkonzept nötig.

Um nun mit diesem Konzept eine einheitliche Analyse aller Verwendungen direktionaler PPs zu erreichen, ist Bierwisch gezwungen, auch Konstruktionen, in denen die PP als Argument von Bewegungsverben auftritt, so zu interpretieren, daß der von der P[+Dir] bereitgestellte Weg eingenommen wird. Er geht davon aus, daß bei Bewegungsverben das gesamte Ereignis so auf diesem Weg zu lokalisieren ist, daß das Ereignis in der durch die PP bezeichneten Region endet.

2.1 Argumente gegen diesen Ansatz

Meine Argumente gegen diese Analyse betreffen lediglich die Interpretation des Funktors PF als einen Wegprädikate erzeugenden Funktor. Ich halte es für angemessen, an dieser Stelle eine Operation anzunehmen, die zu einer veränderten Interpretation der Präposition führt, glaube aber nicht, daß diese eine Sortenänderung des externen Arguments zur Folge haben sollte. Gegen eine Analyse von PP[+Dir] als Wegprädikate spricht meiner Ansicht nach folgendes:

1. Es gibt einen Unterschied in der Distribution direktionaler Ps und "echter" Weg-Ps wie durch, über [Akk]:

Kausative Positionsverben (KPV) wie stellen, legen erlauben nie Weg-Ps, immer aber P[+Dir]:

(1) *Er stellt den Stuhl durchs Zimmer.

(2) *Er legt den Ball über den Tisch.[1]

Trotzdem müßte Bierwisch annehmen, daß auch bei diesen Verben ein Weg zurückgelegt wird, dessen Ende durch die PP bezeichnet wird. So ergibt sich einerseits das Problem, zu klären, warum keine Weg-Ps möglich sind, andererseits ist es nicht möglich, einen direkten Zusammenhang zwischen der durch das KPV ausgedrückten Situation und dem durch das korrespondierende Positionsverb (PV) bezeichneten Resultat der Handlung herzustellen: Der in (3) und (4) ausgedrückte Zusammenhang kommt bei Bierwisch auf die gleiche Art zustande wie der in (5) und (6); ein Ergebnis, das sicher unbefriedigend ist.

(3) Er stellt die Flasche auf den Tisch.

(4) Die Flasche steht auf dem Tisch.

(5) Er geht in den Wald.

(6) Er steht im Wald.

2. Mit der Verwendung von Weg-Ps korreliert die Möglichkeit, Zeitadverbien zu verwenden, die einen ausgedehnten Zeitabschnitt bezeichnen (da das Zurücklegen eines Weges Zeit beansprucht), diese Zeitadverbien sind mit P[+Dir] nicht möglich.

(7) Er ging in einer Stunde durch den Wald.

(8) *Er ging in einer Stunde in das Haus.

Nimmt man in beiden Fällen dieselbe Repräsentation an, wird diesem Effekt nicht Rechnung getragen.

3. Lokalisierungsausdrücke wie in den Wald gehen sind immer so zu interpretieren, daß eine Grenze überschritten wird, d.h. die Handlung endet zwar im Wald, muß aber außerhalb angefangen haben. Bierwischs Analyse schließt aber nicht aus, daß der Gesamtweg im Wald zurückgelegt wird. Vorzuziehen wäre eine Analyse, bei der sich das *Eintreten* aus der Repräsentation ergibt.

4. Schließlich erscheint mir die Analyse zirkulär:

Tritt eine direktionale PP auf, so muß ihr ein Wegargument zur Verfügung stehen, da sie als Prädikat über Wegen definiert ist. Deshalb operiert eine Funktion über

---

[1] Akzeptabler werden Verwendungen von KPVs mit Weg-Ps, wenn ausgedehnte Objekte lokalisiert werden, vgl.

(1') Er stellt dieStühle durchs Zimmer.

(2') Er legt dieSchnur über denTisch.

Allerdings ist auch hier nicht der Grund, daß das Verb einen Weg beinhaltet; die Möglichkeit eine Weg-P zu verwenden ergibt sich offensichtlich aus den Gestalteigenschaften des lokalisierten Objekts.

beliebigen Objekten, um diesen die nötige Wegstruktur überzustülpen, die sie sonst nicht haben. Dagegen spricht, daß die Objekte ganz bestimmte Eigenschaften haben müssen, damit sie überhaupt als Weg interpretierbar sind. Ich halte es daher für sinnvoller anzunehmen, daß die Weginterpretation sich aus dem Zusammentreffen verschiedener Faktoren ergibt, aber nicht in der P-Bedeutung selbst angelegt ist.

3. Eine Analyse ohne Wegargumente

Statt dessen möchte ich annehmen, daß anstelle von Bierwischs PF ein Operator anzusetzen ist, der die Information "Übergang in einen Zustand" zu der Bedeutung der P[-Dir] hinzufügt, so daß die PP[+Dir] zu interpretieren sind als "Eintreten in einen Lokalisierungszustand".

Ein Operator, der einen solchen Übergang beinhaltet ist BECOME, dessen Wahrheitsbedingungen Dowty (1979) folgendermaßen festlegt:

[BECOME Φ] is true at I iff there is an interval J containing the initial bound of I such that $\neg\Phi$ is true at J and there is an interval K containing the final bound of I such that Φ is true at K. (Dowty 1979, 140)

Intervalle sind bei Dowty als Mengen von Zeitpunkten definiert, so daß man BECOME verkürzt festlegen kann als:

BECOME Z: $(\neg Z_{t1}, Z_{t2})$, wobei $t1, t2 \in T$ und $t1 < t2$

Um den Übergang in einen Zustand auszudrücken benötigt man also eine Skala, aus der ein lokaler Abschnitt herausgegriffen werden kann. Der relevante Abschnitt besteht aus zwei Phasen, die durch ein Prädikat und dessen Negation definiert sind; da diese Phasen relativ zu der Skala definiert sind, ergibt sich der Übergang von einer zur anderen.

Nimmt man als semantische Repräsentation von in[+Dir] und gehen die Strukturen in (1) und (2) an, so erhält man (3) als Repräsentation des komplexen Ausdrucks ins Haus gehen:

(9) ^y ^x [BECOME (x IN y)]

(10) ^P ^x [MOVEx : GEHx : P(x)]

(11) ^x [MOVEx : GEHx : BECOME(x IN HAUS)]

Die Assoziation, daß bei der Verwendung von gehen ein Weg zurückgelegt wird, ergibt sich durch die Komponente MOVE: diese ist konzeptuell zu interpretieren als eine stetige Funktion von der Zeit in den Raum und konstituiert damit einen Weg;

dieser Weg ist jedoch unabhängig von der Repräsentation von P[+Dir]; vgl. ins Zimmer stellen:

(12) ^y ^x [CAUSE (x, BECOME (y IN ZIMMER) : STEHy)]

Hier wird die P[+Dir] verwendet, ohne daß ein Weg zur Verfügung steht.

Versucht man mit dieser Repräsentation der P[+Dir] jedoch Verwendungen wie die Straße in die Stadt zu erfassen, kommt man zu unerwünschten Ergebnissen:

(13) ^x [STRAßEx : BECOME (x IN STADT)]

Diese Struktur ist zu interpretieren als: "Der Weg wird in der Stadt lokalisiert, nachdem er vorher nicht da war".

Ursache für diese Interpretation ist die BECOME zugrundeliegende Zeitskala. Da die für in[+Dir] relevante Grenzüberschreitung hier jedoch keine zeitliche, sondern eine räumliche ist, kommt es zu einer Fehlinterpretation. Setzt man nun einen Operator an, der statt einer Zeitskala eine Raumskala zugrundelegt, so erhält man in diesem Fall eine ähnliche Analyse wie Bierwisch: Bierwischs Weg beruht eigentlich auf einer räumlichen Skala, darüber operieren Funktoren, die den für die P-Bedeutung jeweils relevanten Teil davon herausgreifen.

Die folgende Analyse ist der Versuch, einen Kompromiß einzugehen zwischen der Notwendigkeit, auf eine räumliche Skala zuzugreifen und der vorher angeführten Kritik an einem statischen Wegkonzept. Ich möchte für eine Repräsentation plädieren, in der die zur Interpretation direktionaler Präpositionen nötigen (räumlichen) Skalen sich aus der Komposition der verschiedenen an dem Lokalisierungsausdruck beteiligten Komponenten ergeben. Die für Wege charakteristische Strukturierung wird dann nicht als in einem Lexikoneintrag bereitgestellt betrachtet, sondern ist ein Effekt der Kombination von unterschiedlichen Informationen. Die im folgenden vorgeschlagene Analyse baut auf dem Konzept der Phasenquantifikation (vgl. Löbner 1988) auf, das im nächsten Abschnitt kurz skizziert wird.

4. Phasenquantifikation

Löbner (1988) zeigt, daß den verschiedensten sprachlichen Ausdrücken das Konzept der Phasenquantifikation zugrundeliegt. Bei der Phasenquantifikation handelt es sich um ein einfaches Prinzip, das unterschiedliche Bewertungsmöglichkeiten eines Prädikats in bezug auf eine gegebene Skala umfaßt. Durch die Kombination von Skala und Prädikation ergeben sich jeweils vier solcher Bewertungsmöglichkeiten, die zusammen eine Dualitätsgruppe bilden.

Aufgrund der Allgemeinheit des Konzepts und seiner Verbreitung in der natürlichen Sprache erscheint es plausibel anzunehmen, daß es sich bei der Phasenquantifikation um ein generelles kognitives Prinzip handelt, das die Möglichkeit bietet, über die einfache Wahrheitsbewertung von Prädikaten hinauszugehen, indem durch eine Abschreitung der Domäne des Prädikats ein lokaler Kontext für den jeweilig relevanten Argumentbereich mit einbezogen wird.

Die vier Typen von Phasenquantoren (PQ) sind definiert als Prädikate mit vier Argumenten:

PQ (<, t, P, α), wobei

- < eine lexikalisch fixierte Skala ist, die die Bedeutungsunterschiede zwischen verschiedenen PQ gleichen Typs festlegt, und eine lineare Ordnung über der Domäne von P definiert;
- t das Argument von P
- und P das für die Bewertung relevante Prädikat ist;
- α ein Parameter mit den Werten 0 und 1, der für die Belegung der Anfangsphase in bezug auf das Prädikat P relevant ist.

Das Prinzip der Phasenquantifikation beruht darauf, daß bei der Betrachtung eines lokalen Bereichs einer strukturierten Domäne immer vier Bewertungsmöglichkeiten eines Prädikats zur Verfügung stehen.

Die PQ operieren über einem Intervall, das nur einen Wechsel des Prädikats von ¬P zu P bzw. P zu ¬P enthält.

Die vier Typen von PQ ergeben sich dann folgendermaßen:

PQ1 (<,t,P) <=>$_{df}$ PQ (<, t, P, 0)

PQ2 (<,t,P) <=>$_{df}$ PQ (<, t, P,¬0)

PQ3 (<,t,P) <=>$_{df}$ ¬PQ (<, t, P, 0)

PQ4 (<,t,P) <=>$_{df}$ ¬PQ (<, t, P,¬0)

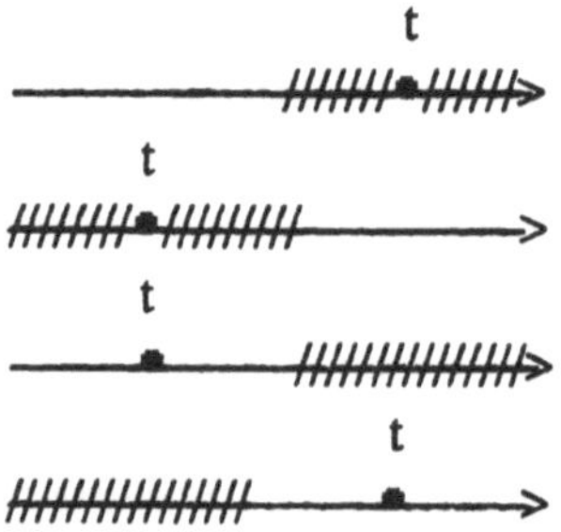

Da der jeweilige Wert von α, der die Anordnung der Phasen auf der Skala bestimmt, Bestandteil der Information des jeweiligen PQ-Typs ist, handelt es sich bei den PQ-Typen 1 - 4 um dreistellige Prädikate, deren Argumente eine Skala, ein Prädikat und dessen Argument sind.

Die Abbildungen neben den Definitionen sollen die unterschiedlichen Kombinationen der Komponenten noch einmal verdeutlichen: der schraffierte Bereich der Skala stellt die P-Positivphase, der unschraffierte die Negativphase dar. Das relevante Intervall legt für die PQ1 und PQ3 einen Wechsel von ¬P zu P fest, für PQ2 und PQ4 von P zu ¬P. Relativ zu dem so festgelegten Skalenintervall findet nun die Bewertung von t in bezug auf das Prädikat P statt. Bei PQ1 und PQ2 gilt P(t), bei PQ3 und PQ4 ¬P(t); dual sind jeweils PQ1 und PQ2 sowie PQ3 und PQ4.

Löbner charakterisiert nun die so festgelegten Typen von PQ anhand ihrer Monotoniemerkmale. Drei Monotonieeigenschaften werden herangezogen: p(Prädikats)-Monotonie, t(Bewertungspunkt)-Monotonie und s(Skalen)-Monotonie.

Die Monotonieeigenschaften ergeben sich aus den an der Phasenquantifikation beteiligten Komponenten. Die p-Monotonie korrespondiert mit dem Wert von P(t): ein Quantor ist aufwärtsmonoton (mon↑), wenn er, sofern er mit einem Prädikat p eine wahre Aussage ergibt, auch mit allen von p implizierten Prädikaten p', also den Abschwächungen von p, eine wahre Aussage ergibt; er ist abwärtsmonoton (mon↓), wenn dasselbe für die Spezifizierungen des Prädikats gilt, d.h. wenn p p' impliziert, dann impliziert q(p') auch q(p). Die p-Monotonie hängt mit der Faktitivität der PQ zusammen: da PQ1 und PQ2 faktitiv sind, implizieren sie die von ihnen eingebettete Aussage p(t) und damit auch alle Abschwächungen p'(t). PQ3 und PQ4 dagegen negieren das Prädikat: sie sind abwärtsmonoton.

Die t-Monotonie betrifft das Verhältnis des Bewertungspunkts zum Phasenwechsel. Bei den PQ1 und PQ4 liegt der Bewertungspunkt hinter dem Phasenwechsel, bei PQ2 und PQ3 davor. Unterliegt ein früherer Punkt auf der Skala den PQ1 und PQ4, so auch ein späterer, umgekehrt bei PQ2 und PQ3.

Die s-Monotonie greift auf das für die PQ relevante Betrachtintervall zu: bei den PQ1 und PQ3 liegt die P-positive Phase am Intervallende, bei PQ2 und PQ4 am Intervallanfang. Dementsprechend impliziert p(t) bei PQ1 und PQ3 für jedes t', das auf der Skala hinter t liegt, p(t'); bei PQ2 und PQ4 verhält es sich umgekehrt.

Die Monotonieeigenschaften der vier Typen sind im folgenden aufgeführt.

PQ1:	p-mon↑:	$p \subset p'$	=> PQ1 (<, t, p) -> PQ1 (<, t, p')
	t-mon↑:	t<t'	=> PQ1 (<, t, p) -> PQ1 (<, t', p)
	s-mon↑:	t<t'	=> (pt -> pt')
PQ2:	p-mon↑:	$p \subset p'$	=> PQ2 (<, t, p) -> PQ2 (<, t, p')
	t-mon ↓:	t<t'	=> PQ2 (<, t, p) <- PQ2 (<, t', p)
	s-mon ↓:	t<t'	=> (pt <- pt')

PQ3:	p-mon ↓:	$p \subset p'$	=> PQ3 (<, t, p) <- PQ3 (<, t, p')
	t-mon ↓:	t<t'	=> PQ3 (<, t, p) <- PQ3 (<, t', p)
	s-mon↑:	t<t'	=> (pt -> pt')
PQ4:	p-mon ↓:	$p \subset p'$	=> PQ4 (<, t, p) <- PQ4 (<, t, p')
	t-mon ↑:	t<t'	=> PQ4 (<, t, p) -> PQ4 (<, t', p)
	s-mon ↓:	t<t'	=> (pt <- pt')

5. P[αDir] und Phasenquantoren: Unterschiede und Gemeinsamkeiten

Das Konzept der Phasenquantifikation ist nicht ohne weiteres auf lokale Präpositionen übertragbar, da es durch die zugrundegelegte Skala ein dynamisches Konzept ist, Raum jedoch als topologisch organisiert zu betrachten ist. Die PP[-Dir] lassen sich zwar durchaus als Prädikate auffassen, die den Raum in einen Positiv- und einen Negativbereich aufteilen, die sich daraus ergebenden Bereiche sind aber nicht auf einer Skala anzuordnen. Diese Anordnung in bezug auf eine Skala ergibt sich erst im Zusammenhang mit den direktionalen Präpositionen: hier ist tatsächlich ein Übergang von einer Negativ- in eine Positivphase vorhanden. Das zeigt, daß nicht die Präpositionen selbst als lexikalisierte PQ zu betrachten sind, sondern erst das Hinzukommen der Direktionalität die relevanten Komponenten so kombiniert, daß sich der Effekt der Phasenquantifikation ergibt. Insofern handelt es sich hier um ein abstrakteres Phänomen als bei den von Löbner untersuchten PQ: während dort gezeigt wurde, daß lexikalische Einheiten als PQ zu betrachten sind, geben die P[+dir] Anlaß zu der Vermutung, daß das Prinzip der Phasenquantifikation auch auftritt, wenn eine zugrundeliegende statische Konstellation dynamisch zu interpretieren ist. Dies scheint mir nicht verwunderlich, wenn man, wie oben angedeutet, die Phasenquantifikation als ein kognitives Konzept zur Verarbeitung dynamischer Sachverhalte betrachtet.

Im folgenden soll zunächst gezeigt werden, welchen PQ-Typen die P[+Dir] zugeordnet werden können, und darauf aufbauend, wie die Komponenten der Phasenquantifikation in Lokalisierungsausdrücke integriert sind.

Zunächst ist zu klären, wie die Argumente der PQn im Falle der Lokalisierungsausdrücke zu belegen sind.

Begreift man Zustände als Zutreffensphasen, so läßt sich die Information der P[-dir] relativ zu einer Dimension l als eine Positivphase betrachten. l ist dabei als eine räumliche Dimension zu betrachten, entsprechend wäre bei temporalen Ps l zeitlich zu belegen. Die gemeinsame Information der P[-Dir] wäre dementsprechend wie folgt darzustellen:[1]

A ————//////////———— l = räumlich

Am leichtesten ist diese Abstraktion im Falle von in und außerhalb nachzuvollziehen, da durch eine PP wie im Zimmer eine festgelegte räumliche Region gegen einen Außenbereich abgegrenzt wird. Während bei x ist im Zimmer eine Lokalisierung in dem durch Zimmer festgelegten Innenbereich vorgenommen wird, bewirkt x ist außerhalb des Zimmers eine Lokalisierung in dem von Zimmer festgelegten Außenbereich. vor, hinter, auf, unter etc. unterliegen weiteren komplexen Bedingungen, da sie aber ebenfalls eine Positivregion auszeichnen, kann man erneut den 'Rest' als Negativphase betrachten. Die Überprüfung der Monotoniemerkmale soll aber anhand der Präpositionen in und aus und ihren statischen Gegenstücken durchgeführt werden, da diese das einfachste räumliche Konzept (Inklusion) darstellen und mit außerhalb eine Möglichkeit besteht, auf den gesamten Negativbereich zu referieren.[2]

Im Falle von in und außerhalb ist also der schraffierte Bereich P als Inklusion in bezug auf das Referenzobjekt des Lokalisierungsausdrucks zu betrachten. Die Inklusion liegt damit als Prädikat P der Dualitätsgruppe um in zugrunde. Im Fall von in[-Dir] stimmen der Positivbereich der Präposition und der von P überein, im Fall von außerhalb ist der Positivbereich der Präposition der Negativbereich der Inklusion. Ich werde die Inklusion in der Präpositionsbedeutung weiterhin mit IN repräsentieren, ihr Komplement, das Bestandteil der Ps aus und außerhalb ist, mit AUS. ($Lx \subset$ IN Ly) ist also zu interpretieren als: x ist lokalisiert (eingeschlossen) im Innenbereich von y; ($Lx \subset$ AUS Ly) ist zu lesen als x ist lokalisiert im Außenbereich von y. In der Bedeutung der P[+Dir] wird zu dem Schema A noch die Information des Wechsels hinzugefügt, in das Haus enthält dementsprechend auch die Information über einen Vorzustand außerhalb des Hauses. In aus dem Haus beinhaltet aus parallel zu in[+Dir] einen Übergang vom Positivbereich des Hauses in den Negativbereich.

---

[1] Das in A dargestellte Schema ist nichts anderes als die Reduzierung der allgemein üblichen zweidimensionalen Darstellung von Regionen auf eine eindimensionale.

[2] Bei anderen Antonymenpaaren, wie z.B. vor - hinter ist das nicht ohne weiteres möglich: hinter y bezeichnet nur dann den Negativbereich von vor y, wenn man die Situation auf eine Dimension beschränkt, andernfalls kann nicht-vor auch neben, über etc. umfassen.

5.1 Monotonieeigenschaften

Bei der Überprüfung der Monotonieeigenschaften ist das Prädikat p als die Information der 'positiven' PP[-Dir] anzusetzen, die PQn sind nicht als lexikalische Quantoren, sondern als abstrakte semantische Primitive zu betrachten. Als Skala kann ein Weg angenommen werden, durch dessen Abschreitung man von einer Prädikatsphase in die andere gelangt. Diese Belegung der Komponenten wird später motiviert.

Die Überprüfung der p-Monotonie ist relativ unproblematisch:

p-mon↑: p -> p' => PQn(<, t, p) -> PQn (<, t, p') für PQ1,PQ2

p-mon↓: p -> p' => PQn(<, t, p) <- PQn (<, t, p') für PQ3,PQ4

Setzt man für p Zimmer an, für p' Haus, so ergibt sich:

in[+dir] ist p-mon↑: Um ins Zimmer gegangen zu sein, muß man auch ins Haus gegangen sein.[1]

aus ist p-mon↓: aus dem Haus gegangen zu sein bedeutet, zuvor das Zimmer verlassen zu haben.

Die p-Monotonie engt die Typenzuweisung für in[+Dir] auf PQ1 und PQ2 ein, für aus auf PQ3 und PQ4.

Die t-Monotonie betraf die Lage des Bewertungspunkts auf der Skala relativ zum Phasenwechsel.

t-mon↑: t<t' => PQn (<, t, p) -> PQn (<, t', p) für PQ1, PQ4

t-mon↓: t<t' => PQn (<, t, p) <- PQn (<, t', p) für PQ2, PQ3

Für die P[+Dir] ergibt sich ein eindeutiges Ergebnis: ins Haus: 

Setzt man als Bewertungspunkt t im Flur und als t' im Zimmer an, so zeigt sich, daß in[+Dir] t-mon↑ ist: wenn zu dem dem Ausgangspunkt näheren Punkt t ins Haus(gegangen) schon gilt, dann auch zu dem späteren t':

[1] Daß dieser Zusammenhang nur unter gewissen Voraussetzungen gilt, nämlich wenn man davon ausgeht, daß der Weg in einem Stück zurückgelegt wird, ist ein Seiteneffekt der komplizierten Belegung der PQ-Komponente in Lokalisierungsausdrücken. Der Effekt ist darin begründet, daß die Skala der Präposition nicht inhärent ist, sondern von außen dazukommt. Dementsprechend müssen Bedingungen, die die Skala betreffen, (z.B. Kontinuität in bezug auf das Prädikat) von den Komponenten erfüllt werden, die sie bereitstellen; in diesem Fall von dem Verb.

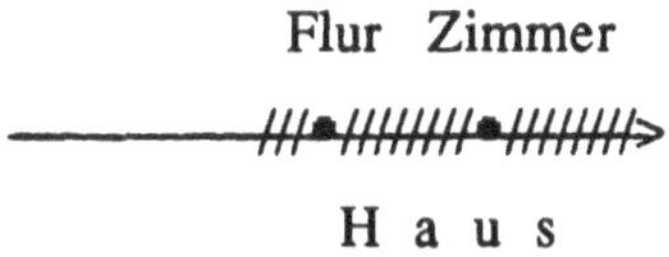

Im Fall von aus muß man eine Situation betrachten, in der der Bereich Haus verlassen wird: t sei Garten, t' Straße. Es zeigt sich, daß auch aus t-mon↑ ist: Hat man in der Garten-Region das Haus schon verlassen, dann auch wenn man auf der Straße angelangt ist.

Die s-Monotonie bezieht den Phasenquantor nicht mit ein, hier geht es nur um die Anordnung der p-positiven und der p-negativen Phase auf der Skala.

in[+Dir] ist s-mon↑, d.h. fällt ein Bewertungspunkt in die p-Positivphase, dann auch alle auf der Skala später angeordneten. Da hier der Wechsel von einer ¬p-Phase in eine p-Phase erfolgt, kann es keinen späteren Punkt auf der Skala mehr geben, der in eine ¬p-Phase fällt.

Bei aus findet ein Wechsel von der p-positiven Phase in die p-negative statt: wenn zu einem auf der Skala späteren Punkt t' p noch gilt, so muß es auch für einen früheren Punkt t gelten.

Damit lassen sich die P[+Dir] eindeutig klassifizieren:

in[+Dir]:	p-mon↑, t-mon↑, s-mon↑	PQ1	
aus:	p-mon↓, t-mon↑, s-mon↓	PQ4	

Folgendes läßt sich somit über den Zusammenhang von P[αdir] und Phasenquantoren sagen:

Die P[-Dir] stellen zwar ein Prädikat bereit und einen darauf bezogenen Bewertungspunkt, jedoch keine Skala, so daß sie nicht unter das PQ-Konzept fallen. Trotzdem stellen das Viererschema und die Negativprädikate einen Zusammenhang zur Phasenquantifikation her, da sie auf ein Dualitätsschema hinweisen.

Löbner zeigt, daß die Typen PQ1 - PQ4 eine Hierarchie bilden, nicht nur in bezug auf ihre Komplexität, sondern auch in bezug auf die lexikalisierten Formen. In jeder Dualitätsgruppe sind die Typen 1 und 2 lexikalisiert, Typ 3 seltener und Typ 4 kaum. Ebenso sind die Typen 1 und 2 häufig durch einfachere Ausdrücke repräsentiert als Typ 3 und 4.

Die Einordnung der P[+Dir] in dieses Schema spiegelt diese Beobachtung nicht wieder. Die direktionalen Ps in und aus sind Belegungen für Typ 1 und Typ 4, was für lexikalische Phasenquatoren ungewöhnlich ist.

Löst man sich aber von der Beschränkung auf lexikalische PQ, indem man nicht die gesamte Präposition, sondern lediglich die Komponente, die Auslöser der Direktionalität ist, als PQ betrachtet, so ergibt sich die Typzuweisung dadurch, daß die von den P[αDir] bereitgestellten Prädikate im einen Fall positiv und im anderen negativ sind. Die Typzuweisung ist ein Effekt der Kombination.

Die Übertragung des Konzepts der Phasenquantifikation auf die lokalen Präpositionen stellt damit eine Abstraktion aus den von Löbner (1988) aufgezeigten Phänomenen dar: hier ist nicht eine lexikalische Einheit als PQ zu betrachten, die Komponenten ergeben sich erst im komplexen Ausdruck. Das zugrundeliegende Prinzip bleibt jedoch das gleiche, auch wenn es sich auf einer höheren Ebene in der Komposition ergibt.

Bevor ich darauf eingehe, wie eine semantische Repräsentation der P[+Dir] auf der Basis von PQ aussehen könnte, möchte ich noch zeigen, daß sie tatsächlich Dualitätsgruppen bilden, da hier die Gemeinsamkeit der PQ liegt.

5.2 Dualität der P[+Dir]

Ich werde zunächst erneut die Gruppe um in betrachten. Der Kandidat für einen Phasenquantor innerhalb der Präpositionen ist der Auslöser der Direktionalität, die wiederum als Zustandswechsel zu interpretieren ist. Um die Anwendung innerer und äußerer Negation deutlich zu machen, ist es deshalb nötig, Lokalisierungsausdrücke zu verwenden, die diesen Wechsel explizit machen.

(14) Er wandert in das Gebirge.
(15) Er wandert nicht aus dem Gebirge (heraus).
(16) Er wandert nicht in das Gebirge.
(17) Er wandert aus dem Gebirge (heraus).

Eine Wanderung stellt die Abschreitung eines Weges dar, die Bergregion entspricht der Positivphase in bezug auf die in (14) und (17) ein Wechsel erfolgt, in (15) und (16) dagegen nicht.

Die PPs bilden folgendes Dualitätsschema:

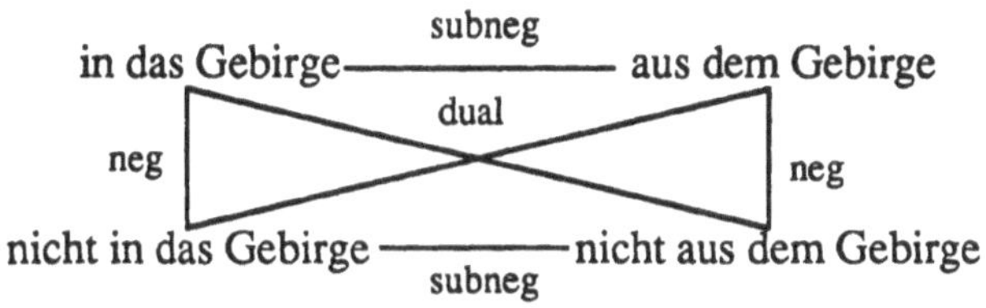

in das Gebirge bildet, wie schon die Monotonieeigenschaften gezeigt haben, den Typ1 der Dualitätsgruppe. Durch Subnegation erhält man Typ4, aus dem Gebirge, da der Bedeutung von aus der Komplementbereich der Inklusion zugrundeliegt und sich so der Effekt der Prädikatsnegation ergibt.

Durch Anwendung der äußeren Negation auf aus dem Gebirge erhält man das Dual von in[+Dir]: nicht aus dem Gebirge, erneute Anwendung der inneren Negation ergibt nicht in das Gebirge, das Dual zu aus. Hier zeigt sich auch, warum die P[-Dir] scheinbar in das Dualitätsschema integriert sind, obwohl sie selbst keinen PQ enthalten: nicht aus dem Gebirge impliziert im Gebirge, da in[-Dir] lediglich die Inklusion beinhaltet, und nicht aus gerade einen Wechsel von der Positivphase (= Inklusion) in die Negativphase verneint. Entsprechendes gilt für nicht in[+Dir] und außerhalb.

Über den Phasenquantor, der für die Direktionalität verantwortlich ist, läßt sich nun folgendes sagen:

Es handelt sich um einen PQ1, dessen Prädikat durch die von der P[-Dir] bereitgestellten Information beliebig gefüllt werden kann. Im Falle von aus, das eine Komplementregion zu in festlegt, ergibt sich dadurch der Effekt eines PQ4; bei anderen Antonymenpaaren wie vor - hinter, unter - über die keine Prädikate bereitstellen, die eindeutig als positiv oder negativ interpretiert werden können, ergibt sich dieser Effekt nur unter bestimmen Bedingungen.

So läßt sich bei vor und hinter kein Prädikat P finden, das wie bei in und außerhalb die Welt in einen Negativ- und einen Positivbereich aufteilt, dies gilt nur, wenn man sie in bezug auf einen linearen Ausschnitt betrachtet. Trotzdem ist keines der beiden als zugrundeliegend anzusehen, da beide in bezug auf ein Referenzobjekt eine Region festlegen. Priorität erhält vor höchstens durch äußere Faktoren, wie die Wahrnehmung des Sprechers in deiktischen Verwendungen, die funktionale Priorität von Objektvorderseiten im intrinsischen Gebrauch.

Dualität ergibt sich bei folgender Situation:

A, B und C gehen in einer Reihe hintereinander. Das Blickfeld von B legt als Positivbereich vor B fest, als Negativbereich hinter B.

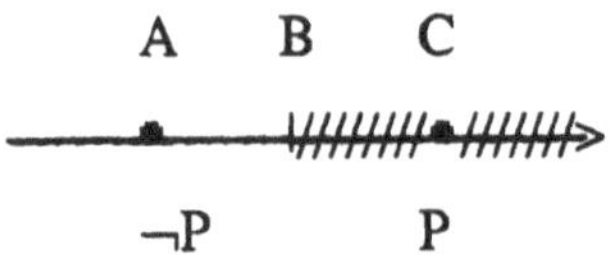

(18)	A geht vor[+Dir] B	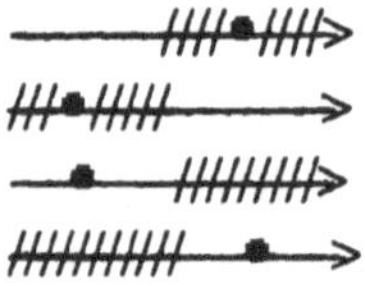	Typ1
(19)	C geht nicht hinter[+Dir] B		Typ2
(20)	A geht nicht vor[+Dir] B		Typ3
(21)	C geht hinter[+Dir] B		Typ4

Unter der Voraussetzung, daß ein linearer Raum gewählt wird und ein Positivprädikat festgelegt wird, bilden vor und hinter eine Dualitätsgruppe, solange die gewählte Perspektive beibehalten wird. Der als Skala interpretierte 'lineare Raum' entspricht der von Lang (1988) angesetzten Betrachterachse obs, die mit der Vertikalen und der Horizontalen die Achsen des Primären Orientierungsraums bildet. Nach Lang enthält die semantische Repräsentation der Richtungspräpositionen (vor, hinter, über, neben etc.) eine Konstante, die die Betrachterachse im Objektschema des Referenzobjekts identifiziert, so daß relativ zu dieser Achse die für die Präposition relevante Region bestimmt werden kann. Nimmt man keine Reduzierung auf solche Achsen vor, so wird das Prädikat jeder Region als Positivphase interpretiert und sowohl vor[+Dir] als auch hinter[+Dir] sind als PQ1 zu klassifizieren.

Ich glaube deutlich gemacht zu haben, daß die Direktionalität der untersuchten Präpositionen als ein Effekt der Phasenquantifikation zu betrachten ist und werde nun eine Repräsentation vorschlagen, die einen PQ in die P[+Dir] integriert.

6. Repräsentation der P[αdir]

In meiner Kritik an Bierwischs Analyse der P[αDir] habe ich versucht 1. gegen ein statisches Wegkonzept zu argumentieren und 2. zu zeigen, daß Direktionalität (in dem eingeschränkten Sinn wie sie für die P[αDir] relevant ist) nicht über Wege zu erfassen ist (vgl. KPV). Ich habe versucht zu zeigen, daß der eigentlich relevante Punkt lediglich in dem Wechsel von einer (Prädikations-) Phase in eine andere zu sehen ist. Da dieser Wechsel (sofern man nicht von einem statischen Wegkonzept ausgehen will) sowohl zeitlich (bei den Bewegungsverben) als auch räumlich (bei attributiven PP[+Dir]) fundiert sein kann, scheint es sinnvoll, den relevanten Operator nicht in bezug auf die Dimension, über die er definiert ist, festzulegen.

Parallel zu BECOME wäre CHANGE zu definieren als

(C) CHANGE ($\neg Z_i$, Z_j), wobei $i<j$ und $i,j \in D$

Da D die für den Wechsel relevante Dimension ist, müssen die Elemente von D linear geordnet sein. Durch diese Ordnung ergibt sich neben der (Ein-)Dimensionalität eine Richtung, in bezug auf die der Wechsel stattfindet.

Wie D und damit i und j zu spezifizieren sind, ergibt sich aus dem Satzkontext. Ich nehme an, daß (C) die konzeptuelle Repräsentation von CHANGE darstellt, so daß die Variablen konzeptuell aufgefüllt werden durch entsprechende Informationen der am Lokalisierungsausdruck beteiligten Elemente. Das heißt also, damit ein direktionaler Lokalisierungsausdruck akzeptabel ist, müssen entsprechende Informationen bereitstehen, die mit dem von der P[+Dir] gelieferten Operator verträglich sind.

Betrachtet man die Komponenten, über die CHANGE definiert ist, so ergibt sich die Parallele zur Phasenquantifikation. Mit CHANGE(D, x, P) ergeben sich folgende Repräsentationen für in/aus[αDir]:

(22) in[-Dir] ^y^x[Lx ⊂ IN Ly]
(23) außerhalb ^y^x[Lx ⊂ AUS Ly]
(24) in[+Dir] ^y^x[CHANGE (D, x, ^z(Lz ⊂ IN Ly))]
(25) aus ^y^x[CHANGE (D, x, ^z(Lz ⊂ AUS Ly))]

Eine verallgemeinerte Repräsentation für alle P[+Dir] muß also folgendermaßen aufgebaut sein:

Der Operator CHANGE ist als semantisch dreistellig anzusetzen, er bettet als ein Argument die Repräsentation der P[-Dir] ein und korrespondiert somit mit dem morphologischen Merkmal [+Dir]. Die beiden anderen Argumente sind gegeben durch die Dimension D, relativ zu der ein Wechsel stattfindet, sowie das externe Argument der Präposition x, das dem Wechsel unterliegt.

Damit sind die Präpositionen ausreichend spezifiziert:

(26) ^y ^x [CHANGE (D, x, ^z(Lz ⊂ U_l y))]

Der Index l soll verdeutlichen, daß es sich um lokale Nachbarschaftsregionen handelt, parallel dazu wäre die temporale P[+Dir] in zu repräsentieren als:

(27) ^y ^x [CHANGE (D, x, ^z(Tz ⊂ U_t y))]

Hier ist x als zeitlich lokalisierbares Ereignis zu betrachten (Tanz in den Mai), sowohl l als auch D sind als Zeitskala zu betrachten.

7. Interpretation der P[+Dir] in verschiedenen Kontexten

Um zu verdeutlichen, wie nun die Interpretation der P[+dir] im Kontext zustande kommt, möchte ich einige Beispiele von unterschiedlichen Verwendungsmöglichkeiten aufführen.

Die konzeptuell zu ergänzende Information des CHANGE-Operators in bezug auf D wurde oben als eine gerichtete Dimension bezeichnet.

Bei PP[+Dir] als Argumente von Bewegungsverben (BV) scheint es mir sinnvoll, davon auszugehen, daß das Verb diese Information bereitstellt. Nach unseren Vorstellungen enthalten BV eine Komponente MOVE, die provisorisch als eine stetige Funktion von der Zeitskala in den Raum betrachtet werden kann, w: T -> R. (Wieweit man wirklich davon ausgehen kann, daß MOVE als semantisches Primitiv zu betrachten ist, soll hier offen bleiben.) Unter Zuhilfenahme weiterer Bedingungen (vgl. Löbner 1988, 143/4) kann man, da die Zeit linear und gerichtet ist, dem so gewonnenen Weg ebenfalls diese Eigenschaften zuweisen, so daß er damit die Anforderungen an D erfüllt.

Er geht in den Wald:

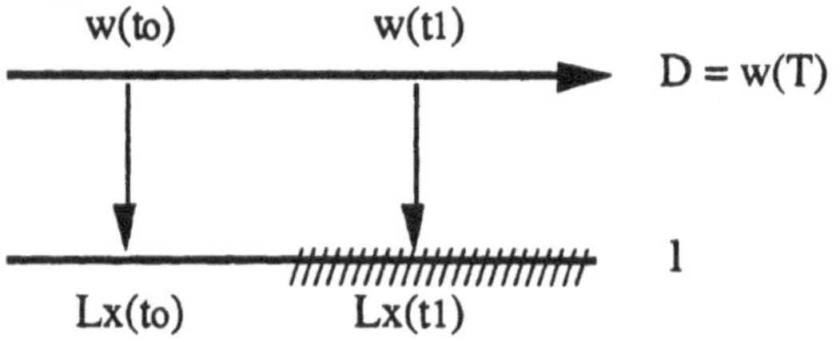

Der Parameter D der semantischen Repräsentation wird mit Hilfe der Information des komplexen Lokalisierungsausdrucks auf der konzeptuellen Ebene spezifiziert: durch die von MOVE bereitgestellte Abbildung steht eine räumliche Skala zur Verfügung, relativ zu der der Wechsel stattfinden kann. Der Wertebereich der durch MOVE bereitgestellten Funktion w wird übertragen auf die durch die PP bereitgestellte räumliche Konfiguration, zwischen dem Beginn der Bewegung zu t_0 und dem Ende der Bewegung zu t_1 findet ein Wechsel von der Negativ- in die Positivphase statt. Die Interpretation der so zustandegekommenen Struktur geschieht parallel zu der anfangs dargestellten Analyse mit BECOME.

Interessanter sind die attributiven Verwendungen der PP[+Dir], an denen die Analyse mit BECOME gescheitert ist. Hier muß das lokalisierte Objekt (LO) die relevanten Eigenschaften zur Verfügung stellen.

Daß die Forderung nach einer maximalen Ausdehnung nicht ausreicht, sondern Gerichtetheit zusätzlich eine Rolle spielt, zeigen die folgenden Beispiele (Die Akzeptabilitätsurteile stammen von 10 Studenten).

(28) a. die Straße in den Wald
b. die Leitung in den Garten
c. die Leiter in die obere Etage
d. der Bach ins Aosta-Tal

(29) a. ?der Schlauch in den Garten
b. ?die Schlange vor das Haus

(30) a. ?? der Teppich ins Wohnzimmer
b. ?? die Stange auf den Balkon
c. ?? die Schneise auf den Berg

(31) a. * der Stein auf den Berg
b.* der Wald auf den Berg

Zusätzlich zu der nötigen Gestalt, die in den Objektschemata, die mit den Repräsentationen assoziiert sind, charakterisiert ist, muß das LO eine Gerichtetheit enthalten, oder zumindestens zulassen (d.h. sie muß funktional erschließbar sein). Leitung und Bach können als Objekte mit inhärentem Anfang und Ende betrachtet werden (Anschluß/Quelle bzw. Hahn/Mündung), diese Information ist zumindest konzeptuell zugänglich, möglicherweise sogar semantisch angelegt. Wege und Leitern stellen derartige Information nicht bereit, hier ist eher eine funktionale Gerichtetheit, vermittelt über die Begehbarkeit der Objekte anzunehmen.

In diesem Zusammenhang sind auch Konstruktionen wie die Tür ins Haus, das Fenster in den Hof, das Visum in die USA interessant: hier stellt das LO auch die erforderliche Dimension nicht mehr bereit (nicht die Tür wird im Haus lokalisiert), sondern nur noch eine Komponente 'Zugang zu'; lokalisiert wird eine 'Zugänglichkeitssituation'. Die Lokalisierung komplexer Situationen findet auch in Fällen wie der Schuß ins Tor statt, Schuß ist hier ein Situationsnomen, das die relevanten Eigenschaften Anfang (Schütze), Weg, Ziel noch mitträgt.

Die Beispiele unter (29) scheinen nicht mehr so leicht mit einer Richtung in Zusammenhang gebracht werden zu können: obwohl ein Schlauch, sofern er angeschlossen ist, durchaus wie Leitung interpretiert werden könnte, scheint diese Deutung nicht naheliegend zu sein. Das gleiche gilt für Schlange, wo eine Richtung lediglich durch den Ort, an dem angestanden wird, gefunden werden könnte.

Bei Teppich, Stange und Schneise scheint überhaupt keine Richtung mehr möglich zu sein, trotzdem werden diese Beispiele noch besser bewertet als die in (31), wo auch die Gestaltanforderungen nicht erfüllt sind.

Als Fazit läßt sich hier also zusammenfassen, daß eine attributive Verwendung der PP[+Dir] dann möglich ist, wenn

1. a) das OS eine Maximale bereitstellt, die als Dimension für CHANGE dienen kann, bzw.
   b) bei Situationsnomen, es sich um eine Bewegungssituation handelt;
2. dem Objekt eine Richtung entweder inhärent oder aber funktional erschließbar ist, wobei die erschließbare Gerichtetheit im allgemeinen durch 'Zugänglichkeit' charakterisierbar zu sein scheint.

Daraus, daß das Objekt selbst die Dimension darstellt, in bezug auf die der Wechsel stattfindet, folgt, daß nicht mehr das gesamte Objekt in der von der PP bezeichneten Region lokalisiert werden kann: Über eine konzeptuelle Verschiebung wird die Prädikatskomponente (Lx ⊂ Uy) als (L(Teil-von-x) ⊂ Uy) interpretiert.

Die Leitung in den Garten:

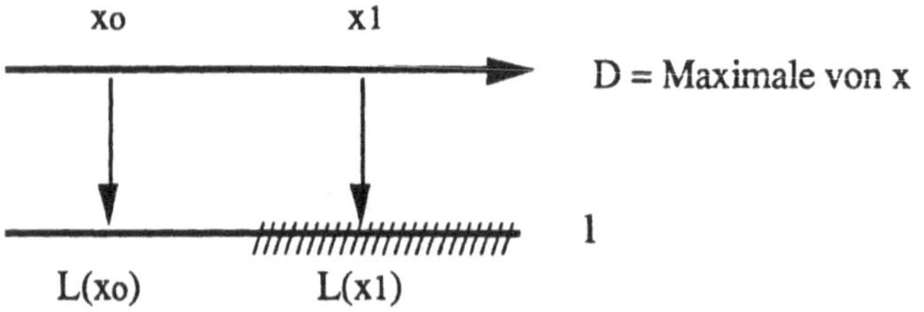

Im Gegensatz zu den Bewegungsverben stellen kausative Positionsverben (KPV) keine räumliche Skala zur Verfügung, da sie keine Komponente MOVE enthalten. KPV enthalten lediglich ein zweistelliges Prädikat CAUSE, dessen erstes Argument das Individuum ist, das die Handlung verursacht, und dessen zweites Argument die Proposition ist, die dem korrespondieren Positionsverb entspricht.

Die relevante Skala ergibt sich aus der durch das Verb eingeführten Ereignisstruktur: Das Lokalisierungsereignis, das KPV beschreiben, beinhaltet die Überführung eines Objekts in einen Lokalisierungszustand, der vorher nicht geherrscht hat. Das komplexe Ereignis beinhaltet dementsprechend einen Vorzustand, in dem sich das Objekt noch nicht an dem relevanten Ort befindet, und einen resultierenden Zustand, in dem es lokalisiert ist. Durch die beiden Zustände erhält man eine zweiphasige Skala, die ausreicht, um den für die direktionalen Präpositionen relevanten Phasenwechsel bereitzustellen.

Er stellt die Flasche auf den Tisch:

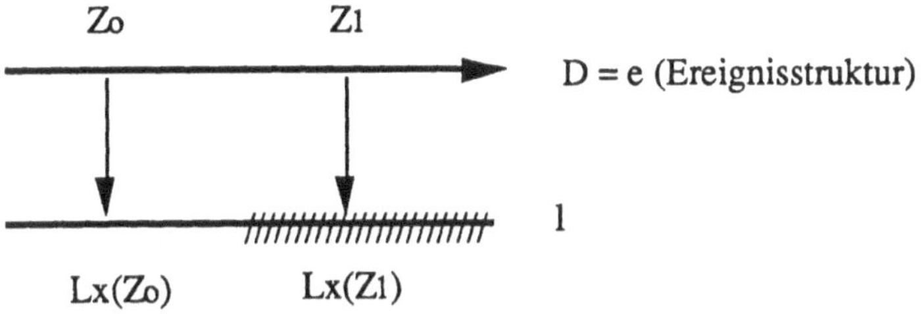

Ein wesentlich beschränkteres Verwendungsgebiet der P[+Dir] ist die Kombination mit Positionsverben.

Im Gegensatz zu den Bewegungsverben erlaubt der überwiegende Teil der Positionsverben nur die Kombination mit P[-Dir]. Es sind jedoch Fälle von Umweginterpretationen möglich, in denen P[+Dir] verwendet werden können, sie werden parallel zu den attributiven PP[+Dir] Konstruktionen interpretiert.

(32) Der Teppich liegt ins Wohnzimmer

(33) Die Schlange steht vor das Haus[1]

Umweginterpretationen kommen zustande, wenn ein kompositionaler Aufbau nicht möglich ist, über Rückgriff auf konzeptuelle Information aber trotzdem eine Interpretation gefunden werden kann. Da Positionsverben PP[+Dir] nicht subkategorisieren, kann eine kompositionale Interpretation nicht möglich sein. Stellt der jeweilige Ausdruck die notwendigen Komponenten jedoch bereit, so kann eine Interpretation gefunden werden.

Auffallend ist, daß die in liegen enthaltene Information über die Gestalteigenschaften des LO dazu führen, daß Umweginterpretationen mit liegen eher akzeptabel sind als solche mit stehen oder sitzen: da das Argument von liegen schon die relevante Bedingung der Maximalen in der Horizontalen (bzw. parallel zu D) enthält, ist eine der Forderungen schon erfüllt, lediglich die Perspektive ist zu ergänzen. hängen, das generell auch als Positionsverb zu betrachten ist, enthält auch die Perspektive selbst: von oben nach unten; dementsprechend sind Kombinationen, bei denen eine Beziehung zwischen LO und RO relativ zur Vertikalen (nach unten, versteht sich) hergestellt wird, problemlos möglich.

(34) Der Vorhang hängt in die Badewanne

Problematisch sind dagegen Kombinationen, bei denen die Vertikale nicht betroffen ist:

---

[1] Auffällig ist, daß diese Konstruktionen viel von ihrer Fragwürdigkeit verlieren, wenn man sie mit bis kombiniert: auch bis beinhaltet eine lineare Dimension und eine Richtung.

(35) ? Der Vorhang hängt an den Tisch

Interessant ist, daß im Falle von Umweginterpretationen auch Objekte, die in attributiven PP[+Dir] Konstruktionen nicht möglich sind, auftreten können (vgl. (32)). Zu erklären ist diese Abweichung dadurch, daß durch die Einführung des Verbs die PP nicht als unabhängige Charakterisierung des Objekts verstanden wird, sondern als eine situationsspezifische räumliche Beschreibung, die auch eine Betrachterperspektive erlaubt. Durch die Perspektive des Betrachters ergibt sich die Gerichtetheit aus dem Kontext, sie muß nicht vom Objekt bereitgestellt werden.

8. Problemfälle: Direktionale Positionsverben

Abschließend möchte ich noch auf einige Positionsverben hinweisen, die anders als die soeben angesprochenen immer eine direktionale PP subkategorisieren. Dabei handelt es sich um Verben wie reichen und ragen, die nur direktional interpretierbar sind. Nimmt man an, daß hier die Gerichtetheit schon im Verb enthalten ist, so wirft das Probleme auf, wenn man die Analyse der BV mit MOVE betrachtet: Obwohl MOVE zunächst nicht als gerichtet interpretiert werden soll, wird die Information der Richtung aus MOVE gewonnen. Für die statischen Verben muß dann ebenfalls von einer Richtung ausgegangen werden, die aber a) unabhängig von Bewegug und b) "permanent vorhanden" ist, d.h. nicht erst durch die Kombination mit der PP ergibt sich die Interpretation der VP als direktional, sondern das Verb ist immer direktional. Nimmt man an, daß die Information der Gerichtetheit erst durch die subkategorisierte direktionale PP dazutritt, ließen sich diese Verben parallel zu den übrigen PV repräsentieren:

liegen: ^P ^x (Px : LIEGx)
|
[-Dir]

ragen: ^P ^x (Px : RAGx)
|
[+Dir]

Da ragen nur Objekte mit einer eindeutigen Maximalen zuläßt, scheint diese Lösung durchaus möglich. Trotzdem bleibt zu klären, wie genau die Gerichtetheit des Objekts zustandekommen soll.

9. Fazit

Die hier vorgestellte Analyse der P[αDir] stellt den Versuch dar, das in Löbner (1988) ausgeführte Konzept der Phasenquantifikation auf lokale Präpositionen zu übertragen, um das Phänomen der Direktionalität bei den P[Akk] auf ein allgemeines Prinzip zurückzuführen, das es erlaubt, die Lokalisierungsinformation der P[Dat] und P[Akk] konstant zu halten.

Direktionalität reduziert sich damit auf die Information eines stattfindenden Wechsels, durch den sich die für Phasenquantoren typische Konstellation ergibt.

Diese Arbeit ist als ein erster Vorschlag zu betrachten, wie in diesem Rahmen die P[αdir] interpretiert werden könnten. Vielleicht ist es sogar möglich, auf CHANGE als semantische Komponente ganz zu verzichten, wenn klarer ist, wie die Information des Verbs (bzw. der NP) bei der Komposition mit ihrer Argument-PP interagiert. In diesem Fall könnte man davon ausgehen, daß die Komposition direktionaler Lokalisierungsausdrücke dem allgemeinen Prinzip der Phasenquantifikation folgt, ohne daß ein expliziter Quantor angenommen werden müßte.

Dafür müßte aber zunächst geklärt sein, wie die Kombination mit Argumenten und Modifikatoren genau auszusehen hat, woher die Akkusativ-Rektion der P[+Dir] bestimmt ist und wie die Interaktion von konzeptueller und semantischer Ebene genau anzusetzen ist.

Literatur

Bierwisch, M., 1988. On the Grammar of Local Prepositions. Syntax, Semantik und Lexikon, hg. von M. Bierwisch, W. Motsch, I. Zimmermann. Berlin: Akademie-Verlag (Studia Grammatica 29).

Dowty, D., 1979. Word Meaning and Montague Grammar. Dordrecht: Reidel.

Lang, E., 1988. Zur Semantik von Richtungspräpositionen. Vortrag auf dem Linguistischen Kolloquium Präpositionen, BUGHS Wuppertal, Nov. 1988.

Löbner, S., 1988. Wahr neben Falsch. Quantoren in natürlicher Sprache. Habilitationsschrift Düsseldorf.

Wunderlich, D./ M. Herweg, ersch.. Lokale und Direktionale. Handbuch der Semantik, hg. von A. v. Stechow, D. Wunderlich. Frankfurt: Athenäum.

PRIMÄRER ORIENTIERUNGSRAUM UND INHÄRENTES PROPORTIONS-SCHEMA: INTERAGIERENDE KATEGORISIERUNGSRASTER BEI DER KONZEPTUALISIERUNG RÄUMLICHER OBJEKTE*

Ewald Lang

Einführung

Mit bemerkenswerter Konsistenz verfügen alle Sprachen über eine bestimmte Auswahl von lexikalischen Einheiten, die sich auf räumliche Dimensionen wie Höhe, Länge, Breite, Tiefe, Weite und Dicke beziehen. Obwohl es, vergleicht man etwa Englisch mit Ungarisch oder Japanisch, einige Unterschiede gibt in der Art und Weise, wie eine Sprache lexikalisch den Raum strukturiert, so gilt dennoch, daß das für die Auszeichnung räumlicher Dimensionen zuständige Wortfeld in jedem Falle reichhaltiger und komplexer ist, als es sein müßte, wenn es lediglich dazu dienen sollte, unterscheidbare Etiketten für die drei Achsen eines Cartesischen Koordinatensystems zu liefern. Zweifellos steckt in der sprachlich codierten Dimensionsauszeichnung mehr als nur die Diskrimination räumlicher Koordinaten. Aber was? Und warum? Und woraus ist das weitgehend invariante Muster, das wir quer durch alle Sprachen beobachten, abzuleiten? Eine offensichtliche Quelle für seine Universalität ist die Verankerung im menschlichen Perzeptionsapparat. Es gibt ein beträchtliches Ausmaß an Forschungsarbeiten über räumliche Wahrnehmung, Gestalt- und Mustererkennung, visuelle Diskriminierung etc. zur Untermauerung einer These, die - kurz gefaßt - lautet: **The dimensions languages pick out are just those dimensions the human perceptual apparatus is tuned to pick out** (cf. Clark 1973, Clark & Clark 1977).

Dies ist gewiß richtig, aber es erklärt noch nicht alles. Dimensionsauszeichnung umfaßt offenkundig mehr als perzeptiv basierte Kategorisierung von Achsen, Ebenen, Flächen, Strecken, Abmessungen und Gestalten. Eines der wichtigen Argumente für diese Sicht liegt in der Tatsache, daß Konstanz bezüglich der perzeptiven Merkmale eines bestimmten Objekts keineswegs notwendig auch Konstanz bezüglich der Auszeichnung seiner räumlichen Dimensionen impliziert, und umgekehrt. Betrachten wir dazu, wie ein Brett B mit den Abmessungen a x b x c = 80 x 30 x 3 cm in

* Dies ist die erweiterte deutsche Version eines ursprünglich englisch verfaßten Vortrags, der auf dem Internationalen Theodor-Fechner-Gedenksymposium "Conceptualization of Space", Leipzig Juli 1987, gehalten wurde. Ich danke Kai-Uwe Carstensen und Christopher Habel für nützliche Diskussionen und Angela Bauer für großzügige Hilfe bei der Manuskriptherstellung.

den beiden räumlichen Umgebungen I und II wie in Abb.1 dimensional ausgezeichnet werden kann. In (a) wird das Brett als frei bewegliches Objekt konzipiert, also beziehen sich die ihm zugewiesenen Dimensionsauszeichnungen lang, breit und dick auf seine inhärenten **Gestalteigenschaften**. In (b) jedoch wird dasselbe Objekt B als Teil einer Fensternische konzipiert, also werden ihm **Lageeigenschaften** zugeschrieben, die durch das B umgebende Gesamtobjekt bestimmt sind, d.h. die Breite und Tiefe der Fensternische werden auf das Brett übertragen und ersetzen bzw. spezifizieren dessen inhärente Länge und Breite (die Dicke bleibt davon unberührt).

Abb.1

(a) B ist 80cm lang, 30cm breit, und 3cm dick

(b) B ist 80cm breit, 30cm tief, und 3cm dick

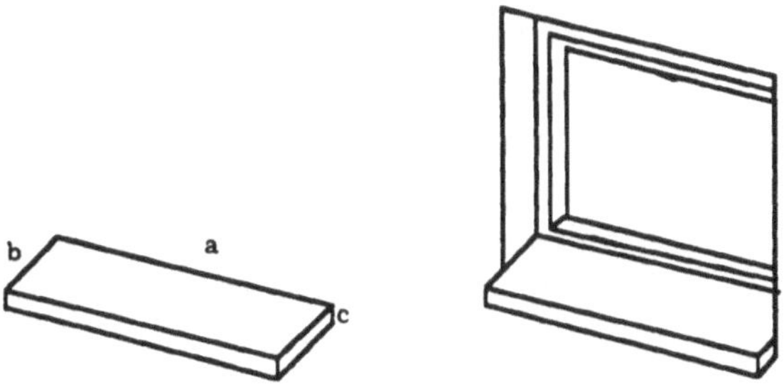

I II

Nun könnte man einwenden, daß das Objekt B in der Umgebung II eben anders wahrgenommen wird als in I, so daß hier möglicherweise gar kein Fall von perzeptiver Objektkonstanz vorliegt. Jedenfalls aber illustriert das Beispiel die für die Dimensionsauszeichnung entscheidende Rolle des situativen räumlichen Kontexts. Der eigentlich wichtige Punkt hier ist, daß das Objekt B in den beiden Umgebungen unterschiedlich **konzeptualisiert** wird. Dabei ist der Umstand, daß B in I und II verschieden spezifisch bezeichnet wird, nämlich Brett (I und II) vs. Fensterbrett (nur II), im Englischen sogar mit einem völlig anderen Wort board (I) vs. window-sill oder window ledge (II), als zusätzlich stützender Befund zu werten.

Betrachten wir jetzt ein Beispiel, das aus der entgegengesetzten Perspektive belegt, daß Dimensionsauszeichnung und perzeptive Merkmale (zumindest partiell) unabhängig voneinander sind. Es gibt z.B. eine Klasse von räumlichen Objekten, die eine inhärent spezifizierte Höhe besitzen, egal welche Form sie haben oder wo sie in einem räumlichen Kontext placiert sind. So weist zum Beispiel ein Buch (oder ein Grabstein, ein Spruchband, ein Etikett etc.) eine inhärent fixierte Höhe und Breite auf, die sich aus der intrinsischen Orientierung seiner Beschriftung ergibt. Freilich kann die Höhe (d.h. die inhärente Oben-Unten-Erstreckung) eines Buches auf ein perzeptives Vertikalitätsmerkmal zurückgeführt werden. Aber dieses - durch unser Schriftsystem und unsere Lesegewohnheiten vermittelte - Merkmal hat seine ursprüngliche Bindung an die Gravitation verloren und ist zu einem definierenden funktions-basierten Bestandteil des Begriffs BUCH geworden. Ähnliches trifft zu auf alle räumlichen Objekte mit intrinsischer Orientierung oder Perspektivierung, d.h. auf Objekte, bei denen perzeptiv basierte Merkmale so in den Bestand der konzeptuellen Objektrepräsentation eingegangen sind, daß sie nicht mehr bloß perzeptive Bedingungen der Objektidentifizierung reflektieren, sondern funktionale Bedingungen des Gebrauchs oder der Zugänglichkeit des betreffenden Objekts.

Solche Beispiele machen wohl hinreichend klar, daß es hier keine direkte kurz geschlossene Verbindung von der Perzeption zur Sprachstruktur gibt. Anders gesagt: die Bedingungen, unter denen perzeptive Merkmale in die Definition sprachlicher Ausdrücke zur Dimensionsauszeichnung eingehen, sind komplexer und weniger direkt als es die oben angeführte perzeptionistische These nahelegt. Klar ist eines: perzeptive Merkmale gehen in die Bedeutung von Dimensionsausdrücken nur via **Konzeptualisierung** ein, d.h. der Zusammenhang zwischen Kategorien der Raumwahrnehmung und sprachlichen Ausdrücken für räumliche Dimensionen ist vermittelt durch eine relativ autonome Ebene der konzeptuellen Struktur, die unser Alltagswissen über den Raum und räumliche Verhältnisse repräsentiert. Es ist dies genau die Art mentaler Repräsentation, auf die die nachfolgend vorgestellte semantische Analyse etwas neues Licht zu werfen sucht.

1. Semantische Analyse: Hintergrundsannahmen

Eine Untersuchung der Bedeutung sprachlicher Ausdrücke, die mehr zu sein beansprucht als bloße Beschreibung intuitiv deutlicher Äquivalenzen und Differenzen, kommt ohne einen gewissen Rahmen aus Annahmen und Prinzipien nicht aus. Da die semantische Struktur lexikalischer Einheiten nur indirekt und hypothetisch zugänglich ist, brauchen wir einen Satz allgemeiner und spezifischer Annahmen, die festlegen, welche Art von Fragen man im Hinblick auf einen bestimmten beobachtbaren Phänomenbereich sinnvoll stellen kann, und wir benötigen einige methodologische Leitlinien, nach denen wir theoretisch signifikante Fakten aus empirisch erhältlichen Daten abstrahieren können. Die der folgenden Analyse zugrunde gelegten allgemeinen Annahmen lassen sich durch drei Schlüsselwörter umreißen:

(1) **Modularität.** Das kognitive Gesamtverhalten des Menschen beruht wesentlich auf Strukturen und Prozessen, die durch die Interaktion relativ autonomer Systeme und Subsysteme (genannt **Module**) bestimmt sind.

Die einer jeden konkreten Verhaltensinstanz V zugrunde liegende Strukturbildung ist das integrierte Produkt relativ autonomer, anforderungsbedingt interagierender Module M_1, M_2 , M_3 ...

(2) **Autonomie.** Jedes Modul M ist definiert durch bestimmte Prinzipien, die eine Menge E von Elementareinheiten und eine Menge R von Regeln determinieren, nach denen die Elemente aus E zu strukturellen Repräsentationen SR kombiniert werden. Ein Modul ist autonom in genau dem Maße, wie E, R und/oder SR **spezifisch** sind für M.

(3) **Interaktion.** Zwei Module M_1 und M_2 interagieren genau dann, wenn - bezogen auf die einer gegebenen Verhalteninstanz V zugrunde liegende Strukturbildung - eine durch M_1 determinierte Repräsentation SR_i Variablen oder Parameter enthält, die durch Einheiten (Werte) einer von M_2 determinierten Repräsentation SR_j belegt (instantiiert) werden, oder *vice versa*. Andernfalls gelten M_1 und M_2 als strukturell unzusammenhängend.

Diese etwas abstrakt klingenden Festlegungen werden sofort verständlich, wenn wir sie mit den spezifischen Begriffsbildungen ausfüllen, die für eine semantische Analyse von Dimensionsausdrücken benötigt werden. Dabei beschränken wir die Datenbasis auf die in (4) vermerkte Gruppe von Dimensionsadjektiven (DA) und ihre Vorkommen in Sätzen der Struktur (5).

(4)	(a)	lang/kurz;	dick/dünn;	breit/schmal
	(b)	hoch/niedrig;	tief/flach	
	(c)	weit/eng;	weit/nah	
	(d)	groß/klein		

(5) *x* ist *m* DA_1 ((und) *n* DA_2 ((und) *o* DA_3))

wobei *x*	= Objektbezeichnung in Subjektposition
m,n,o	= fakultative Maßphrasen
$DA_{1,2,3}$	= distinkte Elemente aus der Liste (4)

Als einschlägige Verhaltensinstanz V wählen wir die **semantische Interpretation**, die einem Satzexemplar *s* aus (5) bezogen auf einen Kontext *ct* zugewiesen wird. Als für die Strukturbildung in diesem Ausschnitt der Kognition zuständige Module nehmen wir folgende Systeme und Subsysteme an:

(i) Das System **G** (= die durch die Grammatik determinierte Sprachkenntnis), das akustische/graphische Muster und konzeptuelle Strukturen aufeinander bezieht mithilfe von Repräsentationen, die durch die Interaktion der Subsysteme der phonologischen, syntaktischen und semantischen Strukturbildung determiniert sind. Hinsichtlich der verschiedenen Komponenten von **G** konzentrieren wir uns auf das System lexikalischen Wissens LEX, das die Menge der (intern komplex strukturierten) Grundausdrücke einer Sprache L spezifiziert. Die Liste in (4) bietet davon eine kleine, aber illustrative Auswahl.

(ii) Das Sytem **C** (= der begrifflich fixierte Gedächtnisbesitz), das aufgrund seiner intermodalen Zugänglichkeit als die zwischen allen anderen kognitiven Subsystemen vermittelnde Repräsentationsebene fungiert. Innerhalb des Systems **C** werden wir provisorisch ein Subsystem $\mathbf{C}_{\mathbf{RAUM}}$ ausgrenzen, das die Struktur des physischen Raums auf mentale Repräsentationen bezieht. $\mathbf{C}_{\mathbf{RAUM}}$ ist somit - hypothetisch - das konzeptuelle Modul, das für die Verarbeitung räumlicher Information, sei sie sensorischer Input oder sprachlich codiert, zuständig ist. Die semantische Analyse der Dimensionsadjektive kann daher als eine Art Guckloch dienen, das uns einen gewissen Einblick in die interne Struktur von $\mathbf{C}_{\mathbf{RAUM}}$ verschafft.

(iii) Das Sytem **P** (= perzeptive Strukturbildung), das ebenfalls diverse Subsysteme umfaßt. Wir interessieren uns hier vornehmlich für das visuelle und seine Interaktion mit dem motorischen und kinästhetischen Subsystem.

Soweit die allgemeinen Grundlagen. Nun noch einige spezifische Angaben zu der hier vertretenen Semantiktheorie. Unter Auslassung zahlreicher technischer Details (cf. dazu Bierwisch 1987a,b; Lang 1987, 1988) kann sie kurz durch folgende Stichwörter charakterisiert werden:

(6) **Kompositionalität.** Die semantische Interpretation eines Satzes *s* setzt sich zusammen aus den Bedeutungen seiner syntaktisch determinierten lexikalischen, phrasalen und satzwertigen Konstituenten. Im Rahmen des hier vorzuführenden Ausschnitts ist dieses Prinzip vor allem wichtig für die Spezifizierung der kontextuellen Beschränkungen, welche die koordinierten DA in einem Satz *s* sich wechselseitig auferlegen.

(7) **Zwei-Ebenen-Modell.** Die semantische Interpretation eines sprachlichen Ausdrucks *s* in einem Kontext *ct* beinhaltet eine Abbildung zwischen zwei separaten autonomen Repräsentationsebenen, nämlich

(a) einer durch das Modul **G** determinierten **semantischen Form** (SF) und
(b) einer durch das Modul **C** determinierten **konzeptuellen Struktur** (CS).

Die Unterscheidung von SF und CS ist einer der hauptsächlichen Differenzpunkte, mit denen sich der hier vertretene Semantikansatz von früheren Analysen absetzt, insonderheit von solchen Arbeiten, die etwa dasselbe lexikalische Material im Rahmen einer semantischen Merkmalsanalyse (*semantic feature analysis*) behandelt haben (cf. Bierwisch 1967; Hlebec 1983; Lafrenz 1983; Lehrer 1974; Lyons 1977 für genuin linguistische Analysen sowie Harris & Morris 1986 und die dort angegebene Literatur zu psycholinguistischen Studien, die die von Bierwisch 1967 vorgeschlagene Merkmalsanalyse als Basis für experimentelle Untersuchungen benutzen).

(8) **Lexikoneintrag eines DA.** Eine lexikalische Einheit W umfaßt oder bündelt in Form eines Eintrags verschiedene Arten struktureller Information, die den Status von W als Element des Subsystems LEX (= Lexikon) und damit seine Beziehungen zu den anderen Subsystemen von G definieren. Neben Angaben zur phonetischen Form und zur syntaktischen Kategorisierung umfaßt der Eintrag für W eine Repräsentation seiner semantischen Form, die die Komponentenstruktur der lexikalischen Bedeutung von W spezifiziert. Die in (4) angegebenen Dimensionsadjektive erfüllen beispielsweise alle im Hinblick auf ihre semantische Form das folgende, hier etwas vereinfachte, Schema :

[[QUANT DIM x] = [v ± c]]

Das semantische Charakteristicum dieser Gruppe von lexikalischen Einheiten ist die wortintern verankerte Kombination von **Graduierung** und **Dimensionsauszeichnung**, für die - in der hier gebotenen Analyse - zwei unabhängige, jedoch interagierende Komponenten QUANT und DIM zuständig sind. QUANT ist ein semantisches Prime für eine Klasse von Skalierungsoperationen, die einem räumlichen Objekt *x* bezüglich einer Dimension *d* einen aus den Werten *v* (= Vergleichswert) und *c* (= Differenzwert) zusammengesetzten Skalenwert zuweist. Letzterer ist hier durch den Platzhalter DIM repräsentiert, eine Variable, die durch ein begrenztes Inventar von Konstanten MAX, SUB, VERT, OBS, DIST ... für die dimensionale Bedeutung der Ausdrücke in (4) belegt wird. Wir kommen in Abschnitt 3 darauf zurück.

Statt des untauglichen Versuchs, die Semantik der Dimensionsauszeichnung hier im Detail nachzeichnen zu wollen (cf. dazu Lang 1987; 1988 a,b,c), werden wir uns hier auf die Diskussion zweier zusammenhängender Fragen beschränken, die auch außerhalb der spezifisch linguistischen Sichtweise von Interesse sein dürften, nämlich:

(9) Wie sind diese Bedeutungskomponenten zu ermitteln und zu begründen ?

(10) Was besagen sie über die Rolle der Raumwahrnehmung in der Konzeptualisierung räumlicher Verhältnisse?

Etwas technischer formuliert heißt das: wie lösen wir die Aufgabe, einen passenden Morphismus der Abbildung zwischen den beiden Repräsentationsebenen SF und CS, wie sie in Abb.2 veranschaulicht sind, zu definieren und zu rechtfertigen?

Abb.2 **Semantische Form der DA als Schnittstelle zwischen sprachlicher und konzeptueller Strukturbildung**

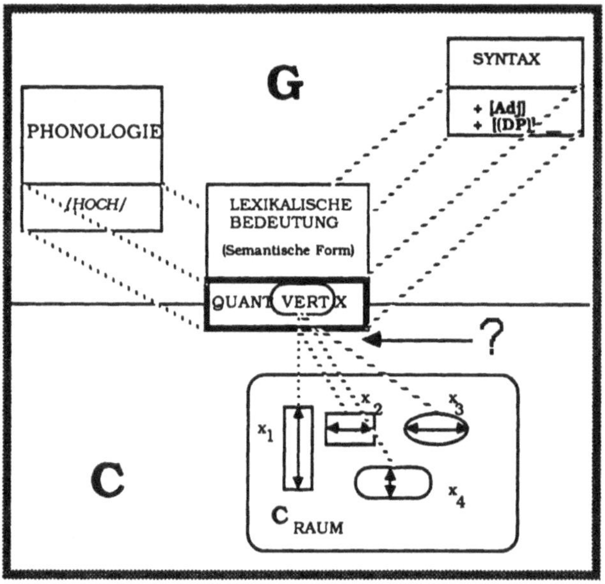

2. Semantische Analyse: Daten und Fakten

Der erste Schritt einer solchen Analyse besteht naturgemäß in der Gewinnung einer empirisch zuverlässigen und aussagekräftigen Datenbasis. Im konkreten Fall geht es um Daten zur Distribution der DA, d.h. man benötigt ein hinreichend klares Bild davon, *welche* Kombination von DA auf *welchen* Typ von räumlichem Objekt anwendbar ist und welche Variationen innerhalb einer zulässigen Kombination möglich sind. Die Daten für die Analyse in Lang 1987, 1988 a, b wurden u.a. durch drei Sorten von Elizitierungstests mit erwachsenen muttersprachlichen Vpn erhoben. Im einzelnen waren dies:

Objekte-Raten. Vpn wurden Sätze wie in der linken Spalte von (11) vorgelegt mit der Bitte, für *x* einen passenden Objektnamen einzusetzen. Die Antworten - vgl. rechte Spalte in (11) - weisen ein bemerkenswert konstantes Muster auf, sowohl für Kombinationen von DA, für die leicht ein passender Objektnamen zu finden ist, wie auch für Kombinationen, für die offenbar keiner zu finden ist. Solche in (11) durch * markierte Kombinationen wurden als Belege für Kompatibilitätsbeschränkungen innerhalb der DA ausgewertet.

(11) **Objekte-Raten** (Beispielauswahl)

x ist lang, breit und hoch	(x = TISCH, TRUHE, ...)
x ist breit, tief und hoch	(x = SCHRANK,TUNNEL,TRUHE)
*x ist breit, dick und tief	(kein Wert für *x* gefunden)
*x ist tief und dick	(kein Wert für *x* gefunden)
x ist hoch und dünn	(x = TURM, BAUM, STANGE)
x ist lang und dünn	(x = STANGE, SEIL, ...)
x ist lang, hoch und dick	(x = MAUER)

Benennung von Objektabmessungen. In einer weiteren Aufgabenserie wurden Vpn Bilder mit einfachen geometrischen Figuren in verschiedenen Positionen vorgelegt. Die Figuren wurden als Darstellungen konkreter physikalischer Objekte, etwa ZIEGELSTEIN, GRABSTEIN etc. deklariert (vgl. den Quader in (12)) und die Vpn wurden gebeten, die durch a,b,c bezeichneten Objektabmessungen durch DA zu benennen. Die Tests wurden mit Muttersprachlern des Deutschen durchgeführt. Bezogen auf die so ermittelten Distributionsbedingungen zeigen jedoch die DA des Deutschen kaum irgendwelche Unterschiede zu ihren englischen oder französischen Äquivalenten.

(12) **Benennung von Objektabmessungen bei quaderförmigen Objekten**

A: Positionen

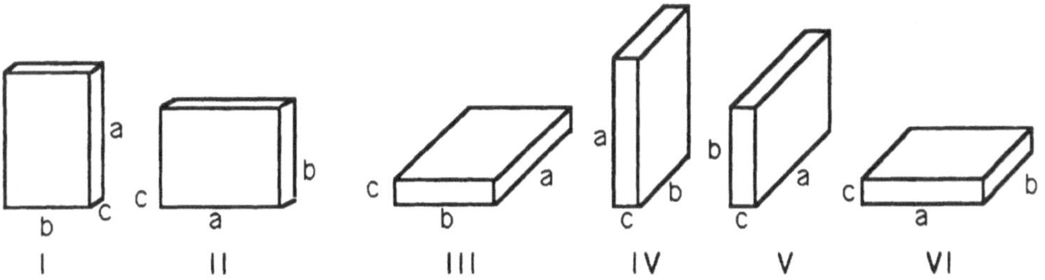

B: Zuweisungen

x		I	II	III	IV	V	VI
Z S	i.	a = lang	a = lang	a = lang	a = lang	a = lang	a = lang
I T		b = breit	b = dick	b = breit	b = breit	b = breit	b = breit
E E		c = dick	c = dick	c = dick	c = dick		
G I							
E N	ii.	a = hoch	a = breit	a = lang	a = hoch	a = lang	a = lang
L		b = breit	b = hoch	b = breit	b = ???	b = hoch	b = breit
–		c = dick	c = dick	c = hoch	c = breit	c = breit	c = hoch

	iii.	a = hoch	a = breit	a = tief	a = hoch	a = tief	a = breit
		b = breit	b = hoch	b = breit	b = tief	b = hoch	b = tief
		c = tief	c = tief	c = hoch	c = breit	c = breit	c = hoch
G S	i.	a = hoch	a = breit	a = hoch/lang	a = hoch	a = tief	a= breit/lang
R T		b = breit	b = hoch	b = breit	b = tief	b = hoch	b = hoch
A E		c = dick	c = dick	c = dick	c = breit	c = breit	c = dick
B I							
– N	ii.			a = lang			a = lang
				b = breit			b = breit
				c = hoch			c = hoch

Die Ergebnisse dieser Tests dienten dazu, eine Klasse von Objekten mit denselben Gestalteigenschaften zu subklassifizieren in Objekte, die eine inhärente, eine kanonische oder keine festgelegte Orientierung/Perspektivierung aufweisen.

Objektpositionierung. In einem dritten Test, einer Art *acting out*-Aufgabe, bekamen die Vpn ein bestimmtes physikalisches Objekt mit festen Abmessungen, z.B. ein BUCH oder einen ZIEGELSTEIN, ausgehändigt und wurden gebeten, das Objekt jeweils entsprechend seiner möglichen Beschreibung durch einen Satz wie in (13) zu positionieren.

(13) Der Ziegelstein ist	24cm	{lang, hoch, breit, tief, *dick}	11cm	{breit, hoch, tief, *lang, *dick}	und 7cm	{dick, hoch, breit, *lang}

Zweck dieses Tests war die Ermittlung von Beschränkungen in der Variation der DA innerhalb einer gegebenen Kombination. Die Ergebnisse erhellen u.a. die Rolle, die das relative Verhältnis der Abmessungen der verschiedenen Objektachsen bei der Dimensionsauszeichnung spielt - man sieht das z.B. an der komplementären Verteilung von lang und dick in (13).

Die aus diesen drei Tests gewonnene Datenbasis erlaubt nun die Formulierung einiger genereller Aussagen über das Distributionsverhalten der DA. Bezogen auf die sechs deutschen DA lang, hoch, breit, weit, tief, dick (alle aus (4) außer groß) gilt:

(14) Aus	20 möglichen	3 -Term -Kombinationen sind es nur		10,
	15	2		9,
	6	1	ist	1,

die als passende Beschreibung der Dimensionen eines räumlichen Objekts *x* interpretierbar sind/ist.

Die diesem Befund zugrunde liegenden Kombinationsbeschränkungen verweisen auf die selektive Rolle der **Dimensionalität,** d.h. die Anzahl der räumlichen Dimensionen des Objekts, auf das ein DA angewandt werden kann. Man erhält letztlich folgende Bedingungen:

(15)	lang	ist anwendbar auf	1D,	2D oder	3D Objekte
	hoch, breit	erfordern ein		2D oder	3D Objekt
	dick, weit, tief	erfordern ein			3D Objekt

Darüber hinaus erlauben die in (14) konstatierten Fakten die Formulierung von **Verträglichkeitsbedingungen** zwischen den DA wie:

(16) dick, tief können nie in einem *s* kombiniert werden
lang, dick können nie dieselbe Objektabmessung bezeichnen
breit, weit können alternativ dieselbe Objektabmessung bezeichnen

Als Ergänzung zu (14) sind sodann **Variationsbeschränkungen** zu vermerken:

(17) Von 78 arithmetisch möglichen Variationen der 20 interpretierbaren Kombinationen von DA sind nur 40 regulär interpretierbar.

Die Variationsbeschränkungen verweisen auf einen zentralen Aspekt der **Objektkategorisierung**. Betrachten wir nur zwei Beispiele:

(18) Die Distribution von hoch unterteilt die 3D Objekte in 3 Objektklassen hinsichtlich
(a) kanonischer Orientierung (TURM, BAUM)
(b) inhärenter Orientierung (BUCH, BILD)
(c) unspezifiziert bzgl. Orientierung (ZIEGELSTEIN, STANGE)

(19) Die Distribution von tief unterteilt die 3D Objekte in 3 Objektklassen hinsichtlich
(a) kanonischer Perspektivierung (FLUSS, GRABEN)
(b) inhärenter Perspektivierung (LOCH, WUNDE)
(c) unspezifiziert bezgl. Perspektivierung (ZIEGELSTEIN, BRETT)

Wenn man nun die in (18) und (19) vermerkten Objektklasseneinteilungen mit den aus (14) und (17) ableitbaren Fakten über die Distribution der DA korreliert, erhält man eine weitere wichtige Unterscheidung. Die Dimensionsauszeichnung eines räumlichen Objekts durch ein DA kann offenbar auf zweierlei Weisen erfolgen, die ihrerseits eine weitere Facette der oben postulierten Unterscheidung von semantischer und konzeptueller Strukturbildung verdeutlichen. Kurz gefaßt gilt Folgendes:

(20) (1) Die Anwendung eines DA auf ein räumliches Objekt *x* erfolgt als **Primäridentifizierung** gdw. die räumlichen Eigenschaften von *x*, auf die

sich lang, dick, hoch ... beziehen, konstitutiv für das Objekt *x* und somit Teil der gedächtnisfixierten konzeptuellen Repräsentation von *x* sind.

(2) Die Auszeichnung einer Objektabmessung durch ein DA erfolgt als **kontextuelle Spezifizierung** gdw. die räumlichen Eigenschaften von *x*, auf die sich hoch, tief, breit ... beziehen, dem Objekt *x* zwar zugewiesen werden können, aber nicht definierende Merkmale von *x* und somit auch nicht Teil der gedächtnisfixierten konzeptuellen Repräsentation von *x* *per se* darstellen, sondern durch den Kontext induziert sind.

Man beachte die aufschlußreiche Kreuzklassifizierung, die sich aus dieser Unterscheidung ergibt. Sie prädiziert, daß z.B. lang und dick, wann immer sie angewandt werden, stets konstitutive Objekteigenschaften identifizieren, während hoch und tief dies nur tun bei Objekten, die eine kanonische oder inhärente Orientierung bzw. Perspektivierung besitzen (vgl. (18,19) oben). Dimensionsauszeichnung als kontextuelle Spezifizierung andererseits beschränkt sich auf die Anwendung von hoch und tief auf Objekte, die unspezifiziert sind bezüglich Orientierung/Perspektivierung. Sätze wie Der Turm ist 20 m hoch oder Das Bild ist 1m hoch exemplifizieren Fälle von Primäridentifizierung, die zugleich einen Ausdruck wie *Der Turm ist 20m lang als inakzeptablen Satz aussortiert und eine passende Interpretation liefert für Das Bild ist 1m lang.

Beispiele für kontextuelle Spezifizierung sind Die Stange ist 20m hoch oder Der Tunnel ist 30m tief. Sie implizieren, daß die vertikale Orientierung der Stange durch ihren Umgebungsbezug (d.h. ihre aufrechte Position) induziert ist bzw. daß die dem Tunnel zugewiesene Tiefendimension sich aus der Perspektive eines Betrachters ergibt. Die so implizierte Präsenz eines (potentiellen oder aktuellen) Betrachters bildet einen weiteren Typ von räumlicher Konfiguration, die als kontextueller Umgebungsbezug eines Objekts *x* wirksam werden kann.

Die in (20) notierte Unterscheidung wird durch die folgenden gültigen (→) bzw. ungültigen (*→) Inferenzen (*entailments*) bestätigt:

(21)	Die Stange ist 20m hoch	→	Die Stange ist 20m lang
	Der Turm ist 20m hoch	*→	Der Turm ist 20m lang
	Der Tunnel ist 30m tief	→	Der Tunnel ist 30m lang
	Der See ist 30m tief	*→	Der See ist 30m lang

Die gültigen Ableitungen beruhen auf der Möglichkeit, die kontextuell induzierten Spezifizierungen von den Objektmerkmalen abzutrennen, ohne die jeweiligen konstitutiven Objekteigenschaften zu verändern.

Fakten wie die in (21) angeführten bilden, auch aus rein theoretischer Sicht, ein weiteres starkes Argument für die oben postulierte Unterscheidung der Repräsentationsebenen SF und CS. Das hier gezeigte Inferenzverhalten kann nicht in der semantischen Form der betreffenden DA verankert werden (man müßte entweder überspezifizierte SF-Repräsentationen oder *n*-fache Polysemie für hoch, tief, breit annehmen, beides sind unhaltbare Lösungen), folglich muß den in (21) illustrierten Entailment-Beziehungen durch Regeln Rechnung getragen werden, die die semantische Form der betreffenden DA passend auf die konzeptuelle Repräsentation der entsprechenden Objekte beziehen. Daneben gibt es eine Reihe weiterer intrikater semantischer Fakten, die das angegebene Zwei-Stufen-Modell unterstützen. Nehmen wir nur das Phänomen der **Antonymie-Gabelung**, d.h. den Befund, daß ein DA wie hoch mehrere, kontextabhängig determinierte Antonyme haben kann. Vgl. die durch ":" in (22) gekennzeichneten Gegensatzpaare:

(22) (a) flach (GEBÄUDE, GRABEN) : hoch (GEBÄUDE), tief (GRABEN)
(b) niedrig (TOPF) : hoch (TOPF), tief (TOPF)
(c) hoch fliegen : tief fliegen, niedrig fliegen

Solche Fakten (und eine Reihe weiterer, auf die ich hier nicht eingehen kann) sind jenseits der Beschreibungs- oder Erklärungskapazität eines auf *semantic feature analysis* beruhenden Modells. In Lang 1987, 1988 a,b wird vorgeführt, wie solche Fakten durch eine entsprechende Abbildung von SF auf CS zu behandeln sind. Zum Abschluß der Aufzählung von Fakten, die eine semantische Theorie der Dimensionsauszeichnung zu erklären hat, will ich hier nur noch auf einige **Typen von Kontextdetermination** hinweisen, die einzeln oder im Verbund bei der Interpretation der DA in Sätzen wie (5) wirksam werden. Betrachten wir den folgenden Satz:

(23) Das Brett ist breit genug, aber zu dünn

Als erstes zu notieren sind die **Selektionsbeschränkungen** zwischen den DA und den Objekten *x*, auf das sie angewandt werden. So ist breit anwendbar auf Objekte wie BRETT, aber nicht auf BALL oder STANGE. Das zeigt, daß es eine kriteriale Eigenschaft räumlicher Objekte ist, ob ihre relevanten Achsen desintegriert sind (wie etwa die Symmetrieachsen des Quaders in (12)) oder integriert (wie die Durchmesser von kreis- und kugelförmigen Objekten). Dick : dünn beziehen sich auf eine desintegrierte Achse bei BRETT, aber auf andere Eigenschaften in der Anwendung auf STANGE, SUPPE, NEBEL.

Ein zweiter aus (23) ablesbarer Typ von Kontextdetermination betrifft die **inhärente Relativität** von breit : schmal . Der springende Punkt hier ist, daß es keine eigenständige räumliche Eigenschaft gibt, bezüglich derer ein Objekt *x* mit breit : schmal auszuzeichnen wäre. Eine Objektabmessung d, auf die sich breit : schmal beziehen kann, ist jeweils bestimmt in Relation zu einer anderen Objektabmessung d´, die ihrerseits auf einem unabhängigen Kriterium fußt. Betrachten wir wie d und d´ in (24) durch den jeweiligen Kontext selegiert werden:

(24) (I) (II) (III)

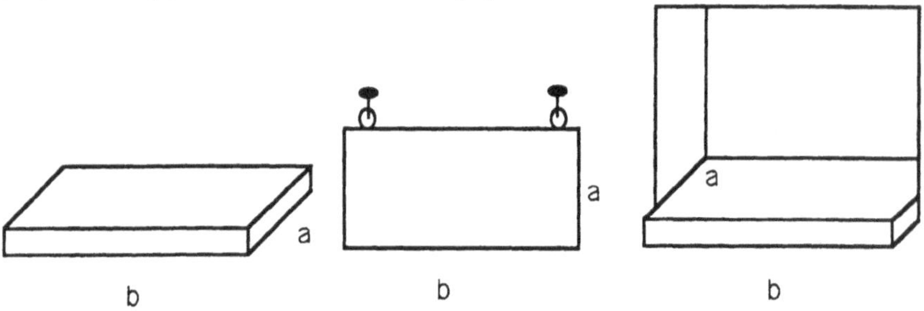

d = a = breit	d = b = breit	d = b = breit
d' = b = lang	d' = a = hoch	d' = a = tief

Kurz gesagt: die durch breit auszeichenbare Objektachse d ergibt sich relativ zu einer anderen Achse d´ des betreffenden Objekts, die unabhängig durch entweder lang oder hoch oder tief identifiziert wird. Es ist somit ein spezifisches Merkmal des DA-Paars breit : schmal, daß es nur nach dem Verfahren der kontextuellen Spezifizierung (cf. (20)(2) oben) zugewiesen werden kann. Zugleich stellt der Befund, daß es kein primäres perzeptives Kriterium für die Zuweisung von breit : schmal gibt, alle bisherigen Analysen, die breit : schmal auf Horizontalität beziehen, deutlich in Zweifel. Auch hier gilt, daß die Besonderheit dieses DA-Paares ein starkes Argument für das Zwei-Stufen-Modell liefert. Dasselbe trifft zu auf den nun zu betrachtenden dritten Typ von Kontextdetermination - die **Interpretationsbeschränkungen**, die sich koordinierte DA in einem Satz wechselseitig auferlegen.

(25) (I) Das Brett ist lang und breit genug, aber zu dünn
(II) Das Brett ist breit und hoch genug, aber zu dünn
(III) Das Brett ist breit und tief genug, aber zu dünn

Man sieht sofort, daß im Hinblick auf die Zuweisung von breit die Sätze in (25)(I-III) genau dieselbe Kontextinformation bereitstellen wie die nicht-sprachlichen räumlichen Konfigurationen in (24)(I-III). Diese Äquivalenz von situativer und sprachlicher Kontextinformation kann nur in Termen von CS-Repräsentationen formuliert werden, nur hier gibt es eine intermodale Verrechnung von Information. Damit macht die partielle Äquivalenz von (24) und (25) an einem klaren Beispiel deutlich, was in Abschnitt 1 oben mit der Charakterisierung von CS als *zwischen den Subsystemen vermittelnde Repräsentation* inhaltlich verbunden ist.

Die in diesem Abschnitt skizzierten Fakten und Argumente legen folgende Konklusionen nahe:

Erstens, jedes DA hat genau eine Repräsentation auf der Ebene SF, aber einen Interpretationsspielraum auf der Ebene CS. Zweitens, dieser Interpretationsspielraum ist determiniert durch das Modul C_{RAUM}, das die Art und Weise bestimmt, wie räumliche Objekte konzeptualisiert werden. Drittens, jedes räumliche Objekt *x* repräsentiert ein bestimmtes Ensemble von perzeptiv basierten und konzeptuell kategorisierten Eigenschaften. Eine Teilmenge dieser Eigenschaften sind als Dimensionen von *x* ausgezeichnet, d.h. als graduierbare Aspekte von *x* , die relevant sind für das menschliche Verhalten in einer räumlich strukturierten Umwelt.

Soweit die vorläufigen Antworten auf die oben in (9) und (10) gestellten Fragen, die nun folgendermaßen verschärft werden können:

(26) Was definiert ein *x* als räumliches Objekt?
Was sind die dimensionierbaren Eigenschaften von *x* ?

(27) Wie sind diese in SF und CS zu repräsentieren?

Der nächste Abschnitt skizziert die wichtigsten Konzepte einer Theorie, die für (26) und (27) passende Antworten und damit auch Einsichten in die Prinzipien und Bedingungen der Konzeptualisierung räumlicher Objekte zu liefern sucht.

3. Kategorisierung von Objekten nach Gestalt- und Lageeigenschaften

Der Abschnitt bildet, anschließend an die beiden Stichworte *perzeptiv basiert* und *konzeptuell kategorisiert*, ein gedrängtes Referat zweier Kapitel aus Lang 1987, 1988 b, wo die diversen Kriterien und Parameter sowie die Bedingungen, nach denen sie zu getrennten, aber interagierenden Kategorisierungsrastern gebündelt werden, ausführlich diskutiert sind. Die Essenz ist:

Ein Individuum *x* wird als räumliches Objekt definiert durch die Interaktion von zwei zu Kategorisierungsrastern gebündelten Mengen von Prinzipien, die wir provisorisch **Inhärentes Proportionschema** (IPS) und **Primärer Orientierungsraum** (POR) nennen wollen. Das erste definiert die dimensionierbaren **Gestalteigenschaften** eines räumlichen Objekts, das zweite liefert ein System von Raumachsen, inbezug auf das bestimmte **Gestalteigenschaften** eines Objekts als **Positions-** oder **Lageeigenschaften** interpretiert werden können. Betrachten wir das mittlerweile geläufige Beispiel:

(a) Die Stange ist 10m lang *vs.* (b) Die Stange ist 10m hoch.

lang bezieht sich auf die (perzeptiv prominente) maximale Abmessung eines Objekts (eine maximale Achse zu haben ist in jedem Falle eine definierende Gestalteigenschaft), folglich identifiziert das DA lang die maximale Abmessung der betreffenden

Stange. Hoch in (b) interpretiert diese maximale Abmessung der Stange im Hinblick auf die Vertikale des umgebenden Raums ((b) impliziert, daß die Stange steht, (a) ist diesbezüglich offen) und macht so aus einer Gestalteigenschaft eine Lageeigenschaft.

Bezogen auf konzeptuelle Strukturbildung kann man das auch so ausdrücken: Einem Objekt *x* wird dann eine Lageeigenschaft zugewiesen, wenn eine bestimmte durch IPS definierte Abmessung d von *x* umdefiniert wird, dadurch daß d auf eine der durch POR definierten Achsen des umgebenden Raums projiziert wird. Diese Projektion ist eine gerichtete, was die Asymmetrie in der Interaktion von IPS und POR reflektiert und damit erklärt, warum (a) aus (b) folgt, aber nicht umgekehrt (vgl. auch (21) oben).

Nach diesem ersten Hinweis, *was* man sich unter IPS und POR vorzustellen hat, werfen wir nun einen Blick auf ihre jeweilige interne Struktur. Das IPS genannte Raster beruht im wesentlichen auf der Kategorisierung visueller Information. Für die durch IPS bestimmten Kategorisierungen sind eine Reihe von (hier nicht im Detail zu erörternden) Prinzipien anzunehmen, die u.a. folgendes leisten:

(i) **Objektausgliederung** - wie das Sehfeld in unterscheidbare konstante Einheiten zerlegt wird, die wiederum durch Kanten, Flächen und Volumina definiert sind.

(ii) **Symmetrieachsen** - wie die nach (i) ausgegliederten, also begrenzten, Objekte bewertet werden inbezug auf die Homogenität und Orthogonalität ihrer Begrenzungsflächen. Man beachte, daß die DA sich auf die Symmetrieachsen eines Objekts *x* als dessen Dimensionsträger beziehen.

(iii) **Achsendesintegration** - wie die an den Symmetrieachsen bemessenen Objektextensionen bezüglich ihrer Diskriminierbarkeit bewertet werden. Man beachte, daß E. Roschs berühmte *basic level categories* QUADRAT, KREIS, DREIECK, die unter dem Gesichtspunkt der Mustererkennung die optimale Form aufweisen, unter dem Aspekt der Dimensionsauszeichnung die schlechteste Form haben - eben wegen mangelnder Achsendiskriminierung.

(iv) **Prominenz** - wie die nach (i) bis (iii) spezifizierten Achsenabmessungen eines Objekts *x* nach ihrem relativen Größenverhältnis zu ordnen sind. Dieses Kriterium selegiert die maximale Abmessung von *x*, falls eine solche vorhanden ist, und ordnet danach die Abmessungen von *x* zu einem Proportionsschema - daher der dem Modul gegebene Name.

(v) **Durchdringbarkeit** - ob ein Objekt *x* aufgrund bestimmter Substanzeigenschaften (deren einheitliche perzeptive Grundlage noch der genaueren Analyse bedarf), optisch durchlässig ist oder nicht. Was immer das letztlich ist, es ist dies das Kriterium, das Dicke zu einer räumlichen Eigenschaft macht (indem perzeptive

Information funktional interpretiert wird) und das der komplementären Verteilung von z.B. dick : dünn und weit : eng zugrunde liegt.

Offensichtlich besteht innerhalb der fünf aufgelisteten Kategorisierungaspekte eine gewisse Ordnung: die ersten drei liefern die Basis für jegliche Art von Dimensionsauszeichnung und sind somit für alle DA vorauszusetzen. (iv) und (v) indes liefern spezifischere Kriterien, nach denen innerhalb der DA differenziert wird. Zusammengenommen bilden (i) bis (v) ein Kategorisierungsraster IPS, das Parameter und Werte liefert, die wir für die semantische Analyse der Dimensionsauszeichnung brauchen, und zwar sowohl für die Repräsentation der semantischen Form SF wie der konzeptuellen Struktur CS.

Für die Formulierung der in (8) schematisch angegebenen SF-Repräsentation der DA liefert IPS die drei Funktorkonstanten MAX, SUB und DIST, die die dimensionale Bedeutungskomponente von lang : kurz, dick : dünn bzw. weit : eng spezifizieren. Diese Konstanten fungieren in der Theorie als semantische Primes, die jeweils eine Menge von Identifizierungsbedingungen für eine Objektabmessung repräsentieren, oder technischer gesagt, als Parameter auf der SF - Ebene, die durch Werte auf der CS-Ebene instantiiert werden. Die entsprechenden CS-Repräsentationen, die den Wertebereich von MAX, SUB, DIST und damit den Interpretationsspielraum der entsprechenden Dimensionsadjektive spezifizieren, werden in Abschnitt 4 diskutiert.

Um klar zu machen, daß MAX, SUB etc. nicht einfach nur Etiketten für unanalysierte Entitäten sind, sondern theoretische Konstrukte mit einer präzis angebbaren Interpretation, kann man die in diesen Konstanten encodierten Bedingungen folgendermaßen ausbuchstabieren:

MAX identifiziert diejenige desintegrierte Achse eines Objekts *x*, die die größte Ausdehnung hat, was wiederum voraussetzt, daß es genau eine solche Achse in *x* gibt (vgl. die Nicht-Anwendbarkeit von lang : kurz auf kugel- oder kreisförmige Objekte).

SUB identifiziert entweder eine nicht-maximale desintegrierte dritte Objektachse (cf. dickes Brett) oder eine integrierte Achse, die den Durchmesser einer Kreisfläche des Objekts bildet (cf. dicke Stange).

DIST identifiziert eine Objektachse, die als Innendurchmesser eines Hohlkörpers perzipiert wird. Obwohl SUB und DIST geometrisch gesehen dieselbe Sorte von Achsen identifizieren können, beruhen sie aber auf einander ausschließenden perzeptiven Kriterien, die im Sinne einer Theorie unseres an Verhaltensrelevanz orientierten Alltagswissens über räumliche Eigenschaften umschrieben werden könnten mit "den Durchblick verwehrend" (für SUB) bzw. "den Durchblick gewährend" (für DIST).

Wir kommen nun zu dem **Primärer Orientierungsraum** (POR) genannten Kategorisierungsraster. Wie schon der Name sagt, ist POR als Modell des Raums aufzufassen, genauer: als ein mentales Modell davon, wie der externe physikalische Raum unserer terrestrischen Lebenssphäre konzeptuell rekonstruiert wird durch die Kategorisierung von sensorischer Information, die durch unsere biologische Grundausstattung bereitgestellt wird. Während IPS fast ausschließlich auf visueller Information beruht, hat POR gewissermaßen eine mehrkanalige organische Grundlage, die zumindest das Gleichgewichtsorgan, den aufrechten Gang, die Augenlage umfaßt, die jeweils einen spezifischen Beitrag zur Interpretation des externen physikalischen Raums liefern. POR besteht aus einer Menge von Prinzipien, die drei verschiedene Achsen definieren, die wiederum im wesentlichen unser internes Modell des externen Raums bestimmen - zumindest was die Dimensionierung räumlicher Objekte betrifft.

Der springende Punkt ist, daß die drei Achsen des POR, anders als die Achsen eines Cartesischen Koordinatensystems, ziemlich ungleich sind hinsichtlich ihres Ursprungs und ihrer Eigenschaften, und daß diese unterschiedlichen Achseneigenschaften entscheidend sind für die Dimensionsauszeichnung. Wie auch immer die Prinzipien, nach denen sich der POR aus seiner perzeptiven Fundierung herleitet, im einzelnen aussehen mögen (hier ist eine der Anschlußstellen für die Kooperation zwischen Linguisten und Psychologen), sie determinieren jedenfalls das folgende System von Achsen:

(i) **Vertikale.** Aufgrund ihres Ursprungs in der durch das Gleichgewichtsorgan vermittelten Interpretation der Gravitation, besitzt die Vertikale die Eigenschaften der Konstanz und der Ubiquität; der aufrechte Gang weist ihr einen Fußpunkt und eine fixe geofugale Richtung zu. Infolge dieser Eigenschaften ist die Vertikale dominant im POR, d.h. die übrigen Achsen definieren sich im Verhältnis zur Vertikalen.

(ii) **Betrachterachse.** Diese Achse beruht auf dem Gesichtsorgan, sie hat einen anatomisch bestimmten Drehpunkt (mit einem Schwenkbereich bis 180°); die Augenlage verleiht ihr eine bestimmte Richtung (weg vom Betrachter) und setzt die Orthogonalität von Betrachterachse und Vertikaler als den Normalfall.

(iii) **Horizontale.** Diese dritte Achse des POR hat keine Endpunkte und keine Richtung; sie ist keine Achse, die wir aufgrund perzeptiver Primärinformation identifizieren, vielmehr leitet sie sich her aus den Systemeigenschaften der beiden anderen Achsen, als Lückenfüller.

Der - hier nur grob skizzierte - POR fungiert ebenfalls als Kategorisierungsraster, das wie IPS Werte und Parameter für die **Lageeigenschaften** räumlicher Objekte liefert. Für die SF-Repräsentationen der DA liefert POR die Parameter VERT und

OBS, die die dimensionale Bedeutung von hoch : niedrig bzw. tief determinieren. Bezogen auf ein räumliches Objekt *x* identifiziert VERT genau diejenige desintegrierte Achse von *x*, die mit der Vertikalen des POR koinzidiert. OBS identifiziert jede desintegrierte Objektachse von *x*, die mit der Betrachterachse des POR koinzidiert. Wie schon oben vermerkt, liefert die dritte Achse keinen eigenständigen Parameter. Diese Lücke wird im System der DA u.a. durch den Parameter QUER gefüllt, der genau für die in (23) oben beschriebene inhärente Relativität der Zuweisung von breit : schmal zuständig ist.

Um diesen Abschnitt abzurunden und zum nächsten überzuleiten, fassen wir in Abb. 4 die bisher behandelten Aspekte in einem Übersichtsdiagramm zusammen.

4. Objektschemata

Das plausibelste Verfahren zur Formulierung der konzeptuellen Repräsentationen räumlicher Objekte besteht derzeit möglicherweise darin, die Objektkonzepte in Form einer Matrix zu notieren, mit 3 Zeilen und 1 - 3 Spalten (je nach Art und Anzahl der Achsen des repräsentierten Objekts). Wir nennen eine solche Matrix ein **Objektschema** (OS). Ein OS enthält Einträge, die die definierenden Eigenschaften einer jeweiligen Klasse räumlicher Objekte repräsentieren. Somit sind OS das für die Erklärung der Dimensionsauszeichnung benötigte Repräsentationsformat auf der CS-Ebene, sie dienen als *location frames*, innerhalb derer die Parameter der SF-Ebene nach den beiden erwähnten Verfahren *Primäridentifizierung* und *kontextuelle Spezifizierung* instantiiert werden.

Die Struktur der Objektschemata und die Auswahl der in einem OS möglichen Einträge sind wiederum vollständig determiniert durch die aus IPS und POR resultierenden Kategorisierungen. Betrachten wir zuerst die Kopfzeile eines OS: sie repräsentiert durch eine, zwei oder drei Variablen für Objektachsen - a, a b, a b c - die Dimensionalität des betreffenden Objekts, durch gewinkelte Klammern < > die Begrenztheit des Objekts, durch runde Klammern ( ) die eventuelle Integration von Objektachsen. Dies ergibt genau 7 Typen von Objektschemata, wie in Abb. 5 gezeigt. Die zweite Zeile reflektiert die definierenden Gestalt- und Lageeigenschaften des gegebenen Objekts, d.h. Einträge wie *max, sub, vert, obs* etc. Als Bestandteile von OS

Abb. 4 **Die Basis konzeptueller Kategorisierungen für räumliche Objekte**

Physikalische Voraussetzungen:

Physischer Raum, Licht, Gravitation, Organismen, ...

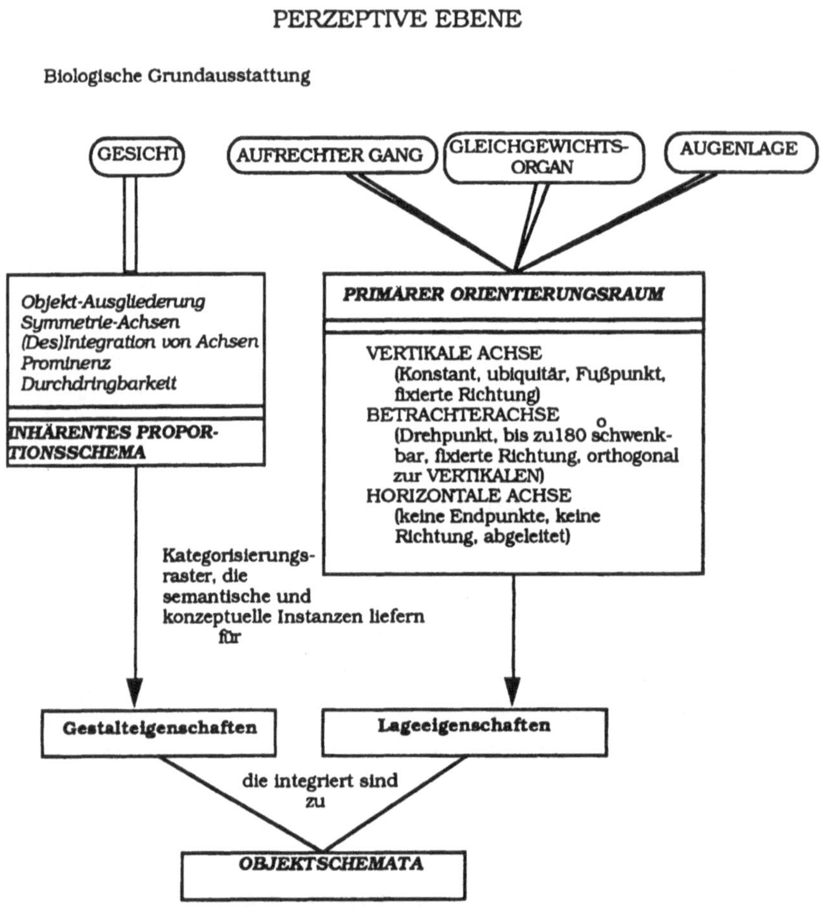

stehen diese Symbole nun für die konzeptuellen Werte, die die SF-Parameter MAX, SUB, VERT etc. instantiieren (man beachte die typographische Unterscheidung). Die dritte Zeile eines OS enthält die durch ein DA oder den Situationskontext induzierte kontextuelle Spezifikation. Per Konvention schließlich ist die Abfolge a b c so eingerichtet, daß sie die relative Prominenz der Achsenabmessungen und damit die Proportionen von *x* wiedergibt.

Um ein simples Beispiel zu nehmen, betrachten wir die beiden OS, die die semantische Interpretation von <u>die Stange</u> in (28)(a,b) repräsentieren:

(28)	(a)	Die Stange ist 10m lang	< a	(b	c) >
			max	*sub*	
			max		
	(b)	Die Stange ist 10m hoch	< a	(b	c) >
			max	*sub*	
			vert		

Dimensionsauszeichnung durch Primäridentifizierung (vgl. (20) oben) wird durch übereinstimmende Einträge in der 2. und 3. Zeile repräsentiert, während kontexuelle Spezifikation durch Eintragskombinationen wie *max vert* etc. indiziert wird, wobei die Auswahl der zulässigen Kombinationen genau den konzeptuell fixierten Interaktionsbereich von IPS und POR reflektiert.

Die Objektschemata repräsentieren in ihrer internen Struktur und im exakt definierten Variationsspielraum ihrer möglichen Einträge genau die konzeptuelle Basis für die diversen Distributionsbeschränkungen und Kompatibilitätsbedingungen der Dimensionsadjektive, die in Abschnitt 2 diskutiert wurden. Das Inventar zulässiger (und empirisch belegter) Objektschemata ist in Abb. 5 unten verzeichnet.

Abb. 5 legt überdies nahe, daß es vernünftig ist, auch solche OS anzunehmen, die lediglich durch ihre Kopfzeile und die Auswahl ihrer Einträge definiert sind, wo aber deren Anordnung im OS offen bleibt. Damit sind dann weitere Generalisierungen nach Art folgender Basisschemata faßbar.

Abb. 5 **Kategorisierung räumlicher Objekte auf der konzeptuellen Ebene**

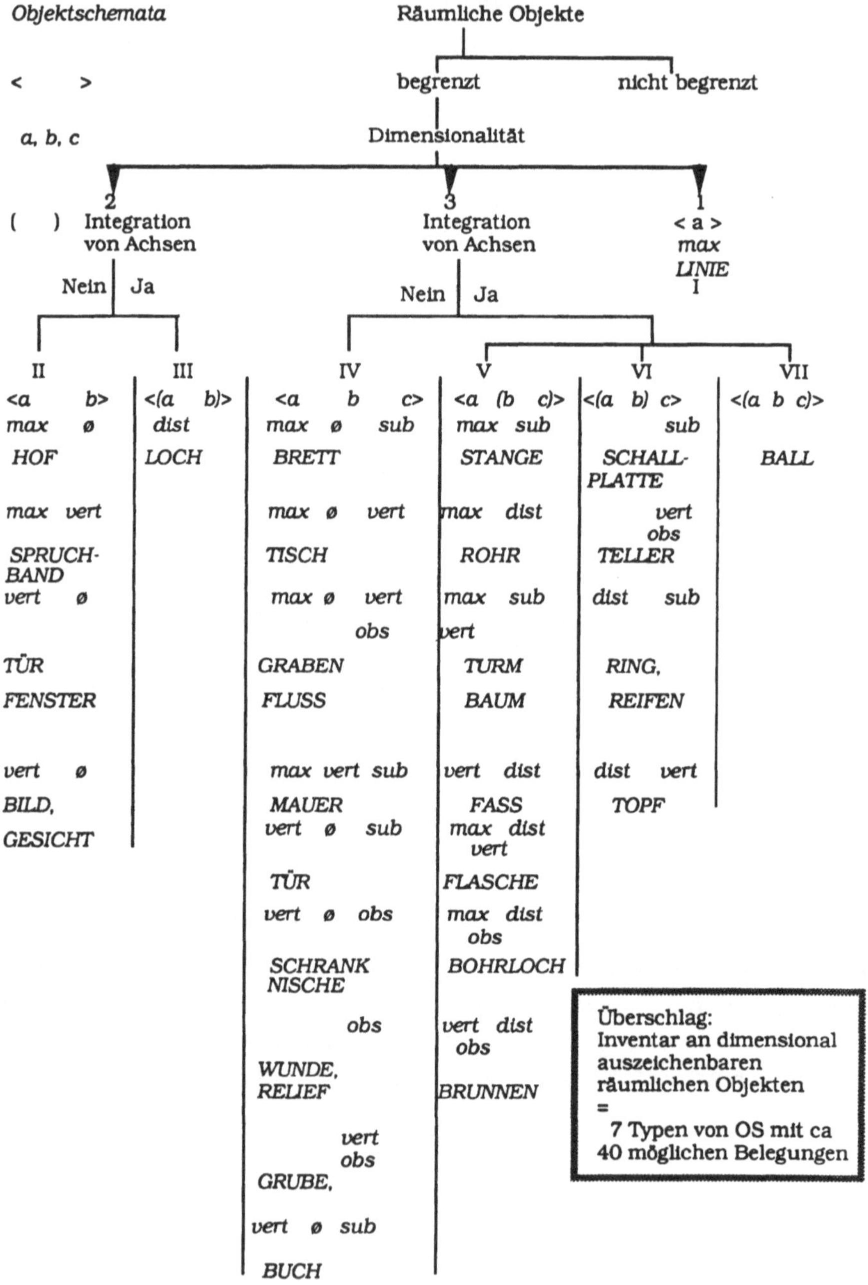

Abb. 6 **Basisschemata mit flexiblen Einträgen:**

< a b c > | { *vert*, *max* , ∅ } GEBÄUDE (Familienkonzept)

<	a	b	c>		WOLKENKRATZER, PUNKTHAUS
	max	∅			
	vert				
<	a	b	c >		WOHNBLOCK, VILLA
	max	*vert*	∅		
<	a	b	c >		BARACKE, BUNGALOW
	max	∅	*vert*		(die *flach* sein können)

Abschließend möchte ich auf einige interessante Konklusionen hinweisen, die aus der mithilfe der OS vorgenommenen Analyse zu ziehen sind.

Erstens, das Inventar von OS in Abb. 5 reflektiert signifikante Aspekte der Objektklassifizierung, man betrachte dazu die Einträge in der 2. Zeile:

OS mit einem Eintrag

dist	=	Hohlkörper (mit Zugangsöffnung)
sub	=	Festkörper
vert und/oder *obs*	=	orientierte/perspektivierte Objekte
weder *vert* noch *obs*	=	frei bewegliche Objekte etc.

Zweitens, die eingangs zitierte Frage **what dimensions languages pick out** kann nun präziser beantwortet werden, nämlich: die semantischen Konstanten, die in den SF-Repräsentationen der DA figurieren, sind nur eine einzelsprachlich gebundene Untermenge derjenigen Einträge, die in den Objektschemata figurieren. Beide Mengen aber sind determiniert durch die Kategorisierungsraster IPS und POR.

Drittens, es ist nun möglich, den Begriff "mögliches Objektschema" zu definieren durch Formulierung von Bedingungen über die beschränkte Kombinatorik der OS-Einträge (für Details vgl. Bierwisch/Lang 1987, 1988; eine Implementierung in PROLOG wird derzeit innerhalb des LILOG Projekts vorgenommen, cf.Lang 1988c, Lang/Carstensen (in Vorb.)). Diese Bedingungen nun repräsentieren die interne Struktur des eingangs diskutierten konzeptuellen Moduls C_{RAUM}.

Viertens, wenn man erst einmal diese Ebene von Generalisierungen erreicht hat, legt eine Theorie der OS sofort weitere Hypothesen sowohl bezüglich der formalen wie auch der substantiellen Eigenschaften konzeptueller Strukturbildung nahe. Man vgl. dazu den anregenden Aufsatz von R. Blutner (im Druck), der Objektschemata als Mittel zur Repräsentation domänenspezifischen ontologischen Wissens diskutiert.

Fünftens, die hier erörterten Objektschemata reflektieren die grundlegenden Gestalt- und Lageeigenschaften von räumlichen Objekten im Hinblick auf die Dimensionsauszeichnung. Die in den OS enthaltenen Angaben können leicht erweitert werden, um zusätzlichen räumlichen Aspekten Rechnung zu tragen. So kann man beispielsweise die intrinsische Ober-, Unter-, Vorder- und/oder Rückseite eines Objekts *x* dadurch im OS auszeichnen, daß man die durch *vert* und/oder *obs* definierten Achsen mit Einträgen für distinkte Endpunkte wie F , F′ und O , O′ versieht. Die Endpunktzuweisung ergibt sich aus den inhärenten Eigenschaften der betreffenden Achsen (Details Lang (1988 c)).

Sechstens, es scheint vernünftig zu sein, die bisher entwickelten Objektschemata auch als Basis zur Repräsentation weiterer Objekteigenschaften zu benutzen. Um nur zwei Möglichkeiten anzudeuten: (1) offensichtlich fallen die **geometrischen** Formcharakteristika eines Objekts (d.h. ob es *rund, quadratisch, oval* etc. ist) nicht mit den in den OS fixierten Achseneigenschaften zusammen, gleichwohl nehmen sie Bezug auf dieselben. Ähnliches gilt auch für funktional bestimmte Objekteigenschaften wie *"x hat eine ausgezeichnete Zugangsseite"* etc. Die Zuweisung solcher Eigenschaften, die wesentlich auf der konzeptuellen Einbindung funktionaler Faktoren beruht, wie sie in Vandeloise (1984; 1986a, b) diskutiert werden, kann vermutlich als eine Projektion von Funktionsschemata auf Objektschemata erklärt werden.

Literatur:

Bierwisch, M.,1967. Some semantic universals of German adjectivals. Foundations of Language 3.1, 1 - 37.

– 1986. On the Nature of Semantic Form in Natural Language, in: F. Klix/H. Hagendorf (1986)(eds.), 765 - 784.

– 1987a. Semantik der Graduierung, in: M. Bierwisch/E Lang (1987)(eds.), 91 - 286.

– 1987b. On the Grammar of Local Prepositions, in: M.Bierwisch/W.Motsch/I. Zimmermann (eds.), pp. 1 - 65.

– 1988. The Semantics of Gradation, in M. Bierwisch/E.Lang (1988)(eds.).

Bierwisch, M. & Lang. E., 1987. Etwas länger - viel tiefer - immer weiter. Epilog zum Dimensionsadjektiveprojekt, in: M.Bierwisch/E. Lang (1987)(eds.), 649 - 699 [Englische Version in M.Bierwisch/E.Lang (1988)(eds.)].

Bierwisch, M./Lang, E.,1987 (eds). Grammatische und konzeptuelle Aspekte von Dimensionsadjektiven. Berlin: Akademie-Verlag 1987 (= studia grammatica XXVI + XXVII).

–/– 1988 (eds.). Dimensional Adjectives: Grammatical Structure and Conceptual Interpretation. Berlin-Heidelberg-New York: Springer-Verlag 1988 (= Series Language and Communication) (im Druck).

Bierwisch, M./Motsch, W./Zimmermann, I. (Hrsg.): Syntax, Semantik und Lexikon, Berlin: Akademie-Verlag (im Druck) (= studia grammatica XXIX).

Blutner, R., in press. The Ontology of Spatial Concepts: The Fallacy of the so-called M-Principle. In: Proceedings of the International Theodor-Fechner-Symposium, Leipzig (im Druck).
Clark, H.H., 1973. Space, time, semantics, and the child. In: T.E. Moore (ed.) Cognitive development and the acquisition of language, New York: Academic Press, 28 - 63.
Clark, H.H./Clark, E.V., 1977. Psychology and Language. An Introduction to Psycholinguistics. New York: Harcourt Brace Jovanovich 1977.
Harris, P.L./Morris, J.E./Meerum Terwogt, M., 1986. The early acquisition of spatial adjectives: a cross-linguistic study. Journal of Child Language 13, 335 - 352.
Hlebec, B., 1983. A Lexico-semantic Study of English One-Dimension Adjectives. Anali filoloskog fakulteta XV , 243 - 280. Beograd.
Klix, F./Hagendorf, H., 1986 (eds.). Human Memory and Cognitive Capabilities. Mechanisms and Performances. Amsterdam: North-Holland.
Lafrenz, P.G., 1983. Zu den semantischen Strukturen der Dimensionsadjektive in der deutschen Gegenwartssprache. Göteborg (= Göteborger Germanistische Forschungen 24).
Lang, E., 1987. Semantik der Dimensionsauszeichnung räumlicher Objekte. in: M.Bierwisch/E.Lang (1987)(eds.), 287 - 458
– 1988a. Gestalt und Lage räumlicher Objekte: Semantische Struktur und kontextuelle Interpretation von Dimensionsadjektiven. In J. Bayer (ed.) Grammatik und Kognition. Psycholinguistische Untersuchungen,163-191. Opladen: Westdeutscher Verlag.
– 1988b: The Semantics of Dimensional Designation of Spatial Objects. in: M. Bierwisch/E. Lang (1988)(eds.).
– 1988c. Object Schemata and Spatial Configurations. (forthcoming)
Lang, E. /K.-U. Carstensen (in Vorb.) OSKAR - ein Programm zur Konzeptuellen Analyse Räumlicher Objekteigenschaften. (erscheint als LILOG-Report).
Lehrer, A., 1974. Semantic Fields and Lexical Structure. Amsterdam: North-Holland (= North-Holland Linguistic Series 11).
Lyons, J., 1977. Semantics. vol.1, 2 . Cambridge University Press.
Rosch, E., 1977. Human Categorization. in: N. Warren (ed.): Advances in Cross-cultural Psychology, vol. I, 1-49. New York: Academic Press.
Vandeloise, Cl., 1984. Description of Space in French. Dissertation University of California, San Diego. Duisburg: LAUDT.
– 1986a. L'espace en français. Paris: Editions du Seuil.
– 1986b. Length, Width, and Potential Passing. Duisburg: LAUDT Series A No.164. Auch in: B. Rudzka-Ostyn (ed.) Topics in Cognitive Linguistics. Amsterdam: Benjamins, 403-427.

WEGKONNEXION

Rolf Mayer

1.0 Einleitung[1]

Die vorliegende Arbeit knüpft an Mayer (1989) an, weicht aber in folgender Hinsicht davon ab: Wir betten unsere Ergebnisse nicht - wie in der genannten Arbeit - in den Rahmen der Diskursrepräsentationstheorie ein und berücksichtigen auch nicht Aspekte des räumlichen Schließens. Dafür wird der Richtungsbegriff unter Betrachtung einer Reihe von Richtungsoperatoren genauer analysiert, und es werden verstärkt syntaktische Aspekte hinsichtlich der Behandlung von zurück und weiter einbezogen.

Vermitteln wir zunächst ein erstes intuitives Verständnis von dem, was in dieser Arbeit Wegkonnexion genannt werden soll, über das Textpaar (1)/(1'):

(1) Karl fährt von Italien nach Österreich. Über Deutschland fährt er dann weiter nach Oslo.

(1') *Karl fährt von Italien nach Österreich. Von Deutschland fährt er nach Norwegen. Dann fährt er weiter nach Oslo.

Im Gegensatz zu (1) sind in (1') Einbettungsbedingungen verletzt (wenn wir von Möglichkeiten der Akkomodation absehen). Die Explizierung dieser Einbettungsbedingungen wird ein zentraler Gegenstand des Artikels sein. Im folgenden soll zunächst der für die Explikation benötigte konzeptuelle logisch-ontologische Rahmen dargestellt werden.

2.0 Lokationen und Wege

Wir gehen davon aus, daß ein materiales Objekt x eine Menge von Raumpunkten im absoluten Raum relativ zu einem Zeitpunkt t einnimmt. Diese Menge Loc(x,t) nennen wir den Eigenort des Objekts zum Zeitpunkt t.

[1] Für wertvolle Verbesserungsvorschläge danke ich Ch. Habel und J. Phillips.

Der Eigenort eines Objekts ist nicht perzeptuell "gegeben", sondern bezogen auf Rahmenlokationen l^o, die im Sinne von Miller/Johnson-Laird(1976) Suchdomänen festlegen. Für ein Objekt x und eine funktional darauf bezogene Rahmenlokation l^o gilt:

$Loc(x,t) \subset Loc(l^o, t)$.

Rahmenlokationen sind Objekte, die neben materiellen auch aus nicht-materiellen "inneren" Punkten bestehen (vgl. dazu auch Lutzeier (1981:97f.)) und deshalb als "Behälter" für andere Objekte dienen können. Typische Beispiele von Rahmenlokationen sind Straßen, Städte oder Länder, die der menschlichen Perzeption als *räumlich stabil,* in ihren räumlichen Relationen zueinander als *unveränderlich* gelten und Koordinaten der räumlichen Orientierung bilden (solche Rahmenlokationen wollen wir *primäre* nennen, im Gegensatz zu *sekundären* Rahmenlokationen wie etwa der Umgebung von Anna, die sich mit der Bewegung von Anna in Hinsicht auf die primären Rahmenlokationen verändert).

Die Wahl einer Rahmenlokation erlaubt konzeptuell verschiedene Grade von Granularität.

Rahmenlokationen sind funktional abhängig von Rahmenobjekten. Rahmenlokationen werden über Rahmenobjekte erst identifizierbar, wobei wir die Möglichkeit zulassen, daß sie im Gegensatz zu Rahmen*objekten* keine materiellen Punkte enthalten.

Betrachten wir zur Illustration der Begriffe die folgenden Beispielsätze:

(1) Karl fährt von Ulm über Wien nach Budapest.
(2) Der Ball läuft von Müller über Schulz zu Schmidt.
(3) Anna fährt von Ulm zu Lisa (nach Wien).

Bezüglich (1) fallen die Rahmenobjekte Ulm, Wien und Budapest mit den zugehörigen Rahmenlokationen der Bewegung zusammen.

In (2) figurieren die Personen Müller, Schulz und Schmidt als Rahmenobjekte; sekundäre Rahmenlokationen sind N(Müller), N(Schulz) und N(Schmidt), wobei N eine - hier nicht näher spezifierte - Funktion sein soll, welche die topologische Umgebung eines Objekts festlegt[2]. Anders als in (2) kann in (3) die Ziellokation nicht einfach mit N(Lisa) identifiziert werden - wie immer man auch den Umgebungsbegriff N festlegen mag. In (3) wird auf die "habituelle Lokation" von Lisa Bezug genommen, die keineswegs mit ihrer "aktualen" Rahmenlokation zusammenfallen muß (man kann durchaus zu Lisa nach Wien fahren, ohne sie dort anzutreffen).

---

[2] Vgl. zum Umgebungsbegriff Wunderlich (1982).

Die Beispielsätze illustrieren nicht allein die Verwendung der Begriffe "Rahmenobjekt" und "Rahmenlokation". Sie zeigen auch, daß für die konzeptuelle Konstruktion von Rahmenlokationen nicht nur Parameter eine Rolle spielen, die durch das Rahmenobjekt geliefert werden; eine gewichtige Rolle spielt beispielsweise verbinduzierte Information sowie Weltwissen[3].

Da die Konstruktionsbedingungen für Rahmenlokationen keine zentrale Rolle in der vorliegenden Arbeit spielen, werden wir uns mit diesen wenigen Ausführungen begnügen.

Bevor wir das in dieser Arbeit verwendete Wegkonzept in seinen Verästelungen erläutern, werden wir zunächst eine Reihe später benötigter mereologischer Begriffe definitorisch einführen: Es sind dies Explikate der Begriffe "Teil", "echter Teil", "Überlappung" , "räumliche Disjunktheit", "(mereologische) Fusion" und "minimale Lokation".

Im folgenden ist der prinzipiell notwendige Bezug auf einen temporalen Parameter aus Ökonomiegründen unterdrückt.

Wir gehen davon aus, daß TEIL-VON eine reflexive, transitive und antisymmetrische Relation ist. Wird eine mereologische Vereinigungsoperation $\cup$ in Hinsicht auf Objekte vorausgesetzt (vgl. etwa Krifka (1987:156ff.)), dann läßt sich die TEIL-VON - Beziehung wie folgt definieren:

Def.: $\forall x \forall y\ (\text{TEIL-VON}\ (x,y) \leftrightarrow x \cup y = y)$

Def.: $\forall x \forall y\ (\text{ETEIL-VON}\ (x, y) \leftrightarrow \text{TEIL-VON}\ (x, y)\ \&\ \neg\ (\text{TEIL-VON}\ (y, x)))$

Def.: $\forall x \forall y\ (\text{ÜBERLAPP}\ (x,y) \leftrightarrow \bigvee z\ (\text{TEIL-VON}\ (z, x)\ \&\ \text{TEIL-VON}\ (z,y)))$

Def.: $\forall x \forall y\ (\text{RDISJ}\ (x,y) \leftrightarrow \neg\ (\text{ÜBERLAPP}(x,y)))$

Def.: $\forall M \forall x\ (\text{FUSION}(M) = x \leftrightarrow \forall y\ (y \in M \rightarrow \text{TEIL-VON}(y, x))\ \&$
$\forall v\ (\forall z\ (z \in M \rightarrow \text{TEIL-VON}(z, v)) \rightarrow \text{TEIL-VON}(x, z)))$

Def.: Es sei $M=\{...l^o(i)...\}$ eine Menge von Rahmenlokationen. $l^o(i)$ ist eine minimale Lokation relativ zu M genau dann, wenn es kein $l^o(j) \neq l^o(i)$ gibt, so daß ETEIL($l^o(j)$, $l^o(i)$).

Wir übernehmen aus Mayer (1989) die Unterscheidung zwischen "echten" mereologischen Beziehungen (Beispiel: TEIL-VON(Stuttgart, Deutschland)) und ihren Pendants, den Enthaltensein-Beziehungen (eine solche ist etwa gegeben, wenn Anna sich in Stuttgart befindet, ausgedrückt als TEIL-VON'(Anna, Stuttgart)). Die beste-

---

3 Zum Thema Gebietskonstitution vgl. Habel/Pribbenow (1988) und Herweg/Khenkhar/Pribbenow/Rehkämper (1988).

henden Analogien nützen wir an anderer Stelle in folgender Weise aus: Wird auf einen mereologischen Begriff M' Bezug genommen, so sei damit der disjunktive Begriff M' v M gemeint.

Wir können jetzt übergehen zur Explikation von Konzepten, die mit dem Explikandum Weg und der Verknüpfung von Wegen zu tun haben. Wir modellieren zunächst das Wegkonzept[4]:

Def.: Ein Weg w ist - relativ zu einem Bewegungsobjekt x - eine Funktion von einem Zeitintervall T auf eine Menge L von Eigenorten Loc(x,t), die stetig ist bzgl. der L zugrundeliegenden Topologie; w(t(s)) denotiere die räumliche Startposition, w(t(e)) die räumliche Endposition von w.

Wir definieren im Anschluß daran die Begriffe Anfangsweg und Endweg als spezielle Arten von Teilwegen eines Weges w; auf diese Begriffe werden wir später noch zurückgreifen. Ebenso wird der Begriff des stationären Wegs in verschiedenen Spielarten eingeführt (und nachfolgend informell erläutert):

Def.: Ist w' die mengentheoretische Einschränkung des Weges w und selber ein Weg, dann ist w' ein Teilweg von w.

Def.: Wenn w' ein Teilweg von w mit identischem zeitlichen Anfangspunkt ist, dann ist w' ein Anfangsweg von w.

Def.: Wenn w' ein Teilweg von w mit identischem zeitlichen Endpunkt ist, dann ist w' ein Endweg von w.

Def.: w ist ein stationärer Weg relativ zu der Rahmenlokation l^o gdw w(t) c Loc(l^o,t) für alle t im Definitionsbereich von w.

Def.: Ein Weg w ist eingeschränkt stationär relativ zu l^o gdw Loc(w(t(s))) c Loc(l^o, t(s)) und Loc(w(t(e))) c Loc(l^o, t(e)).

Stationäre Wege werden beispielsweise dort konzeptualisiert, wo ein Objekt an einem Ort *wartet* oder dort *bleibt*. Zu betonen ist, daß Wege nicht "an sich" stationär oder nicht-stationär sind, sondern relativ zu Rahmenlokationen l^o, die selber wiederum über die sprachliche Konzeptualisierung vermittelt werden. Stationäre Wege w (relativ zu l^o) liegen nicht nur da vor, wo die zu w korrespondierende Bewegung innerhalb von l^o stattfindet, sondern (als Extremfall) insbesondere dort, wo *keine* Bewegung stattfindet (etwa dann, wenn ein Bewegungsobjekt *anhält*). In einem solchen Fall läßt sich von einem *streng stationären Weg* sprechen.

---

[4] Vgl. zum Wegbegriff auch Bierwisch (1987), Habel (in diesem Band) und Wunderlich/Herweg (1986).

Im Falle des eingeschränkt stationären Weges (relativ zu l^o) muß der räumliche Anfangs- als auch Endpunkt des Weges innerhalb von l^o liegen, es wird aber zugelassen, daß er aus l^o herausführt. Eingeschränkt stationäre Wege finden sich da, wo ein Objekt an einen Ort *zurückkehrt*.

Über das Konzept der räumlichen Projektion (Wegspur) wird der Begriff des inversen Wegs definierbar (vgl. dazu auch Habel in diesem Band):

Def.: Es sei w ein Weg und L die Menge der primären Rahmenlokationen $l^o(i)$ derart, daß $w(t(i)) = Loc(l^o(i), t(i))$ für alle t(i) aus dem Definitionsbereich von w. Fusion(L) definiert dann die räumliche Projektion von w relativ zu L.

Def.: Es sei w ein Weg und Fusion(L) die räumliche Projektion von w. Wir nennen dann w' einen inversen Weg von w relativ zu L genau dann, wenn gilt:
(a) Fusion(L) ist die räumliche Projektion von w'
(b) die Startlokation von w ist identisch mit der Ziellokation von w'
(c) die Startlokation von w' ist identisch mit der Ziellokation von w
(d) Wenn $w(t(i))=Loc(l^o(i), t(i))$ und $w(t(j))=Loc(l^o(j), t(j))$ (mit $t(i)<t(j)$), dann gibt es t(m) und t(n) (mit $t(m)<t(n)$) derart, daß $w'(t(m))=Loc(l^o(j),t(m))$ und $w'(t(n))=Loc(l^o(i),t(n))$.

Zur Beschreibung von Wegverkettungen (relativ zu einem gemeinsamen Bewegungsobjekt) führen wir die (irreflexiven und asymmetrischen) Begriffe der starken und schwachen Wegkonnexion ein.

Der erstere Begriff wird dabei wie folgt definiert:

Def.: Der Weg w (Definitionsbereich: T) ist mit dem Weg w' (Definitionsbereich: T') stark konnektiert, falls gilt:
(i) T' (qua Zeitintervall) schließt sich an T an
(ii) $w(t(e)) = w'(t(s))$,

wobei der zeitliche Anschluß von Zeitintervallen in folgender Weise verstanden werden soll:

Def.: T und T' seien (abgeschlossene) Zeitintervalle. T' schließt sich an T an gdw der Endpunkt von T und der Anfangspunkt von T' zusammenfallen.

Wir wollen hier aus Einfachheitsgründen annehmen, daß alle Zeitintervalle bezogen auf Ereignisse und Wege abgeschlossen sind.

Schwache Wegkonnexion bestimmt sich wie folgt:

Def.: Weg w ist mit Weg w' relativ zu l^o schwach konnektiert gdw
(i) $Loc(w(t(e))) \subset Loc(l^o, t(e))$
(ii) $Loc(w'(t(s))) \subset Loc(l^o, t(s))$

Schwache Wegkonnexion relativ zu l^o liegt also dann vor, wenn das Bewegungsobjekt sich sowohl am Ende des Weges w als auch zu Beginn des Weges w' innerhalb von l^o befindet.

Ein paradigmatischer Fall von schwacher (aber nicht starker) Wegkonnexion ist da gegeben, wo ein Bewegungsobjekt l^o erreicht, dort seine Bewegung zunächst einstellt und dann l^o verläßt. Ein anderer Fall schwacher Wegkonnexion ist zu verzeichnen, wenn ein Bewegungsobjekt sich nach $l^o(1)$ und von dort nach $l^o(2)$ begibt, zwischenzeitlich aber in $l^o(1)$ Aktivitäten unternimmt, die den beiden Bewegungsereignissen nicht zuzurechnen sind.

Wenn wir den ersteren Fall definitorisch auszeichnen wollen, erhalten wir:

Def.: Weg w ist mit Weg w' relativ zu l^o räumlich konnektiert gdw
(a) w mit w' stark konnektiert ist
oder
(b)
(i) es einen Weg w" gibt, so daß w" ein streng stationärer Weg relativ zu l^o ist
(ii) w mit w" stark konnektiert ist
(iii) w" mit w' stark konnektiert ist.

Räumliche Konnexion ist qua Default in Textbeispielen wie den folgenden anzunehmen, wo man - etwa bezogen auf (4) - annehmen wird, daß A. vor dem Rechtsabbiegen *nicht* "nach links" gegangen ist.

(4) A. ging bis zur Wittesheimer Straße. Dann bog er nach rechts ab.
(5) A. ging zum Marktplatz und geradeaus weiter über die Altmühlbrücke.

Der Default ist induziert durch die *Annahme der Vollständigkeit der Bewegungsbeschreibung*. Diese wird wiederum durch die Tatsache gestützt, daß Richtungsangaben wie nach rechts und geradeaus standortbezogen interpretiert werden. Von einem Default sprechen wir deshalb, weil die Möglichkeit einer expliziten Korrektur durchaus besteht.

Ist w mit w' relativ zu l^o schwach konnektiert, so nehmen wir an, daß der Parameter l^o über die Sprache instantiiert wird (etwa über eine mit w korrespondierende Zielangabe, welche eine Ziellokation induziert). Sind w und w' "in der Welt" nicht stark konnektiert, so ist sprachlich-konzeptuell doch via schwache Wegkonnexion relativ zu einer Lokation l^o die Möglichkeit der Abstraktion von einem stationären Weg (oder bedingt stationären Weg) w" gegeben, der w mit w' verknüpft; die beiden Arten von Konnexion entsprechen verschiedenen Stufen von *Granularität* im Sinne von Hobbs (1985). Im Falle von Routenbeschreibungen mit - beispielsweise - Städten als Rahmenlokationen l^o entspricht der Abstraktion von (eingeschränkt) stationären Wegen die (in der Literatur verschiedentlich diskutierte) Annahme der Konzeptualisierung dieser Lokationen als "Punkte".

3.0 Wegkonnektoren

Wir stellen zunächst Überlegungen an, die sich - im Zusammenhang mit Wegkonnexion - direkt beziehen lassen auf die Verwendung von weiter, werden dann das Konzept der Richtung entfalten und in der Folge die textliche Etablierung und Veränderung von Richtungsparametern unter Berücksichtigung verschiedener Richtungsoperatoren darstellen. Es werden dann Fragen der kontextuellen Einbettung diskutiert. Am Ende steht eine formale Explikation der syntaktischen Aspekte von weiter und zurück.

3.1 Paritätsbedingung und Ziel-Start-Kohärenz

Wir beginnen mit einer Definition der Paritätsbedingung[5] :

Def.: Es seien S(i) und S(i+1) einfache Sätze, welche die sukzessive Bewegung eines Objekts beschreiben. Es gilt die Paritätsbedingung hinsichtlich der zugehörigen Wege w_i und w_{i+1} (bzw. den Bewegungsereignissen e_i und e_{i+1}) gdw bezüglich der minimalen Ziellokationen $l^o(i)$ (von S(i)) und $l^o(i+1)$ (von S(i+1)) RDISJ'($l^o(i)$, $l^o(i+1)$, e_{i+1}).

Fragestellung sei jetzt, ob weiter die Geltung der Paritätsbedingung verlangt. Man mag geneigt sein, diese Frage angesichts von (1) und (2) zu bejahen:

(1) ?Herr Schmidt fährt nach Italien. Dann fährt er weiter nach Rom.

(2) Der Angeklagte verblieb etwa eine halbe Stunde an der Unfallstelle, die nicht im direkten Ortskern, sondern im Außenbezirk liegt, und ging dann zu seiner Wohnung weiter.

In (1) ist die Paritätsbedingung nicht erfüllt, weil Rom innerhalb von Italien liegt. Im akzeptablen (2) trifft die Paritätsbedingung dagegen zu. Startlokation für die Bewegung des Angeklagten zu seiner Wohnung ist hier die Unfallstelle (bzw. die unmit-

---

[5] Die Einführung der Paritätsbedingung wurde inspiriert durch einen Vortrag von V.Ehrich (1988); vgl. dazu ihre Arbeit in diesem Band.

telbare Umgebung der Unfallstelle); sprachlicher Träger ist eine Lokativphrase. Hinsichtlich (2) läßt sich *erschließen* - u.a. über die Verwendung von weiter - daß die Wohnung nicht "an der Unfallstelle" liegt. Die Minimalitätsbedingung hinsichtlich der zu vergleichenden Lokationen in der Definition der Paritätsbedingung findet ihren sprachlichen Reflex in der Tatsache, daß wir *nicht* schließen dürfen, daß die Wohnung des Angeklagten *nicht* "im Außenbezirk" liegt.

Wir behaupten nun, daß die Inakzeptabilität von (1) eine solche pragmatischer Natur ist; was (1) aussagt, kann in kompakterer Form mittels (1') verbalisiert werden:

(1') Herr Schmidt fährt nach Rom.

Der folgende authentische Text zeigt, daß in (1) wohl keine semantisch-logische Unstimmigkeit vorliegt:

(3) Sam Dodsworth reist mit seiner Frau Fran nach Europa. Dort erfährt er all' ihre schlechten Eigenschaften. Sie ist egoistisch, oberflächlich und hochmütig und will unbedingt ihre Jugend bestätigt sehen. So stürzt sie sich in ein Liebesabenteuer, das Sam zunächst toleriert. Doch dann hat er allen Grund, sich von Fran zu trennen. Allein reist er nach Italien weiter.

(3) wird so interpretiert, daß die Dodsworths zu einer Lokation l^o gereist sind, die in Europa liegt und sich mit Italien nicht überlappt. Was (3) im Gegensatz zu (1) akzeptabel macht, ist die Tatsache, daß l^o in (3) explizit mit Ereignissen verknüpft wird, die dort lokalisiert sind. Im Fall von (1) gilt Analoges nicht.

Als nächstes wollen wir Ziel-Start-Kohärenz betrachten:

Def.: Es sei angenommen, daß T=S(i)+S(i+1) die Bewegungsabfolge eines Objekts beschreibt.
(a) Es sei s die durch eine Startphrase von S(i+1) induzierte Startlokation. Zwischen S(i) and S(i+1) besteht dann starke Ziel-Start-Kohärenz genau dann, wenn es eine Ziellokation g (induziert über S(i)) gibt, so daß TEIL-VON(g,s).
(b) Vorausgesetzt sei, daß in S(i+1) keine Startphrase realisiert ist. Schwache Ziel-Start-Kohärenz besteht dann zwischen S(i) und S(i+1) genau dann, wenn die Paritätsbedingung hinsichtlich S(i) und S(i+1) gilt.

Starke Ziel-Start-Kohärenz liegt in (4) vor:

(4) Hansen fährt von Hamburg nach Ulm zu Anna. Von Ulm / Von Anna / Von Deutschland / Von dort fährt er (weiter) nach Wien.

Starke Ziel-Start-Kohärenz ist dann gefordert, wenn die in der Definition angesprochenen Lokationen s und g tatsächlich explizit verbalisiert sind und eine unmarkierte Bewegungsbeschreibung anvisiert wird. Für einen solchen Fall wird über die Definition richtig vorausgesagt, daß (5) inakzeptabel ist (wenn nicht stark akkomodiert wird bzw. das Hintergrundswissen besteht, daß Anna sich in Ulm befindet).

(5) *Hansen fährt von Hamburg nach Ulm. Von Anna fährt er (weiter) nach Wien.

Schwache Ziel-Start-Kohärenz liegt dann vor, wenn eine Startlokation für S(i+1) prinzipiell verbalisierbar wäre. Die geklammerten Ausdrücke in (6)/(7) weisen auf die verschiedene Zulässigkeit solcher Verbalisierungen hin: In (6) - nicht aber in (7) - liegt schwache Ziel-Start-Kohärenz vor. In (7) realisiert der Zweitsatz - induziert über dort - einen stationären Weg relativ zu Ulm.

(6) Hansen fährt von Hamburg nach Ulm. Dann reist er (von Ulm) nach Wien.
(7) Hansen fährt von Hamburg nach Ulm. Dort geht er dann (*von Ulm) zu seiner Freundin Anna.

Wenden wir die bisher entwickelten Konnexionsbegriffe an, um das Verhalten von weiter zu beschreiben; wir vergleichen mit dem Konnektor dann:

(8) Wenger radelt von Bozen nach Florenz. Dann radelt er von Rom nach Neapel.
(9) *Wenger radelt von Bozen nach Florenz. Dann radelt er von Rom nach Neapel weiter.

Für (8) läßt sich ein zulässiger Kontext konstruieren; beispielsweise mag der kontextuelle Hintergrund so sein, daß Wenger gewettet hat, die Strecken Bozen-Florenz und Rom-Neapel in einer bestimmten Zeit auf dem Fahrrad zurücklegen zu können. Teilt man dieses Akzeptabilitätsurteil, so bedeutet dies, daß dann nicht mit Notwendigkeit die Forderung nach schwacher Wegkonnexion stellt.

Ferner gilt: In (8) ist zwar die Voraussetzung für starke Ziel-Start-Kohärenz gegeben (Anwesenheit einer Startphrase in S(2)), das Konsequenz der Definition ist aber nicht erfüllt (es gilt nicht, daß TEIL-VON(Florenz, Rom)).

(9) dagegen demonstriert, daß weiter schwache Wegkonnexion der in Rede stehenden Wege w und w' relativ zu l^o fordert, wobei l^o die sprachlich etablierte Ziellokation von w ist; (9) ist schlicht inakzeptabel.

Die Bedingung der schwachen Wegkonnexion hinsichtlich der Verwendung von weiter läßt sich nicht in dem Sinne verstärken, daß der Verbindungsweg zwischen w und w' stationär relativ zu l^o ist. Wenn A. beispielsweise nach Florenz reiste und von dort weiter nach Rom, dann läßt es die gewählte Formulierung von schwacher Wegkonnexion zu, daß er von Florenz aus einen Ausflug nach Siena unternahm.

Weiter und zurück haben anaphorische Funktion. Wir werden diese im nächsten Abschnitt wiederfinden, wo es darum gehen wird, Richtungsanaphorik zu untersuchen.

3.2 Richtungen und Richtungsanaphorik

Wir tasten uns an eine formale Bestimmung des Richtungsbegriffs heran, indem wir festlegen, was eine *generalisierte Richtung* sein soll:

Def.: r ist eine generalisierte Richtung gdw r eine Menge von Tupeln <X,Y> ist, wobei X und Y räumlich disjunkte Rahmenlokationen sind.

Eine Spezifizierung des generalisierten Richtungsbegriffs ergibt sich, wenn wir verlangen, daß die Tupel-Komponenten einer Richtung r "auf einer Geraden" liegen (wobei die geometrische Sprechweise Idealisierung voraussetzt). Betrachten wir als Beispiel die räumliche Projektion eines Weges von A nach E, welche die Gestalt einer Geraden habe. Die von A ausgehende Bewegung erreiche B, C, D und E in dieser Reihenfolge. Die Richtung r einer solchen Bewegung läßt sich verräumlicht als Menge der Tupel <X,Y> (mit X und Y voneinander verschiedene Streckenpunkte) deuten, wobei X auf dem Weg von A nach E früher erreicht wird als Y (in der Notation der geordneten Paare drückt sich also der Richtungsaspekt aus).

Wir erhalten demnach für unser Beispiel, daß <A, E> = <A, B> = <B, C> = <C, D> = <C, E> ≠ <E, C>.

Wir werden im folgenden auf solche *partikularen* Richtungen mittels Repräsentanten der Richtung Bezug nehmen.

Was eine *Umkehrrichtung* ist, läßt sich im vorgeschlagenen konzeptuellen Rahmen leicht festlegen. Wir tun dies in Form einer expliziten Definition:

Def.: Rev(r) = {<X, Y> | <Y, X> ∈ r } ist die Umkehrrichtung von r.

Die folgenden beiden Diagramme in Abb.1 sollen illustrieren, daß die natürlichsprachliche Verwendung des Richtungsbegriffs mehr involviert als den Bezug auf Richtungsstrahlen.

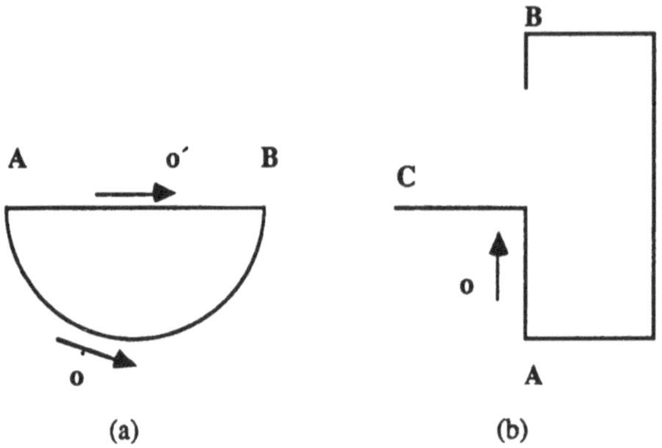

Abb. 1

Die linke Abbildung soll den Sachverhalt illustrieren, daß Bewegungsobjekt o (als gerichteter Pfeil repräsentiert) sich auf einer Wegstrecke von A nach B befindet. Diese Wegstrecke ist gekrümmt. Mathematisch gesehen (d.h. bezogen auf das, was man idealisiert Tangentialrichtung nennt) befindet sich o keineswegs in der Richtung nach B. Trotzdem wird man die Formulierung gestatten, daß sich o (ebenso wie o') in Richtung B bewegt - die Bewegung ist durch die Wegführung auf B gerichtet. In der rechten Abbildung befindet sich das Bewegungsobjekt o auf einer geraden Wegstrecke, die sich prinzipiell zu B verlängern ließe. Leicht konstruieren läßt sich aber eine Situation, bezogen auf die ein Beobachter äußert, daß o sich in Richtung C bewegt.

Die konstruierten Modelle verfolgen den Zweck, die Notwendigkeit anzuzeigen, den idealisierten - an der Mathematik orientierten - Richtungsbegriff in seiner Begrenztheit aufzuweisen, wenn er nicht über pragmatische Faktoren mit linguistischem Leben erfüllt wird. Man beachte in diesem Zusammenhang auch, daß die Angabe <u>in Richtung X</u> oft in ihrer Verwendungsweise zwischen einer Richtungsbestimmung und einer Zielangabe oszilliert, was die Deutung von Abb.1 ebenfalls unterstützt.

Wenden wir uns nun weiter der linguistischen Realisierung von Richtungsangaben zu. Die folgenden Beispiele sind Anleitungen zu den Brettspielen Schach und Dame entnommen; wir wählen die Belege so, daß die Variabilität der Ausdrucksmöglichkeiten sichtbar wird:

(1) Eine Schachdame kann in jeder Richtung ziehen: <u>vor</u>, <u>zurück</u>, <u>seitwärts oder diagonal</u>.

(1') Der König kann sich <u>vorwärts</u>, <u>rückwärts</u>, <u>seitwärts</u> <u>oder</u> <u>schräg</u> bewegen.

(1'') Die Türme können vorwärts, seitwärts oder rückwärts ziehen, aber niemals schräg.

(1''') Die Bauern dürfen nur vorwärts ziehen, nicht schräg.

(1'v) Der Bauer zieht also stets geradeaus vorwärts und schlägt stets schräg vorwärts.

Für die folgenden Belege gilt es die kontextuelle Hintergrundinformation zu berücksichtigen, daß im Damespiel Züge nur in schräger Richtung möglich sind.

(2) In den meisten Dame-Varianten sind die Zugmöglichkeiten auf die Vorwärtsrichtung beschränkt. Ein Stein kann also in diesem Falle nur nach vorn ziehen.

(2') In einigen Spielvarianten dürfen Einzelsteine nur vorwärts schlagen, in anderen vor- und rückwärts.

(2'') Eine Dame zieht vorwärts oder zurück.

Die Belege zeigen spiel- und figurenbezogen die bestehenden Richtungsoptionen (die noch durch die Position einer Figur auf dem Spielfeld restringiert werden können); man beachte, daß diese Optionen konventionell und damit pragmatisch induziert sind.

Auf sprachlicher Ebene liegt folgende Opposition vor:

(i) vor(wärts)/nach vorne versus rückwärts/zurück/nach hinten

Die Satzbeispiele in (1)-(2'') stützen folgende Behauptung ab: vorwärts/nach vorne und zurück lassen eine weite und eine enge Lesart zu; im Falle des Schachspiels schließt die weite Lesart von vorwärts die Diagonalbewegung mit ein; bezüglich des Damespiels kommt als Vorwärtsbewegung nur die Diagonalbewegung in Frage. Wir gehen davon aus, daß die weite Lesart in der Semantik von vorwärts verankert ist, die Spezifizierungen pragmatisch induziert sind: entweder über die explizit pragmatische Eliminierung von Optionen oder konzeptuell über die Auszeichnung prototypischer Lesarten (etwa vorwärts qua geradeaus vorwärts).

In dem Spiel "Hase und Igel" hat das Spielfeld etwa folgende Gestalt:

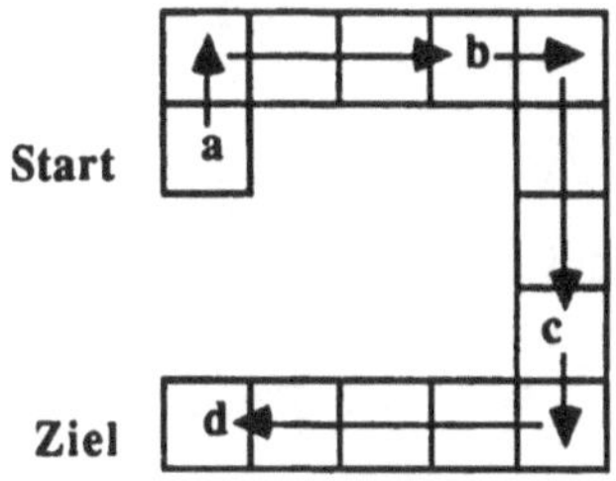

Abb. 2

Die Spielanleitung lizensiert, daß man vorwärts und rückwärts ziehen kann. Wenn wir die Vorwärtsrichtung mittels eines Pfeiles symbolisieren, so läßt es die Spielerklärung beispielsweise zu, daß von Position a zu den Positionen b, c oder d vorwärts gezogen wird. Das Beispiel dokumentiert, daß in diesem Fall die Bewegung nicht auf eine Position im Vorwärtskegel der Spielfigur gerichtet ist, sondern bezogen auf einen konventionell etablierten Weg, der sich ordinal als Folge von Spielfeldpositionen sequenzieren läßt und dadurch die Induzierung einer Vorwärtsrichtung erlaubt.

Unsere obigen Dame- und Schachbeispiele lassen sich ebenfalls im Lichte dieser Erklärung verstehen. Relativ zu einem Spielpartner kann ein Dame- oder Schachbrett als Abfolge von Spielfeld-Reihen interpretiert werden, die eine potentielle Vorwärtsbewegung bestimmen. Welches Feld in einer solchen "vorderen" Reihe eingenommen wird, wäre dann nicht innerhalb der Semantik von vorwärts zu klären. Erst wenn kein Bezugsweg vorhanden ist, käme die durch die intrinsische Ausrichtung eines Objekts induzierte Richtung (falls existierend) als Default für vorwärts zum Zuge.

Denken wir uns die Bewegungsoptionen eines Objekts festgelegt durch einen geschlossenen Weg (etwa eine Kreisbahn) so ist von jedem Punkt des Kreises aus jeder beliebige andere Punkt des Kreises in Vorwärts- und Rückwärtsbewegung erreichbar (wobei konventionell festgelegt sei, welche Bewegung als Vorwärtsbewegung zählt). Nach unserer Definition der generalisierten Richtung müßten im genannten Beispielfall Vorwärts- und Rückwärtsrichtung zusammenfallen. Dies demonstriert, daß für das Richtungskonzept nicht nur wichtig ist, welche Positionen im jeweiligen Richtungsfeld liegen, sondern auch wie diese Positionen angelaufen werden. Nichtsdestoweniger scheinen mir die eingangs eingeführten Richtungsbegriffe als terminologische Hilfen brauchbar.

Die Alternanten in (i) oben unterscheiden sich zum Teil in ihrer Semantik, zum Teil liegen pragmatische Idiosynkrasien vor. Ohne Anspruch auf Vollständigkeit stehen die folgenden Bemerkungen: Bezogen auf Abbildung 2 kann zwar (von a aus) vorwärts zu b, c oder d gezogen werden, nur linguistisch eingeschränkt aber geradeaus (vorwärts) oder nach vorne (zu b, c, d).

Pragmatische Idiosynkrasie scheint folgendem Befund zugrunde zu liegen:

In einem Spiel wie Schach läßt sich die Bewegung in Vorwärtsrichtung mittels nach vorne ausdrücken, die Rückwärtsbewegung aber nicht via nach hinten. Beide Optionen bestehen aber im Fall eines Spiels wie Fußball.

Wir konzentrieren uns im folgenden auf zurück, wobei wir direktionale und präsuppositionale Verwendungen unterscheiden[6]. Man betrachte als Ausgangspunkt:

(3) Schulz fährt von Hamburg nach Köln. Dann fährt er nach Ulm. Von Ulm fährt er zurück nach Essen / nach Kiel.

(3') Schulz fährt von Hamburg nach Köln. Dann fährt er nach Ulm. Von Ulm fährt er zurück nach Köln.

(4) Schulz fährt von Hamburg nach Köln. Dann fährt er nach Ulm. Von Ulm fährt er weiter nach Essen.

(4') ?Schulz fährt von Hamburg nach Köln. Dann fährt er nach Ulm. Von Ulm fährt er weiter nach Köln.

(5) Schmitz spielt den Ball zu Köppel. Köppel paßt ihn zu Nolden. Nolden spielt ihn zurück zu Seibold.

(5') Schmitz spielt den Ball zu Köppel. Köppel paßt ihn zu Nolden. Nolden spielt ihn weiter zu Schmitz.

(6) Beckenbauer hat den Ball zu Grabowski gespielt, Grabowski zurück (*weiter) zu Beckenbauer...

(6') Beckenbauer jetzt im Querpaß zu Overath, könnte den Ball zurückgespielt bekommen...

In (3) kann sich - mit Bezug auf Essen - neben einer direktionalen (richtungsbezogenen) nur akkomodierend die präsuppositionale Lesart in dem Sinne realisieren, daß Schulz schon auf der Hinreise in Essen war. Der Rückkehrort Kiel macht eine direktionale Lesart erforderlich (Hinweis Ch. Habel). Erklärungsmöglichkeit: Annahme einer Richtungsachse - etwa <Ulm, Kiel> - die wiederum bei entsprechender Akkomodation als Rev(<Hamburg, Ulm>) interpretiert werden kann.

In (3')/(4') ist wegen des explizit vorhandenen anaphorischen Ankers aus pragmatischen Gründen zurück präferiert.

In Bezug auf Fußballfelder (vgl.(5)-(6')) ist der richtungsbezogene Gebrauch dominant. Die Dominanz hängt mit der Tatsache zusammen, daß ein Spielfeld (bezogen auf Spiele wie Fußball) eine dominierende Richtungsachse etabliert. Gleichzeitig gilt, daß in einem Spiel jeder der Spieler nach kurzer Zeit in Ballbesitz gekommen ist, so daß in einer Reportage der präsuppositionale Gebrauch von zurück kommunikativ entwertet würde. (6) und stärker noch (6') sind allerdings authentische Beispiele, in denen der Kontext die präsuppositionale Lesart präferiert; dies hängt offensichtlich

---

[6] J. Phillips hat mich darauf aufmerksam gemacht, daß "direktionales" und präsuppositionales zurück in Manx, einer keltischen Sprache, verschieden verbalisiert werden.

damit zusammen, daß zurück sein Antezedenz im unmittelbaren Vorgängersatz findet.

Innerhalb des betrachteten Untersuchungsrahmens steht auch der folgende authentische Text (7), den ich J. Philipps (persönliche Mitteilung) verdanke, sowie (8) - von Ch. Habel zur Widerlegung eines Erklärungsversuchs von (7) vorgebracht:

(7) Er war ursprünglich aus Trawsfynydd, verbrachte aber sieben Jahre seiner Jugend in Neuseeland, wo sein Vater Lehrer war. Dann ging er zurück nach Carnarvon, bevor er im Darlington College Journalismus studierte.

(8) Er war ursprünglich aus Kiel, verbrachte aber 15 Jahre im Exil in Amsterdam. Nach dem Kriege ging er zurück nach München.

Man beachte zunächst, daß Trawsfyndd und Carnarvon (beide in Wales liegend) räumlich disjunkt sind. (8) zeigt, daß eine adäquate Erklärung von (7) nicht über die Vagheit der Umkehrrichtung von <Trawsfyndd, Neuseeland> laufen sollte. Angemessener ist es, eine gleichzeitig direktionale und präsuppositionale Lesart dadurch zu ermöglichen, daß die Rahmenlokation Trawsfyndd zur Rahmenlokation Wales erweitert wird (analog müßte hinsichtlich (8) verfahren werden).

Ein inverser Weg wird in (9) anvisiert (das Beispiel verdanke ich Susanne Winkler). (9) - Teil einer Spielanleitung für Monopoly - wird primär direktional verstanden; zurück bezieht sich hier auf eine durch das Spielfeld via die Spielanleitung etablierte Umkehrrichtung. Es wird in der hier anvisierten Lesart nicht präsupponiert, daß der Spieler vorher schon einmal "im Gefängnis" war.

(9) Gehe zurück ins Gefängnis.

Vergleichen wir jetzt (10) mit (11):

(10) A. flog (von Stuttgart) nach Istanbul und zurück.

(11) Das Pendel bewegte sich vor und zurück, bis es schließlich zur Ruhe kam.

(10) impliziert, daß A. den Ausgangsort auf dem Rückweg wieder erreicht; für (11) wird aber nicht verlangt, daß die jeweilige Rückbewegung an den Ausgangspunkt zurückkehrt. Folgende Erklärung für das unterschiedliche Verhalten bietet sich an: Ist ein anaphorischer Anker verfügbar, so wird die "präsuppositionale" Lesart qua Default präferiert. In (11) wird eine solche Lesart durch den Nachsatz desavouiert.
Es gibt Fälle von direktionalem zurück, wo zurück die Bewegung vom Ausgangsort zu einem als peripher perpektivierten Ort indiziert, ohne daß ein *inverser Weg* vorliegt:

(12) Er hatte bequem gelegen, aber er sprang sofort auf und zog sich wie ein echter Wolf bis in die äußerste Ecke des Lagers zurück.

(13) Die Flügel des Huhns biegt man zurück und verschränkt sie so, daß sie am Flügel glatt anliegen. (aus einem Kochrezept)

Daß die Opposition zwischen zurück und weiter im wesentlichen eine solche pragmatischer Natur ist, wird durch Beleg (14) nahegelegt; zu beachten ist, daß die beschriebene Situation prototypisch wäre für die Verwendung von zurück!

(14) Der Kolben geht abwärts und saugt Kraftstoff-Luft-Gemisch in den Zylinder. Ist er unten angekommen, wird das Einlaßventil geschlossen. Der Kolben geht nun weiter nach oben, das Kraftstoff-Luft-Gemisch wird verdichtet.

In Fällen wie (15) werden wir dagegen annehmen, daß sich die Opposition von weiter und zurück semantisiert bzw. syntaktisiert hat; der intendierte Sinn ist, daß A. seine Bewegung fortsetzte, und zwar zurück an den Ausgangsort der Bewegung.

(15) *A. fuhr zurück weiter.

Stellen wir an dieser Stelle wesentliche Befunde kurz zusammen:
Weiter qua Wegkonnektor indiziert in Kookkurenz mit transpositionellen Bewegungsverben semantisch die *Fortsetzung* eines Weges (was etwa für vorwärts (und auch rückwärts) nicht gilt). Pragmatisch steht es in Opposition zu zurück. Dieser Opposition scheint folgendes Räsonnement zugrunde zu liegen: weiter ist semantisch schwächer als zurück. Wird zurück nicht gewählt, so läßt sich pragmatisch schließen, daß keine Rückkehr an eine vorher eingenommene Lokation ausgedrückt werden soll (eine analoge Argumentation hinsichtlich der Verwendung von an und bei findet man bei Herweg in diesem Band).

Auch in Hinsicht auf zurück beschränken wir uns auf die Verwendungsweisen, die im Zusammenhang mit Bewegung auftreten (wem an Kernbedeutungen liegt, wird zurück beziehen auf die Umkehr eines Ereignis- oder Handlungsmusters und damit auch Verben wie zurückschlagen oder zurückgeben erfassen können):

Wir gehen von zwei potentiell möglichen - nicht notwendigerweise miteinander unvereinbaren - Lesarten aus: der direktionalen und der präsuppositionalen. Die direktionale Lesart kann in einer Vielzahl von Fällen über den Begriff des inversen Weges (sowie pragmatische Akkomodationen davon) expliziert werden. In anderen Verwendungen werden ausgezeichnete Richtungen semantisch und/oder pragmatisch *ohne* Bezug auf einen Vorgängerweg etabliert.

Anders als zurück indiziert die Verwendung von rückwärts, daß die Ausrichtung (intrinsische Orientierung) des Bewegungsobjekts seiner Bewegungsrichtung entgegengesetzt ist - falls eine solche intrinsische Ausrichtung überhaupt vorliegt (Bsp.: rückwärts einparken).

Im folgenden werden wir die Frage der Etablierung von Richtungen - vorwiegend diskursbezogen - weiterverfolgen und zusätzliche Richtungsoperatoren einbeziehen.

Zu diesen Richtungsoperatoren gehört geradeaus, das im Gegensatz zu weiter (qua Wegkonnektor) nicht präsuppositional ist. Unterschiede werden auch dann sichtbar, wenn der für weiter benötigte Vorkontext zur Verfügung gestellt wird:

(16) A. fährt von Stuttgart nach Ulm. Von Ulm fährt er ?geradeaus / weiter / geradewegs nach München.

(16') A. fährt an der Kreuzung ?geradeaus nach Ulm.

(17) A. fährt bis zu der Linden-Kreuzung. Dort fährt er geradeaus weiter zur Stefanskirche.

(18) ...auf der Teerstraße nach Unterstein. Nach rechts *geradeaus / weiter auf der Neuen Straße.

Die Beispiele dokumentieren, daß semantische Kompatibilität zwischen weiter und geradeaus/nach rechts besteht, nicht aber zwischen geradeaus und nach rechts.

(16) (bei Verwendung von geradeaus) wird wahrscheinlich aus pragmatischen Gründen nicht durchgängig als akzeptabel empfunden. Die möglichen Wege sind durch Wegenetze gegeben, und diese Wegenetze sind in der Regel nicht so beschaffen, daß ein "geometrisch gerader" Weg Städte verbindet. Hinzu kommt die prozedurale Bezogenheit von Richtungsangaben auf ein für das Bewegungsobjekt verwendbares räumliches Koordinatensystem. Eine Stadt besitzt zwar in der Regel ein internes Wegenetz, bezogen auf dessen Komponenten (Straßen, Kreuzungen) Richtungsangaben wie geradeaus/nach links/nach rechts Sinn machen, legt aber qua Stadt keinen Orientierungsrahmen fest, auf den sich die genannten Richtungsangaben beziehen lassen (in Frage kommen hier allerdings die Himmelsrichtungen (Bsp.: nach Norden) oder Ausdrücke wie in Richtung X). Erst wenn wie in (16') auf eine Binnenlokation (hier: die Kreuzung) mit Richtungsstrukturierung Bezug genommen wird, läßt sich ein höheres Maß an Akzeptabilität erreichen.

(16) weist auch aus, daß geradewegs weniger strenge topologische Anforderungen stellt. Verlangt wird, daß der in Rede stehende Weg keine räumlich-zeitlichen Umwege und Verzögerungen aufweist; geradewegs kann im Sinne eines Defaults in anderen Kontexten die Information von geradeaus transportieren.

Für die Semantik von geradeaus sind zwei Aspekte hinsichtlich der Richtungsbestimmung eines Weges w maßgebend:
(a) Beibehaltung der "aktualen" Richtung durch das Bewegungsobjekt während eines Anfangsweges von w
(b) die räumliche Projektion von w - oder besser: eine Idealisierung davon - muß im geometrischen Sinne "gerade" sein)

Wir versuchen zunächst die Frage zu beantworten, was unter der aktualen Richtung eines Bewegungsobjekts zu verstehen ist. Gehen wir dazu von (19) aus:

(19) Gehen Sie geradeaus zur Kaufhalle.

Wird die Aufforderung (19) an eine Person gerichtet, so ist in der Regel über die intrinsische Ausrichtung dieser Person die relevante Richtung festgelegt.
Welcher Bewegungsablauf ist in (20) beschrieben?

(20) Die Kugel rollte die schiefe Ebene hinunter und dann geradeaus weiter.

Im Fall einer Kugel können wir nicht von einer intrinsischen Ausrichtung sprechen. Wenn wir den Weg die schiefe Ebene herab w_1 und den sich anschließenden Weg in Geradeaus-Richtung w_2 nennen, so ergibt sich, daß der für die referentielle Richtungsfestlegung maßgebliche Parameter wie folgt ermittelt wird: w_1 qua räumliche Projektion wird auf die *Horizontale* projiziert[7] - was w_1' liefert - und die Richtung eines relevanten Endweges von w_1' wird zur Richtung von w_2. Mit Absicht wurde die Unschärfe, die in dem Begriff "relevanter Endweg von w_1'" steckt, nicht durch eine mathematische Formulierung ersetzt, die - bezogen auf eine geometrische Idealisierung von w_1' - Zuflucht nimmt zum Tangentenbegriff im räumlichen Endpunkt von w_1'. Dies würde der Grobkörnigkeit natürlichsprachlicher Richtungsangaben im Vergleich zur Feingliedrigkeit der geometrischen Begrifflichkeit nicht gerecht.

Allgemein gilt, daß in konkreten Situationen Richtungsangaben meist auf Optionen an Weggabelungen bezogen sind, wobei die (für Implementierungen nicht ganz triviale) *pragmatische* Aufgabe darin besteht, die Gabelungs-Konfiguration auf ein prototypisch-abstrakt interpretierbares Richtungsschema abzubilden - was im Extremfall bedeuten kann, daß geradeaus auf einen (Verkehrs-) Weg bezogen wird, der im topologischen Sinn gekrümmt, aber bezogen auf die Alternativwege funktional dominant ist (vgl. etwa die Wegrichtung von w in Abb. 3 (a) versus 3 (b)).

[7] Auf die Rolle von Projektionen wird etwa auch in Habel/Pribbenow (1988:20) hingewiesen.

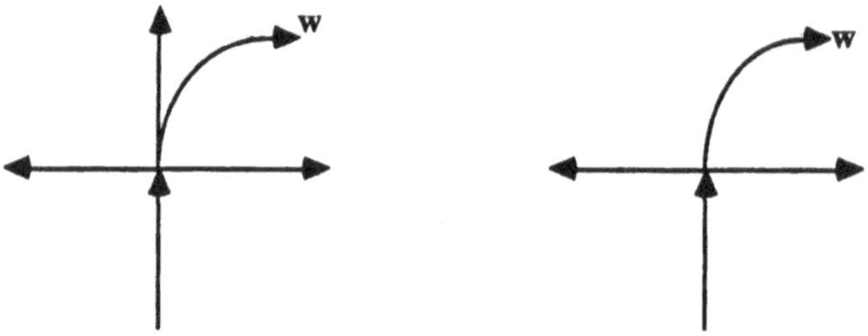

(a) (b)

Abb. 3

Betrachten wir jetzt anhand einiger Textbeispiele (informell) die Etablierung und Veränderung von Richtungen (wobei das letztere dem "updating", bezogen auf Datenbanken, entspricht).
Nehmen wir (21) und (22) als Ausgangspunkt:

(21) Die Straße überqueren und in bisheriger Richtung weiter bis zur nächsten Straße. Auch über diese hinweg und weiterhin geradeaus bis zu einem Teersträßchen.

(22) In bisheriger Richtung auf Forststräßchen durch den Wald. An dessen Ende scharf nach links, dann geradeaus über eine Wiese und wieder zum Waldrand.

(21)/(22) demonstriert, in welcher Weise anaphorisch auf Richtungen zugegriffen werden kann; in (21) ist bezüglich eines Weges w von der "bisherigen Richtung" die Rede; dies sei hier so verstanden, daß die Richtung eines relevanten Endweges von w' (dem Vorgängerweg von w) als Richtung eines Anfangsweges von w übernommen wird; geradeaus vermag ebenfalls anaphorisch auf eine solche Richtung zuzugreifen. Defaultmäßig gilt zusätzlich, daß Phrasen wie in bisheriger Richtung sowie geradeaus für die in Rede stehenden Wege Richtungsgleichheit der Teilwege induzieren.

Richtungsoperatoren wie nach links/nach rechts transformieren "aktuale" Richtungen r in Richtungen Li(r) oder Re(r), die damit zu neuen "aktualen" Richtungen werden, welche dann wiederum selber entweder übernommen oder "transformiert" werden können.

Eine interessante Frage ist es, inwieweit Straßen (oder andere Verkehrswege), die ihrerseits Richtungen induzieren können, für die Richtungskalkulation berücksichtigt werden müssen. Betrachten wir dazu (23):

(23) Dort, wo der Weg nach rechts schwenkt, gehen wir geradeaus weiter.

Denkbar wäre, daß nicht die Bewegungsrichtung, sondern der in (23) angesprochene, von der Weg nach rechts etablierte Wegabschnitt den Bezugspunkt für geradeaus abgibt. Dies scheint aber nicht der Fall zu sein. - Fragestellungen der vorliegenden Art bedürfen sicherlich noch weiterer Diskussion.

Die Aktualisierung von Richtungen ist für die linguistische Beschreibung kein durchgängig triviales Unterfangen. Dies sei zunächst an (24) verständlich gemacht:

(24) Wir gehen über freie Flur bis zur Wittesheimer Straße. Auf dieser nach rechts und zurück nach Monheim.

In (24) etabliert nach rechts eine Richtung Re(r). Diese (und in keinem Fall Rev(Re(r))) ist maßgebend für die Bewegung nach Monheim.
Betrachten wir jetzt (25): Bei direktionaler Lesart von zurück (die induzierte Richtung sei Rev(r)) bezieht sich die Phrase in bisheriger Richtung nicht auf Rev(r), sondern auf diejenige Richtung, die vor Verlassen des Wanderwegs die Aktualrichtung war!

(25) Zurück zum Wanderweg und in bisheriger Richtung weiter.

Das nächste Beispiel - (26) - demonstriert, daß da, wo zurück mit einer ausgezeichneten Richtung korreliert ist, die Operation Rev nicht zur Anwendung kommt:

(26) A. spielt den Ball zurück zu B. Der spielt ihn zurück zu seinem Torhüter.

Wir haben damit die informelle Betrachtung zur sprachlichen Konzeptualisierung des Richtungskonzepts zunächst abgeschlossen und wenden uns dem zu, was wir unter dem Etikett kontextuelle Einbettung gesondert herausstellen wollen.

3.3 Kontextuelle Einbettung

In Hinsicht auf weiter gilt es (mindestens) die folgenden Verwendungen zu berücksichtigen:

(1) Wir sind vom See aus weiter gewandert (*weitergewandert), als wir ursprünglich beabsichtigt hatten.
(2) A. hat dem B. weitergeholfen.
(2') A. hat dem B. weiter(hin) geholfen.
(3) A. wird (bald) weiterarbeiten.
(3') A. wird (*bald) weiter(hin) arbeiten
(4) A. wird mit dem Auto weiter ins Geschäft fahren.
(4') A. wird mit dem Auto weiterhin ins Geschäft fahren.
(4") A. wird mit dem Auto ins Geschäft weiterfahren.

Weiter (qua Komparativform von weit) ist primär ein raumbezogener Ausdruck; als solcher tritt er etwa in (1) auf; die Komparation relationiert die intendierte und die tatsächlich zurückgelegte Strecke. Inkorporierung von weiter ins Verb ist in diesem Fall nicht möglich.

Innerhalb von (2) ist weiter ebenfalls - da im übertragenen Sinne richtungsorientiert - raumbezogen; es kann nicht - wie in (2') - gefolgert werden, daß A. dem B. schon "vorher" geholfen hat.

In (3) finden wir ein "temporalisiertes" weiter, das die Fortsetzung einer Aktivität ausdrückt. Einbettungsbedingung ist, daß A. schon "vorher" gearbeitet hat.

(3') demonstriert, daß weiter qua weiterhin ein Häufigkeitsadverb mit temporalgenerischem Status ist.

(4) ist ambig und kann im Sinne von (4') oder (4") verstanden werden. Im ersteren Fall ist weiter (qua weiterhin) ein Operator, der den gesamten restlichen Satzkern in seinem Skopus hat. Innerhalb von (4") ist weiter Wegkonnektor, der auf linguistischer Ebene Teilwege einer Bewegung miteinander verknüpft.

Weiter qua Wegkonnektor realisiert sich insbesondere innerhalb von Wanderbeschreibungen wie (5)-(6'):

(5) Auf Feldweg hangaufwärts bis zu einem Querweg. Nach rechts zum Wald und in diesem weiter bergan bis zur Straße.

(5') ...bis zur Grillhütte. Hinter der Hütte auf Trampelpfad hinauf zur Teufelskanzel. Zurück zur Hütte und weiter talwärts.

(6) Vom Parkplatz durch die Dissingerstraße zum Marktplatz. Weiter über die Altmühlbrücke und linkshaltend durch die Rundweigstraße.

(6') Der Römerstraße folgen wir zunächst durch Felder zum Wald. Dann weiter durch den Wald...

Wir gehen davon aus, daß in (5)-(6') hinsichtlich der Verwendung von weiter Ambiguität vorliegt, die erst kontextuell aufgelöst wird. In (5)/(5') lizensiert der Kontext die Lesart eines "temporalisierten" weiter qua weiterhin - verknüpft mit Einbettungsbedingungen: Für (5) beispielsweise gilt, daß eine Vorgängerbewegung des Bewegungsobjekts kontextuell vorliegt, deren Richtung als "bergan" ausgewiesen ist. (5') dokumentiert, daß die kontextuelle Einbettung unter Umständen keineswegs nur über einen einfachen lexikalischen "Matching" - Prozeß ablaufen muß, sondern eine inferentielle Ableitung unter Verwendung von Bedeutungspostulaten und/oder Weltwissen voraussetzen kann bzw. im Extremfall Akkomodation verlangt.

In (6)/(6') schaltet dagegen der Vorkontext diejenigen Interpretationen aus, nach denen über die Altmühlbrücke und durch den Wald im Skopus von weiter liegen.

Bevor wir uns eingehender der Frage zuwenden, welche Skopusbedingungen für den Wegkonnektor weiter qua weiterhin gelten, sei zunächst konstatiert, daß sich die letztere Form tatsächlich in Wegbeschreibungen findet - wenn auch quantitativ weniger stark repräsentiert; dazu die folgenden Belege:

(7) Die Straße überqueren und in bisheriger Richtung weiter bis zur nächsten Straße. Auch über diese hinweg und weiterhin geradeaus bis zu einem Teersträßchen.

(7') Bei der Weggabel halten wir halblinks und gehen weiterhin noch etwa fünf Minuten leicht bergauf.

Welche Phrasen finden sich nun im Skopus von weiter (qua Wegkonnektor)?

In Wanderführern findet man bevorzugt (mehr oder weniger modifizierte) Richtungsangaben bzw. Lokativphrasen. Für die nachfolgende Generalisierung gehen wir davon aus, daß Richtungsangaben und Lokative mit Ereignissen korrelieren (bezogen auf unsere Beispiele sind etwa folgende ereigniskonstituierende Prädikate zu nennen: sich hangaufwärts bewegen und sich bergan bewegen).Wir nehmen in Anlehnung an Krifka (1987) an, daß Prädikate hinsichtlich ihrer Referenzweise charakterisiert werden können. Die für unsere Zwecke hier benötigten Metaprädikate sind die der Kumulativität und der Quantisiertheit (vgl. Krifka (1987) für eine formale Bestimmung). Wir charakterisieren die Begriffe anhand eines Beispiels: Ein *typisches* kumulatives Prädikat (über Ereignissen) ist lesen: zwei Leseereignisse konstituieren selber wieder - qua Summenindividuum - ein Leseereignis. Dagegen ist ein Buch zu Ende lesen quantisiert: zwei über dieses Prädikat charakterisierte Ereignisse lassen sich - qua Summenindividuum - nicht mittels dieses Prädikats beschreiben.

Die oben genannten richtungsbezogenen Prädikate (sich hangaufwärts bewegen, sich bergan bewegen) sind alle kumulativ. Dasselbe gilt für richtungsbezogene Prädikate wie sich geradeaus bewegen oder sich nach rechts bewegen; sie alle können im Skopus von weiter qua Wegkonnektor stehen. Problematischer ist die Klassifizierung von Prädikaten, die über Zieladverbiale konstruiert sind (Bsp.: sich nach Wasserzell begeben). Sie werden in der Regel telisch (quantisiert) verwendet (der unmarkierte Fall?), kommen aber auch atelisch vor. Wenn - bezogen auf eine Routenbeschreibung - jemand weiter nach Wasserzell fährt, werden wir gewöhnlich nicht schließen, daß er schon vorher - im Sinne eines *abgeschlossenen* Vorgangs - nach Wasserzell gefahren ist.

Als allgemeinen Befund konstatieren wir:

Nur kumulative, nicht quantisierte Phrasen liegen im Skopus von weiter qua Wegkonnektor.

Die Textbeispiele dokumentieren, daß die im Skopus von weiter liegenden (und für die Einbettungsbedingung relevanten) Phrasen weiter in der linearen Anordnung folgen (die Umkehrung gilt nicht); weiter unterscheidet sich hier von präsuppositionalem zurück, das neben "Vorwärtsskopus" auch "Rückwärtsskopus" zuläßt (vgl. dazu Mayer (1989)).

Schließen wir unsere Ausführungen zum Skopusverhalten von weiter mit folgender Beobachtung ab: Es gilt, daß die durch das Verb ausgedrückte Bewegungsmodalität sich nicht notwendigerweise im (semantischen) Skopus von weiter qua Wegkonnektor befindet, wie die Akzeptabilität von (8) zeigt; Einbettungsbedingung für den Wegkonnektor weiter ist hier einzig die Beziehbarkeit auf eine vorgängige Bewegung, deren Fortsetzung mittels weiter ausgedrückt wird.

(8) A. fuhr mit dem Auto von Ulm nach Sigmaringen. Dann ist er nach Beuron weitergeradelt.

Ein analoger Befund ergibt sich im Hinblick auf zurück.

Wir brechen die Diskussion der Einbettungsproblematik in Hinsicht auf weiter hier ab und schließen mit einem kurzen Hinweis auf das allgemeine Wegkonnexionsproblem ("Unter welchen Bedingungen werden Bewegungen als thematisch zusammengehörig und als Teile einer Gesamtbewegung verstanden?") - illustriert anhand der präsuppositionalen Verwendung von zurück (nach l^o): Diese ist nicht allein dadurch lizensiert, daß l^o schon einmal Rahmenlokation des Bewegungsobjekts war. Es muß ein inhaltlicher Zusammenhang hinzutreten, dessen Explikation nur innerhalb einer Ereignistheorie zu erwarten ist.

3.4 Syntaktische Repräsentationen

Weiter und zurück sind gemäß einer der gängigen Sichtweisen Adverbiale, die unter zu spezifizierenden Bedingungen Inkorporierung in das Bezugsverb zulassen und dann als (separierbare) Verbpräfixe fungieren (vgl. dazu Wunderlich (1983)). Minimalbedingung ist, daß die adverbialen Partikel Schwestern des Verbs und zu diesem adjazent sind.

Wenn wir die Auffassung von syntaktischen Kategorien als Merkmalsbündel aus der Generalisierten Phrasenstrukturgrammatik übernehmen, lassen sich die Partikel weiter, zurück und - kontrastrierend - weiterhin wie folgt als Lexikoneinträge charakterisieren:

weiter: {-N, -V, +Max, -Proj, ± Sep ...}; zurück:{-N, -V, +Max, -Proj, ± Sep...}; weiterhin: {-N, -V, +Max, -Proj, -Sep...}

Weiter, zurück und weiterhin werden in dieser Notation als nicht-nominal und nicht-verbal spezifiziert. +Max und -Proj beziehen sich auf ein verallgemeinertes X-Bar-Schema: Es handelt sich um maximale Projektionen, die gleichzeitig den Status lexikalischer Elemente haben (vgl. von Stechow/Sternefeld (1988:138)).
±Sep ist ein nicht-instantiiertes Merkmal, das sich auf die potentielle Ausbuchstabierung als +Sep ("als Verbpartikel fungierend") bzw. -Sep ("nicht als Verbpartikel fungierend") bezieht. Wir wollen annehmen, daß das Merkmalsbündel {-N, -V, +Max, ±Sep...} die Kategorie der Adverbiale charakterisiert, {-N, -V, +Max, -Sep...} diejenigen Adverbiale, die nicht als Präfixe fungieren können; {-N, -V, +Max, +Sep...} ist die Kategorie der separierbaren adverbialen Präfixe ADV-SEP.

Um der Tatsache Rechnung zu tragen, daß Partikel-Verb-Verknüpfungen nicht durchgängig prognostizierbar sind (vgl. etwa weiterfahren versus *weiterfallen versus weiter fallen), werden wir an Uszkoreit (1984) und Pollard/Sag (1987) anknüpfen, die das Präfix im Lexikon dem Verb als Merkmal zuweisen und es dann *syntaktisch* als Satzglied in den Subkategorisierungsrahmen des betroffenen Verbs projizieren.

Wir gehen also für adverbiale Partikelverben wie zurückfahren von Lexikoneinträgen der Form (i) aus:

(i) fahren
ADV-SEP: zurück

Als lineare Präzedenzregeln - hier als Adaptionen nach Uszkoreit (1984) formuliert - gelten (bei Nichtberücksichtigung des Nachfelds):

(ii) +Max < ADV-SEP (iii) ADV-SEP < V(+Nebensatz)

(ii) und (iii) sollen besagen, daß hinsichtlich der Linearisierung einer maximalen Projektion m und eines (adverbialen) Partikels gilt, daß m dem Partikel vorausgeht bzw. das Verb - bezogen auf Verbendstellung - ihm nachfolgt.

Innerhalb einer Merkmalsgrammatik bedürfen wir in Hinsicht auf unseren Gegenstandsbereich weiterer Differenzierungen. Wir drücken im folgenden Raumbezogenheit durch das Merkmal +Ri und die Existenz einer (temporalen) Einbettungsbedingung mittels des Merkmals +Temp aus. Im ersteren Fall wird notationell unsere These kodifiziert, daß raumbezogenes weiter eine (wahrscheinlich pragmatisch induzierte) Richtungsangabe ist.

Jetzt lassen sich die folgenden Verwendungen differenzieren:

(a)	helfen	(b)	fahren	(c)	weiter(hin) geradeaus fahren
	ADV-SEP:weiter		ADV-SEP:weiter		
	+Ri		+Ri		-Ri
	-Temp		+Temp		+Temp

Für ein "temporalisiertes" weiter mit der Merkmalskombination {-Ri, +Temp} gelten die Linearisierungsregeln von Temporaladverbialen; was lineare Abfolgeregeln angeht, wollen wir nur den bekannten Sachverhalt konstatieren, daß Temporaladverbiale Adverbialen des Raums vorausgehen.

Hinsichtlich der Linearisierung von Richtungsadverbialen (Merkmal: +Ri) (und damit auch von weiter qua Richtungsausdruck) nehmen wir an, daß sie Zieladverbialen (Merkmal: +Zi) in unmarkierter Abfolge vorangehen, wenn sie nicht als +Sep spezifiziert sind und damit die unmarkierte Reihenfolge Ri<Zi unterlaufen[8].

Damit schließen wir die formalen Erwägungen zu weiter ab und wenden uns dem Wegkonnektor zurück zu.

Die direktionale und die präsuppositionale Verwendungsweise von zurück differenzieren wir mittels der Merkmale ±Ri und ±Zi. Es wird stipuliert, daß mindestens eines dieser Merkmale positiv spezifiziert sein muß (möglicherweise aber alle beide), wobei restringierende semantische und pragmatische Filter schon genannt wurden. Wir nehmen an, daß präsuppositionales zurück als Modifikator von anderen Zieladverbialen in Nebenordnung zu diesen auftritt, wobei zurück zu ihnen - was die Linearisierung angeht - peripher steht (vgl. zurück nach Ulm zu Anna, nach Ulm zu Anna zurück, ?nach Ulm zurück zu Anna); appositive Nachträge seien nicht berücksichtigt. Wir gehen *nicht* davon aus, daß zurück innerhalb einer Präpositionalphra-

8 Es ist ein offenes Problem, inwieweit Richtungsphrasen (paradigmatisch: geradeaus, nach links, nach rechts, nach Norden) und Zielangaben (paradigmatisch: nach Waserzell, bis zur Straße) natürliche syntaktische oder semantische Klassen bilden. Zweifellos sind Richtungsadverbiale in ihrem Stellungsverhalten freier als Zieladverbiale, die beispielsweise Startangaben stets folgen (vgl. nach links von der Straße abkommen versus *nach Hause von der Unfallstelle fahren). Andererseits ist zu bedenken, daß Zielangaben oft dazu verwendet werden, um Richtungen anzugeben. Beleg:

(i) In welche Richtung ist er gefahren? - Nach Malmö.

Die behauptete "unmarkierte" Abfolgeregularität kann anhand der höheren Markiertheit von (ii)/(iii) im Vergleich zu ihren unmarkierten Varianten gesehen werden; die Richtungsangaben sind hier phrasal und haben kein "Schlupfloch" als Verbpartikel.

(ii) ?Der Angeklagte ist auf die B1 nach rechts in Richtung Osten gebogen.

(iii) ?Er fuhr nach Bel Air, nach Norden.

sen-Struktur eine Spezifikatorposition einnimmt (vgl. zu der allgemeineren Problematik Bierwisch (1988)).

Interessant ist in unserem Zusammenhang, was van Riemsdijk (1978) im Rahmen seiner Arbeit zur Präpositionalphrase "die Interaktion von Postpositionen und Partikeln" genannt hat. Wenn zurück rechtsperipher (bei van Riemsdijk: "postpositional") an Zieladverbiale gebunden ist und adjazent zum Bezugsverb steht, findet - in der Sichtweise von van Riemsdijk (1978) (aber auch von Wunderlich (1983)) - Inkorporierung ins Verb statt (in unserem Rahmen bedeutet dies die positive Instantiierung von ±Sep).

Nicht immer ist aber für rechtsperipheres zurück Inkorporierung möglich oder gegeben:

(1) die Fahrt nach Ulm zurück
(2) A. ist nach Mössingen zurück / gelaufen, nicht gefahren.

In (1) kann zurück nicht als Verbpartikel interpretiert werden. In (2) ist mittels / eine intonatorische Lesart gekennzeichnet, die zurück an das vorangehende Zieladverbial bindet (was bedeutet, daß in kontrastierenden Kontexten dieser Art "Inkorporierung" nicht stattfindet).

Eine durch (1)-(2) bestätigte Modifikation der obigen mit Blick auf weiter formulierten Linearisierungsregel ist die folgende: {+Ri, -Zi, -Sep v ±Sep} < +Zi. Sie soll besagen, daß Richtungsadverbiale, die nicht als Zieladverbiale oder separierbare Verbpartikel fungieren, allen Zieladverbialen vorangehen (v ist Disjunktionsoperator).

Wie lassen sich nun die folgenden Daten beschreiben?

(3) *A. fuhr zurück weiter.
(4) A. fuhr weiter, zurück nach Bern.
(5) A. fuhr weiter zurück
(6) Beim Vorwärtsziehen darf man nicht auf Igel-Feldern landen. Diese Felder werden nur durch Rückwärtsziehen erreicht.(...) Man kann von einem Igelfeld im nächsten Zug wieder vorwärts gehen oder auch weiter(*hin) zurück zum nächsten Igelfeld ziehen.
(7) White Fang saß ein paar Schritte entfernt an Deck und schaute die beiden aufmerksam an. (...) Matt ging auf White Fang zu, aber der glitt weiter(*hin) zurück.

Wie schon festgestellt, stehen weiter und zurück in (pragmatisch induzierter) Opposition zueinander, was die Inakzeptabilität von (3) erklärt.

In (4) ist über Intonation (entspricht der Kommasetzung) der Kontrast neutralisiert und weiter drückt bloße Bewegungsfortsetzung aus; zurück nach Bern fungiert hier als appositiver Nachtrag.

(5) ist in unserem Verständnis ambig. In einer Lesart ist es semantisch gleichwertig mit (3) und damit kontradiktorisch. In einer zweiten (widerspruchsfreien) Lesart nehmen wir an, daß sich komparativisches weiter realisiert; das Korrelat des Vergleichs - ein Abstand zum Bezugsobjekt - muß als implizit gegeben unterstellt werden. Beleg (7) zeigt, daß ein syntaktisches Muster der besprochenen Art durchaus nicht über eine "Einbettungsbedingung" temporal interpretierbar sein muß. Die Tatsache, daß auch in (6) - wo prinzipiell ein entsprechender Einbettungskontext vorliegt - weiterhin wenig akzeptabel ist, spricht dafür, auch für diesen Fall die raumbezogene Komparativform von weit und nicht temporalisiertes weiter anzusetzen.

Wir sind damit an das Ende dieser Arbeit gekommen. Dies bedeutet nicht, daß die Fragen zum Thema Wegkonnexion erschöpfend gelöst sind. Wir haben uns auf wenige Aspekte beschränkt und für einige Fragestellungen sind die vorgeschlagenen Antworten eher als spekulativ zu betrachten. Abzuwarten bleibt, inwieweit die entwickelten Konzepte für die Behandlung reicherer Sprachfragmente tragfähig sind. Zu betonen ist noch einmal, daß das Wegkonnexionsproblem eingebettet ist in das allgemeinere Thema der Ereignisstrukturen und Ereignisverkettungen und am Ende dort integrierbar sein muß.

Literatur

Bierwisch, M. 1988. On the grammar of local prepositions. Syntax, Semantik und Lexikon, hg. von M. Bierwisch, W. Motsch, I. Zimmermann, 1-65. (studia grammatica 29.) Berlin, Akademie-Verlag.

Gazdar, G./ Klein, E./ Pullum, G. / Sag, I. 1985. Generalized Phrase Structure Grammar. Oxford, Basil Blackwell.

Habel, Ch. 1987. Prozedurale Aspekte der Wegplanung und Wegbeschreibung. LILOG-Report 17.

Habel, Ch./ Pribbenow, S. 1988. Gebietskonstituierende Prozesse. LILOG-Report 18.

Herweg, M./Khenkar, M./Pribbenow, S./Rehkämper, K. 1988. Elsaß-Wanderung für Linguisten. Exemplarische Analyse und Repräsentation eines Satzes aus einer Reisebeschreibung. LILOG-Memo 8.

Hobbs, J.R. 1985. Granularity. IJCAI 85. 432-435.

Khenkar, M.N. 1988. Vorüberlegungen zur depiktionalen Repräsentation räumlichen Wissens. LILOG-Report 19.

Krifka, M. 1987. Nominal Reference and Temporal Constitution. Towards a Semantics of Quantity. Proceedings of the Sixth Amsterdam Colloquium. 153-173.

Lutzeier, P.R. 1981. Words and Worlds. Words, Worlds, and Contexts, hg. von J. Eikmeyer/H. Rieser, 75-106. Walter de Gruyter: Berlin/New York.

Mayer, R. 1989. Coherence and Motion. Linguistics 27/3.

Miller, G.A./Johnson-Laird, P.N. 1976. Language and Perception.Cambridge, Cambridge University Press.

Pollard, C./Sag, I.A. 1987. Information-Based Syntax and Semantics, Vol. I: Fundamentals. CSLI, Lecture Notes Number 13.

Stechow, A. von/ Sternefeld, W. 1988. Bausteine syntaktischen Wissens. Opladen, Westdeutscher Verlag.

Uszkoreit, H. 1984. Word Order and Constituent Structure in German. PhD thesis, University of Texas.

Van Riemsdijk, H. 1978. A Case Study in Syntactic Markedness. Lisse, The Peter De Rider Press.

Wunderlich, D. 1982. Sprache und Raum. Studium Linguistik 12: 1-19, 13: 37-59.

Wunderlich, D. 1983. On the compositionality of German prefix verbs. Meaning, Use, and Interpretation of Language, hg. von R. Bäuerle/ Ch.Schwarze/A. von Stechow. Amsterdam, North Holland.

Wunderlich, D., Herweg, M.. 1986. Lokale und Direktionale. Erscheint in: Handbuch der Semantik. Band 2, hg. von A. v. Stechow, D. Wunderlich. Königstein/Ts., Athenäum (demn.).

REGELBASIERTE INTERPRETATION LOKALER PRÄPOSITIONEN AM BEISPIEL VON IN UND BEI[1]

Simone Pribbenow

Vorbemerkungen

In den letzten Jahren sind viele Arbeiten zur Semantik lokaler Präpositionen veröffentlicht worden, die sich verschiedenen theoretischen Auffassungen zuordnen lassen. Momentan aktuelle Fragestellungen sind z.B. die Diskussion für und wider die Prototypensemantik (vgl. z.B. Rosch 1977), ein Ansatz, der ursprünglich überwiegend in der Nominalsemantik eingesetzt wurde. Demgegenüber stehen die den Ideen Bierwischs (Bierwisch 1983) folgenden Arbeiten, die von einer zweistufigen Konzeption ausgehen, welche *eine* unterbestimmte Kernbedeutung auf der semantischen Ebene und anschließende Ausdifferenzierungen auf der konzeptuellen Ebene vorsieht. Für beide Richtungen finden sich Beispiele in diesem Band, einerseits der Beitrag von Schwarze zur Polysemie (Schwarze 1989, vgl. aber auch Hottenroth 1986) und andererseits der Ansatz von Herweg (1989), der eine einheitliche semantische Kernbedeutung für die behandelten Präpositionen vorsieht.

Die folgenden Ausführungen gehen die Behandlung lokaler Präpositionen von anderer Seite an: aus der Sicht der Künstlichen Intelligenz (KI). Diese Sichtweise ist dadurch gekennzeichnet, daß erstens den Verarbeitungs- sowie den Repräsentationsprozessen besondere Aufmerksamkeit gewidmet wird und zweitens mehr oder weniger umfassende Aufgabenstellungen berücksichtigt werden (s.u.), an deren Anforderungen die verwendeten Theorien gemessen und bewertet werden. Dabei stehen im Zusammenhang mit der Verarbeitung natürlicher Sprache neben dem Verstehen gesprochener Sprache vor allem die Modellierung von Textverstehen und Textgenerierung im Brennpunkt des Forschungsinteresses.

Im Weiteren beschreibe ich einen umfassenden, auf Weltwissen basierenden Interpretationsprozeß für die Aufgabenstellung des Textverstehens[2] am Beispiel lokaler

---

[1] Diese Arbeiten entstanden im Rahmen des von der IBM geförderten Projektes LILOG (LInguistische und LOGische Methoden für das maschinelle Verstehen des Deutschen) im Hamburger Teilprojekt LILOG-R, das sich speziell mit der Verarbeitung räumlichen Wissens beschäftigt.

[2] Ich werde in meinem Beitrag den in der KI gebräuchlichen Ausdruck des 'Textverstehens' benutzen, ohne daß ich damit vorgeben will, hier den menschlichen Verstehensprozeß vollständig nachzubilden. Vielmehr soll es nur um den Versuch gehen, einige Aspekte des kognitiven Prozesses

Präpositionen. Als Motivation soll eine Skizze zweier Phänomene, die bei der Modellierung des Textverstehens berücksichtigt werden sollten, sowie die daraus resultierenden Anforderungen dienen. Der Verarbeitungsprozeß selbst basiert auf zwei Klassen von Regeln - Auswahl- und Abgrenzungsregeln -, für die Anwendungsbereich und Arbeitsweise beschrieben werden sowie die Umsetzung ihrer Ergebnisse in ein bildhaftes Repräsentationsformat.

1. Textverstehen

1.1 Phänomene des Textverstehens

Die ohnehin aufwendige Modellierung des Textverstehensprozesses wird besonders komplex, wenn der Prozeß nicht isoliert wird von weiterführenden Aufgabenstellungen. Diese Situation ergibt sich, wenn die aus dem Text gewonnene Information weiterverwendet wird, z.B. zum Beantworten von Fragen oder als Basis zum Verstehen von weiteren Texten. Problemlösungen dieser Art sind aber nur möglich, wenn die Textanalyse nicht nur eine reine Faktenextraktion ist, sondern die weitergehende Interpretation des Textes mit einer anschließenden Integration in das vorhandene Gesamtwissen anstrebt. Bevor ich auf die dabei benötigten Problemlösungsprozesse zu sprechen komme, möchte ich exemplarisch zwei der dabei zu berücksichtigenden Phänomene erläutern:

Erstaunensreaktionen:

Erstaunensreaktionen treten auf, wenn Erwartungen und Vorstellungen bzgl. des angesprochenen Bereiches aufgebaut wurden, die durch neue Eingaben revidiert werden müssen. Als Beispiel soll eine nicht durchgehend zutreffende Klassifikation von Objekten dienen:

(1) a. Siehst Du die Blumen in der Vase?
b. Sie werden vor dem Brennen in den noch feuchten Ton geritzt.

Innerhalb des Verstehensprozesses des ersten Satzes wird die Blumen als gegenständliches Objekt im botanischen Sinne klassifiziert, verbunden mit der Vorstellung eines Blumenstraußes, der in einer Vase steht. Bewirkt wird diese Interpretation durch unsere alltäglichen Erfahrungen im Umgang mit Blumen und Vasen oder, genauer ausgedrückt, unsere Erfahrungen über *typische* Beziehungen zwischen

---

zu *modellieren*, wobei die innere Struktur dieser Simulation nicht notwendigerweise der (größtenteils unbekannten) Struktur des menschlichen Verstehens entsprechen muß. Der vorsichtigere Begriff der 'Textverarbeitung' ist innerhalb der Informatik belegt als Bezeichnung für den Umgang mit Textsystemen und würde daher in dem von mir behandelten Kontext zu Mißverständnissen führen.

Objekten. In diesem Fall würden sich typischerweise die Stengel der Blumen in der Vase befinden, während die Köpfe nach außen sichtbar sind. Alle anderen Konstellationen werden als anormal empfunden; sie rufen Überraschung hervor. So auch der Satz (1b), bei dessen Interpretation der Leser von den realen Blumen zu einem (wenn auch eventuell plastischen) Muster übergehen muß. Durch die Änderung der Objektsortierung besteht jetzt auch Zugriff auf anderes Wissen: Auf jene Konzepte, die mit dem Begriff *Muster* assoziiert werden. Beachtenswert ist an dieser Stelle auch, daß bei diesem Beispiel die Erstaunensreaktion notwendigerweise gekoppelt ist mit einer nachträglichen Uminterpretation des ersten Satzes (1a).

Die hier nur anhand eines Beispieles beschrieben Erstaunensprozesse sind vielfältiger Art[1]. Sie können aber stets nur dann entstehen, wenn die aus der Eingabe extrahierte Information mit bereits vorhandenem Wissen verglichen wird und die beiden Teile als "nicht zusammenpassend" empfunden werden. Beim vorliegenden Wissen muß es sich nicht, wie im vorliegenden Beispiel (1a/1b), um definitorisches und damit als sicher angenommenes Wissen über Klassifikationen handeln. Es ist ausreichend, wenn das zum Abgleich herangezogene Wissen den Status von (unsicheren) Erwartungen hat.

Lokalisierungs- und Suchvorgänge:

Hier soll die räumliche Domäne als Beispiel für ein Phänomen benutzt werden, das auch in allen anderen Bereichen auftritt: Die Ausspezifizierung einer sprachlich unvollständig vorgegebenen Situation. Diesem Prozeß liegt die Annahme zugrunde, daß die sprachlich explizit vorgegebene Information im allgemeinen zu unvollständig ist, um dem Hörer/Leser zum Aufbau einer konkreten Vorstellung der beschriebenen Situation zu verhelfen. Deshalb ist es erforderlich, mit Hilfe von Inferenzen zusätzliche Informationen zu erschließen.

Eine wichtige Aufgabe ist das Zusammenstellen aller beteiligten Objekte, auch derjenigen, die nicht explizit im Text erwähnt werden, aber unabdingbar für eine vollständige Analyse der beschriebenen Situation sind. So wird z.B. bei Satz (2) durch das Verb <u>hängen</u> das Vorhandensein einer Befestigung impliziert:

(2) Das Bild hängt an der Wand

1 Eine umfassendere Phänomenbeschreibung mit einer Klassifikation der Ursachen findet sich in Ortony/Partridge (1987).

Diese Befestigung leistet den vom Verb geforderten *support*[1] und besteht in der Regel aus zusätzlichen Elementen wie Nägeln, Befestigungsleisten usw., deren Vorhandensein bei Bedarf erschlossen werden können sollte.

Ein ähnlicher Mechanismus liegt der Explizierung sprachlich nicht direkt vorgegebener räumlicher Relationen zwischen Objekten zugrunde. Diese zweite relevante Fragestellung zur Bestimmung der räumlichen Gesamtsituation betrifft statt der Erschließung weiterer Objekte die zusätzlich vorliegenden räumlichen Beziehungen der involvierten Entitäten. Zur Verdeutlichung soll der folgende kurze Text dienen:

(3) Am Steinweg liegen ein Bistro und ein Laden mit Indianerschmuck. Zwischen ihnen ist das pakistanische Restaurant.

In diesem Beispiel wird das Restaurant direkt nur mit dem Bistro und dem Schmuckladen in Verbindung gebracht. Unter Zuhilfenahme von Weltwissen läßt sich zusätzlich die Information erschließen, daß das pakistanische Restaurant an derselben Straße liegt wie die beiden anderen Geschäfte und zwar vermutlich auf derselben Seite. Damit ergibt sich gleichzeitig die fehlende (räumliche) Relation zwischen dem Restaurant und dem Steinweg. Nur mit diesem zusätzlich erschlossenen Wissen ist der Satz (3) überhaupt erst als Lagebeschreibung für das Restaurant akzeptabel!

Suchprozesse benötigen somit ein möglichst vollständiges Modell der sprachlich beschriebenen Situation, für dessen Aufbau ein großer Fundus an Hintergrundwissen, der sowohl Weltwissen als auch bisher angesammeltes episodisches Wissen umfaßt, benötigt wird.

1.2 Textverstehensprozesse und ihre Voraussetzungen

Diese beiden Beispiele bilden nur einen kleinen Ausschnitt der möglichen Phänomene; die zu ihrer Bearbeitung erforderlichen Prozesse sind aber grundlegend für den gesamten Bereich des Textverstehens. Deshalb möchte ich sie in verallgemeinerter Form aufführen:

- Vergleiche zwischen altem und neuem Wissen

  Hierbei wird sowohl das Weltwissen, das die subjektiv gefärbten Annahmen über die behandelte Domäne enthält, als auch das bislang angesammelte episodische Wissen herangezogen. Die Beziehungen zwischen altem und neuem Wissen

---

[1] Mir ist leider kein Begriff der deutschen Sprache bekannt, der ebenso wie das Wort *support* dafür geeignet ist, sowohl eine horizontale Unterstützung als auch die vertikale Spielart auszudrücken. Deshalb verwende ich hier den englischen Ausdruck als terminus technicus.

können vielfältiger Natur sein: Die extrahierte Information kann die vorliegende weiter ausführen bzw. spezifizieren, sie kann sie verstärken oder abschwächen. Im schlechtesten Fall kann sie sogar im Widerspruch dazu stehen[1]; eine Situation, die u.a. die besprochenen Erstaunensreaktionen verursacht. Neben der Modellierung dieser Erstaunensprozesse leisten diese Vergleiche vor allem die Integration des neuen Wissens in die vorhandene Wissensbasis.

- Aufbau eines umfassenden Modells der angesprochenen Situation

  Durch die Kombination des gesamten vorhandenen Wissens mit den neu hinzukommenden Fakten wird versucht, implizit enthaltene oder notwendigerweise vorliegende Gegebenheiten zu explizieren. Ein Beispiel dafür ist die unter 1.1 beschriebene Inferierung nicht im Text erwähnter Objekte bzw. Relationen. Dieser Prozeß wird neben der Beschreibung der räumlichen Gesamtsituation auch zur Aufdeckung kausaler Ketten und zugrundeliegender Intentionen, Pläne oder Ziele[2] benutzt. Benötigt wird dafür ein Inferenzmechanismus, der einzelne Wissensentitäten und regelhafte Beziehungen zwischen ihnen auswerten kann, wobei der Erfolg oft genug von der Adäquatheit des Repräsentationsformats abhängt.

- Aufbau von Erwartungen

  Dieser Aspekt kann nicht unabhängig vom vorhergehenden gesehen werden, denn Erwartungen bilden einen wesentlichen Teil des Gesamtmodells, genauer gesagt alle Anteile, die auf *typischen* Eigenschaften von Entitäten oder *typischen* Beziehungen zwischen Objekten beruhen. Diese Art der Information wird als Defaultwissen bezeichnet und kann jederzeit durch neue, sichere Information revidiert werden (Default reasoning).

Zur Durchführung dieser Prozesse müssen drei Voraussetzungen gegeben sein:

1. das zur Behandlung dieser Domäne benötigte Weltwissen
2. eine gemeinsame Basis, um neues und altes Wissen vergleichen bzw. kombinieren zu können
3. ein adäquates Repräsentationsformat.

Bezüglich der ersten Forderung existieren keine generellen Kriterien, welches Wissen zur Modellierung einer gegebenen Domäne zur Verfügung gestellt werden muß. Für den später beschriebenen Teilbereich lassen sich hingegen Mindestanfor-

---

[1] Eine Analyse der zur Erkennung und Bearbeitung dieses Inkonsistenzfalles nötigen Verträglichkeitsüberprüfungen findet sich in Pribbenow (1988).

[2] Das grundlegende Werk für die letzteren Aufgaben ist "Scripts, Plans, Goals, and Understanding" (Schank/Abelson 1977), dessen Grundideen immer noch richtungsweisend sind.

derungen an das benötigte Wissen angeben. Die im zweiten Punkt geforderte gemeinsame Basis wird dadurch zur Verfügung gestellt, daß jede Information auf zugrundeliegende Konzepte abgebildet wird, die entsprechend der bearbeiteten Domäne gewählt werden müssen. Natürlichsprachliche Eingaben müssen darum zuerst in diese interne Repräsentation übersetzt werden. Um räumliche Sachverhalte adäquat verarbeiten zu können, bietet sich die Benutzung eines zusätzlichen, bildhaften Repräsentationsformats an. Dieses ermöglicht die für die räumliche Domäne wichtige Darstellung quantitativen Wissens (vergl. Abschnitt 2.2) und angemessenere Inferenzprozesse. In einem propositionalen Formalismus wird zum Erzeugen zusätzlicher Information ein umfangreiches Regelsystem, das alle erforderlichen Gesetzmäßigkeiten explizit beschreibt, und ein entsprechender Ableitungsmechanismus benötigt. Inferenzprozesse auf bildhaften Repräsentationen hingegen benötigen keine Deduktionen. Sie können die neue Information direkt "ablesen", da der Aufbau des Bildes bereits die Explizierung des gesamten zur Verfügung gestellten räumlichen Wissens beinhaltet[1]. Deshalb gehe ich im weiteren von der Verwendung zweier verschiedener Formate, eines propositionalen und eines bildhaften, für die Analyse räumlicher Ausdrücke aus.

Ein derart ausgestatteter Interpretationsprozeß geht somit weit über die reine Faktenextraktion hinaus. Er stellt ein Vorgehen dar, bei dem das neue Wissen nicht bezugslos neben das vorhandene Wissen gestellt, sondern integriert wird. Aus diesem Ergebnis kann neues Wissen unterschiedlicher Art inferiert werden, um so ein umfassendes Modell der beschriebenen Situation zu konstruieren.

2. Konzeptuelle Interpretation von Präpositionalphrasen

2.1 Problemstellung

Die bisherigen Ausführungen sollen am Beispiel einer Wortklasse, der der lokalen Präpositionen, verdeutlicht werden; ich werde hierbei die Präpositionen in und bei verwenden, die - wie später ersichtlich - in gewisser Weise die beiden extremen Varianten bzgl. des Interpretationsprozesses darstellen. Dabei möchte ich zwei Punkte hervorheben.

Ich will versuchen, *eine* Möglichkeit für einen konzeptuellen Interpretationsprozeß darzustellen, andere Alternativen sind sicher denkbar. Dabei steht nicht so sehr im

[1] Die unterschiedliche Funktionalität propositionaler und bildhafter Inferenzprozesse wird ausführlicher dargestellt von Lindsay (1988), die Analyse eines konkreten Beispiels, der Auswertung von Anordnungsinformation, findet sich in Schlieder (in Vorb.).

Vordergrund, für jede Präposition eine konzeptuelle Definition anzugeben, als vielmehr die benötigten Mechanismen des Interpretationsprozesses und das zu ihrer Ausführung benötigte Wissen zu beschreiben. Da ich nicht alle oben angesprochenen Aspekte eines solchen Prozesses berücksichtigen kann, wird der Schwerpunkt auf der Anbindung an die zugrundeliegenden konzeptuellen Primitiven liegen sowie auf der Modellierung von Suchprozessen. Wie beschrieben, ist mit dem letzten Punkt der Aufbau eines umfassenden Modells der textuell beschriebenen Situation verbunden, das neben sicherer Information auch Erwartungen enthält.

Neben der Fokussierung auf die Interpretationsprozesse werde ich auch den räumlichen Aspekt hervorheben. Dabei gehe ich davon aus, daß neben den propositional basierten Mechanismen auch solche Prozesse vorhanden sind, die auf bildhaften Repräsentationen arbeiten.

Gerade im Hinblick auf eine bildhafte Umsetzung der gegebenen Information stellen Präpositionen die m.E. wichtigste Wortklasse der lokalen Ausdrücke dar, da sie u.a. Objekte zueinander in (räumliche) Beziehung setzen und damit Angaben über deren relative Lage geben. Im folgenden möchte ich mich deshalb auf Präpositionalphrasen beschränken[1], die der Lokalisierung von Objekten dienen, z.B.

(4) a. die Blumen in der Vase
    b. der Baum beim Gartenhäuschen

Um eine Nominalphrase mit attributiver Präpositionalphrase (PP) der oben beschriebenen Art erfolgreich zu analysieren, müssen zwei Fragen beantwortet werden:

- *Was* wird lokalisiert?

  Auf welchen Teil des zu lokalisierenden Objektes (LO) bezieht sich die Lokalisierung? Das muß nicht notwendigerweise das Gesamtobjekt sein, wie das Beispiel (4a) zeigt. Wie für das Beispiel (1a) ausgeführt, sollten sich hier entsprechend der Standardinterpretation nur die Stengel selbst in der Vase befinden[2].

---

[1] Die Problematik der Ereignis- vs. Objektlokalisierung möchte ich trotz ihrer Relevanz im weiteren nicht ansprechen; ihre Komplexität erfordert eine eigenständige Untersuchung. Auf die Berücksichtigung von Verben werde ich an der entsprechenden Stelle kurz hinweisen. Nicht angesprochen werden direktionale Präpositionen. Allerdings lassen sich diese problemlos in den vorgestellten Interpretationsprozeß miteingliedern, wenn ein entsprechendes Wegkonzept (wie z.B. das in Habel 1989 vorgeschlagene) vorliegt.

[2] Zur Lösung dieses Problems besteht ebenso die Möglichkeit, jeweils den Lokalisierungsbereich so zu erweitern, daß eine gesamte Lokalisierung des LO möglich ist. Da die konzeptuelle Analyse aber ggf. eine Anbindung der sprachlich gegebenen Information an die entsprechenden bildhaften Vor-

- *Wo* wird der relevante Teil des LO lokalisiert?

  Als Beantwortung dieser Frage soll das in Frage kommende Lokalisierungsgebiet bestimmt werden, das in bezug auf das Referenzobjekt (RO) gebildet wird. Durch diese Vorgehensweise soll der Lokalisierungscharakter von Präpositionen hervorgehoben werden. (Eine ähnliche Sichtweise der Präpositionen wird auch von Miller/Johnson-Laird (1976) vertreten, für die ein Aspekt von Präpositionalphrasen deren Unterstützung der implizit angenommenen Suche nach dem zu lokalisierenden Objekt ist.)

In den weiteren Ausführungen gehe ich auf diesen Prozeß der Bestimmung des Lokalisierungsgebietes näher ein. Der erste Punkt der Festlegung des in diesem Gebiet lokalisierten Teils des LO soll nicht weiter behandelt werden, da er im wesentlichen die gleichen Mechanismen wie der Gebietsprozeß benutzt.

2.2 Gebietsbestimmung

Das wichtigste Konzept in diesem Interpretationsprozeß bildet das konzeptuelle Primitiv *'Gebiet'*, denn in dem auf der propositionalen Ebene mit Hilfe von Regeln durchgeführten Interpretationsprozeß bilden die Gebiete das Endergebnis einer Analyse. Zusätzlich hat das Konzept 'Gebiet' dadurch eine Schlüsselposition inne, daß dieses zuerst einmal auf der propositionalen Ebene benutzte Primitiv den Übergang zum bildhaften Repräsentationsformat bildet.

Das Gebiet, das für eine textuelle Phrase erstellt wird, ist in seiner konkreten Form[1] vor allem vom Referenzobjekt abhängig. Dieser Zusammenhang drückt sich in den vermittelnden Primitiven der jeweiligen *Konzeptualisierung* aus, womit ich in diesem Kontext die benötigte geometrische Sichtweise[2] des Referenzobjektes bezeichnen möchte. Diese leitet sich von der verwendeten Präposition ab, wird aber mitbeeinflußt von den Eigenschaften des zu lokalisierenden Objektes sowie ggf. vom Gesamtkontext der Präpositionalphrase. Im Fall der beiden vorhin genannten Beispiele

---

stellungen ermöglichen soll, stellt diese Herangehensweise der Erweiterung des Lokalisierungsbereichs keine adäquate Alternative in bezug auf den hier beschriebenen Interpretationsprozeß dar.

[1] 'Gebiet' bezieht sich auf die Ebene der internen Stellvertreter, d.h. der Entitäten der Bedeutungsrepräsentation, und nicht auf die reale Welt.

[2] Der Begriff der geometrischen Sichtweise findet sich auch bei Herskovits (1985), wo er mit "geometric description" bezeichnet wird. Allerdings gibt es davon eine Vielfalt von Ausprägungen mit unterschiedlichen Aufgaben. Die von mir benutzten Konzeptualisierungen sind abstrakter Art und Präpositionen zugeordnet. Viele der von Herskovits eingeführten Operatoren finden sich im hier vorgestellten System auf der bildhaften Ebene.

(4) a. die Blumen in der Vase
b. der Baum beim Gartenhäuschen

wäre diese Sichtweise für (4a) die 'Innenregion' (der Vase) und im zweiten Fall die 'Außenregion' (des Gartenhäuschens). Diese Konzeptualisierungen bilden die Basis zur Erstellung eines spezifischen Gebietes, das im folgenden immer weiter verfeinert werden kann, bis es möglichst genau das eigentliche Suchgebiet angibt. Damit würde das Suchgebiet seinem Charakter nach - wenn auch nicht in der hier angesprochenen Detailliertheit - den Vorstellungen Miller/Johnson-Lairds von einer *Suchdomäne* ("search-domain") entsprechen, die vom Kontext vorgegeben wird (Miller/Johnson-Laird 1976: 385). Der Prozeßablauf sieht damit ungefähr folgendermaßen aus:

RO → Bestimmung der Konzeptualisierung → Erstellung von Gebiet/Suchdomäne

An diesem Prozeß sind, wie im ersten Kapitel beschrieben, zwei Repräsentationsformate beteiligt: ein propositionales und ein bildhaftes. Die Gebietsbestimmung setzt eine syntaktische Analyse und eine rudimentäre semantische Aufbereitung voraus. Im Falle des LILOG-Systems[1], in das sich meine Ausführungen einbetten, ist das hauptsächlich die Erstellung einer Funktor/Argument-Struktur, die auf der Konzeption der thematischen Rollen basiert. Diese Analyseschritte werden im folgenden als bereits durchgeführt vorausgesetzt; alle weiteren Ausführungen beziehen sich auf die anschließende konzeptuelle Analyse.

Auf der propositionalen Ebene ist an dieser Analyse ein propositionales Regelsystem beteiligt, das in L_{LILOG} geschrieben ist, einer speziell für das LILOG-System entwickelten Repräsentationssprache, die auf Prädikatenlogik 1. Stufe aufbaut. (vgl. Beierle et al. 1988). Das bildhafte Format bilden sogenannte *Depiktionen* (siehe Habel 1988a), die den unter 1.2 genannten Vorteilen bzgl. des Inferierens räumlichen Wissens genügen und die zur Auswertung durch den Computer als quasi-analoge Zellmatrizen implementiert werden (Khenkhar 1988).

Die Hauptaufgabe der Regeln besteht in der Überführung der Ergebnisse der semantischen Analyse in Ausdrücke, die aus konzeptuellen Primitiven aufgebaut sind. Zu den Basiskonzepten gehören neben dem bereits angesprochenen 'Gebiet' vor allem Konzepte zur Beschreibung und zum Umgang mit Objekten, wie z.B. die von Lang vorgeschlagenen *Objektschemata* (Lang 1987, 1989). Zur Menge der Relationen gehören außer räumlichen auch funktionale Beziehungen wie der bereits angesprochene 'support', deren Relevanz die in 3. beschriebenen Inferenzprozesse zeigen wer-

[1] Dieses LILOG-System ist der 1988 vom gesamten LILOG-Projekt erstellte erste Prototyp eines textverstehenden Systems.

den. Zusätzlich gewähren die Regeln den Zugang zum ebenfalls propositional repräsentierten (nicht-räumlichen) Weltwissen; so kann weitere implizit vorhandene Information explizit gemacht werden, sowie Defaultinformation erschlossen werden.

Um den Übergang zu den Depiktionen zu ermöglichen, müssen alle bildhaft umsetzbaren Primitive depiktionale Entsprechungen haben, z.B. "bildhafte Prototypen", die der Darstellung von Objekten in Depiktionen dienen, oder Operationen, die Teile von bildhaft dargestellten Objekten auszeichnen, Gebiete erstellen usw. Nach der Umsetzung stellen die Depiktionen dann eine Explizierung der propositional vorgegebenen Information dar, da sie aufgrund ihres bildhaften Charakters zur Darstellung quantitativen Wissens geeignet sind. In den Depiktionen können z.B. die Gebietseigenschaften repräsentiert werden, die die im Abschnitt 3 beschriebenen Regeln festlegen[1]. Die so erstellten Depiktionen werden für die Ausführung von Lokalisierungs- und Suchprozessen benutzt, wie sie z.B. für die Fragebeantwortung oder die Erstellung einer Wegbeschreibung erforderlich sind.

Im konzeptuellen Analyseprozeß einer Präpositionalphrase erfolgt damit zuerst eine Auswertung der Ergebnisse der semantischen Analyse. Sind alle verfügbaren Informationen erschlossen, werden diese depiktional umgesetzt:

PP ——→ Regelauswertung ——→ Depiktionale Umsetzung

gebietskonstituierende
Funktion

Die Verfeinerung zur Suchdomäne selbst ist keine Aufgabe mit fest definiertem zeitlichen Rahmen. Neu hinzukommende Information über die räumliche Umgebung oder den Gesamtkontext der Äußerung muß stets mitberücksichtigt werden und hat damit Einfluß auf das bis zu einem gewissen Zeitpunkt erstellte Gebiet mit der zugehörigen Depiktion. Bevor ich noch einmal auf den Gesamtprozeß der Präpositionsauswertung eingehe, möchte ich am Beispiel von zwei Präpositionen den Prozeß der Regelanwendung genauer untersuchen.

[1] Im Rahmen dieser Arbeit möchte ich nicht näher darauf eingehen, wie diese Explizierung qualitativen propositionalen Wissens konkret aussieht und welche Art von Information im logischen bzw. im bildhaften Format dargestellt wird. Eine ausführliche Analyse dieser Zusammenhänge findet sich in Pribbenow (in Vorb.), zusammen mit einer detaillierten Beschreibung der Interaktion der beiden Repräsentationsebenen sowie der Aufgabenverteilung zwischen ihnen.

3. Regelauswertung

3.1 Beispiel 1: die Präposition *in*

In den Untersuchungen zur Semantik der Präposition in finden sich sehr ähnliche Ergebnisse, deren Kern immer eine "Lokale Inklusionsbeziehung" bildet oder konkreter "das (partielle) räumliche Enthaltensein vom LO (bzw. dem zum LO gehörenden Gebiet) im Innengebiet vom RO" (siehe z.B. Herweg 1989). Trotzdem ist ausgerechnet bei dieser Präposition die Bestimmung des Gebietes keineswegs so trivial, wie ihre einheitliche Semantik das vermuten läßt. Der Grund liegt in der benötigten Konzeptualisierung der 'Innenregion', für die es nicht genau eine Ausprägung pro Objektklasse gibt, wie die folgenden Phrasen zeigen sollen:

(5) a. die Oma im Sessel
b. der Riß im Sessel
c. der Federkern im Sessel

Das erste Beispiel erfordert für die Person eine Innenregion, die den Sitzbereich eines Sessels beschreibt, also den Raum zwischen der Sitzfläche, den Armlehnen und der Rückenlehne (vgl. Abb. 1a). Beschreiben läßt sich diese Konzeptualisierung durch ein an den mathematischen Begriff der 'Hülle' angelehntes Prinzip[1]. Interessanterweise ist es genau diese Möglichkeit, solch ein Prinzip überhaupt anwenden zu können, die einen Sessel von einem Stuhl unterscheidet. Für letzteren gilt, daß eine Person nicht in dem Stuhl, sondern normalerweise auf dem Stuhl sitzt.

Das zu lokalisierende Objekt der zweiten Phrase, der Riß, kann sich dagegen nur auf die reißbaren Teile des Referenzobjektes, z.B. den Sesselbezug, sowie ggf. den Sesselkörper, beziehen (vgl. Abb. 1b). Die Innenregionskonzeptualisierung sollte hier durch das Material des Referenzobjektes, seine 'festen Teile', gegeben sein. Die gleiche Ausprägung wird auch durch andere rißähnliche Objekte wie Spalten, Lücken und Rillen angesprochen, ebenso wie durch eine Schraube, die in ein Objekt hineingedreht wird.

Der Federkern wiederum erfordert für seine Lokalisierung einen Hohlraum, wie er sich normalerweise im Innern des Sesselkörpers findet (vgl. Abb. 1c). Dieser 'Innenraum' beinhaltet den von einem Objekt eingenommenen Raum, der nicht materiell besetzt ist. Diese Konzeptualisierung findet sich bei allen Behältnisobjekten wie Schachteln, Flaschen u.ä. Sie bildet damit die gängigste Variante der bisher

---

[1] Für die Anwendung bei der Modellierung im Bereich realer Objekte muß die rein topologische Definition einer Hülle um die Berücksichtigung von Gestaltphänomenen erweitert werden.

besprochenen Konzeptualisierungsmöglichkeiten. Soll eine Standardverwendung der Präposition ausgezeichnet werden, so wäre dies sicherlich die passende Wahl.

Insgesamt ergeben sich bei der Analyse der drei Phrasen 5a-c drei verschiedene Konzeptualisierungen, die zu untereinander disjunkten Gebieten führen, wie die folgende Abbildung verdeutlichen soll:

Abb. 1

(a) (b) (c)

Auch wenn dieses Beispiel des Referenzobjektes 'Sessel' einen Extremfall darstellt, so ist das zugrundeliegende Problem doch allgegenwärtig, da die meisten Objekte mehr als eine Konzeptualisierungsmöglichkeit für die Innenregion bieten. Die Auswahl der passenden Innenregion wird dabei durch zwei Kriterien gesteuert:

- die vom Referenzobjekt zur Verfügung gestellten Innenregionvarianten

  Sie müssen entweder für jede Objektklasse explizit angegeben werden (was mit einem sehr hohen Aufwand an Akquisitions- und Kodierarbeit verbunden ist), oder allgemeinere Zuordnungsvorschriften müssen gefunden werden. Erste Ansätze dafür bieten die bereits angesprochenen Objektschemata (Lang 1987, 1989), die Auskunft über Dimensionseigenschaften von Objekten geben. Um eine eindeutige Zuordnung gewährleisten zu können, müßten sie insbesondere um einige Formaspekte, die z.B. für Hüllenkonzepte wichtig sind, erweitert werden.

- die Erfordernisse des zu lokalisierenden Objektes LO

  Welche Art von Innenregion-Konzeptualisierung ein konkretes LO benötigt, hängt u.a. von den physikalischen Gegebenheiten seiner Objektklasse ab. Für alle Objektklassen gemeinsam gilt das Kriterium, daß die konkret ausgewählte Innenregion groß genug sein muß, um den als relevant bestimmten Teil des LO aufnehmen zu können. Aber auch innerhalb einer Konzeptualisierungsklasse ergeben sich unterschiedliche Randbedingungen, die berücksichtigt werden müssen. So erfordern z.B. die drei möglichen Aggregatzustände eine unterschiedliche

Dichte des als Behältnis dienenden 'Innenraums': Gase haben die höchsten Dichteanforderungen an den Hohlraum, feste Körper akzeptieren auch ein Objekt mit nicht zu großen Löchern, usw.

Anhand dieser beiden Vorgaben muß der Analyseprozeß jetzt ein passendes Objektklasse/Konzeptualisierungspaar finden. Dabei müssen die oben genannten Anforderungen in positive Zuordnungsvorschriften umgesetzt werden. Es muß eine Konzeptualisierung gewählt werden, die das Enthaltensein des LO gewährleisten kann, d.h. als *Behältnis* für LO dienen kann. Damit erhält die Präposition in auf der konzeptuellen Ebene einen zusätzlichen, funktionalen Aspekt: die 'Behältnis'-Funktion, die der entsprechende Teil des RO für das zu lokalisierende Objekt leisten soll.

Das benötigte Wissen über mögliche *funktionale Wechselwirkungen* zwischen Objekten, (z.B. Behälter/enthaltenes Objekt) gehört zum physikalischen Weltwissen. Seinem Charakter nach ist es eher naiv, erfahrungsbasiert, als den exakten wissenschaftlichen Gesetzen entsprechend. Obwohl es in letzter Zeit ausgehend vom "Naive Physics Manifesto" (Hayes 1979) viele Untersuchungen zum Vorgehen auf diesem Gebiet des physikalischen Commonsense reasoning gibt (siehe z.B. die Ausführungen über Qualitative reasoning in Gentner/Stevens (1983)) ist es immer noch problematisch, die zugrundeliegenden physikalisch-funktionalen Relationen vollständig zu definieren.

Trotz dieser noch ungelösten Definitionsprobleme lassen sich für konkrete Anwendungsbereiche, die sich auf eine eingeschränkte, möglichst einfach strukturierte Domäne beziehen, durchaus hinreichend vollständige Regelsysteme finden, die die angesprochenen Objektklassen/Konzeptualisierungspaare inferieren. Benötigt werden dazu neben den Regeln, die die vorhandenen Innenregionen von Objekten festlegen, Regeln zur Bestimmung der in der konkreten Situation passenden Konzeptualisierung.

Während die erste Regelmenge Wissen über Objekte (bzw. Objektklassen) enthält, beschreibt die zweite Regelgruppe die Anforderungen der Präposition, hier u.a. den funktionalen Aspekt von in. Diese Regeln werde ich im folgenden als *Auswahlregeln*, ihre Anwendung als *Auswahlprozeß*[1] bezeichnen, da sie unter den potentiell

---

[1] Ich werde im weiteren nicht mehr unterscheiden zwischen deklarativen *Regeln*, die das Wissen repräsentieren, und den (Regelauswertungs-) *Prozessen*, die dieses Wissen verarbeiten und es damit erst zugänglich machen für den Interpretationsprozeß der Präpositionen. Diese Gleichsetzung gilt natürlich nicht für den allgemeinen Fall, da eine prozedurale Wissensrepräsentation über Regelauswertungsprozesse hinausgeht (siehe auch Winograd 1975). Auch im Rahmen der vorliegenden Arbeit werde ich die Begriffe "Regeln" und "Prozeß" nur auf der propositionalen Ebene synonym verwenden, denn der bildhafte Repräsentationsformalismus benutzt Prozesse auf Depiktionen, die das benötigte Wissen selbst enthalten und damit nicht auf deklarativen Regeln arbeiten.

möglichen Konzeptualisierungen, die das Referenzobjekt entsprechend der Vorgabe seiner Objektklasse und ggf. seiner individuellen Form zufolge aufweist, diejenige auswählen, die den Bedürfnissen des LO entspricht. Gleichzeitig stellen sie in gewisser Hinsicht Constraints dar, die die Konsistenz des Gesamtwissens sicherstellen, denn die Nichtbeachtung physikalischer Anforderungen würde zu unerlaubten Paarungen von Innenregionkonzeptualisierung und vorliegender Objektklasse des zu lokalisierenden Objektes führen. Damit wäre die von der Präposition geforderte Funktionalität des 'Behältnisses/Enthaltenseins' verletzt, wie sie im Weltwissen des Systems verankert ist. Diese Inkonsistenz zu vermeiden ist Aufgabe der Regeln, die die Konzeptualisierung bestimmen, d.h. der Auswahlregeln.

Ein Problem ergibt sich an dieser Stelle dadurch, daß die *eindeutige* Auswahl einer Konzeptualisierung nicht immer möglich ist, wie die an die bisherigen Sessel-Beispiele anknüpfende Phrase zeigt:

(5) d. die Maus im Sessel

Das Tier kann sich in dem Teil des Sessels befinden, der dem Sitzbereich des Menschen entspricht, sich aber auch bis zum Federkern "durchbeißen" und dann im inneren Hohlraum befinden. Beide Interpretationen sind konsistent; für eine eindeutige Auswahl ist nicht genug Information vorhanden. In dieser Situation sind prinzipiell zwei Möglichkeiten der Weiterverarbeitung gegeben, die ich an dieser Stelle nur beschreiben möchte, ohne mich auf eine Variante festzulegen. Zum einen kann mit Hilfe des (Default-) Wissens über Standardbeziehungen eines der konsistenten Ergebnisse priorisiert und solange weiterverwendet werden, wie kein Widerspruch auftritt. Diese Vorgehensweise ist nicht immer sinnvoll, wie auch das Beispiel (5d) zeigt. Die Maus-Sessel-Kombination ist so ungewöhnlich, daß keine allgemein geteilte Erwartung bzgl. ihrer räumlichen Konstellation besteht.

Die zweite Möglichkeit ist die Weiterarbeit mit unvollständiger Information. Im vorliegenden Fall wäre eine Alternative die Verwendung einer Menge von Konzeptualisierungen statt einer einzigen wie im vorgestellten Interpretationsprozeß. Ein zweites Verfahren wäre die Benutzung eines unterbestimmten Konzeptes, z.B. des Oberbegriffs 'Innenregion' statt der konkreten Ausprägungen wie 'Hüllen' oder 'Hohlräumen'. Diese vorsichtige Herangehensweise hat den Vorteil, daß immer mit sicherem Wissen gearbeitet wird und nie so weit verfeinert wird, daß Backtracking, das Zurückgehen auf frühere Zwischenergebnisse, als Ausweg aus dieser Sackgasse gewählt werden muß. Dafür können diese unvollständigen Ergebnisse oft nicht mehr für weiterführende Interpretationen benutzt werden; ein Erstellen von Depiktionen z.B. ist nicht möglich[1].

Anschließend an die Gebietserstellung durch den oben beschriebenen Auswahlprozeß kann eine Spezifizierung zur Suchdomäne stattfinden, indem die erstellten Gebiete in ihrer Form, Größe und Lage durch Einschränkungsprozesse näher bestimmt werden[2]. Die folgenden Beispiele beziehen sich wieder auf die Präposition in:

(6) a. der Teppich im Zimmer
b. das Gemälde im Zimmer

Die zu lokalisierenden Objekte gehören zwar verschiedenen Objektklassen an, erfordern aber in diesem Fall beide die gleiche Innenregionskonzeptualisierung des Referenzobjektes, den Innenraum des Zimmers. Wie die zweite Abbildung verdeutlichen soll, gehört zum Gebiet der gesamte Zimmerinnenraum vom Boden bis zur Decke (vgl. Abb 2a), was zwar der verwendeten Präposition entspricht, nicht aber den mit den obigen Phrasen verbundenen Vorstellungen. Diese lokalisieren die verschiedenen Objekte auch in unterschiedlichen Teilen des Zimmers. Der Teppich wird im Fußbodenbereich erwartet (vgl. Abb. 2b), das Bild an den Wänden (vgl. Abb. 2c).

Abb. 2

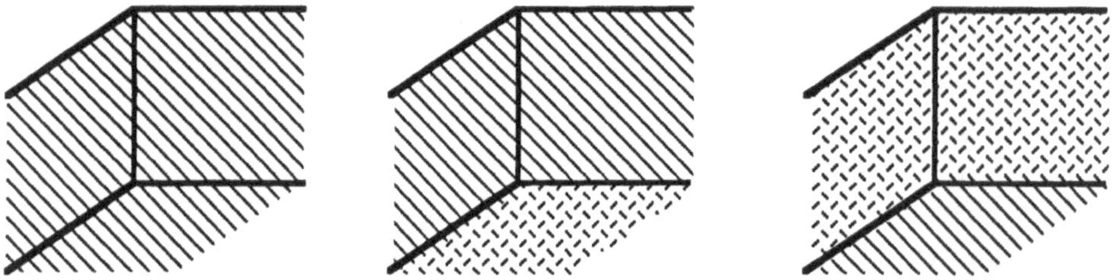

a) b) c)

Es ist schon angeklungen, daß es sich hierbei um den Aufbau von Erwartungen handelt und damit wieder um Default reasoning. Benutzt wird dabei Wissen über *typische Aufenthaltsorte* von Objekten. Dieses Wissen ist an sich nicht Wissen über Eigenschaften *einer* Objektklasse, sondern bezieht sich auf ein Paar von Objekt-

---

[1] Es gibt keine endgültigen Erkenntnisse, welcher dieser beiden Vorgehensweisen aus kognitiver Sicht unter bestimmten Randbedingungen der Vorzug zu geben ist oder welche theoretischen und systeminternen Auswirkungen sie haben. Deshalb ist es mir hier auch nicht möglich, einer Variante den Vorzug zu geben; im Hinblick auf den Anschluß zu den Depiktionen erscheint es aber sinnvoll, den Defaultansatz zu wählen, um das bildhafte Format nutzen zu können.

[2] Eine Weiterarbeit ist mit Endergebnissen, die durch Defaultwissen inferiert werden, ebenso möglich wie mit den einzelnen Elementen aus einer Menge von Konzeptualisierungen. Keine brauchbare Basis bieten aber unterbestimmte Konzepte, wie die angesprochene 'Innenregion'.

klassen und bietet Aussagen über deren "normale" räumliche Beziehungen. Dabei entsprechen diese Relationen den jeweiligen Konventionen. In arabischen Ländern z.B. werden Teppiche außer auf dem Fußboden auch über die Sitzmöbel gelegt und häufiger an die Wand gehängt; ein Verhalten das sich in anderen Erwartungshaltungen niederschlägt.

Neben diesen Konventionen ist es aber auch unser Umgang mit den Objekten, also funktionale Überlegungen und - wie bei den Auswahlprozessen - physikalische Erfordernisse, die Einfluß auf den Aufenthaltsort von Objekten haben. Der Teppich und das Bild können nicht in der Luft schweben, unser Wissen über die physikalischen Gegebenheiten der Welt verlangt für beide einen 'support'. Um diesen bereitzustellen, benutzen wir Verfahren, die ihrerseits wieder unseren kulturellen Konventionen entsprechen. Ein Gemälde wird an die Wand gehängt oder hingestellt; weniger sinnvoll erscheint es uns, das Bild z.B. auf den Fußboden zu legen wie den Teppich. Dieses Wissen über die "normalen" Gegebenheiten physikalischer und funktionaler Art verweist wieder auf das bzgl. der funktionalen Wechselwirkungen angesprochene Commonsense reasoning. Modelliert werden die Alltagsüberzeugungen des Menschen, wie wir sie für unser tägliches Leben und Handeln benötigen.

Obwohl diese Überlegungen zu typischen Aufenthaltsorten von Objekten sicher die wichtigste Rolle bei der Eingrenzung von Gebieten spielen, sollten auch alle weiteren verfügbaren Informationen über den Äußerungskontext miteinbezogen werden. Das gilt in erster Linie für das Wissen über die vorliegende konkrete Situation, die als Hintergrundwissen vorgegeben oder textuell vermittelt wurde. Ist z.B. bekannt, daß alle Wände des Zimmers mit Regalen vollgestellt sind, so wird die für die Phrase (6b) vorgenommene Einschränkung auf den Wandbereich (vgl. Abb. 2c) unwahrscheinlicher. Wichtig kann auch der sprachliche Kontext werden, insbesondere die verwendeten Verben, wie das Beispiel der Teppich *hängt* im Zimmer vs. der Teppich *liegt* im Zimmer zeigt. Beachtet werden sollte an dieser Stelle, wieviel Wissen über Objekte wirklich nötig ist, um die in den Verben vorhandenen Zusatzinformation auch wirklich ausnutzen zu können und der ersten Phrase die Interpretation aus Abb. 2c und der zweiten die aus Abb. 2b zuzuordnen. Ohne eine komplexe Theorie der räumlich/physikalischen Gegebenheiten der Welt sind die Auswirkungen auf die Gebietseinschränkung nicht ausdrückbar!

Zur Erstellung einer realistischen Suchdomäne wird Wissen über typische Aufenthaltsorte sowie über andere kontextuelle Information herangezogen, wobei physikalisches und funktionales Weltwissen die Interpretationsbasis bildet. Dabei werden Teile des vorher erstellten Gebietes als wahrscheinlichstes Suchgebiet gekennzeichnet. Durch diese Art der Kennzeichnung wird implizit eine Bewertung von Gebietsteilen durchgeführt, die auf die korrespondierenden Teile der entsprechenden Depiktion übertragen werden. Diese Bewertungen drücken *Erwartungswerte* aus: den Grad der Erwartung, das zu lokalisierende Objekt in genau diesem Teil des Gebietes vorzufinden.

Das für den Erwartungsaufbau verwendete Wissen hat im allgemeinen Defaultcharakter, d.h. es führt zum Aufbau von Wissensentitäten, die gegebenenfalls wieder zurückgenommen werden können. Damit haben die Gebietseinschränkungen, die ich im nächsten Abschnitt zu *Abgrenzungsprozessen* verallgemeinern werde, einen anderen Status als die vorhin beschriebenen Auswahlregeln und -prozesse, die aufgrund ihres verbindlichen Charakters u.a. der Konsistenzwahrung des Gesamtwissens dienen.

3.2 Beispiel 2: die Präposition *bei*

Wie wichtig Abgrenzungsregeln in gewissen Kontexten werden können, soll das zweite Beispiel zeigen. Gleichzeitig möchte ich damit auch den Charakter der Abgrenzung deutlicher herausstellen.

Für diese Aufgabe bieten sich diejenigen Präpositionen an, die sich auf die Umgebung des Referenzobjektes beziehen wie bei, vor, neben, usw., denn für diese Gruppe sind die Abgrenzungsregeln bzw. -prozesse essentiell für den Gebietsaufbau. Als Konzeptualisierung der zu behandelnden Präposition bei möchte ich dafür die 'Außenregion' des Referenzobjektes zugrundelegen, die in etwa Wunderlichs Vorschlag der (topologisch beschriebenen) "äußeren Umgebung" des Referenzobjektes (Wunderlich 1982) oder der "proximalen Außenregion" von Herweg (1989) entspricht.

Die Funktionalität des Referenzobjektes gegenüber dem LO ist für bei (und alle anderen Umgebungs-Präpositionen) die einer 'Landmarke' im Sinne Lynchs (siehe Lynch 1960), mit deren Hilfe die Lage des LO beschrieben wird. Da hierfür keine unterschiedlichen Aspekte vorliegen wie für die in 3.1 beschriebene Behältnis-Funktion des RO, gibt es keine Auffächerung der Konzeptualisierung 'Außenregion' in unterschiedliche Varianten wie für die 'Innenregion'. Somit muß zur Analyse der Präposition bei keine Auswahl durchgeführt werden, wie sie für die Präposition in vorgesehen ist.

Unterschiede gibt es auch bei der Festlegung des Gebietes. Für die Präposition in legt die entsprechende 'Innenregion'-Variante zusammen mit dem konkreten Referenzobjekt selbst die Gebietsgrenzen fest. Bei der Analyse einer bei-Phrase muß zur Generierung des Gebietes aus der 'Außenregion' eine Explizierung von Form und

Größe des Gebietes durchgeführt werden. Dafür wird durch Abgrenzungsregeln beschrieben, welchen Einfluß das Referenzobjekt, das zu lokalisierende Objekt und das räumliche Umfeld des Referenzobjektes auf die Gebietsausdehnung haben.

Die Wirkung des Referenzobjektes ergibt sich zum großen Teil aus seiner Funktionalität als Landmarke. Generell gilt dafür, je salienter ein Objekt ist, desto größer sein Einflußbereich, in dem eine andere Entität lokalisiert werden kann. Für die visuelle Salienz ist neben der Größe die Auffälligkeit oder Besonderheit eines Objektes wichtig, genauso aber auch seine generelle Sichtbarkeit. Ergänzt werden diese Größen durch subjektive Bewertungen wie den Bekanntheitsgrad der Entität und ihre Relevanz für Hörer und/oder Sprecher der Äußerung.

Der Einflußbereich des Referenzobjektes ist natürlich nicht unabhängig von Eigenschaften des LO, insbesondere von dessen Größe. Besonders gut zeigen diese Problematik die folgenden beiden Phrasen:

(7) a. das Fahrrad bei der Kirche
b. das alte Haus bei der Kirche

Für das zweite Beispiel müssen alle umliegenden Straßen einschließlich der an ihnen stehenden Häuser miteinbezogen werden, denn das Suchgebiet muß in einer für Gebäude angemessenen Größenordnung liegen. Wichtig ist hierbei weniger die konkrete Größe dieses angesprochenen Hauses als vielmehr die ungefähre Entfernung, in der Objekte der jeweiligen Objektklasse bzgl. der Lokalisierung noch miteinander interagieren können. Während diese Funktionalität für das zweite Beispiel sich über die naheliegenden Straßen mit den anschließenden Häuserreihen erstrecken kann, gilt das für das in der ersten Phrase angesprochene Fahrrad im allgemeinen nicht mehr. Hier sollte das Lokalisierungsgebiet nur die Umgebung (im umgangssprachlichen Sinn) der Kirche, eventuell bis zu den ersten Bürgersteigen, enthalten.

Wie beim Referenzobjekt gilt auch für das zu lokalisierende Objekt die Beziehung: je größer das Objekt, desto größer das Suchgebiet. In diesem Falle wäre diese Beziehung treffender formuliert durch: je kleiner das zu lokalisierende Objekt, desto näher sollten RO und LO zusammenliegen. Insgesamt gesehen ist es die Kombination der Salienzeigenschaften *beider* Objekte, die die konkrete Ausdehnung des Lokalisierungsgebietes festlegt; eine Situation wie sie auch in Miller/Johnson-Lairds Begriff der 'region of interaction' (Miller/Johnson-Laird 1976) zum Ausdruck kommt. (Allerdings vereinigt dieses Konzept der Interaktionsregion beliebige Aspekte funktionaler Zusammenhänge - vor allem operationale - nicht nur den für bei wichtigen Lokalisierungsaspekt.) Zu beachten ist dabei, daß die Lokalisierungsfähigkeit des RO für ein anderes Objekt mit zunehmender Entfernung dieses Objektes vom RO abnimmt. Dadurch wird auch die Landmarken-Funktionalität des Referenzobjektes in weiter vom RO entfernten Gebietesteilen schwächer als in naheliegenden, gemeinsam mit der Erwartung, hier das LO zu finden.

Diese Beziehungen zwischen der (visuellen und subjektiven) Salienz des Referenzobjektes bzw. der Größe des zu lokalisierenden Objektes einerseits und der Gebietsgröße andererseits haben eher den Charakter von Faustregeln denn von verbindlichen Festlegungen. Ohne ihre Hilfe ist aber kein Gebiet aus der Konzeptualisierung der Außenregion heraus erstellbar, denn diese konzeptuelle Primitive enthält, wie vorhin angesprochen, keine Angaben über die explizite Größe und Form des Suchgebietes. Dadurch sind, anders als für die im letzten Abschnitt besprochene Präposition in, die Abgrenzungsregeln essentiell für die Analyse von bei.

Zusätzliche Einflußgrößen kommen zum Tragen, wenn das so erstellte Gebiet zu der angesprochenen Suchdomäne ausgebaut werden soll, d.h. Teile des Gebietes priorisiert werden. An dieser Stelle sind wieder die typischen Aufenthaltsorte zu nennen, die schon im letzten Teil ausführlicher behandelt wurden und auf die ich deshalb hier nur kurz, zurückgreifend auf das Beispiel (7b), Bezug nehmen möchte:

(7) b. das alte Haus bei der Kirche

Es ist ersichtlich, warum gerade die Straßen im Suchgebiet enthalten sein sollten: Ihre Ränder sind genau die "typischen Aufenthaltsorte" für andere Gebäude. Interessant ist, daß damit ein Teil des Gebietes priorisiert wird, der relativ weit vom RO entfernt liegt und damit an sich einen eher niedrigen Erwartungswert besitzt.

Der Einfluß des räumlichen Umfeldes kommt u.a. durch Objekte innerhalb des Einflußgebietes des Referenzobjektes zum Tragen, die selbst als Landmarken zur Lokalisierung des entsprechenden LO dienen könnten. Gemeint sind Entitäten, deren Salienz mit der des im Text verwendeten Referenzobjektes konkurrieren kann. Solche *Konkurrenzobjekte* wären im Falle der Kirche aus (7a/b) z.B. andere wichtige Gebäude in der Umgebung (Rathaus, Restaurant), deren Einflußbereich das Außengebiet des Referenzobjektes einschränkt. Dabei wird die Annahme zugrundegelegt, daß diese Objekte ebensogut geeignet wären, die Lage des zu lokalisierenden Objektes zu beschreiben. Den gleichen Effekt löst auch ein dem Referenzobjekt naheliegender Sprecher/Hörerstandort aus. Liegt der Bezugsort der Äußerung innerhalb des Außengebietes, so wirkt auch er als "konkurrierendes Objekt" im oben angesprochenen Sinne, da diese Situation eine Lokalisierung durch den deiktischen Ausdruck hier nahe legen könnte.

Auf eine detaillierte Analyse der einzelnen Punkte oder weiterer Einflußgrößen möchte ich hier verzichten, da sich eine ausführlichere Diskussion der Präposition bei in Habel/Pribbenow (1988) findet. Die hier vorgestellten Beispiele sollten nur verdeutlichen, daß viele - sich untereinander beeinflussende - Faktoren auf die Erstellung einer Suchdomäne einwirken.

4. Gebietskonstituierender Prozeß

In diesem abschließenden Abschnitt möchte ich noch einmal zusammenfassend auf den Gesamtprozeß der Präpositionsanalyse sowie die mit ihm verbundenen Möglichkeiten und Probleme eingehen. Wichtig wird dabei u.a. der Einfluß von Auswahl- und Abgrenzungsregeln auf die Erstellung von Depiktionen sein.

Auswahl:

Auswahlregeln, wie sie am Beispiel der Präposition in beschrieben wurden (vgl. 3.1), werden zur Errechnung *der* Konzeptualisierung benötigt, die geeignet ist, daraus ein Gebiet erstellen zu können. Die Auswahlregeln bilden damit die Basis eines Prozesses, der der depiktionalen Auswertung stets vorausgeht. Eine bildhafte Darstellung einer Präpositionalphrase ist nur möglich, wenn dieser Prozeß ein eindeutiges Ergebnis liefert[1]. Das durch Auswahlregeln erzeugte Wissen ist sicher, eine Zurücknahme ist nur in Sonderfällen, z.B. bei Konsistenzprozessen wie sie in Pribbenow (1988) beschrieben werden, nötig.

Auswahlregeln werden insbesondere für diejenigen Präpositionen gebraucht, deren Funktionalität unterschiedliche Ausprägungen der der Präposition entsprechenden Konzeptualisierung erfordert. Die Auswahl selbst geschieht dann mit Hilfe von Wissen über die beteiligten Objekte und (naivem) Wissen über physikalische Zusammenhänge.

Für die Gruppe der Außenregionspräpositionen dagegen sind Auswahlprozesse eher sekundär, da die Funktionalität dieser Präpositionen sich - wie in 3.2 ausgeführt - auf die Funktionalität als Landmarke beschränkt. Nur die Präpositionen der sekundären Deixis (zur Begriffsbildung siehe z.B. Ehrich 1985) benötigen Auswahlregeln zur Lösung der intrinsisch/deiktisch-Problematik, auf die ich hier aber nicht näher eingehen möchte.

Abgrenzung:

Essentiell für die Außengebietspräposition ist hingegen das Prinzip der Abgrenzung. Ein Aufgabenbereich der Abgrenzungsregeln, die Bestimmung der Gebietsgröße, ist

---

[1] Natürlich ist auch die Erstellung zweier, miteinander konkurrierender Depiktionen möglich. Sie erfordert aber ein anderes Auswertungsparadigma und andere Verarbeitungsprozesse.

- wie in 3.2 für die Präposition bei ausgeführt - Grundvoraussetzung zur Erstellung eines konkreten Gebietes. Durch die Regeln werden die Einflußgrößen und ihre Wirkungsweise festgelegt. Diese qualitative Information wird auf der depiktionalen Ebene ausgewertet, indem das Gebiet mit seinen Grenzen bildhaft (und damit quantitativ) dargestellt wird. Dabei hat die konkrete Ausprägung eines Gebietes einen nicht streng verbindlichen Charakter; in einem gewissen Rahmen müssen Veränderungen möglich sein.

Diese Möglichkeit, flexibel reagieren zu können, ist auch für den weiteren Aufgabenbereich der Abgrenzungsregeln, den Ausbau der Suchdomäne, notwendig. Wie die Beispiele der Präpositionen in und bei zeigen, werden Abgrenzungsregeln dafür benutzt, Teile des Lokalisierungsgebietes auszuzeichnen (z.B. typische Aufenthaltsorte) oder die Form des Gebietes entsprechend den Gegebenheiten der direkten Umgebung zu verändern (z.B. konkurrierende Objekte). Dabei wird Wissen über die "normalen" Beziehungen von Objekten bzw. über "normales" Kommunikationsverhalten benutzt, das in der KI meist unter dem Oberbegriff *Weltwissen* zusammengefaßt wird. Diese Art der Information fällt in den Bereich des Commonsense reasoning, der sich dadurch auszeichnet, daß das benutzte Wissen einerseits sehr vielschichtig, andererseits aber von nicht verbindlichem Charakter ist, wodurch der Umgang mit Defaultwissen notwendig wird. Außer auf der Regelebene sind diese Verfahren natürlich auch auf der Ebene der Depiktionen wichtig. Die auf der bildhaften Ebene explizierten Gebietspriorisierungen und -einschränkungen müssen bei Bedarf, z.B. bei der Auswertung neuer Informationen, wieder rückgängig gemacht werden können.

Zum Abschluß möchte ich kurz auf die Verwendungsmöglichkeiten dieser beiden Klassen von Regeln bzgl. der unter 1.1 beschriebenen Erstaunensprozesse sowie der Such- und Lokalisierungsprozesse eingehen. Für letztere wird durch die Auswertung von Regeln beider Art das geforderte umfassende Modell der angesprochenen Situation bereitgestellt: die Suchdomäne als (Lokalisierungs-)Bedeutung der analysierten Präpositionalphrase. Sie ermöglicht effiziente Suchprozesse auf dem aus dem Gesamtkontext gewonnenen Wissen. Dabei sind es speziell die Abgrenzungsregeln, die durch die Priorisierung einzelner Teile konkreter Gebiete eine Fokussierung (z.B. der Suche) auf diese Gebietsteile ermöglichen. Diese Fokussierung ist die Umsetzung von Erwartungen, die durch unsere Erfahrungen mit typischen Beziehungen zwischen Objekten entstehen. Damit dient die Priorisierung ebenso zur Unterstützung von Suchprozessen wie auch zur Modellierung von Erstaunensreaktionen, wenn von dieser Fokussierung (und damit von den zugrundeliegenden Erwartungen) zu weit abgewichen wird.

Auswahlregeln hingegen modellieren entsprechend ihrem Charakter Konsistenz- bzw. Inkonsistenz-Situationen, wobei ich die Inkonsistenz als einen Extremfall innerhalb des Spektrums von möglichen Erstaunensreaktionen ansehen möchte. Durch die Regeln werden dabei "harte" Constraints vorgegeben, deren Verletzung weitreichende Uminterpretationen erfordern, wie das Beispiel (1a/b) des Blumen-Musters in der Vase zeigt, oder - wenn die Konsistenz des Gesamtwissen nicht herstellbar ist - Prozesse zum Umgang mit nicht auflösbarer Inkonsistenz (z.B. Truth-maintenance- oder Theory-revision-Prozesse).

Ausblick

Wie nicht anders zu erwarten, bietet ein relativ weitreichender Ansatz auch entsprechend viele Probleme. Die Zuordnung einer Konzeptualisierung als Kernbedeutung zu jeder Präposition wirft die gleichen Fragen und Schwierigkeiten auf, denen sich alle Ansätze zur Präpositionensemantik stellen müssen (vgl. z.B. Herweg 1989). Die in diesem Papier beschriebene, weitgehende konzeptuelle Analyse birgt zusätzliche Probleme in sich, die durch die Notwendigkeit der Explizierung entstehen und von denen ich einige hier erwähnen möchte:

- benötigtes Vorwissen

  Hierzu gehört die gesamte Information, die benötigt wird, um die hier besprochenen Prozesse durchführen zu können. Das ist vor allem Wissen über die Objekte wie Aussagen über ihre Form, z.B. mögliche Innenregionen, Seitenkonzepte, ausgezeichnete intrinsische Seiten usw., genauso wie Wissen über ihre Größe und Relevanz sowie typische Aufenthaltsorte. Hinzu kommen Modelle über naive physikalische Annahmen und Wissen über Beziehungen und Interaktionen zwischen zwei oder mehreren Objekten. Dieses Weltwissen muß zusätzlich zum eigentlichen Abgrenzungs- und Auswahlwissen, sozusagen als deren Basis, dem System zur Verfügung stehen.

  Der Aufbau einer solchen Wissensbasis ist nach wie vor ein ungelöstes Problem bei der Entwicklung jeder Art wissensbasierter Systeme. Eine Wissensaquisition von Hand ist mühsam und wird nie vollständig. Wie weit der Ansatz lernender Systeme oder die Verwendung elektronischer Enzyklopädien trägt, wird die Zukunft zeigen.

- Default reasoning

  Durch die Abgrenzungsregeln, die den Teil des Weltwissens benutzen, das defaultmäßige Aussagen beschreibt, werden spezielle Inferenzmechanismen benötigt, weil neue Information zu einer Zurücknahme vorher inferierten Wissens führen kann. Da dadurch die Monotonie der Ableitungssysteme der klassischen Logik verloren geht, wird dieser spezielle Mechanismus als *Nichtmonotones Schließen* bezeichnet. Die wichtigsten Ansätze von Reiter, McCarthy und Doyle/McDermott für diesen Umgang mit Erwartungen, unvollständigem Wissen und zeitveränderlichen Situationen finden sich in einem Sammelband zu diesem Thema (Artificial Intelligence 13 1980).

- Interaktion zwischen propositionalem und bildhaftem Format

  Da diese beiden Repräsentationsformate sehr unterschiedlich sind, ist ihre Koordinierung mühsamer als die zweier propositionaler Formalismen. Außer einer exakten Aufgabenverteilung muß eine fest definierte Schnittstelle bestehen, die Ausdrücken einer Ebene deren Entsprechungen auf der zweiten Ebene zuweist[1]. So müssen alle räumlichen propositionalen Primitive wie 'Außenregion', 'Gebiet' usw. eine bildhafte Entsprechung besitzen und vice versa.

Die beiden erstgenannten Punkte entsprechen allgemeinen KI-Problemen, denen alle größeren, "intelligenten" Systeme ausgesetzt sind. Auch weitreichende linguistische Ansätze kämpfen mit diesen Problemen. Herskovits (1985) erwähnt z.B. ausdrücklich das Problem, das benötigte Objektwissen zur Verfügung zu stellen[2]. Der letzte Punkt beruht auf der Verwendung bildhafter Repräsentationen im Rahmen von Textverstehensprozessen für die es bisher wenig Vorarbeiten, sowohl auf theoretischem Gebiet als auch bei der praktischen Erfahrung mit experimentellen Systemen, gibt[3]. Eine genauere Analyse ist hier dringend erforderlich, ebenso die Entwicklung eines bildhaften Repräsentationsformalismus', der speziell auf die für die Sprachverarbeitung wichtigen Eigenschaften ausgerichtet ist. Wenn die angesprochenen Probleme wenigstens für eine Teildomäne zufriedenstellend gelöst werden können, bietet dieser Ansatz m. E. eine gute Grundlage für die Analyse räumlicher Präpositionen innerhalb eines Gesamtsystems. Bis dahin sollte der hier vorgestellte Interpretationsprozeß für Präpositionen als ein Versuch zur Opera-

---

[1] Zu den Anforderungen an sogenannte *hybride* Systeme siehe Brachman et al. (1985).

[2] Da bei ihr Wissen über Standardsituationen in anderer Weise in die Theorie einfließt als in die in dieser Arbeit beschriebene Präpositionsanalyse, kann sie das Problem des Nichtmonotonen Schließens ignorieren; allerdings wird sie dadurch dem unterschiedlichen Charakter des Wissens nicht wirklich gerecht.

[3] Überlegungen für die Verwendung analoger (bildhafter) Repräsentationen zum Verstehen von Wegbeschreibungen finden sich in Rehkämper (1987), eine Analyse zur Anwendung bildhafter Formate beim allgemeinen Umgang mit räumlichem Wissen in Habel (1988b). Ein System, das speziell Präpositionen behandelt und dafür bildhafte Formalismen benutzt, wird von Adorni et al. (1984) beschrieben.

tionalisierung der konzeptuellen Analyse einer Präposition bis hin zur bildhaften Ebene gesehen werden.

Literatur

Adorni, G., M. Di Manzo, F. Giunchiglia, 1984. From Descriptions to Images: What Reasoning in Between?. ECAI 84: Advances in Artificial Intelligence, hg. von T. O'Shea, Amsterdam, Elsevier Science Publishers B.V., North Holland, 359-368.

Artificial Intelligence 13, 1980, Sonderband zum Thema "Nonmonotonic reasoning".

Beierle, Ch., J. Dörre, U. Pletat, C.-R. Rollinger, P. Schmitt, R. Studer. 1988. The Knowledge Representation Language L_{LILOG}. LILOG-Report 41.

Bierwisch, M. 1983. Semantische und konzeptuelle Repräsentationen lexikalischer Einheiten. Untersuchungen zur Semantik, hg. von R. Ruzicka, W. Motsch, 61-99, Berlin, Akademie Verlag.

Bierwisch, M., E. Lang. 1987 (Hrsg.). Grammatische und konzeptuelle Aspekte von Dimensionsadjektiven. Berlin, Akademie-Verlag.

Brachman, R., V. Gilbert, H. Levesque, 1985. An Essential Hybrid Reasoning System. Proceedings of the 9th Int. Joint Conference on Artificial Intelligence, 532-539.

Ehrich, V. 1985. Zur Linguistik und Psycholinguistik der sekundären Raumdeixis. Sprache und Raum, hg. von H. Schweizer, 130-161, Stuttgart, Metzler.

Gentner, D, A. Stevens. 1983 (Hrsg.). Mental Models. Hillsdale, N J, Lawrence Erlbaum Ass.

Habel, Ch. 1988a. Prozedurale Aspekte der Wegplanung und Wegbeschreibung. Sprache in Mensch und Computer, hg. von H. Schnelle/G. Rickheit, 107-133, Wiesbaden, Westdeutscher Verlag (auch als LILOG-Report 17).

Habel, Ch. 1988b. Repräsentation räumlichen Wissens. Wissensrepräsentation in Expertensystemen, hg. von G. Rahmstorf, 98-131, Berlin, Springer.

Habel, Ch., 1989. *ZWISCHEN*-Bericht. In diesem Band.

Habel, Ch., S. Pribbenow. 1988. Gebietskonstituierende Prozesse. Universität Hamburg und IBM Deutschland, Stuttgart. LILOG-Bericht 18.

Hayes, P.J. 1979. The Naive Physics Manifesto. Expert Systems and Micro Electronic Age, hg. von D. Michie, 242-270, Edinburgh, Edinburgh University Press.

Herskovits, A. 1985. Semantics and Pragmatics of Locative Expressions. Cognitive Science 9, 341-378.

Herweg, M. 1989. Ansätze zu einer semantischen Beschreibung topologischer Präpositionen. In diesem Band.

Hottenroth, P., 1986. Die Semantik lokaler Präpositionen. Ein prototypen–semantisches Modell für die französische Präposition *dans* mit einer Analyse der Beziehungen zwischen der Präposition und den Objektbezeichnungen in den Präpositionalsyntagmen. Habilitationsschrift, Universität Konstanz, September 1986.

Khenkhar, M. 1988. Vorüberlegungen zu einem depiktionalen Repräsentationsformalismus. Universität Hamburg und IBM Deutschland, Stuttgart. LILOG-Bericht 19.

Lang, E. 1987. Semantik der Dimensionsauszeichnung räumlicher Objekte. Grammatische und konzeptuelle Aspekte von Dimensionsadjektiven, hg. von M. Bierwisch, E. Lang. 1987, 287-458, Berlin, Akademie-Verlag.

Lang, E., 1989. Primärer Orientierungsraum und inhärentes Proportionschema. In diesem Band.

Lindsay, R. 1988. Image and Inference. Cognition 29, 229-250.

Lynch, K. 1960. The Image of the City. Cambridge, MA, MIT-Press.

Miller, G., P. Johnson-Laird. 1976. Language and Perception. Cambridge, MA, Cambridge UP.

Ortony, A., D. Partridge. 1987. Surprisingness and Expectation Failure: What's the Difference?. Proc. of the 10th Int. Joint Conference on Artificial Intelligence, 106-108.

Pribbenow, S. 1988. Verträglichkeitsprüfungen für die Verarbeitung räumlichen Wissens. Proc. of the German Workshop on Artificial Intelligence 88, hg. von W. Hoeppner, 226-235, Berlin, Springer (auch als LILOG-Report 47).

Pribbenow, S. (in Vorb.). Interaktion von propositionalen und bildhaften Repräsentationen.

Rehkämper, K. 1987. Mentale Bilder und Wegbedeutungen. Proc. of the German Workshop on Artificial Intelligence 87, hg. von K. Morik, 296-305, Berlin, Springer, (auch als LILOG-Report 20).

Rosch, E. 1977. Human Categorization. Studies in Cross-Cultural Psychology, Vol. I, hg. von N. Warren, 1-51, London, Academic Press.

Schank, R. 1982. Dynamic Memory. Cambridge, MA, Cambridge UP.

Schank, R., R. Abelson. 1977. Scripts, Plans, Goals and Understanding. New Jersey, Hillsdale.

Schlieder, Ch. (in Vorb.). Anordnung -- eine Fallstudie zur Semantik bildhafter Repräsentationen.

Schwarze, Ch. 1989. Polysemie als Prozedur, am Beispiel von frz. *à travers* und *chez*. In diesem Band.

Wunderlich, D. 1982. Sprache und Raum. Studium Linguistik 12, 1-19 und 13, 37-59.

Winograd, T., 1975. Frame Representation and The Declarative-Procedural Controversy. Representation and Understanding, hg. von D. Bobrow, A. Collins, 185-210, Orlando, Florida, Academic Press.

DAS BEWEGUNGSKONZEPT: TO COME UND TO GO*

Günter Radden

1. Die Bewegungswahrnehmung

Bewegungsvorgänge sind für die Wahrnehmungspsychologie besonders deswegen ein so interessantes Untersuchungsgebiet, da die Diskrepanz zwischen physikalischer Welt und ihrer Wahrnehmung hier besonders augenfällig ist. So erscheinen auf der Retina des Auges Abbilder von Positionsveränderungen der optisch wahrgenommenen Welt, die jedoch spontan interpretiert werden als durch Bewegung der Objekte oder durch Bewegung des Betrachters hervorgerufen. Neben neurophysiologischer Information[1] ist für die Entscheidung des Wahrnehmungssystems hierbei auch Information über die Art der Veränderungsverhältnisse entscheidend: Positionsveränderungen eines Teilbildes auf der Retina sind typisch für Objekt- bzw. Fremdbewegungen, systematische Deformationen des ganzen Bildes dagegen für Eigenbewegungen. Der auf dem Nebengleis abfahrende Zug resultiert durch Deformation des Gesamtbildes somit auch in der hierfür typischen Wahrnehmung einer Eigenbewegung.

Scheinbewegungen werden jedoch vornehmlich in der Objektwelt wahrgenommen. Gegenstände, die innerhalb eines minimalen Zeitabstandes an verschiedenen Positionen erscheinen, werden als sich bewegend wahrgenommen.[2] Die Illusion eines Bewegungsablaufs kann sogar hervorgerufen werden, wenn die Gegenstände, die an verschiedenen Positionen erscheinen, nicht miteinander identisch sind: Wird Versuchspersonen auf einer Leinwand in schneller Abfolge an Position A ein Dreieck und an Position B ein Viereck gezeigt, so interpretiert ihr Wahrnehmungssystem

* Dieser Beitrag ist eine übersetzte und erweiterte Fassung des Aufsatzes "The Concept of Motion", in W. Hüllen/R. Schulze, eds., Understanding the Lexicon, Tübingen, 1988, SS. 380-394.

[1] Untersuchungen mit Versuchspersonen, deren Augapfel bewegt bzw. entgegen ihrer Absicht festgehalten wurde und die daraufhin eine Bewegung aller Objekte bzw. einen "Sprung" der gesamten visuellen Szene wahrnahmen, deuten darauf hin, daß nicht neurologische Signale der Augenmuskulatur als Information über die vorgenommene Eigenbewegung entscheidend sind, sondern die Absicht bzw. der Befehl, die Augen zu bewegen (Rock 1975:186 f).

[2] Nach Rock (1975:204 f) erklärt sich das Phänomen der stroboskopischen Bewegung entweder aus derselben unmittelbaren Reaktion des Nervensystems auf diskrete, sukzessive Reize, wie derjenigen auf kontinuierliche Bewegungsreize oder aus kognitiven Prozessen, mit deren Hilfe Wahrnehmungsprobleme gelöst werden.

diesen Vorgang als Bewegung einer geometrischen Figur zwischen den Punkten A und B, wobei sich ihre Form auf magische Weise während der Bewegung von einem Dreieck zu einem Viereck und wieder zurück zu einem Dreieck zu verändern scheint. Bei der Wahrnehmung solcher stroboskopischer Bewegungen wird somit der optisch-sensorische Konflikt zwischen tatsächlicher Positions- und Formkonstanz und scheinbarer Bewegung zugunsten der Bewegungsinterpretation gelöst. Hier wird die hervorragende Rolle, die Bewegungsvorgängen in unserem Wahrnehmungssystem zukommt, besonders deutlich.

Einen kognitiven Erklärungsversuch zur Lösung von Übereinstimmungsproblemen schlug Weir (1975)[3] zu Michottes (1946) Experimenten zur Bewegungswahrnehmung vor. In einem der Experimente wurden Versuchspersonen Bewegungsverhältnisse zweier Quadrate auf der Leinwand vorgeführt: Ein Quadrat A bewegt sich auf ein ruhendes Quadrat B zu, bis es dieses berührt. Quadrat A verbleibt daraufhin auf seiner Position, während sich Quadrat B nach einem Bruchteil einer Sekunde in derselben Richtung wie vorher Quadrat A in Bewegung setzt. Wenn die Versuchspersonen ihren Blick auf Quadrat B fixiert, werden die beiden Bewegungsverhältnisse in einem kausalen Zusammenhang wahrgenommen, daß nämlich Quadrat A dem Quadrat B einen Anstoß versetzt. Richtet die Versuchsperson dagegen ihren Blick auf einen Punkt oberhalb des Quadrates B, so nimmt sie lediglich eine Bewegung von Quadrat A über Quadrat B hinweg wahr. Dies ist sogar der Fall, wenn die Quadrate verschiedene Farben haben, d.h. wenn das als sich bewegend wahrgenommene Quadrat seine Farbe während der Bewegung verändert. Weir (1975) und Wimmer/Perner (1979: 90-100) erklären diese unterschiedlichen Interpretationen derselben Vorgänge mit Wahrnehmungserwartungen aus aktivierten Schemata. Das bewußte Wahrnehmen von sich aufeinander zu bewegenden Objekten aktiviert das "Anstoß-Schema" mit der Erwartung einer durch den Zusammenstoß verursachten Bewegung von Quadrat B; das periphere Wahrnehmen desselben Ereignisses aktiviert jedoch das normale Bewegungsschema mit der Erwartung der Bewegungsfortführung des Quadrats A über stationäre Objekte hinweg. Die durch ein aktiviertes Schema geschaffenen Erwartungen über zukünftige Ereignisse sind so stark, daß sie selbst durch später auftretende widersprüchliche Wahrnehmungen - Verzögerungen im Anstoßschema und Farbwechsel im Bewegungsschema - nicht aufgegeben werden.

Wenn optische Fakten nicht deutlich für ein anderes Schema sprechen, interpretiert das Wahrnehmungssystem Bewegungsvorgänge somit im Sinne eines globalen Bewegungsschemas. Dies ist angesichts der Bedeutung, die Bewegungsvorgänge nicht

---

[3] Nach Wimmer/Perner (1979:90-100).

nur für die Wahrnehmung von Fremdbewegung,[4] sondern auch für die Erfahrung von Eigenbewegung haben, nicht verwunderlich. In ihrem kognitiv-linguistischen Ansatz führen Johnson (1987) und Lakoff (1987) das Verständnis des Bewegungsschemas zusammen mit einer Reihe anderer grundlegender kinästhetischer Schemata wie denen des Behälters, des Teil-Ganzen, der Verbindung, etc. auf präkonzeptuelle, körperliche Erfahrungen zurück. Dabei kann in dieser frühen Erfahrung mit dem Schema bereits die Grundlage für die Verbindung mit einer weiteren abstrakteren Struktur angelegt sein: "From the time we can first crawl, we regularly have as an intention getting to some particular place, wether for its own sake, or as a subgoal that makes possible some other activity at that place." (Johnson 1987:115).

In den folgenden Ausführungen wird die These vertreten, daß die Erfahrung dieses perzeptuell und kognitiv bedeutsamen Schemas der Bewegung die Grundlage für die zahlreichen übertragenen bzw. metaphorischen Verwendungen von Ausdrücken der Bewegung bildet, die gern als idiomatisch charakterisiert werden. Den weitesten Umfang an Polysemie weisen die beiden prototypischen Bewegungsverben to come und to go auf, die auch den Gegenstand der vorliegenden Untersuchung darstellen werden. In Abschnitt 2 wird zunächst das Bewegungsschema charakterisiert, in Abschnitt 3 wird der Gebrauch von to come und to go auf dem Hintergrund verschiedener Aspekte des Bewegungsschemas analysiert, und in Abschnitt 4 wird eine Erklärung metaphorischer Verwendungsweisen dieser beiden Verben als natürlich motivierte Metaphern gegeben.

2. Das Bewegungsschema

Das Bewegungsschema ist durch die vier Strukturelemente von Ausgangspunkt, Endpunkt, Pfad und Richtung gekennzeichnet: "Every time we move anywhere there is a place we start from, a place we wind up at, a sequence of contiguous locations connecting the starting and ending points, and a direction" (Lakoff 1987:275). Die ersten drei Elemente konstituieren nach Johnson (1987:113 f) das Pfadschema. Pfade sind selbst nicht inhärent richtungsgebunden, aber aufgrund der Zielorientiertheit unserer Bewegungen neigen wir dazu, Pfade als direktional zu empfinden.

Das Pfadschema ist nach Johnson (1987:116) und Lakoff (1987:278) als Ausgangsdomäne für metaphorische Projektionen besonders gut geeignet. "It is (a) pervasive

---

[4] Neugeborene Säuglinge können bereits mit den Augen Gegenstände verfolgen, die sich über ihr Gesichtsfeld bewegen; Tiere reagieren auf sich bewegende, aber nicht ruhende Gegenstände - eine Fähigkeit, die für ihr Überleben wichtig sein kann.

in experience, (b) well-understood because it is pervasive, (c) well-structured, (d) simply structured, and (e) emergent and well-demarcated for these reasons." Als Beispiel für die wohlmotivierte Ausbildung einer konzeptuellen Metapher aus diesem Schema nennen Johnson und Lakoff PURPOSES ARE PHYSICAL GOALS bzw. DESTINATIONS. Zwischen der Ausgangsdomäne des Pfades bzw. der Bewegung und der Zieldomäne der Absicht besteht eine vollständige strukturelle Isomorphie: Dem Ausgangspunkt des Pfad- bzw. Bewegungsschemas entspricht der Anfangszustand, in dem die Absicht noch nicht befriedigt ist, dem Endpunkt der Bewegung entspricht der Endzustand, in dem die Absicht erreicht ist, und der Bewegung entlang des Pfades entspricht die Handlungsfolge, die zur Erreichung des beabsichtigten Endzustands erforderlich ist. Weitere evtl. eher kulturspezifische metaphorische Projektionen aus dem Pfad- bzw. Bewegungsschema sind u. a. unsere Konzeptualisierungen von Zeit als Bewegung entlang eines Pfades,[5] von Zustands- und Besitzveränderungen,[6] von Argumentation und Schlußfolgerung[7] sowie von Liebe und Heirat.[8]

Neben den vier Strukturelementen des Bewegungsschemas werden mit Bewegungsabläufen gewöhnlich weitere Aspekte verbunden, die auch für die Motivierung metaphorischer Projektionen relevant sind. Die konzeptuelle Metapher PURPOSES ARE DESTINATIONS ist durch die folgenden weiteren Bewegungseigenschaften charakterisiert. Der Fokus von Absichten liegt auf dem erwünschten Endzustand, d.h. dem Endpunkt des Bewegungsschemas; sie haben einen deiktischen Bezugspunkt sowie einen Blickpunkt, die beide am Ausgangspunkt der Bewegung liegen; sie werden von einer Person gehegt, die bewußt Einfluß auf das Geschehen der Welt nehmen will, statt sich von ihr beeinflussen zu lassen, d. h. sie sind durch Eigenbewegung statt durch Fremdbewegung geleitet, und Absichten sind letztlich durch den Wunsch cha-

---

[5] Vgl. u. a. Clark (1973:50-52), Traugott (1978), Lakoff/Johnson (1980:41-44), Fleischman (1982) und Johnson (1987:114;117). Siehe auch 3.4.

[6] Vgl. u. a. Jackendoff (1978) und Ikegami (1984), die die Bewegungsmetaphern in The inheritance went to Philip und Death came to John als Evidenz für 'cross-field generalization' bzw. abstrakte Bewegung sehen. Als spezielle Subvarianten der Metaphorisierung des Bewegungsschemas fallen hierunter auch Lakoff/Johnsons (1980:72-75) konzeptuelle Metaphern THE OBJECT COMES OUT OF THE SUBSTANCE (Mammals developed out of reptiles) und THE SUBSTANCE GOES INTO THE OBJECT (The water turned into ice).

[7] Lakoff/Johnson (1980:89-95) analysieren Metaphern wie We have set out to prove that bats are birds als Beispiele der konzeptuellen Metapher AN ARGUMENT IS A JOURNEY, die ihrerseits die Metapher A JOURNEY DEFINES A PATH enthält wie in He strayed from the path. Johnson (1987:38 f) bringt mentale Prozesse auch in Verbindung mit dem Behälterschema -"to hold a proposition is to be located in a definite bounded space" - und erklärt damit auch die Natur der Negation als etwas, das außerhalb des umgrenzten Raumes liegt.

[8] Liebe und Heirat werden u. a. als eine fortlaufende Reise metaphorisiert; vgl. u. a. Lakoff/Johnson (1980:44 f, 108-110, 115 f) und Quinn (n. d., ch. 3).

rakterisiert, das intendierte Ergebnis auf direkte und unmittelbare Art und Weise zu erreichen, d. h. sie haben eine Vektorkraft. Diese fünf Bewegungsaspekte - Fokus, Deixis, Blickpunkt, Eigen-/Fremdbewegung und Vektorkraft - sollen im folgenden auf ihre Rolle bei der Bedeutungskonstitution von to come und to go untersucht werden.

3. Bewegungsaspekte und Bewegungsverben

3.1. Fokus

Bewegungsverben haben typischerweise inhärent eine Orientierung bzw. einen Fokus auf eines der Strukturelemente des Pfadschemas. Die Bewegungsverben to go, to leave und to take haben ihren Fokus auf dem Ausgangspunkt der Bewegung, die Verben to come, to arrive und to bring auf dem Endpunkt der Bewegung und die Verben to move, to pass und to travel auf dem Pfad der Bewegung. Der verschiedene Fokus, den to come und to go einer Bewegungssituation verleihen, wird in dem folgenden von Fillmore (1971a:52 f)[9] analysierten Beispielpaar verdeutlicht:

(1) a. He went home around midnight.
 b. He came home around midnight.

Der Satz mit to go präsupponiert einen Ort, von dem aus die Person nach Hause ging, und die Zeitangabe midnight bezeichnet den Augenblick des Verlassens dieses Ortes. Der Satz mit to come enthält keine derartige Präsupposition bezüglich des Ausgangspunktes der Bewegung, und die Zeitangabe bezeichnet den Augenblick der Ankunft zu Hause.

Interessanterweise kann derselbe Sachverhalt in verschiedenen Sprachen verschieden kodiert werden. In ihrer kontrastiven Analyse englischer und deutscher deiktischer Bewegungsverben zeigte Rauh (1981), daß das Deutsche durch Verwendung von kommen (2a) und gehen (3a) auf einen Punkt der Bewegung fokussiert, während das Englische die deiktische Situation wiedergibt (cf 3.2.) und somit nur ein und dasselbe Bewegungsverb to go verwendet (2b, 3b):

(2) a. Kommst Du heute in die Stadt?
 (Fokus auf Endpunkt)
 b. Are you going to town today?

---

[9] Siehe auch Fillmore (1971b).

(3) a. Gehst Du heute in die Stadt?
(Fokus auf Ausgangspunkt)
b. Are you going to town today?

Die durch das deutsche Bewegungsverb kommen ausgedrückte Endpunktorientierung wird in dem Sinne verstanden, daß ein vorhergesehener bzw. geplanter Gang von Ereignissen zu einem Ende führt. Satz (2a) könnte so in einer Situation verwendet werden, in dem die angesprochene Person ohnehin etwas in der Stadt zu erledigen hätte. Kommen wird daher besonders zur Bezeichnung von Ereignissen verwendet, deren Ablauf durch Gewohnheit (4a) oder Gesetz (5a) reguliert ist:

(4) a. Die Löffel kommen in die obere Schublade.
b. The spoons go in the upper drawer.

(5) a. Kinder kommen mit sechs zur Schule.
b. Children go to school at the age of six.

Die Tatsache, daß das Englische diese Situation nicht analog dem Deutschen kommen kodiert, bedeutet natürlich nicht, daß to come die entsprechende Bedeutung 'Gang von Ereignissen zu einem Ende' fehlt. In seiner Untersuchung deiktischer there-Konstruktionen diskutiert Lakoff (1987:482-581) eine Anzahl nicht-zentraler bzw. Subkonstruktionen mit there, in denen ebenso wie im Deutschen zwischen einem Fokus auf dem Ausgangspunkt (to go) und einem Fokus auf dem Endpunkt (to come) unterschieden wird. In der nicht-zentralen "Wahrnehmungsdeixis" (Lakoff 1987:509-517) kann Satz (6b) gesagt werden, sobald man den Piepton eines Weckers hört, während Satz (6b) gesagt werden kann, wenn man z. B. ein Klickgeräusch des Weckers hört, dem einige Sekunden später der Piepton folgt:

(6) a. There goes the beep.
b. There comes the beep.

Mit to go wird hier somit auf den Beginn eines Ereignisses fokussiert, und zwar als Signal der beginnenden Wahrnehmung wie z. B. auch der einsetzenden Schmerzwahrnehmung in There goes the throbbing in my head again. Mit to come wird dagegen auf einen Gang von Ereignissen fokussiert, der zu dem vorhersehbaren Ende, nämlich dem Piepton, führt.[10]

[10] Die Ungrammatikalität der Metonymie in *Here comes the alarm clock gegenüber dem grammatischen Satz There goes the alarm clock ist wahrscheinlich in der Bedeutung von to come als 'Gang von Ereignissen' begründet, die mit der Situation unvereinbar ist, d. h., man kann sinnvoll einen Gang von sensorischen Ereignissen nachvollziehen, nicht aber zwischen einem Gegenstand, der metonymisch für eine Wahrnehmung steht, und einer Wahrnehmung, die ihrerseits nicht als Metonymie kodiert wird.

Ähnliche Verwendungen haben to go und to come in der nichtzentralen "Bedienungsdeixis" (Lakoff 1987:522-529), wie sie in den beiden Äußerungen des Kellners gegenüber dem Kunden beim Servieren der Pizza zum Ausdruck kommen:

(7) a. Here you go!
b. Here comes your Pizza!

Die Äußerung mit to go fokussiert wieder auf den Beginn einer Aktivität, die nach dem Überreichen der Pizza von Seiten des Kunden einsetzen kann. Der Satz mit to come fokussiert dagegen auf die Endphase der Bewegung der Pizza aus der Küche zum Kunden.

In nicht-zentralen deiktischen Situationen sind somit bei to come und to go die Fokussierungen auf Elemente des Pfadschemas deutlich erkennbar: to go bezeichnet den Beginn einer Bewegung bzw. einer Aktivität, to come beinhaltet den Verlauf einer Bewegung zum Endpunkt bzw. den Gang von Ereignissen, die zu einem Ende führen. Diese inchoativen bzw. terminativen Bedeutungsaspekte von to go und to come sind, wie sich später (4.3.) zeigen wird, für die Motivierung metaphorischer Extensionen dieser Bewegungsverben bedeutsam.

In zentral-deiktischen Situationen ist die Verwendung von to go und to come - anders als im Deutschen - nicht durch Fokusaspekte zum Bewegungsgeschehen bestimmt, sondern durch deiktische Aspekte der Sprechsituation.

3.2. Deixis

In seinen klassischen Arbeiten über coming and going zeigt Fillmore (1971a, 1971b) die deiktischen Situationen auf, in denen diese beiden Bewegungsverben verwendet werden. To go wird verwendet, wenn sich der Sprecher zum Zeitpunkt des Sprechens (Kodierzeit) nicht am Zielpunkt befindet wie in Go away! gegenüber *Go here!. To come wird dagegen in vier bzw. sechs verschiedenen deiktischen Situationen verwendet, wobei der Endpunkt der Bewegung entweder der Ort des Sprechers oder Hörers zur Kodier- oder Referenzzeit oder auch die Heimbasis (**home base**) des Sprechers oder Hörers zur Referenzzeit sein kann:

(8) a. Ort des Sprechers zur Kodierzeit: Please come in.
b. Ort des Sprechers zur Referenzzeit: Please come here at dawn.
c. Ort des Hörers zur Kodierzeit: I'll come there right away.
d. Ort des Hörers zur Referenzzeit: I'll come there at dawn.
e. Heimbasis des Sprechers zur Referenzzeit:
He came over to my place last night, but I wasn't home.

f. Heimbasis des Hörers zur Referenzzeit:
I came to your place last night, but you weren't home.

Diese mehrfache Polysemie kann den Eindruck erwecken, als ob es kaum Restriktionen zur Verwendung von to come gäbe. Tatsächlich haben die obigen Verwendungsweisen keineswegs denselben Stellenwert. Die unter (8a) beschriebene deiktische Verankerung wird zweifellos als prototypisch für to come empfunden, von der die anderen deiktischen Verwendungsweisen abgeleitet sind. Dies gilt insbesondere für die unter (8c) - (8f) beschriebenen Situationen, die auch mit to go wiedergegeben werden können. Die Verwendung von to come zusammen mit dem Ort des Hörers in (8c, d) kann als eine deiktische Metapher angesehen werden. Durch den Wechsel des deiktischen Zentrums vom Sprecher weg zum Hörer übernimmt der Sprecher die Perspektive des Hörers und erweist sich damit als ehrerbietig (Fillmore 1971a:69, 83 f) bzw., im Sinne genereller Höflichkeitsstrategien, als höflich (Brown/Levinson 1987:121 f). Auch die Heimbasis bzw. der eigentliche Ort (**proper location**) in den Sätzen (8e, f) ist lediglich als metonymische Ableitung aus dem Ort, an dem sich die Person befindet, anzusehen. Die einzige deiktische Bedeutung von to come, die für metaphorische Extensionen sinnvollerweise in Betracht kommen kann, ist die von der prototypischen Situation unter (8a), möglicherweise auch der von (8b) dargestellten Verwendung.

3.3. Blickpunkt

In Situationen, in denen weder der Sprecher noch der Hörer an der vom Verb bezeichneten Bewegung beteiligt sind, wird durch Verwendung von to come und to go die Darstellung mit einem Blickpunkt bzw. einer Perspektive versehen. So wird das in dem Satz The men came into the bedroom beschriebene Geschehen als vom Schlafzimmer aus beobachtet verstanden. Ein solcher Blickpunkt ist dagegen in The men entered the bedroom nicht impliziert (Fillmore 1971b: 226 f).

In ihrer Analyse idiomatischer Ausdrücke mit deiktischen Bewegungsverben machte Eve Clark (1974) die Beobachtung, daß Sätze mit to come Zustimmung oder eine positive Bewertung eines Endzustands implizieren, während Sätze mit to go neutrale oder negative Konnotationen haben. So läßt der Satz (9a) mit to come einen relativ glücklichen Ausgang einer Notlandung vermuten, während der Satz (9b) mit to go wahrscheinlich einen Absturz beschreibt:

(9) a. The plane came down near the lake.
b. The plane went down near the lake.

Als Verben der Zustandsveränderung bezeichnet to come einen Eintritt in einen normalen Zustand oder einen Austritt aus einem abnormalen Zustand und to go einen Eintritt in einen abnormalen Zustand oder einen Austritt aus einem normalen Zustand. Als abnormal gilt z. B. der Zustand einer Person, die sich im Koma befindet. Somit haben to come und to go die folgende Distribution:

(10) a. John went into a coma yesterday.
a'. *John came into a coma yesterday.
b. *John went out of a coma yesterday.
b'. John came out of a coma yesterday.

Clark erklärt diese mit to come und to go verbundenen positiven oder negativen Bewertungen eines Zustandes (**evaluative deixis**) und die Veränderungen in einen normalen oder abnormalen Zustand (**normal-state deixis**) als Extensionen der Sprecher-Hörer-Deixis, die alle letztendlich auf einen Kontrast zwischen EGO als dem deiktischen Zentrum und NON-EGO zurückgehen. Sie formuliert daraufhin als Hypothese: "one should never find come used to mean departure from a normal state, nor go to mean entry into such a state " (Clark 1974:317). Es ergeben sich jedoch zahlreiche Unvereinbarkeiten mit dieser These.[11] So bezeichnen die folgenden Sätze mit to come den Eintritt in einen abnormalen Zustand - und implizit damit auch den Austritt aus einem normalen Zustand - und tragen außerdem deutlich negative Bewertungen:

(11) a. Some pages of our family Bible have come loose.
b. The bill came due much earlier than I had expected.
c. The trip to Paris came rather expensive.
d. Whatever you do comes out wrong.
e. My plan to become a millionaire came to grief when the stock market crashed.
f. Gorbachev has come under pressure from the conservatives.
g. The speaker's utterance meaning and the sentence meaning come apart in various ways.

Andererseits können mit to go auch der Eintritt in einen normalen Zustand und positive Konnotationen verbunden sein:

(12) The hostages went free.

---

[11] Bereits ältere Grammatiker haben auf die mit to come und to go regelmäßig verbundenen positiven und negativen Assoziationen insbesondere in Adjektivkonstruktionen hingewiesen, haben jedoch auch die Existenz von Ausnahmen erkannt wie etwa in den positiven Assoziationen bei go fifty-five, go warm, go better (Jones 1936:48), go security, go bail, go vacant (Visser 1963:202), etc.

Normale Zustände werden mit to go ohnehin bezeichnet in Sätzen wie:

(13) a. Our marriage is going fine.
b. The rockband is still going strong.

Angesichts dieser Ausnahmen muß Clarks Erklärung der figurativen Bedeutungen von to come und to go aus der deiktischen Grundsituation, in der EGO mit NON-EGO kontrastiert (Clark 1974:331), zurückgewiesen werden.

Der von Lindner (1983) entwickelte Ansatz zum Problem des deiktischen Blickpunkts erscheint hier dagegen angemessener. In ihrer semantischen Analyse von up und out stellt sie fest, daß dieselben Partikeln sowohl für den Eintritt eines Trajektors in eine als Blickpunkt definierte Region als auch für ihren Austritt aus dieser Region verwendet werden. So tritt in diesem Orientierungsschema der Ton in The trumpet blared out in die Region des "Blickpunkts" hinein, während er in The sound faded out aus ihr heraustritt.

(14)

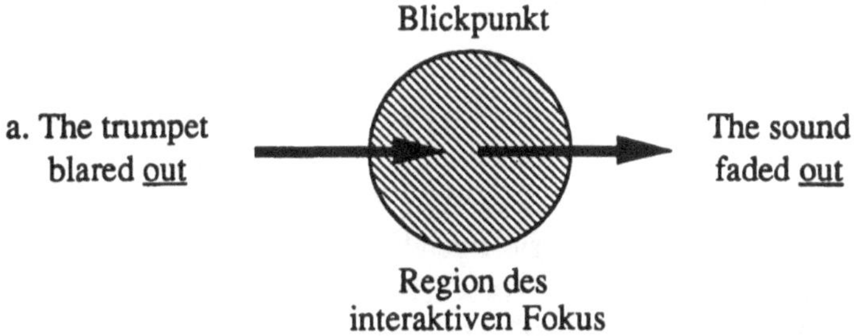

Durch den Blickpunkt wird gleichzeitig die "Region des interaktiven Fokus" definiert. Ein sich in der Region befindlicher Trajektor ist zugänglich, erhältlich, erwünscht, existent, bekannt und sichtbar, während ein Trajektor, der diese Region verläßt, unsichtbar, unzugänglich, inoperabel und leblos wird (Lindner 1983: Kap.II.3.39, III.2.3.4.). Lindner findet ihr Konzept von Blickpunkt und interaktivem Fokus in der Verwendung der deiktischen Bewegungsverben to come und to go bestätigt: Anders als bei den nicht-deiktischen Partikeln up und down, die sowohl für den Eintritt in die Blickpunktregion als auch für deren Austritt daraus verwendet werden (14a), ist, wie oben beschrieben, die deiktische Orientierung bei to come und to go im Verb festgelegt, so daß für den Eintritt in die Region erwartungsgemäß to come und für den Austritt aus ihr to go verwendet wird:

(14)

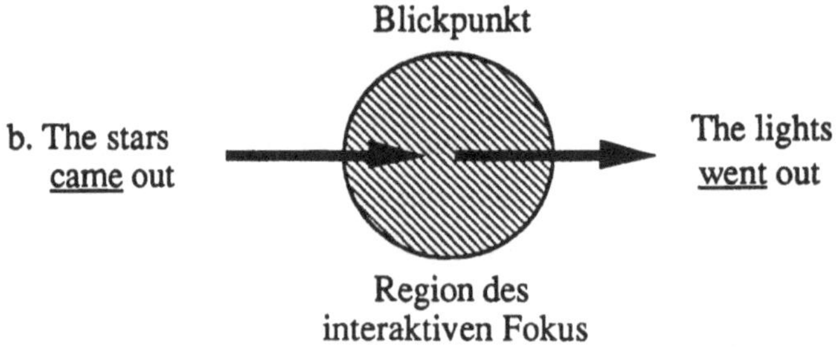

Wenn der Fokus der Interaktion menschliche Zustände betrifft, ist der kanonische Betrachter bzw. sein Blickpunkt bewußt handlungsfähig, sehend, wissend, normal und glücklich. Dies erklärt, warum Eintritte in einen normalen Zustand sowie Austritte aus einem abnormalen Zustand mit to come wiedergegeben werden und üblicherweise mit positiven Konnotationen verbunden sind, während umgekehrt Eintritte in einen normalen Zustand mit to go ausgedrückt werden und generell mit neutralen oder negativen Konnotationen verbunden sind.

Ein Betrachter kann sich jedoch auch unangenehmen Tatbeständen konfrontiert sehen, die sich aus einem Gang von Ereignissen entwickelt haben und unabwendbar auf ihn zukommen. So können sich im Satz (11a) durch ständiges Lesen der Weihnachtsgeschichte die Seiten des Lukasevangeliums gelöst haben, in (11b) liegt es in der Natur von Rechnungen, daß sie irgendwann fällig werden, und in (11c) ist es jedermann einsichtig, daß Ferienreisen letztendlich teurer als vorhergesehen werden, etc. Ein Beschreibungsansatz, der Lindners Konzept des Blickpunkts und interaktiven Fokus zusammen mit den zuvor angesprochenen Bewegungsaspekten von Fokus und Deixis integriert, steht somit nicht im Konflikt mit den Verwendungsdaten von to come und to go und wird sich auch für ihre metaphorischen Extensionen (4.3.) als bedeutsam erweisen.

3.4. Eigen- und Fremdbewegung

Die bereits oben angesprochene, für die Wahrnehmung wichtige Unterscheidung von Eigen- und Fremdbewegung hat sich sprachlich u. a. in der Metaphorisierung von Zeitangaben niedergeschlagen (vgl. Fußnote 5). Die Perspektive aus der Eigenbewegung, in der sich der Betrachter als zur vor ihm liegenden Zeit oder durch sie hindurch bewegend sieht, ist für metaphorische Ausdrücke wie troubles lie ahead und We have the worst behind us verantwortlich. Die Perspektive der Fremdbewegung, in der die Zeit als ein sich am Beobachter von vorn nach hinten vorbei bewegender Gegenstand konzeptualisiert wird, führt zu metaphorischen Bildungen wie this coming week und the days gone by.

Bei Bewegungen auf der Zeitachse ist es hinsichtlich konnotativer Bedeutungen offensichtlich unerheblich, ob sich der Betrachter in der Welt oder die Welt sich um den Betrachter bewegt, obwohl es denkbar ist, daß auch Zeitabläufe als positiv oder negativ empfunden und entsprechend kodiert werden. Die Unterscheidung in Eigen- und Fremdbewegung ist jedoch bedeutsam für alle anderen Bewegungsaspekte - Fokus, Deixis, Blickpunkt sowie auch Vektorkraft - und wird daher auch das oberste Kriterium bei der Analyse der metaphorischen Extensionen von to come und to go in Abschnitt 4 bilden.

3.5. Vektorkraft

Teil des Bewegungsschemas sind letztlich auch eine Kraft, die die Bewegung eines Gegenstandes auslöst, sowie unmittelbar mit ihr verbunden eine Richtung bzw. ein Vektor des sich bewegenden Gegenstandes. Kräfte haben ihrerseits wieder Ursprünge, wie Johnson (1987:43) anschaulich beschreibt: "The cup doesn't just move of it's own accord-- it moves because something with power moves it from the table to the lips and back to the table."

Der Ursprung einer Vektorkraft kann ein absichtlich handelndes Wesen oder eine physikalische Ursache sein. Wie oben festgestellt, sind Menschen gewöhnlich von Absichten geleitet, wenn sie sich zu einem bestimmten Ort hinbewegen. Daher wird das Bewegungsverb to go im allgemeinen auch mit einer intentionalen Bedeutung verbunden, wenn der Handlungsträger ein Mensch ist wie in John went to Columbus, Ohio. Miller/Johnson-Laird (1977:101) machten die interessante Beobachtung, daß Menschen nicht nur ihre eigenen Bewegungen als intentional betrachten, sondern auch die anderer Personen: "One reason they ascribe intentions to others is that they perceive their own movements that way, as actions rather than mere movements." Dieses Phänomen erklärt, warum auch das sich typischerweise auf Bewegungen anderer beziehende Bewegunsverb to come in intentionaler Bedeutung verstanden wird.

Da die Vektorkraft einer vom Menschen unternommenen Bewegung von seiner Intention geleitet und diese damit nicht offen erkennbar ist, kann seine Bewegungsrichtung für andere unerklärlich und unvorhersehbar bleiben. Demgegenüber ist der von einer physikalischen Kraft ausgelöste Vektor einer Bewegung erheblich leichter vorhersehbar, da ihm allgemein bekannte physikalische Gesetzmäßigkeiten zugrunde liegen. In diesem Fall folgen sich bewegende Gegenstände einer geraden Linie, soweit keine anderen Kräfte wie die Schwerkraft auf die Bewegung einwirken.

4. Metaphorische Extentionen von *to come* und *to go*

Im folgenden sollen auf dem Hintergrund der oben besprochenen Bewegungsaspekte die möglichen Motivationen für die Entstehung entfernterer metaphorischer Bedeutungen von to come und to go nachvollzogen werden. Wie bereits erwähnt, kommt der Differenzierung zwischen Eigen- und Fremdbewegung dabei eine psychologisch herausragende Rolle zu.

4.1. Eigenbewegung

Eine Betrachtung der Welt aus unserer eigenen Bewegung heraus entspricht zweifellos am besten dem egozentrischen menschlichen Weltbild. Damit kann das sich bewegende EGO seinen Blickpunkt auf jedes der Strukturelemente des Bewegungsschemas richten. Wie bereits erwähnt, liegt es jedoch in der Natur menschlicher Bewegungen, sie mit Intentionen und Zielgerichtetheit zu verbinden. In räumlicher wie auch übertragener Bedeutung wird die willentliche Eigenbewegung somit vornehmlich mit to go und Blick auf den Zielpunkt wiedergegeben (15a), seltener mit Blick auf den Pfad (15b) und lediglich in der räumlichen Bedeutung auch mit Blick auf den Ausgangspunkt (15c):

(15)	**räumliche Bewegung**	**metaphorische Bewegung**
a. Zielpunkt:	I'm going to the library.	I'm going into business.
b. Pfad:	I'm going along.	I'm going steady.
c. Ausgangspunkt:	I'm going away.	-

Als metaphorische Extension einer beabsichtigten Bewegung zu einem Zielpunkt ist auch die Verwendungsweise von to go für Zustandsveränderungen in Ausdrücken wie to go decimal, to go nuclear, to go digital, to go cooperative, to go communist, to go public etc. zu betrachten.

Alle diese mit to go ausgedrückten Veränderungen sind vollständig und betreffen Institutionen aus dem sozialen, politischen oder kulturellen Bereich, sind aber letztendlich durch menschliche Entscheidungen herbeigeführt: So versteht sich die Werbeanzeige Dictation goes digital im Sinne einer Metonymie als 'Die Manager von

IBM haben ein digitalisiertes Diktiersystem eingeführt'. Die Bewegungsmetapher kann somit zur Bezeichnung für diese Art Zustandsveränderung als motiviert angesehen werden. Es ist jedoch prinzipiell unerklärlich, warum mit dieser metaphorischen Struktur nicht auch auf die handelnde Person selbst bezogen werden kann, warum also ein Computerfreak von sich nicht sagen kann *I went digital at the age of five oder ein Politiker *I'll go communist after the next election oder ein Hauseigentümer über seine alternative Energierversorgung *I'm going solar soon. Als einzige plausible Erklärung für die Einschränkung dieser Eigenbewegungsmetapher auf institutionalisierte Veränderungen erscheint mir nur die vom Sprecher denkbarerweise empfundene Gefahr des Konstruktionszusammenfalls mit anderen Ausdrücken der Zustandsveränderung wie in I went blind oder I went crazy, die sich bereits auf Personen beziehen (cf. 4.3.).

Mit der Metapher der Eigenbewegung kann auch ein beabsichtigtes Kommen wiedergegeben werden. Wie unter 3.2. angeführt, wird dadurch im Bewegungsschema das deiktische Zentrum vom Sprecher zum Hörer verlagert. Da in der übertragenen Verwendung von to come ein Hörer als Endpunkt und Betrachter der Bewegung nicht beteiligt ist, dient als Endpunkt ein selbst gesetztes Ziel, zu dem man "kommt". In Übereinstimmung mit dem Fokus auf die Endphase der Bewegung impliziert das Erreichen eines metaphorischen Ziels auch eine gewisse Anstrengung und Dauer: to come to a conclusion bezeichnet einen längeren und anstrengenderen Prozeß als to conclude. Gleichzeitig ist das Erreichen des Ziels nicht nur durch die willentlich handelnde Person als "Vektorkraft" bestimmt, sondern auch durch die Art des Ziels, das, indem es einen bestimmten Gang von Ereignissen bedingt, auf sein Erreichen auch eine gewisse Zugkraft ausübt. So kann man zu eigenen oder gemeinsamen Beschlüssen, Entscheidungen, Vereinbarungen, Kompromissen, etc. kommen, nicht aber zu denen anderer (*I came to his decision) oder zu ihren Gegenteilen (*we came to a disagreement), die keinen in unserer Gemeinschaft etablierten Verlauf nehmen. Andererseits ist natürlich mit dem Schema vereinbar, daß ein gesetztes Ziel nicht erreicht wird (We didn't come to an agreement).

Die Bewegungsmetapher des Kommens gibt in diesen Bildungen optimal den ausgewogenen push-and-pull-Aspekt selbstgesetzter Ziele wieder. Der Bewegungsdomäne kommt hier auch eine konzeptuelle Systematik zu. So wird mit ihr auch das Überwiegen des einen (to jump to a conclusion) oder anderen Bewegungsaspekts (to arrive at a conclusion/to reach a conclusion) bezeichnet.

4.2. Deiktische Fremdbewegung

Der anthropozentrische Betrachter sieht typischerweise sich in der Welt bewegende Gegenstände deiktisch in Beziehung zu seiner eigenen Position. Analog der räumlichen Bedeutung können Dinge in das Blickfeld - und damit in die Region des interaktiven Fokus kommen, in ihm sein und aus ihm heraustreten:

(16) a. The mountains came into view.
The miniskirt came into fashion.
b. The mountains are in view.
The miniskirt is in fashion.
c. The mountains went out of view.
The miniskirt went out of fashion.

Liegt die Region des interaktiven Fokus außerhalb eines begrenzten Gebietes, so sind die Rollen von to come und to go vertauscht (cf. 3.3.):

(17) a. He went into a panic.
b. He came back to his senses.

In beiden Situationen ist es für den egozentrischen Betrachter wichtiger, daß sich die Welt zu ihm statt von ihm weg bewegt. Diese Sehweise erklärt viele Asymmetrien wie die von It came to my attention vs. *It went from my attention einerseits und The alarm went off vs. *The alarm came on andererseits.

Ein Bewegungsablauf ohne Spezifizierung von Ausgangs- oder Endpunkten kann dennoch durch die Wahl des Bewegungsverbs eine Perspektive erhalten. So ist die komitative Grundsituation in den beiden Sätzen

(18) a. The telephone comes with a plastic housing.
b. White wine goes with poultry.

identisch; mit to come liegt jedoch die Perspektive auf dem Plastikgehäuse, mit to go dagegen auf dem Wein.

Da mit zunehmender Metaphorisierung des Bewegungsschemas die deiktischen Orientierungen von to come und to go mehr und mehr verloren gehen, ist es nicht verwunderlich, daß in Ermangelung eines äußeren Referenzpunkts das Bewegungsschema selbst als Referenzsystem verwendet wird.

4.3 Nichtdeiktische Fremdbewegung

Der Verlauf einer unbehinderten Bewegung ist durch einen vorgegebenen physikalischen Vektor bestimmt und findet - zumindest im naiven Verständnis - irgendwann sein Ende. Das Bewegungsverb to come ist prädestiniert, die metaphorische Bewegung eines Gegenstandes entlang einer vorgegebenen Linie zu seinem Endpunkt wiederzugeben:

(19) a. The world is coming to an end.
b. The negotiations came to a standstill.
c. The water is coming to boil.
d. The word 'aborigine' has come to refer to a specific group of peoples in Australia.

Die Sätze beinhalten reflexive bzw. resultative Relationen - ein Erreichen des eigenen Endes oder eigenen Stillstands bzw. der Zustandswechsel zu einem anderen Aggregatzustand oder einer anderen Bedeutung. Das Substantive outcome gibt übrigens diese resultative Bewegung wieder. Das zugrundeliegende Bewegungsschema mit to come ist identisch mit den in 3.1. und 4.2. gefundenen Verwendungen. Auch hier ist als Bedeutung 'Gang von Ereignissen zu einem Endpunkt' anzusetzen. Die Zustandsveränderungen, die mit to come metaphorisiert werden, ziehen sich daher auch über einen längeren Zeitraum hinweg und sind eher als Entwicklungen denn als Veränderungen anzusehen: dies gilt für dreams that come true ebenso wie für bills that come due. Die Zustandsveränderung kann auch nur scheinbar sein wie in Everything comes out wrong, da hier nicht von einem "richtigen" Vorzustand auszugehen ist. Der Aspekt des vorgegebenen Gangs von Ereignissen mit to come wird deutlich an dem Verhalten der beiden Verben to pass und to happen, die ein eher reguläres bzw. eher zufälliges Ereignis bezeichnen: It came to pass ist möglich, *It came to happen jedoch nicht.

Bei einer bereits abgelaufenen Fremdbewegung ist - komplementär zu to come im Sinne eines Einhaltens des vorgegebenen Bewegungsvektors - to go charakterisiert durch das Abweichen von dem gegebenen Bewegungsvektor bzw., in metaphorischer Verwendung, von dem normalen Gang von Ereignissen. Die daraus resultierenden Zustandsveränderungen sind typischerweise ebenfalls komplementär zu denen mit to come: sie ereignen sich schnell, sind vollständig und werden als unerwünscht angesehen.

Der Kontrast zwischen einer plötzlichen und einer langsamen Zustandsveränderung kommt in dem folgenden finnischen Beispielpaar anschaulich zum Ausdruck:

(20) a. Auto menee rikki. / *Auto tuli rikki.
'Das Auto ging kaputt' / 'Das Auto kam kaputt'
b. Autoon on tullut ruostetta. / *Autoon on mennyt ruostetta.
'An das Auto kam Rost' / 'An das Auto ging Rost'
Das Auto wurde rostig.

Der langsame Prozeß des Verrostens wird als Kommen metaphorisiert, die plötzliche und unerwartete Funktionsunfähigkeit dagegen - wie auch im Deutschen und Englischen - als Gehen: The car went dead in the middle of the road. Eine Zustandsveränderung kann allerdings auch mit to go relativ langsam vor sich gehen wie in Their marriage went sour over the years; jedoch rechtfertigen dann die beiden anderen Bedeutungsaspekte - Vollständigkeit und Unerwünschtheit der Veränderung - den Gebrauch der Metapher.

Die Vollständigkeit der mit to go bezeichneten Zustandsveränderungen zeigen Beispiele wie die folgenden:

(21) a. The old man went blind / *short-sighted.
b. The D.J. went deaf / *hard of hearing.
c. The coffee went cold / *luke-warm.

Nicht-graduierbare Adjektive wie hier blind, deaf, Farbadjektive wie in His face went scarlet/blue/pale und die unter 4.1. aufgeführten denominalen Adjektive wie nuclear, digital, solar, etc. eignen sich zur Bezeichnung vollständiger Zustandsveränderungen prinzipiell eher als graduierbare Adjektive wie cold in (21c). Ein durchgehendes Prinzip, nach dem sich He went mad und He went crazy gegenüber *He went angry und ?He went violent erklären ließe, ist leider nicht erkennbar.

Die Unerwünschtheit der mit to go bezeichneten Veränderung ist auf dem Hintergrund eines normalen und damit wünschenswerten Verlaufs von Ereignissen zu sehen wie in (22a) gegenüber (22b). Ist der Verlauf der Ereignisse jedoch unerwünscht, so bringt die Abweichung hiervon eine entsprechend wünschenswerte Veränderung mit sich wie in (22c, d):

(22) a. His face went blue with rage.
b. *His face went blue with joy.
c. He was a former gang member who had gone soft.
d. Some day the guns of the Gulf will go silent.

Im Englischen gibt es noch eine weitere Verwendung von to go, die in Situationen wie unter (23) auftritt und mit den bisherigen Bedeutungen wenig gemein zu haben scheint:

(23) a. The garbage went uncollected for weeks.
b. Even grammatical errors went uncorrected.
c. Their appeals to the court went unanswered.
d. The manuscript went unilluminated.
e. The Boeing 747 went missing over Burma.

Diese Sätze beschreiben einen abnormalen Zustand, der dadurch entstanden ist, daß Ereignisse, die üblicherweise in diesen Situationen für den normalen Ablauf der Dinge sorgen, nicht eingetreten sind. Damit bilden diese Situationen das genaue Gegenstück zu den vorher besprochenen Situationen, in denen von einem normalen Ablauf der Dinge plötzlich abgewichen wird. Die Gemeinsamkeiten beider Verwendungsweisen von to go liegen in der Annahme eines normalen Gangs von Ereignissen, der Abweichung von ihnen, der Vollständigkeit der dadurch eintretenden Veränderung und der Unerwünschtheit ihrer Ereignisse, die durch das Präfix un- der Partizipien bzw. ein konzeptuell negatives Wort wie missing in (23e) zum Ausdruck kommen. Möglicherweise waren diese Aspekte motivierend genug, um das Bewegungsverb to go als Zustandverbs im Sinne von to remain zu verwenden. Böhm (1988) verweist zur Erklärung auf stative Verwendungsweisen von to go im Sinne eines Pfades wie in The bridge goes across the Firth of Forth, in denen Ausgangs- und Endpunkt einer imaginären Reise zeitlich zusammenfallen. Diese metonymischen Verwendungsweisen von to go unterstützen zweifellos weitere metaphorische Extensionen. Sicherlich ist auch der institutionalisierte Aspekt der Veränderung bestimmend, der bereits die Veränderungen in 4.1. kennzeichnete. Je weniger ein Ereignis gesellschaftlich institutionalisiert ist, um so weniger eignet es sich nämlich für Metaphern mit to go.

(24) a. ?The symphony went unfinished.
b. ?*His beard went unshaved.
c. *Don Juan went unmarried.

Das Vollenden einer begonnen Symphonie könnte noch als kulturelle Erwartungsnorm an einen Komponisten betrachtet werden, das Rasieren notfalls noch als kulturelle Verhaltensnorm, der Eingang einer Ehe kann jedoch nicht mehr als verpflichtend gelten.

5. Schlußbetrachtung

Die Analyse des Bewegungskonzepts sollte am Beispiel der beiden prototypischen Bewegungsverben to come und to go aufzeigen, daß ihre metaphorischen Bedeutungen aus Grundaspekten des Bewegungsschemas hergeleitet und motiviert sind. Die meisten übertragenen Verwendungsweisen von to come und to go lassen die metaphorischen Projektionen aus dem Bewegungsschema deutlich nachvollziehbar erkennen.

Selbstverständlich können mit diesem kognitiv-linguistischen Erklärungsansatz weder Vorhersagen über bestimmte metaphorische Extensionen gemacht noch sprachübergreifende Gültigkeit beansprucht werden, ohne die spezifischen metaphorischen Regularitäten der jeweiligen Sprache einzubeziehen. So sind die scheinbaren Widersprüchlichkeiten zwischen ungarisch dühbe jön 'come mad' und Englisch to go mad oder zwischen Deutsch auf den Hund kommen und Englisch to go to the dogs innerhalb der jeweiligen Sprache und ihrer Metaphorisierungsprinzipien durchaus sinnvoll. Von der traditionellen Grammatik wurde bereits festgestellt, daß das Englische sehr viel weitergehenden Gebrauch von Ausdrücken der Bewegung und Geschwindigkeit macht als z.B. das Deutsche: man "springt" zu einem Schluß, "fliegt" in einen Wutanfall, "greift" einen Flug und wird ins Krankenhaus "geeilt". Es ist daher auch nicht überraschend, daß das Konzept der Bewegung in der metaphorischen Struktur des Englischen eine so herausragende Rolle spielt, bzw., that it has come to play such a prominent role in English.

Literatur

Böhm, Roger, 1988. The metaphor went unnoticed: *go* as a durative verb. Vortrag gehalten auf der Jahrestagung der GAL 1988 in Passau.

Brown, Penelope, Stephen C. Levinson, 1987. Politeness. Some universals in language usage. Cambridge, etc., Cambridge University Press.

Clark, Eve V., 1974. Normal states and evaluative viewpoints. Language 50, 316-331.

Clark, Herbert H., 1973. Space, time, semantics, and the child. In: Timothy E. Moore (ed.), 27-63.

Fawcett, Robin P. et al. (eds.), 1984. The semiotics of culture and language. Volume 1: Language as social semiotic. London, Dover, N.H., Frances Pinter.

Fillmore, Charles J., 1971a. Santa Cruz lectures on deixis. Bloomington, Ind., Indiana University Linguistics Club.

Fillmore, Charles J., 1971b. How to know whether you're coming or going. In K. Hyldgard-Jensen (ed.), 369-379.

Fleischman, Suzanne, 1982. The past and the future: Are they *coming* or *going*? In: Monica Macaulay et al. (eds.), 322-334.

Greenberg, Joseph H. (ed.), 1978. Universals of human language. Volume 3: Word structure. Stanford, Cal., Stanford University Press.

Halle, Morris, Joan Bresnan, George A. Miller (eds.), 1978. Linguistic theory and psychological reality. Cambridge, Mass., London, The MIT Press.

Hylgard-Jensen, Karl (ed.), 1971. Linguistik. Frankfurt/M., Athenäum.

Ikegami, Yoshihiko, 1984. How universal is a localist hypothesis? A linguistic contribution to the study of 'semantic style' of language. In: Robin P. Fawcett et al. (eds.), 49-79.

Jackendoff, Ray, 1978. Grammar as evidence for conceptual structure. In Morris Halle, Joan Bresnan, George A. Miller (eds.), 201-228.

Johnson, Mark, 1987. The body in the mind. Chicago, London, University of Chicago Press.

Jones, Joseph, 1936. Some semantic observations on certain uses of *go*. Studies in English 16, 42-52.

Lakoff, George, 1987. Women, fire, and other dangerous things. What categories reveal about the mind. Chicago, London. The University of Chicago Press.

Lakoff, George, Mark Johnson, 1980. Metaphors we live by. Chicago, London. The University of Chicago Press.

Lindner, Susan J., 1983. A lexico-semantic analysis of English verb particle constructions. Trier, Linguistic Agency of Trier. Series A, paper no. 101.

Macaulay, Monica et al. (eds.), 1982. Proceedings if the eighth annual meeting of the Berkeley Linguistics Society, 13-15 February, 1982. Berkeley, Cal.; Berkeley Linguistics Society.

Michotte, A. 1946. La perception de la causalité. Louvain, Publications Universitaires de Louvain.

Miller, George A., Philip N. Johnson-Laird, 1977. Language and perception. Cambridge, Mass., The Belknap Press of Harvard University Press.

Moore, Timothy E. (ed.), 1983. Cognitive deveploment and the acquisition of language. New York, etc., Academic Press.

Quinn, Naomi, n.d. American marriage and the folk social psychology of need fulfillment. Duke University. Ms.

Rauh, Gisa, 1981. On *coming* and *going* in English and German. Papers and Studies in Contrastative Linguistics 13, 53-68

Rock, Irvin, 1975. An introduction to perception. New York, London, Macmillan, Collier Macmillan.

Traugott, Elizabeth C., 1978. On the expression of spatio-temporal relations in language. In: Joseph H. Greenberg (ed.), 369-400.

Visser, Fredericus Theodorus, 1963. An historical syntax of the English language. Part I: Syntactical units with one verb. Leiden, E.J. Brill.

Weir, S., 1975.The perception of motion: Actions, motives and feelings. Progress in Perception, University od Edinburgh, Dept. of AI, Rep. No 13:6-38.

Wimmer, Heinz, Josef Perner, 1979. Kognitionspsychologie. Stuttgart, Kohlhammer.

PRÄPOSITIONENGESTEUERTE METAPHORIK

Gisa Rauh

0. Einleitung

In Sprachen wie dem Englischen und dem Deutschen ist der Bestand der Präpositionen im wesentlichen durch solche aus dem lokalen Bereich bestimmt.[1] Beispiele dafür sind unter anderen engl. at, in, on, over, under, across oder dt. in, an, auf, unter, über, neben, etc. Präpositionen anderer Domänen sind in der Regel sekundär, also Ableitungen aus anderen Wortarten, wie zum Beispiel engl. because, during oder dt. wegen, zwecks und andere.

Die Verwendung der lokalen Präpositionen ist jedoch bekanntlich nicht auf die lokale Domäne beschränkt. Sie erscheinen auch in anderen Kontexten und erzeugen hier eine Raummetaphorik, die mühelos verstanden wird. Gezeigt werden soll, auf Grund welcher Eigenschaften von Präpositionen dies möglich wird, was Metaphorik an sich und im besonderen im Zusammenhang mit Präpositionen bedeutet, und zu fragen ist, ob auf der Grundlage von Ergebnissen im Zusammenhang mit den beobachteten Daten Vorhersagen über die angemessene Verwendung von lokalen Präpositionen in nicht-lokalen Domänen allgemein gemacht werden können. Erstrebenswert ist die Möglichkeit zu solcher Vorhersage natürlich für den Umgang mit einer fremden Sprache sowie für die Implementierung natürlicher Sprache auf einem Computer. Daß der Sprecher einer Sprache der Formulierung von entsprechenden Regeln für seine eigene Sprache nicht bedarf, legt nahe, daß solche Regeln im Laufe des Spracherwerbsprozesses internalisiert wurden, die es nun aufzudecken gilt.

Um das Problem der präpositionengesteuerten Metaphorik angemessen erfassen zu können, soll zunächst (Kapitel 1) eine Skizzierung der Eigenschaften von Präpositionen vorgelegt werden. Es folgt dann (Kapitel 2) eine Auseinandersetzung mit dem Phänomen der Metapher allgemein, wobei verschiedene frühere Charakterisierungen kurz angedeutet und Grundlagen für eine eigene Metaphertheorie vorgestellt werden. Nach diesen teils vorbereitenden, teils für sich selbst stehenden Ausführungen stehen schließlich Beispiele präpositionengesteuerter Metaphorik im Zentrum

[1] Die Erklärung dafür ist, daß - wie Paul (1920:3) anmerkt - "die älteste Schicht der Präpositionen [...] auf Ortsadverbia" zurückgeht. Diese für das Deutsche getroffene Feststellung gilt auch für das Englische.

der Betrachtung (Kapitel 3), die entsprechend analysiert, beschrieben und - soweit möglich - erklärt werden sollen. Die Beispiele sind der englischen Sprache entnommen.

1. Präpositionen

Als kleine unflektierte Wörter sind Präpositionen in der Vergangenheit recht unterschiedlich klassifiziert und meist in ihrer Bedeutung unterschätzt worden.[1] Im folgenden sollen zunächst einige miteinander unverträgliche frühere Klassifikationen von Präpositionen vorgestellt werden, ehe unter Bezugnahme auf diese eine eigene Beschreibung über Hypothesen entwickelt wird, auf deren Grundlage schließlich das Phänomen der präpositionengesteuerten Metaphorik aufgezeigt werden kann.

In der sogenannten "traditionellen" Grammatik werden Präpositionen als Beziehungs- oder Verhältniswörter klassifiziert.[2] Es wird damit vor allem ihre Bedeutung in den Vordergrund gerückt, darauf verwiesen, daß durch Präpositionen Beziehungen zwischen zwei Entitäten zum Ausdruck gebracht werden. Aufgrund ihrer Morphologie werden Präpositionen von einigen Autoren gemeinsam mit Konjunktionen und Adverbien in die umfassendere Kategorie der Partikel eingeordnet.[3]

Vertreter des Strukturalismus betrachten Präpositionen als Funktionswörter und grenzen diese von den Wortarten ab.[4] Funktionswörtern werden im Gegensatz zu den Wortarten die Eigenschaften beigemessen, Strukturen zu signalisieren[5] - im Falle von Präpositionen sind dies Präpositionalphrasen - relativ bedeutungsleer zu sein[6] und eine geschlossene Klasse zu bilden.[7]

Im Rahmen der Kasusgrammatik werden Präpositionen als alternative Formen zu Kasusmorphemen oder Postpositionen für den Ausdruck zugrundeliegender Kasus-

---

1 Eine ausführliche, kritische Auseinandersetzung mit verschiedenen Ansätzen der Beschreibung von Präpositionen im Englischen wird mit Rauh (i. Vorb.1) vorgelegt.

2 Man vergleiche zum Beispiel Edler (1847:398ff), Deutschbein & Klitscher (1959:227), Koziol & Hüttenbrenner (1968:194) oder Quirk et al. (1972:306).

3 Dies geschieht zum Beispiel in Poutsma (1926:603) und Jespersen (1924:87).

4 Zu diesen gehören zum Beispiel Fries (1952:65ff), Hockett (1958:221ff) und Bolinger (1968:61ff).

5 Man vergleiche dazu zum Beispiel Gleason (1955, [2]1961:156), Hockett (1958:153) oder Quirk (1962, [2]1968:79).

6 Man vergleiche dazu zum Beispiel Gleason (1963, [2]1965:190) oder Quirk (1962, [2]1968:79).

7 Man vergleiche dazu zum Beispiel Harris (1951:252), Quirk (1962, [2]1968:79f) oder Stageberg (1965, [3]1977:239).

relationen oder semantischer Relationen wie "Agens", "Instrument", "Ausgangspunkt", "Ziel" und andere aufgefaßt.[1]

Auf Grund von Ähnlichkeiten zwischen Verben und Präpositionen, zum Beispiel Intransitivität oder Transitivität in beiden Fällen sowie als Ausdrücke mit statischer oder dynamischer Bedeutung, beschreiben Vertreter der Generativen Semantik Präpositionen als zugrundeliegende Verben.[2]

Im Zusammenhang mit der X-bar-Syntax schließlich, werden Präpositionen neben Verben, Nomina und Adjektiven als vollwertige lexikalische Kategorien klassifiziert.[3] Berücksichtigt man die Konsequenzen dieser Klassifikation uneingeschränkt, das bedeutet, daß man Präpositionen all die Eigenschaften einräumt, die bislang nur in bezug auf die anderen Wortarten identifiziert wurden, und zwar semantische und syntaktische Eigenschaften, so erlaubt nur diese Klassifikation eine Beschreibung für das hier zu betrachtende Phänomen der präpositionengesteuerten Metaphorik. Sie verdeutlicht zugleich, daß frühere Klassifikationen entweder unangemessen sind - so die Einordnung von Präpositionen als Funktionswörter im Rahmen des Strukturalismus - oder nur Teile der Eigenschaften von Präpositionen insgesamt und auch diese nur ungenau erfassen. Letzteres gilt für die Beschreibung von Präpositionen im Zusammenhang mit der traditionellen Grammatik, der Kasusgrammatik und der Generativen Semantik.[4]

Die hier vertretene Auffassung über eine angemessene Klassifikation von Präpositionen ist folglich im Einklang mit ihrer Beschreibung auf der Grundlage der X-bar-Syntax die, daß Präpositionen vollwertige lexikalische Kategorien repräsentieren. Daraus ergeben sich prinzipiell für die Bestimmung ihrer Eigenschaften folgende Aussagen:

Präpositionen verfügen über inhärente und kontextuelle syntaktische und semantische Eigenschaften

- sie bilden eine eigene syntaktische Kategorie
- sie können Spezifikatoren und Komplemente haben
- sie können über Subjekte verfügen

---

[1] Diese Beschreibung wurde zunächst von Fillmore (1968:15;32) eingeführt und später von anderen übernommen, so zum Beispiel auch von Bennett (1975), Dirven (1982), Radden (1982).

[2] Entsprechende Ausführungen sind Becker & Arms (1969), J. Geis (1970), M. Geis (1970) oder Declerck (1977) zu entnehmen.

[3] In den ersten Ansätzen der X-bar-Syntax (Chomsky 1970) waren Präpositionen zwar noch nicht mit einbezogen, doch legte Jackendoff (1973) entsprechende Argumente vor. Man vergleiche auch Emonds (1976, 1985), Hendrick (1976), Jackendoff (1977), van Riemsdijk (1978), Stowell (1983), Wunderlich (1984), Radford (1988).

[4] Auf die Unzulänglichkeiten dieser Ansätze wird in Rauh (i. Vorb.1) ausführlich hingewiesen.

- sie sind inhärent durch semantische Merkmale charakterisiert
- sie haben selektionale Eigenschaften
- sie weisen semantische Relationen (alias "Kasusrelationen" oder "Tiefenkasus") zu

Für die Beschreibung des Phänomens der präpositionengesteuerten Metaphorik sind über diese allgemeinen, für alle lexikalischen Kategorien zutreffenden Aussagen hinaus solche relevant, die speziell die Eigenart von Präpositionen betreffen, insbesondere derjenigen, die an der Erzeugung der Metaphorik beteiligt sind. Diese Aussagen werden im folgenden in Form von Hypothesen vorgestellt und anschließend unter Einbeziehung von Beispielen erläutert.

Betrachtet man den Bestand der Präpositionen zum Beispiel im Englischen und Deutschen, so fällt auf, daß die ursprünglichen, also nicht abgeleiteten Präpositionen der lokalen Domäne zuzuordnen sind, obwohl sie auch außerhalb der lokalen Domäne verwendet werden.[1] Diese Beobachtung führt zu der ersten Hypothese über Präpositionen,

HP1: Ursprüngliche Präpositionen drücken zunächst Beziehungen zwischen Entitäten innerhalb der lokalen Domäne aus.

der die zweite nachzuschalten ist:

HP2: Inhärente und kontextuelle semantische Eigenschaften der ursprünglichen Präpositionen werden innerhalb der lokalen Domäne im Einklang mit ihrer Verwendung in typischen Situationen bestimmt.

Die zweite Hypothese postuliert, daß es typische Situationen für die Verwendung von Präpositionen gibt. Es wird hier bewußt vermieden, von prototypischen Bedeutungen von Präpositionen zu sprechen, da die von Rosch[2] entwickelte Prototypentheorie sich nicht auf Wortbedeutungen bezieht, sondern auf Kategorien in der außersprachlichen Wirklichkeit und deren kognitive Repräsentation.[3] Nach dieser Festlegung könnten eher Situationen als "prototypisch" bezeichnet werden, doch soll auch dies nicht geschehen und die schwächere Bezeichnung "typisch" ausreichen. In diesem Sinne sind für die englische Präposition <u>on</u> und die entsprechende deutsche

---

[1] Diese Beobachtung ist keineswegs neu. Sie wird bereits in Becker (1870:394ff) ausführlich besprochen und in jüngeren Arbeiten thematisiert (z.B. H. Clark 1968; Radden 1982; 1985), Dirven (1982b), Brugman (1983).

[2] Man vergleiche dazu Rosch (1973; 1975; 1977a,b; 1978) sowie Rosch & Mervis (1975).

[3] Dennoch wurde auch - was hier vor dem Hintergrund der Ausführungen Roschs als bedenklich betrachtet wird - die Prototypentheorie auf sprachliche Einheiten übertragen, so zum Beispiel in Coleman & Kay (1981), Lakoff (1982; 1987c), Hottenroth (1986).

auf solche Situationen typisch, bei denen zwei Gegenstände in positiver vertikaler[1] Beziehung zueinander unmittelbar oder mittelbar Kontakt haben und der eine, obere, als relativ zu dem anderen lokalisiert betrachtet wird, wobei folgende Ausdrücke diese Beziehung sprachlich abbilden:

1. a. the book on the table
   b. das Buch auf dem Tisch

Hypothese 2 besagt nun, daß aus Beispielen wie diesen inhärente und kontextuelle semantische Eigenschaften der ursprünglichen Präpositionen hergeleitet werden. Bei den inhärenten Merkmalen sind dabei zwei Arten zu unterscheiden. Einmal handelt es sich um solche, die die semantische Domäne oder das semantische Feld bezeichnen, hier also angeben, daß es sich um eine lokale Beziehung handelt. Es wird also zum Beispiel für ursprüngliche Präpositionen wie engl. on und dt. auf das Merkmal [lokal] hergeleitet. Für die englischen Präpositionen during und while, die nicht zu den ursprünglichen zählen, wäre es entsprechend das Merkmal [temporal]. Die andere Menge von inhärenten Merkmalen gibt die Art der Beziehung an. Im Falle von on und auf gehören hierher [Kontakt, mittelbar oder unmittelbar] sowie [Vertikalität, positiv]. Die englischen Präpositionen above, below, beside, behind, near, toward und off enthalten alle das Merkmal [kein Kontakt], above und over [Vertikalität, positiv], under, below und underneath [Vertikalität, negativ], beside, behind [Horizontalität], davon beside [Horizontalität, lateral], near und by enthalten das Merkmal [Nähe]. Die Beispiele zeigen, daß sich bereits auf der Grundlage inhärenter Merkmale natürliche Klassen von Präpositionen erkennen lassen.

Zu den kontextuellen Eigenschaften von Präpositionen gehören Selektionseigenschaften und semantische Relationen.

Hypothese 2 ist in bezug auf Selektionseigenschaften so zu verstehen, daß diese sich orientieren an Eigenschaften von Gegenständen, deren Beziehung zueinander in typischen Situationen durch Präpositionen zum Ausdruck gebracht wird. Unter diesem Gesichtspunkt sind folgende Merkmalangaben Beispiele für Selektionseigenschaften einiger Präpositionen im Englischen: [2]

---

[1] Mit "positiv vertikal" ist hier die obere Hälfte der vertikalen Achse gemeint, deren untere, negativ vertikal, zum Beispiel durch under, below, beneath, etc. bezeichnet würde. Diese Charakterisierung wurde aus Wege (1988) übernommen.

[2] Es sei darauf hingewiesen, daß Selektionseigenschaften hier nicht als Selektionsrestriktionen - wie in Chomsky (1965:90ff) vorgestellt - betrachtet werden, sondern eher im Sinne Weinreichs (1972:61ff). Das bedeutet, daß von diesen Eigenschaften abweichende Kontexte möglich sind, daß die Selektionseigenschaften und die Kontexteigenschaften gemeinsam zu normalen oder abweichenden Interpretationen führen können. Diese Möglichkeit ist in Chomsky (1965:148ff) auch angedeutet.

2. a. at, from, to [konkret] __ [konkret]
   b. on, across, onto [konkret] __ [konkret, 2dimensional]
   c. in, into, through [konkret] __ [konkret, 3dimensional]

Das bedeutet, daß lokale Präpositionen in der typischen Situation Beziehungen zwischen zwei konkreten Gegenständen sprachlich abbilden. Während über den lokalisierten Gegenstand - sprachlich bezeichnet durch den Ausdruck, der der Präposition vorangeht und also in Subjektposition erscheint - keine weiteren Angaben gemacht werden, gilt für den lokalisierenden - sprachlich bezeichnet durch den Ausdruck, der der Präposition folgt und also deren Objekt repräsentiert, daß er in der typischen Situation im Falle von (2b) zweidimensional ist, im Falle von (2c) dreidimensional und daß eine entsprechende Form im Falle von (2a) irrelevant ist.

Hypothese 2 besagt in bezug auf semantische Relationen, daß diese hergeleitet werden aus Konstellationen zwischen den Gegenständen, die sprachlich durch Präpositionen zueinander in Beziehung gesetzt werden. Diese Konstellationen sind schematisch zu erfassen zum einen als Ruheschema, zum anderen als Bewegungsschema, wobei letzteres im Zusammenhang mit Präpositionen reduziert ist. Das Ruheschema beteiligt die semantischen Beziehungen "betroffenes Objekt" und "Lokalität", das Bewegungsschema als Ganzes "betroffenes Objekt", "Ausgangspunkt", "Pfad" und "Ziel".[1] Folgende relationale Eigenschaften leiten sich daraus für einige englische Präpositionen ab:

3. a. at, on, in, above Betroffenes _ Lokalität
   b from, off Betroffenes _ Ausgangspunkt
   c. along, across, through Betroffenes _ Pfad
   d. to, onto, into, toward(s) Betroffenes _ Ziel

Die Präpositionen unter (3a) werden demnach verwendet, um die Konstellation des Ruheschemas zum Ausdruck zu bringen, während die unter (3b) - (3d) jeweils auf ein um die fehlenden Relationen reduziertes Bewegungsschema verweisen.

Fügt man die vorgestellten Arten von Eigenschaften für Präpositionen zusammen, so ergeben sich zum Beispiel für on, in, from, across, through und into folgende Charakterisierungen:

---

[1] Begriffsschemata der hier angesprochenen Art werden in Rauh (1988a:332ff) vorgestellt und erläutert. Von ihnen ist in Kapitel 2 ausführlicher die Rede.

4.	a.	on	[konkret]_____[konkret, 2dimensional]
		[lokal Kontakt (un)mittelbar vertikal, positiv]	Betroffenes Lokalität
	b.	in	[konkret]_____[konkret, 3dimensional]
		[lokal Einschluß]	Betroffenes Lokalität
	c.	from	[konkret]__________[konkret]
		lokal	Betroffenes Ausgangspunkt
	d.	across	[konkret]_____[konkret, 2dimensional]
		lokal	Betroffenes Pfad
	e.	through	[konkret]_____[konkret, 3dimensional]
		lokal	Betroffenes Pfad
	f.	into	[konkret]_____[konkret, 3dimensional]
		lokal	Betroffenes Ziel

Logisch gesehen können Präpositionen als sprachliche Ausdrücke für Funktionen im fregeschen Sinn[1] betrachtet werden, die Positionen aufweisen, die durch Argumente zu füllen sind:

5. P (_ , _)[2]

Das besondere an diesen Funktionen ist, daß die Argumentpositionen kontextuelle Eigenschaften der Präpositionen zugewiesen bekommen:

6.	on	(_ ,	_)
	lokal	[konkret]	[konkret, 2dim]
	Kontakt	Betroffenes	Lokalität
	(un)mittelbar		

Die folgenden Hypothesen über ursprüngliche Präpositionen betreffen deren Verwendung in nicht-lokalen Kontexten:

---

[1] Eine Beschreibung von Funktionen gibt Frege zum Beispiel in Frege (1904).

[2] Als Funktionen in diesem Sinn werden Präpositionen zum Beispiel auch von Miller & Johnson-Laird (1976:384ff) und von Jackendoff (1983:161ff) beschrieben. Diese Beschreibung hat absolut nichts gemeinsam mit der Beschreibung von Präpositionen als Funktionswörter im Rahmen des Strukturalismus.

HP3: Ursprüngliche, lokale Präpositionen werden nicht nur zum Ausdruck von Beziehungen innerhalb der lokalen Domäne verwendet, sondern auch in anderen Domänen. Sie erzeugen dann Raummetaphorik.

Zu dieser Hypothese ist hier zunächst nur anzumerken, daß die Bezeichnung "Metaphorik" in diesem Kontext "tote" und "konventionelle" Metaphern miteinschließt, also nicht die rhetorische, innovative Kunstform im engeren Sinne meint.[1] Dies wird in den Kapiteln 2 und 3 noch deutlich werden.

Die vierte Hypothese macht nun Aussagen darüber, unter welchen Voraussetzungen Raummetaphorik durch Präpositionen überhaupt erst möglich wird, während die fünfte angibt, wie sie dann entsteht:

HP4: Werden ursprüngliche Präpositionen metaphorisch verwendet, so nehmen sie all die Eigenschaften mit, die ihnen im Einklang mit ihrer Verwendung in typischen Situationen zugeordnet werden.

HP5: Auf der Grundlage der aus typischen Situationen hergeleiteten Eigenschaften werden Kontexte von ursprünglichen Präpositionen, die diesen Eigenschaften nicht entsprechen, im Sinne dieser Eigenschaften konzeptualisiert.

Die Hypothesen 4 und 5 werden in den Ausführungen von Kapitel 3 auf der Grundlage von Beispielen verdeutlicht. Beide Hypothesen sollen deshalb an dieser Stelle für sich selbst sprechen und nicht weiter erläutert werden. Der in Hypothese 5 eingeführte Begriff der Konzeptualisierung wird allerdings schon im folgenden Kapitel im Mittelpunkt der Auseinandersetzung stehen. In diesem Kapitel werden nach einer kurzen Andeutung früherer Charakterisierungen von Metaphern eigene grundlegende in Rauh (i.Vorb.2) entwickelte Überlegungen für eine Metapherntheorie vorgestellt, die sich auf allgemeine sprachtheoretische Überlegungen stützen. In diesem Zusammenhang wird unter anderem auch die Beschreibung von sprachlichen Einheiten über semantische Merkmale motiviert, so daß über linguistische Konvention übernommene Beschreibungsverfahren dieses Kapitels durch das folgende eine theoretische Grundlage erhalten.

---

[1] Eine gute Unterscheidung der drei Typen gibt Traugott (1985), die Metaphern dann als "tot" charakterisiert, wenn sie als solche nicht mehr erkennbar sind, zum Beispiel <u>until</u> hergeleitet von Altnordisch <u>und</u> -< IE <u>anti</u> "gegen" + <u>til</u> "in Richtung auf" (cf. Traugott 1985:31), als "konventionell", wenn sie nicht als metaphorisch empfunden werden, wie <u>at</u>, <u>on</u>, <u>about</u> in temporaler Verwendung und als "innovativ", wenn die besondere Absicht eines Einzelnen bei der Verwendung erkennbar ist, wie zum Beispiel in <u>Bill is a snake</u>. Man vergleiche in diesem Zusammenhang auch Lakoff (1987b).

2. Metaphern

Metaphern haben die Wissenschaft seit mehr als zweitausend Jahren beschäftigt, nachweislich seit dem vierten Jahrhundert vor Christus, in dem Aristoteles im Rahmen seiner Ausführungen über Rhetorik und Poetik seine Theorie über Metaphern vorlegte.[1] Seit dieser Zeit sind zahllose Schriften über Metaphern erschienen,[2] die das Wesen der Metapher zu fassen suchen und allgemeingültige Aussagen anstreben,[3] unterschiedliche Typen klassifizieren[4] oder auch nur unterschiedliche Aspekte desselben Phänomens aufzeigen.[5] Metaphern wurden - aufgrund ihres auffälligen Vorkommens in poetischen oder poetisierenden Kontexten - zum einen als schmückende Sprachelemente betrachtet.[6] Zum anderen wurden sie in Abgrenzung zu anderen rhetorischen Figuren als verkürzte Vergleiche charakterisiert.[7] Es wurde festgestellt, daß in metaphorischen Ausdrücken Bedeutungen übertragen werden, meist von Bekanntem auf Neues.[8] Auch wurde gesagt, daß Metaphern der Verdeutlichung oder Veranschaulichung von Zusammenhängen dienen, daß Ähnlichkeiten zwischen an sich Verschiedenem aufgezeigt werden.[9]

All diese Eigenschaften sind Metaphern sicher zuzuordnen. Doch geben sie ihnen eine mehr spielerische, sprachspielerische Funktion und räumen ihnen nicht die Bedeutung ein, die ihnen nach der hier vertretenen Auffassung zukommt. Dieser Auffassung kommen solche Aussagen näher, die die Kreativität der Metapher hervor-

---

1 Aristoteles lebte von 384-322 v. Chr. Die Schriften liegen verschiedenfach vor, zum Beispiel in deutscher Übersetzung bei Schöningh 1959.

2 Einen kleinen Eindruck von der Vielfalt der Arbeiten über Metaphern geben die Bibliographie von Shibles (1971), historische Überblicke, wie z.B. Meier (1963) oder Lieb (1964) sowie eine Vielzahl von Sammelbänden und Monographien, von denen nur einige angeführt werden können: Sacks (Hg.)(1978), Ortony (Hg.)(1979), Haverkamp (Hg.)(1983), Paprotté & Dirven (Hg.)(1985), Brooke-Rose (1958), Embler (1966), Wheelright (1968), Ingendahl (1971), Ricoeur (1978), Lakoff & Johnson (1980), Cooper (1986).

3 Hierher gehören zum Beispiel Black (1954; 1979), Bochumer Diskussion (1968), Weinrich (1967), Gardner (1970), Ingendahl (1970, 1971, 1972), Loewenberg (1975), Ortony (1976; 1979c; 1980), de Man (1978), Berg (1978:100ff), Searle (1979), Kittay (1984).

4 So zum Beispiel Lieb (1964; 1967), Dirven (1985), Brooke-Rose (1958).

5 Dies geschieht zum Beispiel in Weinrich (1963), Haynes (1975), Petrie (1979), Reddy (1979), Kuhn (1979), Carbonell (1982), Fainsilber (1987), Lakoff (1987a), Blank (1988).

6 Diese Charakterisierung ist neben anderen bereits bei Quintilian zu finden. Man vergleiche Quintilian (VIII, 6,7).

7 Auch diese Charakterisierung ist bei Quintilian zu finden (VIII, 6,8). Diese Charakterisierung hat die nachfolgenden Metapherntheorien nachhaltig beeinflußt.

8 Diese Auffassung vertritt bereits Aristoteles, wie ja auch die auf ihn zurückzuführende Bezeichnung zum Ausdruck bringt. Man vergleiche Aristoteles, Poetik (1959:89f). Siehe auch Richards (1936:11ff).

9 Man vergleiche hierzu die Arbeiten von Ortony (1979a;b), die sich kritisch mit der Ähnlichkeitshypothese auseinandersetzen, die ebenfalls ihren Ursprung in den Ausführungen von Aristoteles hat (vgl. 1959:212).

heben. Zuwenig wird in diesem Zusammenhang allerdings dann erfaßt, wenn die Kreativität der Metapher auf Sprachschöpfungen und in diesem Sinne wohl auf Schöpfungen sprachlicher Ausdrücke beschränkt wird.[1] Angemessener ist es dagegen, die Kreativität der Metapher auf Sprachinhalte zu beziehen.[2] Hier allerdings wird ein noch stärkeres, weiterreichendes Postulat aufgestellt, daß nämlich Metaphern ein Instrument für die Erzeugung von Begriffen als kognitiven Einheiten darstellen, daß Metaphern nicht nur schön oder nützlich, sondern notwendig sind, die einzige Möglichkeit, die menschliche Erkenntnis immer da zu erweitern beziehungsweise eine individuell erreichte Erweiterung kommunikativ weiterzugeben, wo dies nicht über die unmittelbare Auseinandersetzung mit der außersprachlichen Wirklichkeit geschehen kann, wo nicht sinnlich Wahrnehmbares betroffen ist.[3] Diese Auffassung von Metaphern wird in Rauh (i.Vorb.2; vgl. auch Rauh (im Druck)) ausführlich hergeleitet und veranschaulicht. Im folgenden wird die grundlegende Argumentation kurz vorgestellt, die eine Beschreibung des Mechanismus metaphorischer Prozesse erlaubt und letztere zugleich erklärt.

Gemäß dem zuvor angeführten Postulat, daß Metaphern der Erweiterung der menschlichen Erkenntnis dienen, ist die erste in Rauh (i.Vorb.2) über Metaphern formulierte Hypothese entscheidend. Sie lautet:

HM1: Metaphern veranschaulichen die begriffliche Kompetenz des Menschen. Sie zeigen, daß diese generativ ist.

Diese Hypothese wird im Zusammenhang mit einer abgewandelten Form des semiotischen Dreiecks von Ogden und Richards (1923:11), hier wiedergegeben als Figur 1, ausgehend von allgemeinen sprachtheoretischen Überlegungen erläutert.

Da mit HM1 Aussagen über die Begriffsebene gemacht werden, ist Ausgangspunkt der Argumentation die Frage, was denn die Begriffsebene enthalte und welche Beziehung zwischen ihr und der außersprachlichen Wirklichkeit einerseits und der Sprachebene andererseits bestehe.

Unter Berücksichtigung von Ergebnissen aus dem Bereich der Entwicklungspsychologie und der Spracherwerbsforschung, hier bezogen auf den Erwerb von

[1] Diese Auffassung ist Quintilian (VIII, 6,5) zu entnehmen.

[2] Entsprechende Ausführungen macht Ingendahl (1970; 1971).

[3] Diese Auffassung spielt in zahlreichen früheren Arbeiten auch eine Rolle, wird aber in keiner - der Verfasserin bekannten - so konsequent aufgezeigt und erklärt, wie das hier geschehen soll. Man vergleiche in diesem Zusammenhang Bremer (1980) und die dort angeführte Literatur sowie auch Black (1962; 1979), Ortony (1975), Boyd (1979), Levin (1979), Paivio (1979), Schön (1979).

Wortbedeutungen und Begriffen,[1] wird dargelegt, daß ontogenetisch die Begriffsbildung oder Konzeptualisierung zunächst über die sensomotorische Interaktion des Kindes mit der außersprachlichen Wirklichkeit stattfindet.[2]

Figur 1

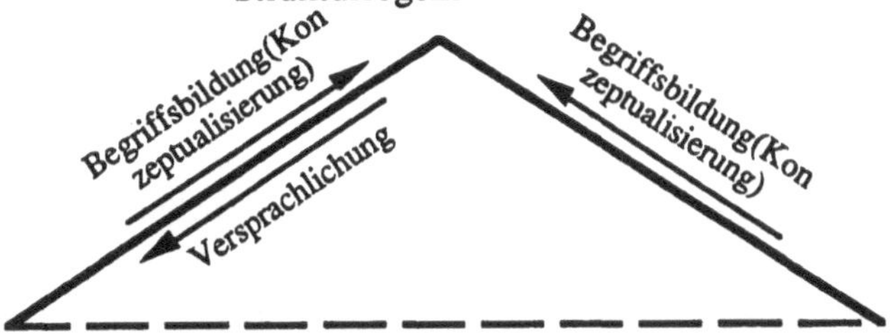

Es wird dabei angenommen, daß zum einen Begriffe in bezug auf Objekte, zum anderen in bezug auf Situationen gebildet werden. Wie bereits in Rauh (1988a) betont, ist dabei von entscheidender Bedeutung, daß zwei vollkommen verschiedene Arten von Begriffen gebildet werden, nämlich substantielle und formale. Bezogen auf Objekte gehören zu den substantiellen solche, die sich auf die Substanz beziehen, so wie sie mit den verschiedenen Sinnen oder in motorischer Aktion erfahren werden können, so zum Beispiel ROT, RUND, LAUT, BITTER, GLATT, HART oder SCHWER, zu den formalen solche, die sich auf die Form beziehen. Unterschieden wird dabei zum Beispiel INDIVIDUUM oder MASSE und im Zusammenhang damit ZAHL oder MENGE. Bezogen auf Situationen gehören zu den formalen Begriffen die bereits in Rauh (1988a) vorgestellten funktionalen Schemata der Handlung, Bewegung und Ruhe, die jeweils durch Anzahl und Funktion ihrer beteiligten Entitäten, HANDELNDER und BETROFFENES, BETROFFENES, AUSGANGSPUNKT, PFAD und ZIEL beziehungsweise BETROFFENES und LOKALITÄT, charakteri-

[1] Unter anderen werden hier Schriften von Piaget (1936/1975, 1937/1974, 1945/1969), Anglin (1977), Bowerman (1977), Clark & Clark (1977), Szagun (1983) und Nelson (1985) zugrundegelegt.

[2] Es soll hier nicht die Frage diskutiert werden, ob einige der im folgenden postulierten Begriffe, insbesondere die formalen, angeboren sind (wie Fodor (1975) nahelegt) oder nicht. "Entwicklung" soll hier neutral zwischen Erlernen aus Fakten und Erwerben auf der Grundlage von Angeborenem verwendet werden. Die nicht-belegbare und deshalb hier nicht in den Vordergrund gerückte Vermutung der Verfasserin ist allerdings, daß formale Begriffe angeboren sind.

siert werden.[1] Die substantiellen Eigenschaften von Situationen werden durch die Substanz der beteiligten Objekte bestimmt. Entsprechend werden in bezug auf Situationen nur solche substantiellen Begriffe abgeleitet, die durch die der Objekte vorgegeben sind.

Es wird betont, daß auf der Stufe der Begriffsbildung durch sensomotorische Interaktion mit der außersprachlichen Wirklichkeit gemäß der Erfahrung mit Objekten und Situationen substantielle und formale Begriffe zunächst in bestimmten Kombinationen erworben werden. Diese bilden inhaltlich, also substantiell spezifische Objekt- oder Situationsschemata.

Werden nun Begriffe auf Sprache abgebildet, so sind typische sprachliche Einheiten für Objektschemata Nomina und für Situationsschemata Verben und Präpositionen.[2] Es besteht die Tendenz, daß formale Begriffe auf grammatische Eigenschaften abgebildet werden, wie zum Beispiel auf die strikte Subkategorisierung (z.B. [Det_] oder [# ___] in bezug auf Nomina beziehungsweise [___ NP] in bezug auf Präpositionen oder [___ NP], [___ NP PP] auf Verben) oder das Thetaraster (z.B. V (Agent, Thema)). Substantielle Begriffe werden auf inhärente semantische Eigenschaften von Nomina und entsprechend, im Falle von Verben und Präpositionen, auf Selektionsmerkmale abgebildet.

Letzteres ist der sprachliche Ausdruck davon, daß die Substanz von Situationen durch die Substanz der beteiligten Objekte bestimmt ist.

Es wird nun festgestellt, daß die Menge der über die sensomotorische Interaktion mit der außersprachlichen Wirklichkeit erworbenen Objekt- und Situationsschemata sowie deren sprachliche Abbildung nur einen Bruchteil dessen ausmachen, worüber der Erwachsene verfügt. Es stellt sich dabei die Frage, wie, wenn nicht über sensomotorische Erfahrung, Begriffe erworben und sprachlich zum Ausdruck gebracht werden können. Die Antwort wird im Zusammenhang mit HM1 gegeben, der Hypothese, daß Metaphern veranschaulichen, daß die begriffliche Kompetenz des Menschen generativ ist. Dazu wird ausgeführt, daß zwar beim Prozeß der Begriffsbildung auf sensomotorischer Grundlage Objektschemata und Situationsschemata gebildet werden, die bestimmte feste Kombinationen einzelner, formaler und substantieller Begriffe repräsentieren, daß diese allerdings nicht unanalysiert

[1] Der Begriff des Schemas wird von mir in diesem Zusammenhang als Struktur- und Funktionsschema betrachtet und damit abstrakter als in manchen anderen Ansätzen, wie z.B. Bobrow & Norman (1975), Rumelhart (1980) oder Brewer & Treyens (1981). Langacker (1982) räumt dagegen ähnlich abstrakte Schemata ein.

[2] Dies wird zum Beispiel auch daran deutlich, daß bei Nominalisierungen von Verben der Referent von einer Situation in ein - wenn auch abstraktes - Objekt übertragen wird, zum Beispiel x ran -> x's run oder x refused y -> x's refusal of y.

bleiben, sondern analysiert und in neuen Kombinationen zusammengefügt werden. Evidenz dafür, daß solche Prozesse bereits beim kindlichen Aufbau von Begriffen stattfinden, wird zum Beispiel in dem von Piaget (1945/69) beobachteten Phänomen des Symbolspiels gesehen sowie in dem im Zusammenhang mit dem Erwerb von Wortbedeutungen häufig beobachteten Phänomen der Überdehnung (z.B. E. Clark 1973; Clark & Clark 1977; Bowerman 1977). Beim Symbolspiel führt ein Kind zum Beispiel Handlungen an Objekten durch, die an sich für diese Handlungen nicht geeignet sind, wie etwa Saugen nicht am Sauger der Flasche, sondern an den Fransen eines Kissens. Dies zeigt an, daß das Handlungsschema gebildet und unabhängig von spezifischen Objekten verfügbar ist. Bei der Überdehnung verwendet ein Kind ein Wort abweichend von seiner Verwendung in der Erwachsenensprache für eine Menge von Gegenständen, zwischen denen es eine Ähnlichkeit erkennt und zwar in bezug auf Wahrnehmungsdimensionen wie "Bewegung", "Form", "Größe", "Ton", "Geschmack" und "Beschaffenheit" (vgl. dazu auch Szagun (1983:20)). Damit kommt zum Ausdruck, daß das Kind spezifische Eigenschaften oder Merkmale und damit Begriffe aus dem Gesamteindruck heraus analysiert und frei verfügbar hat.

Sind nun einzelne Begriffe im menschlichen Bewußtsein unabhängig von ihrer Kombination relativ zu existenten Objekten und Situationen frei verfügbar, so können sie neue, von der Repräsentation der sensomotorisch erfahrbaren Wirklichkeit unabhängige Kombinationen eingehen. Dabei können prinzipiell formale Begriffe mit jeder Art von substantiellen Begriffen kombiniert werden. Solange sich dieser Vorgang jedoch lediglich im Bewußtsein abspielt, ist er außerhalb dieses Bewußtseins nicht erfahrbar. Er wird es erst über den Prozeß der Versprachlichung, dessen Ergebnis eine Metapher ist. Die Metapher ihrerseits ist als sprachliche Einheit für ein zweites Bewußtsein sinnlich wahrnehmbar und dekodierbar. Sie bildet die Grundlage für eine Begriffsbildung, die nicht durch Interaktion mit der außersprachlichen Wirklichkeit entstehen kann, die allein sprachbedingt ist.

Die Kombination von Begriffen, ausgedrückt in Sprache, wird im folgenden gemäß den Ausführungen in Rauh (i.Vorb.2) aufgezeigt, wobei zunächst die Abbildung komplexer Begriffe betrachtet wird, die im Einklang mit der außersprachlichen Wirklichkeit gebildet werden, und anschließend solche, die freie Kombinationen und also Metaphern repräsentieren.

Die Sätze (7), (8) und (9) drücken komplexe Begriffe aus, die in dieser Kombination durch sensomotorische Interaktion mit der außersprachlichen Wirklichkeit entstehen können:

7. The boy moved the chair to the table.
8. The child broke the vase.
9. Honey is sweet.

Die folgenden Merkmalangaben für die beteiligten Lexeme in den in den Beispielen realisierten Kontexten veranschaulichen die jeweilige Übereinstimmung in den Kombinationen:

$$\begin{array}{cccc} \begin{array}{c}\underline{\text{move}}\\ \text{V}\\ \begin{bmatrix}\text{konkret}\\ \text{lokal}\end{bmatrix}\end{array} & \begin{array}{c}\text{NP}\\ \begin{bmatrix}\text{konkret}\\ \text{belebt}\\ \text{Handelnder}\end{bmatrix}\end{array} & \begin{array}{c}\text{NP}\\ \begin{bmatrix}\text{konkret}\\ \text{Betroffenes}\end{bmatrix}\end{array} & \begin{array}{c}\text{PP}\\ \begin{bmatrix}\text{konkret}\\ \text{Ziel}\end{bmatrix}\end{array} \end{array}$$

$$\begin{array}{ccc} \begin{array}{c}\underline{\text{to}}\\ \text{P}\\ \begin{bmatrix}\text{konkret}\\ \text{lokal}\end{bmatrix}\end{array} & \begin{array}{c}\text{V}\\ \begin{bmatrix}\text{konkret}\\ \text{lokal}\\ \text{Betroffenes}\end{bmatrix}\end{array} & \begin{array}{c}\text{NP}\\ \begin{bmatrix}\text{konkret}\\ \text{Ziel}\end{bmatrix}\end{array} \end{array}$$

$$\begin{array}{ccc} \begin{array}{c}\underline{\text{boy}}\\ \text{N}\\ \begin{bmatrix}\text{konkret}\\ \text{belebt}\end{bmatrix}\end{array} & \begin{array}{c}\underline{\text{chair}}\\ \text{N}\\ \begin{bmatrix}\text{konkret}\end{bmatrix}\end{array} & \begin{array}{c}\underline{\text{table}}\\ \text{N}\\ \begin{bmatrix}\text{konkret}\end{bmatrix}\end{array} \end{array}$$

$$\begin{array}{ccc} \begin{array}{c}\underline{\text{break}}\\ \text{V}\\ \begin{bmatrix}\text{konkret}\\ \text{lokal}\end{bmatrix}\end{array} & \begin{array}{c}\text{NP}\\ \begin{bmatrix}\text{konkret}\\ \text{belebt}\\ \text{Handelnder}\end{bmatrix}\end{array} & \begin{array}{c}\text{NP}\\ \begin{bmatrix}\text{konkret}\\ \text{Betroffenes}\end{bmatrix}\end{array} \end{array}$$

$$\begin{array}{cc} \begin{array}{c}\underline{\text{child}}\\ \text{N}\\ \begin{bmatrix}\text{konkret}\\ \text{belebt}\end{bmatrix}\end{array} & \begin{array}{c}\underline{\text{vase}}\\ \text{N}\\ \begin{bmatrix}\text{konkret}\end{bmatrix}\end{array} \end{array}$$

$$\begin{array}{cc} \begin{array}{c}\underline{\text{sweet}}\\ \text{Adj}\\ \begin{bmatrix}\text{konkret}\\ \text{Geschmack}\end{bmatrix}\end{array} & \begin{array}{c}\text{NP}\\ \begin{bmatrix}\text{konkret}\\ \text{Geschmack}\\ \text{Betroffenes}\end{bmatrix}\end{array} \end{array}$$

$$\begin{array}{c}\underline{\text{honey}}\\ \text{N}\\ \begin{bmatrix}\text{konkret}\\ \text{Geschmack}\end{bmatrix}\end{array}$$

Im Gegensatz zu (7)-(9) bringen (10)-(12) Begriffskombinationen zum Ausdruck, die durch sensomotorische Interaktion mit der außersprachlichen Wirklichkeit entwickelt werden könnten, die das Ergebnis eines kreativen Bewußtseins sind:

10. The story moved her to tears.
11. a) They broke his spirit.
    b) Sorrow broke her heart.
12. Love is sweet.

Begrifflich ist der kreative Vorgang so zu erklären, daß in die Situationsschemata MOVE, BREAK und SWEET Objektschemata eingefügt werden, die gemäß der sensomotorisch erfahrenen Realität hier nicht erscheinen könnten. Sprachlich wird die Kombination möglich und interpretierbar dadurch, daß Verben in ihrem Kontext Leerstellen eröffnen, die durch relationale und selektionale Eigenschaften spezifiziert sind, ohne daß letztere als Restriktionen wirken. Die so erzeugbare Diskrepanz zwischen den inhärenten Nomina und den Selektionseigenschaften der Verben ermöglicht die sprachliche Metapher. Dabei ist wesentlich, daß die Bedeutung von Nomina nicht durch eine einzige Merkmalmenge faßbar ist und daß die Merkmale keine checklist bilden.[1] So kann zum Beispiel das Nomen story auf unterschiedliche Eigenschaften seines Referenten verweisen. Eine Geschichte kann als konkretes Gebilde betrachtet werden und als solches zum Beispiel "lang" sein. Sie kann als etwas Kognitives betrachtet werden und dann zum Beispiel "informativ" sein. Sie kann aber auch als etwas Emotionales gesehen werden und dann "traurig" oder "bewegend" sein. Ebenso kann her auf eine physisch existente Person verweisen, aber auch auf alle möglichen Facetten einer Persönlichkeit, zum Beispiel als ein emotionales Wesen. Die Bezeichnung tears schließlich kann auf konkrete Tropfen salzigen Wassers verweisen oder aber auf einen sichtbaren Beweis heftiger Emotionen.

Die Beispiele (10)-(12) veranschaulichen, daß bei komplexen sprachlichen Ausdrücken, die eine Situation bezeichnen, Bezeichnungen für Objekte miteinander kombiniert werden, die alle in ihren Merkmalmöglichkeiten ein substantielles Merkmal gemeinsam haben, das damit die Zugehörigkeit zu einem bestimmten semantischen Feld oder einer bestimmten Domäne angibt. Es ist dieses Merkmal, das auf die Substanz oder die Domäne der Situation insgesamt verweist, da - wie zuvor schon ausgeführt - stets die Substanz der beteiligten Objekte die Substanz einer Situation bestimmt. Der Mechanismus der sprachlichen Metapher läßt sich dann wie folgt zunächst am Beispiel von (10) beschreiben:

[1] Man vergleiche dazu Fillmore (1975).

10'.

The story	moved	her	to tears.
emotional	konkret	emotional	emotional
↳	emotional	↵	↵
konkret	—	konkret	konkret

Obwohl move inhärent und selektional das Merkmal [konkret] aufweist, das hier allen sensomotorisch determinierten Merkmalen übergeordnet wird, werden in seinem Kontext Nomina eingesetzt, deren Übereinstimmung nicht mit diesem Merkmal, sondern mit dem Merkmal [emotional] gegeben ist. Es ist entsprechend das Merkmal [emotional], das die Substanz und damit die Domäne der Situation insgesamt bestimmt. Das bedeutet, move wird in diesem Kontext nicht als Bezeichnung einer physikalischen Bewegung interpretiert, sondern metaphorisch als Ausdruck einer emotionalen.

In Satz (11a) ist spirit nicht über das Merkmal [konkret] zu beschreiben, ebensowenig sorrow in (11b). Es sind daher diese Nomina, von denen in diesen Sätzen durch die Kombination mit break die Metaphorik ausgeht, die bestimmen, welcher Domäne die durch dieses Verb bezeichnete Situation in diesem Kontext zuzuordnen ist.[1] In (17) trifft dies für love zu, das entsprechend festlegt, daß sweet in diesem Kontext keinen Geschmack, sondern ein Gefühl charakterisiert.

Die Beispiele lassen andeutungsweise erkennen, wie über Metaphern eine Erweiterung der menschlichen Erkenntnis möglich ist. Die "Objekte", auf die Wörter wie sorrow, heart (in der hier vorliegenden Lesart) oder love hinweisen, sind keine, mit denen man sensomotorisch interagieren kann. Es ist nicht auf diese Weise erfahrbar, in welche "Situationen" sie eingebunden sind. Was der menschliche Geist nun leistet, ist, daß eine neue, im Hinblick auf die außersprachliche Wirklichkeit zusätzliche Domäne angenommen, begrifflich erzeugt wird, die über eine spezifische Substanz verfügt, die nicht konkret materiell oder lokal, sondern in bezug auf die angeführten Beispiele emotional ist. Es werden nun zunächst einzelne Bezeichnungen geprägt und konventionalisiert, die "Objekte" dieser Domäne bezeichnen, wie zum Beispiel sorrow oder love. Auf diese Domäne werden dann Begriffe übertragen, die in der Interaktion mit der außersprachlichen Wirklichkeit entwickelt wurden, substantielle und formale. Damit wird die neue Domäne zum einen nach den Strukturen der vertrauten, konkreten geordnet, zum Beispiel in Individuen und Mengen,

---

[1] Wir sehen damit bereits hier, daß an der Erzeugung der Metapher sowohl die betroffenen Nomina - hier über substantielle Merkmale - als auch die Bezeichnungen für Situationen - bislang gezeigt über relationale Merkmale - beteiligt sind. Dies erklärt den Interaktionscharakter von Metaphern, der verschiedentlich hervorgehoben wurde (Richards 1936; Black 1962, 1979; Wheelright 1968; Haynes 1975). Man vergleiche auch Ortony & Reynolds (1978:923ff).

Handlungen, Bewegungen und Zustände. Sie wird zum anderen veranschaulicht und zugänglich gemacht über Begriffe, die über sinnliche oder motorische Erfahrungen entwickelt wurden. Emotionen können so "süß" oder "warm", "strahlend", "tief" oder "schwer" sein.

Diese Einsichten über Metaphern führen zu der zweiten in Rauh (i.Vorb.2) formulierten Hypothese, die damit auch gleich erläutert ist:

HM2: Über Metaphern werden neue Domänen begrifflich erschlossen. Die Bildung von Metaphern erfolgt dabei im wesentlichen über Strukturen, die innerhalb der konkreten, lokalen Domäne identifiziert wurden, und über Kategorien, die der sinnlichen Wahrnehmung und der motorischen Erfahrung zugänglich sind.

Die aufgezeigte, an Metaphern sichtbare begriffliche Kompetenz des Menschen, die es ihm erlaubt, über vertraute Mittel stets Neues zu erschließen, scheint nun aufgrund dieser Generativität unendliche Möglichkeiten bereitzustellen. Auch wenn dies - potentiell - so ist, so sind ihr dennoch auch Beschränkungen auferlegt. Und auch dies wird durch Metaphern veranschaulicht, so daß die folgende, dritte Hypothese über Metaphern formuliert wurde:

HM3: Metaphern zeigen zum einen die Ökonomie der begrifflichen Kompetenz des Menschen, die jedoch zugleich als eine Beschränkung betrachtet werden muß.

Denn wenn auch die menschliche Erkenntnis Zugang zu immer mehr Domänen gewinnen mag, es werden ihr zu deren Strukturierung stets nur dieselben formalen Mittel zur Verfügung stehen, jene, die über die sensomotorische Interaktion mit der außersprachlichen Wirklichkeit entwickelt wurden. So können wir stets - einerlei, aus welcher Substanz - nur Objekte und Situationen denken und keine Situationen, die nicht Handlung, Bewegung oder Ruhe beziehungsweise Kombinationen oder Reduktionen dieser sind. Andere "Situationen" sind nicht denkbar, wir haben dafür keine Begrifflichkeit. Dies erklärt den immer wieder erkannten Lokalismus in der Sprache,[1] die in dieser Hinsicht Ausdruck der zugrunde gelegten Begrifflichkeit ist.

Wir haben nunmehr die Vorbereitungen getroffen, um uns dem Phänomen der präpositionengesteuerten Metaphorik zuwenden und dieses beschreiben und erklären zu

---

[1] Dieser wurde zum Beispiel in bezug auf Kasusbedeutungen erkannt (cf. Wüllner (1827); Hjelmslev (1936, 1937); Anderson (1971;1977); Ikegami (1984), in bezug auf deiktische Kategorien (cf. Blok (1955/56); Rauh (1983a, b, 1988b)), in bezug auf die Semantik von Verben (cf. Gruber (1965), Jackendoff (1976a, b, 1978, 1983); Rauh (1988a); Radden (1988)) und im Zusammenhang damit in bezug auf semantische Relationen (cf. auch Vanparys (1984)) sowie natürlich in bezug auf Präpositionen (cf. H. Clark (1973); Lakoff & Johnson (1980); Dirven (1982a, b); Radden (1982, 1985)).

können. Wir haben im ersten Kapitel eine Beschreibung von Präpositionen vorgelegt, die diese in die Menge der vollwertigen lexikalischen Kategorien einordnet und Merkmale vorsieht, die zum einen dieser Klassifikation Rechnung tragen, zum anderen die Besonderheit von Präpositionen berücksichtigen. Es wurden Hypothesen darüber aufgestellt, in welcher Weise diese Merkmale den Präpositionen zugeordnet werden und wie ihre Beteiligung an der Erzeugung von Raummetaphorik vorzustellen ist. In diesem zweiten Kapitel wurde Metaphorik allgemein über grundlegende sprachtheoretische Überlegungen erklärt. Hierbei wurden auch die in Kapitel 1 postulierten Merkmale für Präpositionen im Prinzip motiviert. Herauszustellen ist in diesem Zusammenhang, daß Präpositionen Situationen bezeichnen und als solche über kontextuelle Merkmale verfügen. Damit sind für die der Metapher eigenen kombinatorischen Eigenschaften günstige Voraussetzungen gegeben. Da ursprüngliche Präpositionen zunächst Situationen in der konkreten außersprachlichen Wirklichkeit bezeichnen und damit Räumlichkeit ausdrücken, ist vorhersagbar, daß sie im Falle der Erzeugung von Metaphorik nur Raummetaphorik erzeugen können.

Im folgenden Kapitel soll nun anhand von Beispielen die Erzeugung von Raummetaphorik über Präpositionen aufgezeigt werden. Es enthält damit zugleich eine Veranschaulichung von Aussagen, die in diesem Kapitel über Metaphern allgemein gemacht wurden, sowie empirische Evidenz für die in Kapitel 1 vorgenommene Beschreibung von Präpositionen unter anderem über kontextuelle Eigenschaften, da die Erzeugung von Metaphorik der vorliegenden Art nur auf der Grundlage einer solchen Beschreibung möglich ist.

3. Präpositionengesteuerte Metaphorik

Das Phänomen der präpositionengesteuerten Metaphorik soll hier am Beispiel der englischen Präposition on vorgestellt und beschrieben werden. Dabei wird so vorgegangen, daß zunächst die Merkmale dieser Präposition in Verbindung mit einer typischen Situation für ihre Verwendung aufgestellt werden. Diese Merkmale werden dann zunächst dadurch als angemessen bestätigt, daß die Kraft ihrer Begriffsbildung für untypische, aber immerhin noch der konkreten, lokalen Domäne zuzuordnende Verwendungen aufgezeigt wird. Es ist strittig, ob hier bereits von Metaphorisierung gesprochen werden kann, was hier auch nicht geschehen soll. Allerdings sind die zugrundeliegenden Prozesse ähnlich und veranschaulichen die kontextuellen Eigenschaften von Präpositionen. Außerdem wird dann, soweit zutreffend, gezeigt, daß weitere Gebrauchstypen[1] möglich sind, die jeweils von einer reduzierten Menge der Merkmale der Präposition Gebrauch machen. Die weitere Aufmerksamkeit gilt schließlich den Metaphern. Es wird gezeigt, wie Metaphern entstehen, wenn in den Kontext einer Präposition sprachliche Einheiten als Argumente eingesetzt werden, die mit den jeweiligen kontextuellen substantiellen oder formalen Merkmalen in Konflikt stehen.

Eine Situation, die zur sprachlichen Erfassung unter der Verwendung der Präposition on typisch ist, liegt vor, wenn ein Objekt der außersprachlichen Wirklichkeit zu einem anderen entsprechenden mittelbaren oder unmittelbaren Kontakt hat, das zweite beteiligte Objekt sich dadurch auszeichnet, daß es über eine dominante horizontale zweidimensionale Fläche verfügt und zwischen den Objekten eine vertikale positive Beziehung besteht. Die Situation, in die die Objekte eingebunden sind, führt zur Entwicklung des Begriffsschemas der Ruhe. Der folgende sprachliche Ausdruck ist einer solchen Situation angemessen:

13. the fish on the plate

Die Verwendung der Präposition on zur Bezeichnung einer solchen Situation führt zur Herleitung folgender Beschreibung dieser Präposition durch Merkmale:

14.	on	[konkret]_____	[konkret, 2dimensional]
	[konkret Kontakt (un)mittelbar vertikal positiv]	Betroffenes	Lokalität

Die im Zusammenhang mit der typischen Verwendung der Präposition hergeleiteten Merkmale stellen keine checklist[2] dar, sondern eine geordnete Menge. Dabei gehören die substantiellen Merkmale inhärenter und kontextueller Art sowie das die Art der Lokalisierung spezifizierende Merkmal [Kontakt, (un)mittelbar] zum unverzichtbaren Bestand, während die Merkmale [2dimensional] und [vertikal, positiv] peripherer sind, weggelassen werden können, wodurch unterschiedliche Gebrauchstypen entstehen, wie im folgenden deutlich wird.

Daß das Selektionsmerkmal [_ [2dimensional]] tatsächlich zu den Eigenschaften der Präposition gehört und damit eine Präposition wie andere lexikalische Einheiten

---

[1] Diese Bezeichnung ist übernommen von den use types, die Herskovits (1986) für solche Fälle für einige englische Präpositionen entwickelt.

[2] Vgl. dazu Anmerkung 1, S. 263.

auch über selektionale Eigenschaften verfügt, wird in den Beispielen unter (15) deutlich:

15. a. the castle on the hill
    b. the man on the chair
    c. the man on the bicycle
    d. We met him on the bus.

Die Objekte, die durch die der Präposition nachfolgenden Argumente bezeichnet werden, sind nicht zwei-, sondern dreidimensional, und also enthalten auch die diese bezeichnenden Nomina jeweils das Merkmal [3dimensional]. Dennoch bewirken die Ausdrücke unter (15) eine Begriffsbildung, bei der an den bezeichneten Objekten - beziehungsweise den Begriffen davon - nach Teilen gesucht wird, die zweidimensional sind, um ein der Präposition angemessenes Lokalisierungsschema zu entwickeln. Dieser Prozeß der Begriffsbildung oder Konzeptualisierung kann nur durch die Kontexteigenschaften der Präposition evoziert sein. Das heißt, der Merkmalmenge von hill, chair, bicycle und bus wird das kontextuelle Merkmal [_[2dimensional]] eingelesen, und diese Kombination wird dann gemeinsam interpretiert. Daß auch die übrigen Merkmale der Präposition zu aktiven Begriffen führen, beweist der gesamte generierte Begriff in seiner Bildhaftigkeit, die jeweils entsteht. Stets stellt man sich eine vertikale, positive Beziehung mit mittelbarem oder unmittelbarem Kontakt zwischen den Objekten vor.

Die folgenden Beispiele zeigen, daß das Merkmal [vertikal, positiv] unterdrückt werden kann, während die anderen erhalten bleiben:

16. a. the fly on the ceiling
    b. the picture on the wall

Und die Beispiele unter (17) machen deutlich, daß auch das kontextuelle Merkmal [_[2dimensional]], wenn auch stets nur zusammen mit dem Merkmal [vertikal, positiv], unterdrückt werden kann:

17. a. the dog on the leash
    b. the apples on the branch
    c. the city on the river

Allerdings sind diese Sätze doppeldeutig. Kontextfrei wird jedoch die gemäß dem Weltwissen typische Situation konzeptualisiert.

Die vorgestellten Möglichkeiten für die Unterdrückung oder den Verzicht von Merkmalen führt zu folgender Ordnung der Menge:

Am ehesten verzichtbar und damit mehr an der Peripherie anzusiedeln ist das Merkmal [vertikal, positiv], dann [_ [2dimensional]] und schließlich der Kern der restlichen Merkmale, die stets erhalten bleiben. Damit entstehen drei Gebrauchstypen, die prinzipiell alle Ausgangspunkt für eine metaphorische Verwendung sein können.[1]

Betrachten wir nun metaphorische Verwendungen von Präpositionen. Wann kann von Metaphorik gesprochen werden? Nach den Ausführungen in Kapitel 2 liegt Metaphorik dann vor, wenn ein sprachlicher Ausdruck zu Begriffskombinationen führt, die nicht in der gleichen Weise auch über eine sensomotorische Interaktion mit der außersprachlichen Wirklichkeit hätten entwickelt werden können. In bezug auf die sprachlichen Kontexte von Präpositionen bedeutet dies, daß Metaphorik dann vorliegt, wenn in ihre Argumentpositionen sprachliche Einheiten eingesetzt werden, die nicht das Merkmal [konkret] aufweisen.[2] Die Ausdrücke unter (18), (19) und (20) geben dafür Beispiele:

18. a. The picture was taken on a dull day.
    b. Bill was on my mind all day.
    c. The book is on history.
    d. They are divided on a matter of personal opinion.
    e. They acted on false assumptions.
    f. to be on good terms
                a pension
                a diet
                duty

19. a. They paid the mortgage on the house.
    b. His argument is based on a letter.
    c. They attempted at mechanization on a very large scale.
    d. The debate on the bill lasted for hours.

20. a. They wanted a rehabilitation of addicts on a compulsory basis.
    b. They reached an agreement on the status of Berlin.
    c. This process must be based on a comparison of some kind.

Die Beispiele unterscheiden sich dadurch, daß bei denjenigen unter (18) das zweite Argument der Präposition nicht durch das Merkmal [konkret] markiert ist, bei denen unter (19) das erste nicht und bei denen unter (20) beide nicht. Interessant ist nun, wenn auch nach der in Kapitel 2 gegebenen Erklärung einleuchtend, daß für den Fall,

---

[1] Herskovits, die auch die Präposition <u>on</u> untersucht, kommt zu einer größeren Anzahl von Gebrauchstypen. Es würde zu weit führen, die Unterschiede im einzelnen auszuführen. Man vergleiche deshalb selbst (Herskovits 1986:140ff).

[2] Es sei darauf hingewiesen, daß auch Matthews (1971) Metaphern über die Nicht-Übereinstimmung von Selektionsmerkmalen und inhärenten Merkmalen eingesetzter sprachlicher Einheiten beschreibt.

daß eines der beiden Argumente nicht das Merkmal [konkret] aufweist - wie in (18) und (19) - das andere trotz einer möglichen konkreten Interpretation analog den substantiellen Eigenschaften des ersten interpretiert wird. Dies wird besonders an folgenden Minimalpaaren deutlich, die die Reinterpretation des einen Argumentes veranschaulichen, nachdem das andere ersetzt wurde durch eine sprachliche Einheit, die nicht das Merkmal [konkret] aufweist:

21. a. The book was on my desk all day.
    b. The book was on my mind all day.

22 a. They had a chimney on the house.
   b. They had a mortgage on the house.

In (21b) wird über book nicht mehr der Begriff eines konkreten Objektes entwickelt und in (22b) nicht mehr über house. Das eine wird zu einem lesbaren Objekt, das andere zu einem zahlbaren.

Damit wird hier an der Präposition on veranschaulicht, daß die Objekte, die an einer Situation beteiligt sind, alle von der gleichen Substanz sein müssen, daß diese Präposition, wie alle anderen auch, eine Situation bezeichnet - nämlich in diesem Fall eine, die die Struktur des Ruheschemas aufweist, und daß Metaphorik dann entsteht, wenn mindestens eines der Argumente der Präposition deren substantiellem selektionalen Merkmal nicht entspricht. Formal kann der entstandene metaphorische Ausdruck so beschrieben werden, daß das substantielle semantische Merkmal des Argumentes, das nicht durch [konkret] markiert ist, in die Merkmalmenge der übrigen sprachlichen Einheiten eingelesen wird, also zum Beispiel [temporal] in the picture was taken und on in (18a) oder [pekuniär] in the house und on in (19a).

Wir haben somit gezeigt, daß auf der Grundlage von Präpositionen und deren kontextuellen Eigenschaften - zunächst beschränkt auf die semantischen Relationen und das substantielle Selektionsmerkmal [konkret] - Metaphorik erzeugt werden kann. Diese Merkmale bleiben in der neuen Kombination erhalten, denn nur so - über die semantischen Relationen - ist die Konstellation der "Objekte" zueinander begrifflich faßbar und nur so - über die Selektionsmerkmale - ist die Übertragung der Begrifflichkeit ableitbar. Wir haben damit sowohl empirische Evidenz für diese in Kapitel 1 postulierten Merkmale für Präpositionen erbracht als auch für die Erklärung der Metaphorik, präsentiert in Kapitel 2. Zu fragen ist nun, welche Rolle die übrigen, für die Präposition on angenommenen Merkmale in metaphorischen Kontexten spielen.

Betrachten wir zunächst das Merkmal [Kontakt, (un)mittelbar], von dem gesagt wurde, daß es zum unverzichtbaren Kern der Merkmale von on gehört. Dazu bietet sich ein Test an, bei dem die Präposition on durch eine andere substituiert wird, die on ähnlich ist, aber nicht über das Merkmal [Kontakt, (un)mittelbar] verfügt, nämlich above:

18. a'. *The picture was taken above a dull day.
    b'. ?Bill was above my mind all day.
    c'. The book is above history.
    d'. ?They are divided above a matter of personal opinion.
    e'. ?They acted above false assumptions.
    f'. ?to be above good terms
                a pension
                a diet
                duty

19. a'. They paid the mortgage above the house.
    b'. *His argument is based above a letter.
    c'. ?They attempted at mechanization above a very large scale.
    d'. *The debate above the bill lasted for hours.

20. a'. ?They wanted a rehabilitation of addicts above a compulsory basis.
    b'. *They reached an agreement above the status of Berlin.
    c'. *This process must be based above a comparison of some kind.

Insbesondere die Kombinationen, die zu wohlgeformten oder bedingt möglichen (durch ein Fragezeichen gekennzeichnet) Ergebnissen führen, veranschaulichen die begriffliche Diskrepanz zwischen on und above, machen deutlich, daß above tatsächlich einen Abstand in der Lokalisierung der "Objekte" konzeptualisiert, der bei on nicht vorliegt, so daß hier das Merkmal [Kontakt, (un)mittelbar] bestätigt wird. Der durch above ausgedrückte Abstand könnte qualitativer (18c'), quantitativer (19c') oder moralischer (20a') Art sein. Eine entsprechende Interpretation ist in den Beispielen mit on nicht einmal andeutungsweise angelegt. Die Grammatikalität von (19a') ist auf eine syntaktische Reorganisation zurückzuführen. Die Präpositionalphrase hat hier die Funktion eines Adjunktes und bezeichnet den Ort, an dem die Handlung sich abspielt. Auch die Kombinationen, die zu nicht wohlgeformten Ergebnissen führen, veranschaulichen, daß on durch das Merkmal [Kontakt, (un)mittelbar] charakterisiert ist, da sich die Nichtwohlgeformtheit gerade dadurch ergibt, daß zu dem zu erzeugenden komplexen Begriff der des Kontaktes notwendig gehört. So ist es zum Beispiel unmöglich, etwas auf etwas zu basieren (19b' und 20c'), ohne zugleich Kontakt, mittelbar oder unmittelbar, zu haben, und es kann eine Ereigniszeit nicht in eine Referenzzeit eingebettet sein (18a'), ohne daß Kontakt besteht. Das Ergebnis bestätigt damit, daß das Merkmal [Kontakt, (un)mittelbar] auch dann Präpositionen eigen ist, wenn sie metaphorisch verwendet werden, und zugleich, daß dieses Merkmal an der Erzeugung der Metapher mitbeteiligt ist (ebenso wie [kein Kontakt] im Falle von above).

Prüfen wir nun, ob das selektionale Merkmal [__ [2dimensional]], von dem ausgeführt wurde, daß es bei nicht-metaphorischer Verwendung unterdrückbar ist, in metaphorischen Kontexten eine Rolle spielt. Zu diesem Zweck soll in den Ausdrücken unter (18), (19) und (20) die Präposition on durch zwei ihr ähnliche substituiert werden, von denen die eine, at, für die in Frage stehende Position mit dem formalen Selektionsmerkmal [__ [punktuell]] markiert ist und die andere, in, mit [_ [3dimensional]]:

18. a''. The picture was taken *at a dull day.
*in

b''. Bill was *at my mind all day.
*in

c''. The book is *at history.
*in

d''. They are divided *at a matter of personal opinion.
*in

19. a''. He paid the mortgage at the house.
in

b''. His argument is based *at a letter.
*in

c''. They attempted at mechanization *at a very large scale.
*in

d''. The debate *at the bill lasted for hours.
*in

20. a''. They wanted a rehabilitation of addicts *at a compulsory basis.
*in

b''. They reached an agreement *at the status of Berlin.
*in

c''. This process must be based *at a comparison of some kind.
*in

Die Substituierung von on durch at oder in führt nur in einem Fall (19a'') zu einem wohlgeformten Resultat, wobei in diesem Fall eine Interpretation über das Merkmal [konkret] erfolgt, die Situation als Ganzes, he paid the mortgage, lokalisiert wird. Es findet hier also auch eine syntaktische Reorganisation statt. Daß alle übrigen Beispiele nicht wohlgeformt sind, ist zunächst erstaunlich, aber aufschlußreich. Die betroffenen sprachlichen Einheiten, day, mind, history, matter, scale oder comparison verweisen nicht auf konkrete Objekte und also nicht auf Referenten, die eine vorgegebene geometrische Form aufweisen. Die zu Mißerfolgen führenden Versuche, at oder in anstelle von on einzusetzen, die sich in einer erfolglosen oder auch nur unüblichen (so in 18a" und b") Begriffsbildung zeigen, machen deutlich, daß on dem durch das nachfolgende Argument bezeichneten Begriff eine gewisse Ausdehnung verleiht, die durch at nicht erreicht wird und durch in zu einer Räumlichkeit umgeformt ist. Der Begriff der eher flächenmäßigen Ausdehnung aber wird durch das kontextuelle Merkmal [_ [2dimensional]] entwickelt. Er ist deutlich vorhanden in allen Kontexten, zum Teil unterstützt durch die Verbbedeutung, wie in (19b") und (20c") durch base. In (18a") und (b"), wo an sich der Begriff der Ausdehnung nicht erwartet werden muß, wird deutlich, daß zwischen bestimmten Abstrakta und ihrer quasi-konkreten Konzeptualisierung eine konventionalisierte Beziehung besteht. So werden Tage im Englischen wie flächenmäßige Ausdehnungen konzeptualisiert, Tageszeiten, Monate, Jahre dagegen wie räumliche: in the morning, in June, in 1988. Und für Zustandsangaben wird das Bewußtsein ebenfalls wie eine flächenmäßige Ausdehnung konzeptualisiert, während für Bewegungen neben dieser eine räumliche konventionalisiert ist, across my mind und through my mind, und für Handlungen nur eine räumliche: I'll keep it in mind.

Die Beispiele unter (18"), (19") und (20") zeigen somit, daß on auch in diesen metaphorischen Kontexten über das Selektionsmerkmal [_ [2dimensional]] verfügt und daß die Metaphorik unter anderem über dieses Merkmal erzeugt wird.

Wenden wir uns nunmehr der Überprüfung des letzten in (14) für on postulierten Merkmals, [vertikal, positiv], zu. Zu einem Substitutionstest bietet sich under an, das über das Merkmal [vertikal, negativ] charakterisiert ist:

18. a'''. ?The picture was taken under a dull day.
    b'''. *Bill was under my mind all day.
    c'''. *The book was under history.
    d'''. *They are divided under a matter of personal opinion.

19. a'''. He paid the mortgage under the house.
    b'''. *His argument is based under a letter.
    c'''. *They attempted at mechanization under a very large scale.
    d'''. *The debate under the bill lasted for hours.

20. a'''. *They wanted a rehabilitation of addicts under a compulsory basis.
    b'''. ?They reached an agreement under the status of Berlin.
    c'''. *This process must be based under a comparison of some kind.

Wieder sind die Beispiele aufschlußreich. Einer der sich ergebenden Ausdrücke ist wohlgeformt, (19a'''), jedoch syntaktisch reorganisiert. Die betreffende Präpositionalphrase hat nunmehr die Funktion eines Adjunktes und gibt den Ort an, an dem etwas geschieht. (18a''') und (20b''') könnten wohlgeformt sein, (18a''') etwa mit der Interpretation, daß das überwölbende Firmament akzentuiert wird, (25b''') mit einer syntaktischen Reorganisation, wobei die Präpositionalphrase als Adjunkt die Bedingung angibt, unter der etwas erreicht wird. Die übrigen Beispiele sind nicht wohlgeformt. Sie alle zeigen an, daß der Begriff der positiven Vertikalität in der einen oder anderen Weise in den Ausgangssätzen eine Rolle spielt, zum Beispiel im Sinne von GRUNDLAGE in (18b)-(18d), (19b)-(19d), (20a)-(20c) oder BELASTUNG in (19a). Allein in (18a) ist Vertikalität nicht konzeptualisiert. Bis auf dieses veranschaulichen demnach alle der Beispiele, daß auch das Merkmal [vertikal, positiv] in den vorgestellten metaphorischen Kontexten der Präposition on vorliegt und an der Metaphorisierung beteiligt ist. (18a) veranschaulicht, daß auch andere Gebrauchstypen einer Präposition, solche, die nicht ihrem typischen Gebrauch entsprechen, Ausgangspunkte für die Erzeugung von Metaphern bilden können.

Das Beispiel dieser Präposition mag genügen, um gezeigt zu haben, daß Präpositionen, wie andere lexikalische Kategorien auch, über inhärente und kontextuelle Eigenschaften der vorgestellten Art verfügen, daß sie diese - unter Berücksichtigung von Gebrauchstypen - in alle Kontexte ihrer Verwendung mitnehmen und daß und auf welche Weise unter Beteiligung von Präpositionen gerade über diese Eigenschaften Metaphorik erzeugt wird.

4. Resümee

Blicken wir nun zurück und fassen zusammen, welche Ergebnisse sich im Verlauf der Ausführungen abgezeichnet haben. Im ersten Kapitel wurde postuliert, daß Präpositionen vollwertige lexikalische Kategorien sind und als solche über syntaktische und semantische Eigenschaften inhärenter und kontextueller Art verfügen. Es wurde festgestellt, daß ein großer Teil der Präpositionen im Englischen, wie auch im Deutschen, der lokalen Dimension entstammt, aber dennoch auch in nicht-lokalen Kontexten verwendet werden kann. Es wurde postuliert, daß diese Präpositionen ihre charakteristischen Eigenschaften aus typischen Situationen ihrer Verwendung in konkreten Situationen erhalten, in die anderen Kontexte ihrer Verwendung mitnehmen und auf diese Weise Raummetaphorik erzeugen. Das zweite Kapitel war der Erklärung und Beschreibung von Metaphorik gewidmet, wobei das Aufzeigen von Prozessen der Begriffsbildung und Versprachlichung eine zentrale Stellung einnahm. Es wurde gezeigt, daß Metaphern Versprachlichungen von Begriffsbildungen repräsentieren, die nicht in dieser Weise durch die sensomotorische Interaktion eines Menschen mit der außersprachlichen Wirklichkeit hätten entwickelt werden können, die vielmehr Generierungen seiner begrifflichen Kompetenz abbilden. Es wurde große Sorgfalt darauf verwendet zu zeigen, wie solche Generierungen in Sprache kodiert und aus Sprache wiederum dekodiert werden können. Dabei war wesentlich festzustellen, daß Begriffe unterschiedlicher Art, formale und substantielle, auf Objekte und Situationen bezogene, mit semantischen Merkmalen sprachlicher Einheiten korrespondieren. Es wurden auf diese Weise die in Kapitel 1 postulierten Eigenschaften für Präpositionen nachträglich motiviert. Es wurde gezeigt, daß originäre Begriffsbildungen über originäre Kombinationen der verschiedenen Begriffe möglich sind, die - auf Sprache abgebildet und so Metaphern erzeugend - zu einer originären Kombination von semantischen Merkmalen führen. Kapitel 3 präsentierte schließlich empirische Evidenz sowohl für die postulierten Eigenschaften von Präpositionen als auch für die vorgestellte Beschreibung und Erklärung der Metaphorik. Damit konnte gezeigt werden, daß Präpositionen in der Tat über syntaktische und semantische, inhärente und kontextuelle, substantielle und formale Eigenschaften verfügen, daß sie Metaphorik erzeugen und daß dieser Prozeß eben durch die genannten Eigenschaften der Präpositionen möglich ist.

Es bleibt zu fragen, ob präpositionengesteuerte Metaphorik vorhersagbar ist, das heißt also, ob vorhersagbar ist, welche nicht-konkreten Nomina mit welchen Präpositionen eine Kombination eingehen können. Die Ergebnisse aus Kapitel 3 legen folgende vorläufige Antwort darauf nahe: Es gibt zum einen fest konventionalisierte Kombinationen, die nicht erklärbar sind, wie zum Beispiel day und on, also die Konzeptualisierung der zeitlichen Einheit "Tag" als etwas Zweidimensionales. Zum anderen gibt es schwach konventionalisierte Kombinationen, die eine erklärbare bevorzugte Konzeptualisierung abbilden, die allerdings veränderbar ist, so zum Beispiel through the house und across the house. Um nun zu Vorhersagen über Kombinationen zu gelangen, bedarf es erstens der Feststellung der unveränderbaren konventionalisierten Formen und zum anderen einer Überprüfung der möglichen Konzeptualisierungen einzelner Abstrakta in einer Sprache. Diese kann nicht allein in der Kombination von Präposition und Nomen überprüft werden, sondern auch das Verb in einem Satz spielt dabei möglicherweise eine wichtige Rolle, wie im Zusammenhang mit dem Verb base deutlich wurde. In jedem Fall bedarf es noch vielfältiger und umfangreicher empirischer Untersuchungen, um Ergebnisse in bezug auf Vorhersagen vorlegen zu können, die zum Beispiel in Lakoff und Johnson (1980) oder Lakoff (1987c) als möglich angedeutet und in Brugman (1983) für die Präposition over exemplarisch versucht wurden. Die vorliegende Arbeit sollte in dieser Hinsicht weniger den Einzelfall als generelle Grundlagen, Möglichkeiten und Notwendigkeiten aufzeigen.

Literatur

Anderson, J.M. 1971. The grammar of case. Towards a localistic theory. Cambridge, Cambridge University Press.

- 1977. On case grammar. Prolegomena to a theory of grammatical relations. London, Croom Helm.

Anglin, J. 1977. Word, object, and conceptual development. New York, Norton.

Aristoteles. 1959. Rhetorik und Poetik. Übersetzt von Dr. Paul Goehlke. Paderborn, Schöningh.

Becker, A.L., D.G. Arms. 1969. Prepositions as predicates. Papers from the Fifth Regional Meeting of the Chicago Linguistic Society, 1-11. Chicago.

Becker, K.F. ^{2}1870. Ausführliche deutsche Grammatik als Kommentar der Schulgrammatik. I. Prag, Vlg. von Friedrich Tempsky.

Bennett, D.C. 1975. Spatial and temporal uses of English prepositions - an essay in stratificational semantics. London, Longman Group Ltd.

Berg, W. 1978. Uneigentliches Sprechen: zur Pragmatik und Semantik von Metapher, Metonymie, Ironie, Litotes und rhetorischer Frage. Tübingen, Gunter Narr.

Black, M. 1954. Metaphor. Proceedings of the Aristotelian Society 55. 273-94. New York, Johnson Repr. 1970.

- 1962. Models and metaphors: studies in language and philosophy. Ithaca/ N.Y., Cornell University Press.

- 1979. More about metaphor. Metaphor and thought, hg. von A. Ortony, 19-43.

Blank, G.D. 1988. Metaphors in the lexicon. Metaphor and Symbolic Activity 3 (1). 21-36.

Blok, H.P. 1955/56. Localism and deixis in Bantu languages. Lingua 5. 382-419.

Bobrow, D.G., D.A. Norman. 1975. Some principles of memory schemata. Representation and understanding, hg. von D.G. Bobrow, A. Collins, 131-49. New York, Academic Press.

Bochumer Diskussion. 1968. Die Metapher. Poetica 2. 100-30.

Bolinger, D. 1968. Aspects of language. New York etc., Harcourt, Brace & World, Inc.

Bowerman, M. 1977. The acquisition of word meaning: an investigation of some current conflicts. Thinking. Readings in cognitive science. hg. von P. Johnson-Laird, P. Wason, 239-53. Cambridge, Cambridge University Press.

Boyd, R. 1979. Metaphor and theory change: what is "metaphor" a metaphor for? Metaphor and thought, hg. von A. Ortony, 356-408.

Bremer, D. 1980. Aristoteles, Empedokles und die Erkenntnisleistung der Metapher. Poetica 12. 350-76.

Brewer, W.F., J.C. Treyens. 1981. Role of schemata in memory for places. Cognitive Psychology 13. 207-230.

Brooke-Rose, C. 1958. A grammar of metaphor. London, Secker & Warburg.

Brugman, C. 1983. The story of over. Berkeley, University of California, M.A. Thesis. Reproduced by L.A.U.T.

Carbonell, J.G. 1982. Metaphor as a key to extensible semantic analysis. Strategies for natural language processing, hg. von W.G. Lehnert, M.H. Ringle, 415-34. Hillsdale/ N.J., Erlbaum.
Chomsky, N. 1965. Aspects of the theory of syntax. Cambridge/ Mass., M.I.T.
- 1970. Remarks on nominalization. Readings in English transformational grammar, hg. von R.A. Jacobs, P.S. Rosenbaum, 184-221. Waltham/ Mass., etc., Ginn and Comp.
Clark, E. 1973. What's in a word? On the child's acquisition of semantics in his first language. Cognitive development and the acquisition of language. hg. von T.E. Moore, 65-109. New York, Academic Press.
Clark, H.H. 1968. On the use and meaning of prepositions. Journal of Verbal Learning and Verbal Behavior 7. 421-31.
- 1973. Space, time, semantics and the child. Cognitive development and the acquisition of language, hg. von T. E. Moore, 28-63. New York, Academic Press.
Clark, H.H., E. Clark. 1977. Psychology and language. An introduction to psycholinguistics. New York, Harcourt.
Coleman, L., P. Kay. 1981. Prototype semantics: the English verb lie. Lg 57. 26-44.
Cooper, D.E. 1986. Metaphor. Oxford, Basil Blackwell.
Declerck, R. 1977. Some arguments in favor of a Generative Semantics Analysis of sentences with an adverbial particle or a prepositional phrase of goal. Orbis 26. 297-340.
Deutschbein, M., H. Klitscher. ^{18}1959. Grammatik der englischen Sprache auf wissenschaftlicher Grundlage. Heidelberg, Quelle & Meyer.
Dirven, R. 1982a. Spatial relations in English. Kasusgrammatik und Fremdsprachendidaktik, hg. von G. Radden, R. Dirven, 103-32.
- 1982b. Metaphors of spatial relations. Anglistentag 1981: Vorträge, hg. von J. Hasler, 63-91. Trierer Studien zur Literatur 7. Frankfurt, Lang.
- 1985. Metaphor as a basic means for extending the lexicon. The ubiquity of metaphor, hg. von W. Paprotté, R. Dirven, 85-119.
Edler, C. 1847. Die deutsche Sprachbildung nach ihrem gegenwärtigen Stande und mit Rücksicht auf ihre mögliche fernere Gestaltung. Leipzig, Vlg. von Otto Wigand.
Embler, W. 1966. Metaphor and meaning. DeLand/ Fla., Everett/ Edwards, Inc.
Emonds, J.E. 1976. A transformational approach to English syntax. New York, Academic Press.
- 1985. A unified theory of syntactic categories. Dordrecht, Foris.
Fainsilber, L., A. Ortony. 1987. Metaphorical uses of language in the expression of emotions. Metaphor and Symbolic Activity 2 (4). 239-50.
Fillmore, C.J. 1968. The case for case. Universals in linguistic theory, hg. von E. Bach, R.T. Harms, 1-88. London etc., Holt, Rinehart & Winston.
- 1975. An alternative to checklist theories of meaning. Proceedings of the First Annual Meeting of the Berkeley Linguistic Society, 123-31. Berkeley/ Cal., University of Berkeley.
Fodor, J.A. 1975. The language of thought. New York, Thomas Y. Crowell Comp., Inc.

Frege, G. 1904. Was ist eine Funktion. G. Frege. Funktion, Begriff, Bedeutung. Fünf logische Studien, hg. u. eingeleitet von G. Patzig, 81-90. Göttingen, Vandenhoeck & Ruprecht. 1969.

Fries, C.C. 1952. The structure of English. An introduction to the construction of English sentences. New York etc., Harcourt, Brace & Comp., Inc.

Gardner, T. 1970. Zum Problem der Metapher. DVJS 44. 727-37.

Geis, J. 1970. Lexical insertion of locative and time prepositions. Papers from the Sixth Regional Meeting, Chicago Linguistic Society, 226-34. Chicago.

Geis, M.L. 1970. Time prepositions as underlying verbs. Papers from the Sixth Regional Meeting of the Chicago Linguistic Society, 235-49. Chicago.

Gleason, H.A. 1955, ^{2}1961. An introduction to descriptive linguistics. New York etc., Holt, Rinehart & Winston.

- 1963, ^{2}1965. Linguistics and English grammar. New York, Holt, Rinehart & Winston.

Gruber, J.S. 1965. Studies in lexical relations. Lexical structures in syntax and semantics. Amsterdam, North Holland. 1976.

Harris, Z.S. 1951. Structural linguistics. Chicago etc., The University of Chicago Press.

Haverkamp, A. (Hg.). 1983. Theorie der Metapher. Darmstadt, Wiss. Buchgesellschaft.

Haynes, F. 1975. Metaphor as interactive. Educational Theory 25. 272-7.

Hendrick, R. 1976. Prepositions and the X-bar theory. Proposals for semantic and syntactic theory, hg. von J.E. Emonds, 95-122. UCLA Papers in Syntax 7. Los Angeles, Cal.

Herskovits, A. 1986. Language and spatial cognition. An interdisciplinary study of the prepositions in English. Cambridge, Cambridge University Press.

Hjelmslev, L. 1936,1937. La catégorie des cas. Études de grammaire générale. Acta Jutlandica 7. 1-184. 9. 1-78. Nachgedruckt München, Wilhelm Fink.

Hockett, C.F. 1958. A course in modern linguistics. New York, The MacMillan Comp.

Hottenroth, P.-M. 1986. Die Semantik lokaler Präpositionen. Ein prototypensemantisches Modell für die französische Präposition dans mit einer Analyse der Beziehungen zwischen der Präposition und den Objektbezeichnungen in den Präpositionalsyntagmen. Habilitationsschrift, Universität Konstanz.

Ikegami, Y. 1984. How universal is a localist hypothesis? A linguistic contribution to the study of "semantic styles" of language. The Semiotics of culture and language, hg. von R.P. Fawcett, M.A.K. Halliday, S.M. Lamb, A. Makka, 49-79. London, Frances Pinter.

Ingendahl, W. 1970. Zur Systematisierung metaphorischer Prozesse. Linguistische Berichte 8. 49-54.

- 1971. Der metaphorische Prozeß. Methodologie zu seiner Erforschung und Systematisierung. Düsseldorf, Schwann.

- 1972. Die Metaphorik und die sprachliche Objektivität. Wirkendes Wort 22. 268-74.

Jackendoff, R. 1973. The base rules for prepositional phrases. A Festschrift for Morris Halle, hg. von S.R. Anderson, P. Kiparski, 345-56. New York, Holt, Rinehart & Winston.

- 1976a. Toward a cognitively viable semantics. GURT. 59-80.
- 1976b. Toward an explanatory semantic representation. Linguistic Inquiry 7. 89-150.
- 1977. X-bar syntax: a study of phrase structure. Cambridge/ Mass., M.I.T.
- 1978. Grammar as evidence for conceptual structure. Linguistic theory and psychological reality, hg. von M. Halle, J. Bresnan, G.A. Miller, 201-28. Cambridge/ Mass., M.I.T.
- 1983. Semantics and cognition. Cambridge/ Mass., M.I.T.

Jespersen, O. 1924. The philosophy of grammar. London, George Allan and Unwin Ltd.

Kittay, E.F. 1984. The identification of metaphor. Synthese 58. 153-202.

Koziol, H., F. Hüttenbrenner. ^{2}1968. Grammatik der englischen Sprache. Heidelberg, Winter.

Kuhn, T.S. 1979. Metaphor in science. Metaphor and thought, hg. von A. Ortony, 409-19.

Lakoff, G., M. Johnson. 1980. Metaphors we live by. Chicago, The University of Chicago Press.
- 1982. Categories and cognitive models. Trier, L.A.U.T.
- 1987a. Image metaphors. Metaphor and Symbolic Activity 2 (3). 219-22.
- 1987b. The death of dead metaphor. Metaphor and Symbolic Activity 2 (2). 143-7.
- 1987c. Women, fire, and dangerous things. What categories reveal about the mind. Chicago, London, The University of Chicago Press.

Langacker, R.W. 1982. Space grammar, analysability, and the English passive. Lg 58. 22-80.
- 1987. Foundations of cognitive grammar. Volume 1: Theoretical prerequisites. Stanford/ Cal, Stanford University Press.

Levin, S.R. 1979. Standard approaches to metaphor and a proposal for literary metaphor. Metaphor and thought, hg. von A. Ortony, 124-35.

Lieb, H.-H. 1964. Der Umfang des historischen Metaphernbegriffs. Köln, Phil. Dissertation.
- 1967. Was bezeichnet der herkömmliche Begriff "Metapher"? Muttersprache 77. 43-52.

Loewenberg, I. 1975. Identifying metaphors. FL 12. 315-38.

Man, P. de 1978. The epistemology of metaphor. On Metaphor, hg. von S. Sacks, 11-45. Chicago etc., The University of Chicago Press.

Matthews, R.J. 1971. Concerning a "linguistic theory" of metaphor. FL 7. 413-25.

Meier, H. 1963. Die Metapher. Zürich, Phil. Dissertation.

Miller, G.A., P.N. Johnson-Laird. 1976. Language and perception. Cambridge etc., Cambridge University Press.

Nelson, K. 1985. Making sense. The acquisition of shared meaning. New York, Academic Press.

Ogden, C.K., I.A. Richards. 1923. The meaning of meaning. New York, Harcourt, Brace & World, Inc.

Ortony, A. 1975. Why metaphors are necessary and not just nice. Educational Theory 25. 45-53.

- 1976. On the nature and value of metaphor: a reply to my critics. Educational Theory 26. 395-8.
- 1979a. Beyond literal similarity. Psychological Review 86, No. 3. 161-80.
- 1979b. The role of similarity in similes and metaphors. Metaphor and thought, hg. von A. Ortony, 186-201.
- 1979c. Metaphor: a multidimensional problem. Metaphor and thought, hg. von A. Ortony, 1-16.
- 1980. Metaphor. Theoretical issues in reading comprehension, hg. von J. Spiro, B.C. Bruce, W.F. Brewer, 349-65. Hillsdale/ N.J., Erlbaum.

Ortony, A. (Hg.). 1979. Metaphor and thought. Cambridge, London, etc., Cambridge University Press.

Ortony, A., R.E. Reynolds, J.A. Arter. 1978. Metaphor: theoretical and empirical research. Psychological Bulletin 85, No. 5. 919-43.

Paivio, A. 1979. Psychological processes in the comprehension of metaphor. Metaphor and thought, hg. von A. Ortony, 150-71.

Paprotté, W., R. Dirven (Hg.). 1985. The ubiquity of metaphor. Metaphor in language and thought. Amsterdam/Phila., John Benjamins Publ. Comp.

Paul, H. 1920. Deutsche Grammatik. IV. Halle a.S., Vlg. von Max Niemeyer.

Petrie, H.G. 1979. Metaphor and learning. Metaphor and thought, hg. von A. Ortony, 438-61.

Piaget, J. 1936/1975. Das Erwachen der Intelligenz beim Kinde. Stuttgart, Klett. 1975. (franz. Original 1936)

Piaget, J. 1937/1974. Der Aufbau der Wirklichkeit beim Kinde. Stuttgart, Klett. 1974. (franz. Original 1937)

Piaget, J. 1945/1969. Nachahmung, Spiel und Traum. Stuttgart, Klett. 1969. (franz. Original 1945)

Poutsma, H. 1926. A grammar of late modern English. Groningen, Noordhoff.

Quintilianus, M.F. Ausbildung des Redners. Deutsche Übersetzung von Helmut Rahn. Darmstadt, Wiss. Buchgesellschaft. 1975.

Quirk, R. 1962, ²1968. The use of English. With supplements by A.C. Gimson & J. Warburg. London, Longman Group Ltd.

Quirk, R. et al. 1972. A Grammar of contemporary English. London, Longman Group Ltd.

Radden, G. 1982. Die übertragenen Bedeutungen der englischen Raumpräpositionen. Kasusgrammatik und Fremdsprachendidaktik, hg. von G. Radden, R. Dirven, 133-79.
- 1985. Spatial metaphors underlying prepositions of causality. The ubiquity of metaphor, hg. von W. Paprotté, R. Dirven, 177- 207.
- 1988. The concept of motion. Understanding the lexicon. Meaning, sense and world knowledge in lexical semantics, hg. von W. Hüllen, R. Schulze. Tübingen, Niemeyer.

Radden, G., R. Dirven (Hg.). 1982. Kasusgrammatik und Fremdsprachendidaktik. anglistik & englischunterricht 14. Trier, Wiss. Vlg. Trier GmbH.

Radford, A. 1988. Transformational grammar. A first course. Cambridge, Cambridge University Press.

Rauh, G. 1983a. Aspects of deixis. Essays on deixis, hg. von G. Rauh, 9-60.

- 1983b. Tenses as deictic categories. An analysis of English and German tenses. Essays on deixis, hg. von G. Rauh, 229-75.
- 1983c. Essays on deixis. Tübingen, Gunter Narr.
- 1988a. Tiefenkasus, thematische Relationen und Thetarollen. Die Entwicklung einer Theorie von semantischen Relationen. Tübingen: Gunter Narr.
- 1988b. Temporale Deixis. Temporalsemantik. Beiträge zur Linguistik der Zeitreferenz, hg. von V. Ehrich, H. Vater. 26-51. Tübingen, Niemeyer.
- im Druck. Metaphors as indicators of the generativity of conceptual competence. Conceptualisations and mental processing in language, hg. von R.A. Geiger. Frankfurt/Bern, Peter Lang Verlag.
- i.Vorb.1. Präpositionen im Englischen - eine vielfach verkannte Wortart.
- i.Vorb.2. Begriffliche und sprachtheoretische Grundlagen der Metapher.

Reddy, M.J. 1979. The conduit metaphor - a case of frame conflict in our language about language. Metaphor and thought, hg. von A. Ortony, 284-324.

Richards, I.A. 1936. The philosophy of rhetoric. Oxford, Oxford University Press. Reprint 1971.

Ricoeur, P. 1978. The rule of metaphor. Multi-disciplinary studies of the creation of meaning in language. London, Routledge & Kegan Paul.

Riemsdijk, H. van. 1978. A case study in syntactic markedness: the binding nature of prepositional phrases. Lisse, The Peter de Ridder Press.

Rosch, E. 1973. Natural categories. Cognitive Psychology 4. 328- 50.
- 1975. Cognitive representation of semantic categories. Journal of Experimental Psychology 104. 192-223.
- 1977a. Classification of real-world objects: origins and representations in cognition. Thinking: Readings in cognitive science, hg. von P.N. Johnson-Laird, P.C. Wason, 212-22. Cambridge, Cambridge University Press.
- 1977b. Human categorization. Studies in cross-cultural psychology, hg. von N. Warren, 1-49. London, Academic Press.
- 1978. Principles of categorization. Cognition and categorization, hg. von E. Rosch, B.B. Lloyd, 27-48. Hillsdale/ N.J., Erlbaum.

Rosch, E., C.B. Mervis. 1975. Family resemblances: studies in the internal structure of categories. Cognitive Psychology 7. 573- 605.

Rumelhart, D.E. 1980. Schemata: the building blocks of cognition. Theoretical issues in reading comprehension, hg. von R. Spiro, B. Bruce, B. Brewer. Hillsdale/ N.J., Erlbaum.

Sacks, S. (Hg.). 1978. On Metaphor. Chicago, University of Chicago Press.

Schön, D.A. 1979. Generative metaphor: a perspective on problemsetting in social policy. Metaphor and thought, hg. von A. Ortony, 254-83.

Searle, J.R. 1979. Metaphor. Metaphor and thought, hg. von A. Ortony, 92-123.

Shibles, W.A. 1971. Metaphor: an annotated bibliography and history. Whitewater, Wis., The Language Press.

Stageberg, N.C. 1965, [3]1977. An introductory English grammar. With a chapter on transformational grammar. New York, Holt, Rinehart & Winston.

Stowell, T. 1983. Subjects across categories. The Linguistic Review 2. 285-312.

Szagun, G. 1983. Bedeutungsentwicklung beim Kind. Wie Kinder Wörter entdecken. München, Urban & Schwarzenberg.

Traugott, E.C. 1985. "Conventional" and "dead" metaphors revisited. The ubiquity of metaphor, hg. von W. Paprotté, R. Dirven, 17-56.
- 1986. From polysemy to internal semantic reconstruction. Proceedings of the Twelfth Annual Meeting of the Berkeley Linguistics Society, Feb. 15-17. Berkeley Linguistics Society. 539- 50. Berkeley/ Cal., University of California.
Vanparys, J. 1984. Source metaphors in English. Journal of Pragmatics 8. 395-410.
Wege, B. 1988. Ansätze zur Beschreibung der Semantik englischer Präpositionen. MA-Schrift, Universität Wuppertal.
Weinreich, U. 1972. Explorations in semantic theory. The Hague, Paris, Mouton.
Weinrich, H. 1963. Semantik der kühnen Metapher. DVJS 37. 325-44.
- 1967. Semantik der Metapher. Folia Linguistica 1. 3-17.
Wheelright, P. 1968. Metaphor and reality. Bloomington/ Ind., Indiana University Press.
Wüllner, F. 1827. Die Bedeutung der sprachlichen Kasus und Modi. Münster, Verlag in der Coppenrathschen Buch- und Kunsthandlung.
Wunderlich, D. 1984. Zur Syntax der Präpositionalphrasen im Deutschen. Zeitschrift für Sprachwissenschaft 3. 65-99.

BEWEGUNG UND WAHRNEHMUNG*

Marie-Theres Schepping

0. Einleitung

Für die semantische Beschreibung von Bewegungsverben sind Konzepte wie Ortsveränderung und Weg von zentraler Bedeutung. Die Relevanz solcher Konzepte für die Erfassung von Wahrnehmungen ist meines Wissens bisher jedoch nicht thematisiert worden.

In einer früheren Arbeit (Schepping 1982) habe ich mich mit der Bedeutung deutscher und französischer Wahrnehmungsverben beschäftigt. Diese wurden drei syntaktisch und semantisch bestimmten Verbgruppen zugeordnet, den "Verben der visuellen Wahrnehmung", wie z.B. sehen, erblicken, voir, apercevoir, den "Verben des visuellen Handelns", wie blicken, gucken, regarder und den "Verben des visuellen Handelns mit vollzogener Wahrnehmung", wie ansehen, betrachten, regarder, contempler.

Ich hatte darauf hingewiesen, daß zu den Ausdrücken des visuellen Handelns im Deutschen auch präfigierte Verbformen hinzugehören, wie hinaufsehen, hinuntergucken, im Französischen Ausdrücke, die aus regarder und einem Lokaladverbial, wie z.B. regarder en haut bestehen, oder aber Phrasen, die aus einem Bewegungsverb und regard/Blick an Objektstelle zusammengesetzt sind. Solche Ausdrücke, wie z.B. jeter un coup d'oeil, einen Blick werfen, wurden in der genannten Arbeit nicht analysiert. Ich habe dazu lediglich gesagt, daß durch le regard an Objektstelle die im Verb bezeichnete Bewegung als virtuelle "Blickbewegung" spezifiziert werde.

Mir geht es im folgenden darum zu zeigen, daß zwischen Bewegungen und visuellen Wahrnehmungen systematische Beziehungen bestehen. Diese sollen am Französischen herausgearbeitet werden.

Um zu klären, zwischen welchen Typen von Bewegungen und Wahrnehmungen Beziehungen bestehen, wollen wir folgenden Teilfragen nachgehen:

1. Welche Gemeinsamkeiten weisen Bewegungsverben mit dem Verb regarder auf? und

---

* Für weiterführende Kommentare und Anregungen zu einer früheren Version danke ich Ewald Lang, Anemone Müller, Niko Schpak-Dolt, besonders aber Christoph Schwarze.

2. Welche Bewegungsverben können mit un coup d'oeil, un/le regard an Objektstelle auftreten? In Verbindung mit dieser Frage werden, unter Zuhilfenahme von Lexikoninformationen, die Bedeutungen der Bewegungsverben und deren Interpretation in Verbindung mit un coup d'oeil, un/le regard an Objektstelle, soweit das für die hier verfolgte Zielsetzung nötig ist, herausgearbeitet.

In einem dritten Abschnitt wird ein begriffliches Instrumentarium zusammengestellt und erläutert, mit dem die Beziehungen zwischen Bewegungen und visuellen Wahrnehmungen erfaßt werden sollen. Daran anschließend wird in Verbindung mit der semantischen Analyse einiger ausgewählter Ausdrücke versucht, die postulierten Beziehungen zu explizieren.

Wir kommen nun zuerst zu der Frage nach den Gemeinsamkeiten zwischen Bewegungsverben und regarder.

1. Bewegungsverben und *regarder*

Fortbewegungsverben können in Verbindung mit Richtungsadverbialen oder mit lokal deutbaren Präpositionalphrasen auftreten:

(1) Max va à droite/dehors.
(Max geht nach rechts/nach draußen.)

(2) Max vint vers moi.
(Max kam auf mich zu.)

(3) Max monte sur la Tour Eiffel.
(Max steigt auf den Eiffelturm.)

(4) Max saute sur la table.
(Max springt auf den Tisch/auf dem Tisch.)

Das Verb regarder ist im Französischen das einzige Wahrnehmungsverb, das, wie Fortbewegungsverben, auch intransitiv verwendet werden kann. Weder entendre (hören), écouter (zu-/anhören) noch sentir (riechen, fühlen) können, im Gegensatz zu regarder, mit Richtungsadverbialen oder lokal deutbaren Präpositionalphrasen kombiniert, auftreten, wie in

(5) Max regarde en haut/à droite/dehors.
(Max guckt hinauf/nach rechts/hinaus.)

(6) Max regarde dans la boîte aux lettres.
(Max guckt in den Briefkasten/guckt im Briefkasten nach.)

(7) Max regarde dans la cuisine.
(Max guckt in die Küche/guckt in der Küche nach.)

Die Verwendung von regarder in den Sätzen (6) und (7) zeigt, daß das Verb sich Bewegungsverben, wie sauter in Satz (4), ähnlich verhält, in denen die Art und Weise der Bewegung lexikalisiert ist, nicht aber Bewegungsverben, in denen die Bewegungsrichtung lexikalisiert ist, wie z.B. in monter.

Wie die Wahrnehmungsverben voir (sehen), entendre (hören), écouter (zu/anhören), sentir (riechen, fühlen), so kann auch regarder transitiv gebraucht werden, wie in

(8) Max regarde la boîte mystérieuse.
(Max betrachtet (sieht sich an) die geheimnisvolle Schachtel.)

Mit dem intransitiv verwendeten Lexem regarder wird ein visuelles Handeln bezeichnet, das ein Lebewesen, normalerweise ein Mensch, durchführt, um etwas sehen zu können.

Das transitiv verwendete Verb referiert auf ein visuelles Handeln mit vollzogener Wahrnehmung, d.h. ein Handeln, das mit der Wahrnehmung eines Objekts verbunden ist. (Wenn (8) wahr ist, dann ist auch wahr: Max voit la boîte mystérieuse. (Max sieht die geheimnisvolle Schachtel.)).

2. Bewegungsverben in Verbindung mit *regard*

Nur von Verben der visuellen Wahrnehmung existieren im Französischen und Deutschen die abgeleiteten Nomina la vue, le regard, die Sicht, der Blick, von denen uns hier nur regard interessieren soll.

In französischen Wörterbüchern findet man unter den Eintragungen einer ganzen Reihe von Bewegungsverben den Hinweis auf Ausdrücke, in denen das jeweilige Bewegungsverb mit coup d'oeil (kurzer Blick), regard kombiniert ist.

Diese Ausdrücke lassen sich aufgrund ihrer syntaktischen Struktur zwei Gruppen zuordnen:

Entweder besteht der Ausdruck aus einem Verb, einer Nominalphrase der Art un coup d'oeil/un (le) regard in der Funktion eines Objekts und einer lokal zu deutenden Präpositionalphrase in der Funktion eines Obliquus (Gruppe I) oder

aus einem Verb, dem Adverbial du regard und einer Nominalphrase in der Funktion eines Objekts (Gruppe II).

Zu den Ausdrücken der Gruppe I[1] gehören:

jeter un coup d'oeil/un regard
lancer un regard
diriger le regard
promener le regard
braquer le regard
fixer le regard sur
arrêter le regard sur

Zu den Ausdrücken der Gruppe II gehören:

parcourir qqc. du regard
suivre qqn./qqc. du regard
chercher qqn. du regard, fouiller qqc. du regard, fixer qqn./qqc. du regard, montrer qqn./qqc. du regard, désigner qqn./qqc. du regard, foudroyer qqn. du regard, menacer qqn. du regard, caresser qqn./qqc. du regard, embrasser qqc. du regard, dévorer qqn./qqc. du regard, percer qqn. du regard, transpercer qqn. du regard.

Diese Listen sind sicherlich nicht vollständig. Sie vermitteln aber einen Eindruck über die Verschiedenartigkeit der Verben, die in solchen Ausdrücken auftreten können.

Eine grobe Charakterisierung der in den Ausdrücken enthaltenen Verben zeigt folgendes:

Allen Verben ist gemeinsam

1. die grammatische Eigenschaft der Transitivität
2. die semantische Eigenschaft, auf eine Handlung zu referieren.

Die in der ersten Gruppe zusammengestellten Ausdrücke enthalten kausative Verben, die entweder
a) das Bewirken einer zielgerichteten Fortbewegung eines Objekts durch einen Agens bezeichnen, oder
b) das Bewirken des Aufhörens, des Verhinderns der Fortbewegung eines Objekts durch einen Agens.

In diesen Ausdrücken tritt un coup d'oeil/un (le) regard an die Stelle eines von einem Agens bewegten bzw. an einer Bewegung gehinderten Objekts.

---

[1] Die die Präpositionalphrase regierende Präposition wird nur dann aufgeführt, wenn sie die einzig mögliche ist.

Von den Ausdrücken der zweiten Gruppe wollen wir nur die mit parcourir und suivre gebildeten herausgreifen, da diese Verben am deutlichsten die Fortbewegung eines Objekts implizieren. Der Phrase du regard kommt, wie gesagt, die Funktion eines Adverbials zu. In diesen Ausdrücken ist der Blick das Medium, mit dem die im Verb bezeichnete Handlung durchgeführt wird.[1]

Wir wenden uns aber zunächst den Ausdrücken der ersten Gruppe zu. Die Verben können sowohl zweistellig als auch dreistellig sein. Davon ausgenommen ist arrêter. Eine bei diesem Verb auftretende Präpositionalphrase hat Adjunktfunktion.

Beispiele für die Verwendung der Verben als zwei- bzw. dreistellige sind:

(9) a. Max jette les vieux journaux.
(Max wirft die alten Zeitungen weg.)
b. Max jette des pierres dans l'eau.
(Max wirft Steine ins Wasser.)

(10) a.Max lance la flèche.
(Max schießt den Pfeil ab.)
b. Max lance le ballon par dessus le mur.
(Max wirft den Ball über die Mauer.)

(11) a. Max dirige l'entreprise.
(Max leitet das Unternehmen.)
b. Max dirige les touristes vers le centre.
(Max führt die Touristen in Richtung Zentrum.)

(12) a. Max promène son chien.
(Max führt seinen Hund aus/spazieren.)
b. Max promène son ami à travers la ville.
(Max führt seinen Freund durch die Stadt spazieren.)

(13) a. Max braque les roues de la voiture.
(Max (blockiert die Räder des Wagens) bremst scharf.)
b. Max braque le pistolet sur la cible.
(Max richtet die Pistole auf die Zielscheibe.)

(14) a. Max fixe les volets.
(Max stellt die Fensterläden fest.)
b. Max fixe les volets au mur.
(Max befestigt die Fensterläden an der Mauer.)

---

[1] Einige der in dieser Gruppe II zusammengestellten Ausdrücke deuten darauf hin, daß es nicht nur Beziehungen zwischen Bewegung und Wahrnehmung, sondern auch zwischen Bewegung, Wahrnehmung und Kommunikation gibt.

(15) Max arrête un camion.
(Max hält einen Lieferwagen an.)

Die Beispielsätze zeigen, daß die Verben, abhängig von der Anzahl und der Besetzung ihrer Stellen, unterschiedlich interpretiert werden.

In den uns interessierenden Verwendungen treten die Verben ausnahmslos dreistellig mit einer lokal zu deutenden Präpositionalphrase in der Funktion eines Obliquus auf.

Wie wird nun die Bedeutung der Verben in Wörterbüchern beschrieben?

Wir greifen im folgenden aus den in Wörterbüchern aufgeführten Verbbedeutungen nur die für uns relevanten heraus.

Die Verben jeter und lancer bezeichnen die zielgerichtete Fortbewegung eines Objekts, die ein Agens durch einen kurzen Impuls, typischerweise eine Wurfbewegung, initiiert. Die in den folgenden Beispielsätzen enthaltenen Präpositionalphrasen spezifizieren einen, bezogen auf ein Objekt gebildeten, Raumausschnitt, der auf einem Weg lokalisiert ist.

In

(9b) Max jette des pierres dans l'eau.
(Max wirft Steine ins Wasser.)

den Raumausschnitt am Ende des Weges, in

(10b) Max lance le ballon par dessus le mur.
(Max wirft den Ball über die Mauer.)

einen Raumausschnitt, über den der Weg hinwegführt.

Im Wörterbuch von Robert (1973) ist als erste Bedeutungsangabe zu jeter vermerkt: "Envoyer à quelque distance de soi, dans une direction déterminée ou non".

An zweiter Stelle findet man unter der Bedeutung "faire mouvoir (une partie de son corps), diriger dans telle direction" den Ausdruck jeter un coup d'oeil, la vue, le regard sur qqc..

Im Unterschied zu jeter, das, zweistellig, in der Bedeutung von 'fallen lassen', 'wegwerfen' (s. (9a)) verwendet wird, füllt die Präpositionalphrase in Verbindung mit jeter un coup d'oeil, un regard, wie gesagt, eine Argumentstelle. Die Präpositionalphrase muß jedoch nicht, wie dies der Lexikoneintrag nahelegen könnte, mit der Präposition sur eingeleitet werden. Auch andere lokal deutbare Präpositionen sind möglich: dans, sous, entre, derrière, vers, en direction de, à travers, par dessus, etc..

Wie jeter, so bezeichnet auch lancer eine Handlung, durch die ein Objekt auf eine Flugbahn gebracht wird. In den uns interessierenden Verwendungen können jeter und lancer als synonym betrachtet werden. Im weiteren werden wir daher auf lancer nicht mehr eigens eingehen.

Das Verb diriger wird ebenfalls zur Bezeichnung einer zielgerichteten Fortbewegung eines Individuums verwendet. Die Bedeutungsangabe im Robert lautet:

"faire aller dans une direction, guider qqc. dans une certaine direction (avec une idée de déplacement, de mouvement)".

Beispielsätze hierzu sind:

(11b) Max dirige les touristes vers le centre.
(Max schickt/führt die Touristen in Richtung Zentrum.)
(16) Max dirige la lumière sur l'accusé.
(Max richtet das Licht auf den Angeklagten.)

Unter der aufgeführten Bedeutungsangabe findet man auch den Ausdruck diriger ses yeux, son regard vers. Hier ist die Präposition vers zwar die typische, aber auch sur ist möglich. Beide Präpositionen nehmen Bezug auf ein Wegende. Die Präposition sur legt, im Gegensatz zur Präposition vers fest, daß das Wegende erreicht wird.

Das Lexem promener bezeichnet eine Handlung, bei der sich ein Agens zusammen mit einem anderen Individuum fortbewegt. Im Gegensatz zu den bisher betrachteten Verben referiert promener jedoch auf eine Fortbewegung innerhalb eines Ortes, nicht zu einem Ort hin.

Der Robert gibt folgende Bedeutung an: "faire aller dans plusieurs endroits, pour le plaisir". Ein Beispiel für diese Verwendung ist:

(12b) Max promène son ami à travers la ville.
(Max führt seinen Freund durch die Stadt spazieren.)

Unter der an zweiter Stelle aufgeführten Bedeutung "déplacer, faire aller et venir (qqch.)" wird folgender Beispielsatz angeführt:

(17) Je promène mes regards sur la plaine.
((Wörtlich: Ich führe meine Blicke auf der Ebene spazieren.)
Ich lasse meinen Blick über die Ebene schweifen/wandern.)

Wesentlich ist aus der zuerst genannten Bedeutungsangabe der Zusatz "dans plusieurs endroits", der darauf hinweist, daß der Weg, auf dem die Fortbewegung erfolgt, aus einer Wegfolge besteht.

In einem Satz wie

(13b) Max braque le pistolet sur la cible.
(Max richtet die Pistole auf die Zielscheibe.)

bezeichnet braquer die präzise Ausrichtung eines Objekts auf ein fokussiertes Ziel.

Die Bedeutung von braquer wird im Robert so angegeben: "braquer un objet, le diriger en visant un objectif". Der Ausdruck braquer les yeux sur qqn. wird, nicht ganz zutreffend, als synonym zu fixer son regard sur qqn. vermerkt.

Bei braquer le regard wird die Präpositionalphrase typischerweise mit sur eingeleitet, vers ist aber auch möglich.

Die Verben fixer und arrêter bezeichnen das Verhindern einer (weiteren) (Fort)bewegung eines Objekts durch einen Agens, wie in den hier wiederholten Beispielsätzen

(14b) Max fixe les volets au mur.
(Max befestigt die Fensterläden an der Mauer.)
(15) Max arrête un camion.
(Max hält einen Lastwagen an.)

Die Bedeutungsangabe zu fixer lautet im Robert: "établir d'une manière durable à une place, sur un objet déterminé". Dort sind auch die Ausdrücke fixer les yeux, sa vue, son regard sur qqn., sur qqc. [1] vermerkt mit dem Beispielsatz:

(18) J'ai fixé mes yeux sur elle.
(Ich "heftete" meine Augen auf sie.)

Bei Dubois (1975) findet man "Fixer les yeux, son esprit, son attention sur quelque chose (= les porter de manière durable ou concentrée sur cette chose: syn. ARRETER)". Dieser Eintrag ist insofern irreführend, als fixer auch in einem solchen Ausdruck nicht mit arrêter synonym ist. Die adäquate Verwendung von fixer impliziert, daß der Gegenstand vor der Handlung bewegbar ist.

Die adäquate Verwendung von arrêter ist jedoch nur dann gegeben, wenn ein Objekt sich fortbewegt und an einer weiteren Fortbewegung durch einen Agens gehindert wird.

---

[1] In den Wörterbucheinträgen werden le regard und les yeux ununterscheidbar nebeneinandergestellt. Ein Bewegungsverb in Verbindung mit les yeux referiert aber auf eine Bewegung der Augen, nicht auf eine "Blickbewegung". So sind z.B. jeter und lancer nicht mit les yeux, lever und baisser hingegen nicht mit le regard kompatibel.

Der Robert gibt an erster Stelle für arrêter folgende Bedeutung an: "empêcher (qqn. ou qqch.) d'avancer, d'aller plus loin; suspendre le mouvement, faire rester sur place".

Der Ausdruck arrêter ses yeux/ses regards sur wird unter der zweitgenannten Bedeutung aufgeführt, die lautet: "empêcher (qqch.) de bouger, de remuer, maintenir en place; tenir fixé sur". Eine durch sur eingeleitete Präpositionalphrase ist bei dem Ausdruck arrêter le regard die allein mögliche.

Wie bei arrêter le regard, so muß auch bei fixer le regard die Präpositionalphrase durch sur eingeleitet werden. Eine lokal deutbare Präpositionalphrase bei arrêter erfüllt, wie gesagt, die Funktion eines Adjunktes, bei arrêter le regard die Funktion eines Obliquus.

Die Wörterbuchinformationen machen deutlich, daß die Verben etwas mit der Verursachung einer Bewegung eines Objekts oder deren Verhinderung zu tun haben.

Die Verben in Verbindung mit un coup d'oeil/un (le) regard in der Funktion eines Objekts sind, wie gesagt, dreistellig: Eine lokal deutbare Präpositionalphrase in der Funktion eines Obliquus realisiert die dritte Stelle. Deren regierende Präposition ist nicht frei wählbar. Typisch scheint die Verwendung der Präposition sur zu sein. Wie könnte man das begründen?

Wesentlich für die Auswahl der Präposition ist die Bedeutung der Ausdrücke: Sie bezeichnen eine Tätigkeit, die zu dem Zweck durchgeführt wird, ein Objekt sehen zu können. Darin ist wohl die Tatsache begründet, daß die Präposition sur die bei diesen Ausdrücken primär bzw. allein erwähnte ist.

Vandeloise (1986) hat u.a. die lokalen Verwendungen der Präposition sur analysiert, ohne jedoch die uns hier interessierenden Kontexte zu berücksichtigen. Er beschreibt die Bedeutung dieser Präposition mit dem Interaktionskonzept Träger-Getragenes. Mit diesem sei als wesentliche Eigenschaft der Oberflächenkontakt zwischen zwei Objekten verbunden.

Die Interaktion Träger-Getragenes spielt bei visuellem Handeln keine Rolle, wohl aber der Bezug zu einer Objektoberfläche. Eine Oberfläche ist eine äußere Begrenzung eines Objekts, ein Teil eines Objekts. Dieser Objektteil kann, unter bestimmten pragmatischen Bedingungen - wenn die Oberfläche der relevante Objektteil ist -, als das Objekt selbst interpretiert werden.[1]

---

[1] In Verbindung mit dem Verb regarder tritt die Präposition sur entsprechend nur dann auf, wenn zwecks Wahrnehmung nicht ein Objekt ausgewählt wurde - dann wird regarder transitiv konstruiert -, sondern ein zu einer Objektoberfläche in Bezug stehender Raumausschnitt, wie z.B. in Max a même regardé sur l'armoire. (Max hat sogar auf den Schrank geguckt/auf dem Schrank

So kann ein Satz wie

(19) Max jette un coup d'oeil sur le tableau.
(Max wirft einen Blick auf das Bild.)

gedeutet werden als: Max guckt so, daß er die Oberfläche des Bildes sieht, aber auch als: Max guckt so, daß er das Bild sieht.

Entsprechendes gilt bei dans nur dann, wenn das Objekt selbst ein Raum ist, wie z.B. in

(20) Max jette un coup d'oeil dans la cuisine.
(Max wirft einen Blick in die Küche.),

nicht aber in

(21) Max jette un coup d'oeil dans la boîte aux lettres.
(Max wirft einen Blick in den Briefkasten.)

Wie schon gesagt, wird mit einer durch sur eingeleiteten Präpositionalphrase bei diesen Verben auf ein Ziel referiert, ein an einem Wegende lokalisiertes Objekt, das erreicht wird.

Nach diesen Überlegungen läßt sich auch erklären, warum die Verben arrêter und fixer in Verbindung mit le regard die Präposition sur verlangen. Arrêter und fixer referieren auf Handlungen, die ein Objekt betreffen, das bereits einen bestimmten Ort erreicht hat bzw. sich an einem bestimmten Ort befindet. Die visuelle Handlung, die durch die Ausdrücke beschrieben wird, ist entsprechend eine Handlung, die das Sehen eines Objekts als gegeben und damit einen direkten Bezug zur Oberfläche des Objekts voraussetzt. Mit der Handlung wird das Ziel verfolgt, das Objekt weiterhin sehen zu können.

Was die Präpositionen betrifft, so ist deutlich geworden, daß sie auch in Ausdrücken zur Bezeichnung visueller Handlungen in ihren lokalen Bedeutungen verwendet werden.

Eine weitere Frage, die sich bei den bisher betrachteten Ausdrücken stellt, ist folgende: Ist die Auswahl zwischen den Phrasen un coup d'oeil, un/le regard bei den Verben beliebig oder gibt es Restriktionen? Wenn ja, wie sind diese begründet?

Die Auswahl zwischen regard und coup d'oeil wird durch die Bedeutung der Verben gesteuert. Coup d'oeil bezeichnet einen kurzen, schnellen Blick. Dieser Ausdruck ist daher mit jeter und lancer kompatibel, nicht aber mit den anderen Verben.

---

nachgeguckt.) Ob eine solche Präpositionalphrase bei regarder den Ort spezifiziert, an dem die Handlung stattfindet, oder aber den Zielort der Handlung, kann nur über pragmatische Faktoren ermittelt werden (s. auch die Sätze (6) und (7)).

Es gibt aber auch Restriktionen bezüglich des Artikels.

(22) ? Max jette/lance le coup d'oeil/le regard dans la cuisine.
(23) ? Max dirige/promène/braque/fixe/arrête un regard sur le tableau.

(22) und (23) sind semantisch inadäquate Sätze.

Lancer und jeter erlauben nur den indefiniten Artikel, diriger, promener, braquer, fixer und arrêter nur einen definiten.

Der Grund dafür ist ebenfalls in der Verbsemantik zu suchen. Jeter und lancer bezeichnen Handlungen, bei denen durch einen Impuls die Fortbewegung eines Objekts initiiert wird. Erst in Verbindung mit der Fortbewegung des Objekts wird ein Weg konstituiert. Somit wird das Objekt auch erst durch seine Fortbewegung zu einem auf einem Weg lokalisierbaren Objekt. Der indefinite Artikel bei regard muß also dahingehend gedeutet werden, daß regard nicht als etwas an einem Ort Gegebenes gedeutet wird, sondern als Entität, die durch die Handlung erst konstituiert und damit zu einer lokalisierbaren Entität wird.

Diriger, promener und arrêter referieren hingegen auf Handlungen, die ein Objekt betreffen, das auf einem gegebenen Weg bereits lokalisierbar ist. Dies steckt bei diriger und promener in der Komponente des Führens, bei arrêter in der Komponente des Verhinderns einer weiteren Fortbewegung. Auch für braquer und fixer gilt, daß das Objekt bereits lokalisiert ist, und zwar an dem Ort, an dem es durch die Handlung ausgerichtet bzw. stationär gehalten wird.

Der definite Artikel bei regard löst also die Interpretation von regard als gegebene, bereits auf einem Weg lokalisierte Entität aus.

In Verbindung mit dem Versuch, die Bedeutung der Lexeme regarder und regard zu charakterisieren, komme ich auf die Funktion des Artikels noch einmal zurück.

Zuvor betrachten wir aber die beiden aus der zweiten Gruppe ausgewählten Ausdrücke, die mit den Verben parcourir und suivre gebildeten.

Bei Dubois (1975) findet man zu parcourir: "parcourir un lieu, un chemin, une rue etc. se déplacer dans ce lieu en divers sens pour trouver, visiter." mit Beispielen wie:

(24) Max parcourt la région en touriste.
(Max durchfährt/erkundet/bereist die Region als Tourist.)

Zu den Ausdrücken parcourir un lieu des yeux, du regard gibt Dubois folgende Bedeutungsangabe: "l'examiner sans se déplacer" mit dem Beispiel:

(25) En parcourant la pièce du regard, il remarqua plusieurs tableaux anciens.
(Als er sich im Zimmer umsah, bemerkte er mehrere alte Bilder.)

Wie promener referiert auch parcourir auf die Fortbewegung eines Individuums innerhalb eines Ortes auf einer Folge von Wegen.

Zu suivre gibt Robert an: "aller derrière qqn. qui marche, qui avance" mit dem Beispiel

(26) Il suit une femme dans la rue.
(Er folgt einer Frau auf der Straße.)

Der Ausdruck suivre des yeux, du regard wird so kommentiert: "accompagner par le regard ce qui se déplace". Als Beispiel findet man:

(27) Je suis longtemps, avec ma jumelle, les nuages roses et blancs.
(Ich verfolgte lange mit dem Fernglas die rosafarbenen und weißen Wolken.)

In diesem Beispiel fehlt zwar gerade der Ausdruck du regard. Daß in dem Satz dennoch ein visuelles Handeln bezeichnet wird, können wir aus der Phrase avec ma jumelle, wie auch aus der Belegung der Objektstelle mit nuages, unserem Wissen über Wolken und der Möglichkeit, diesen zu folgen, ableiten.

Als Verben, die in Ausdrücken des Typs I zur Bezeichnung visueller Handlungen verwendet werden können, kommen nach den bisherigen Beobachtungen nur kausative Verben in Frage. Diese enthalten in ihrer Bedeutungsstruktur das Element einer zielgerichteten, durch einen Agens bewirkten Bewegung oder der Verhinderung einer solchen. Diese Bedeutungscharakterisierung reicht jedoch nicht aus, um die Bildung eines Ausdrucks wie z.B. mettre le regard oder monter le regard zu verhindern, die im Französischen nicht verwendet werden. In Verbindung mit regarder hatte ich auf Gemeinsamkeiten des Verbs mit Bewegungsverben hingewiesen, in deren Bedeutungsstruktur eine "Art und Weise", nicht aber die Richtung spezifiziert ist. Diese Eigenschaften des Verbs regarder gelten für das abgeleitete Nomen regard ebenfalls. Die Verben, die mit regard an Objektstelle kompatibel sind, enthalten daher keine Information über eine Bewegungsrichtung, wohl aber, über die bereits aufgeführten Eigenschaften hinaus, Information über eine Modalität. Dies ist weder bei monter, noch bei mettre gegeben.

Nachdem wir einen Einblick in die Bedeutungseigenschaften der mit regard kompatiblen Bewegungsverben bekommen haben, kommen wir nun zu einer partiellen Bedeutungscharakterisierung der Lexeme regarder und regard.

2.1 *regarder* und *regard*

Aufgrund der bisher zusammengestellten Beobachtungen läßt sich die Bedeutung des Verbs regarder für unsere Zwecke[1] wie folgt charakterisieren: Das Verb bezeichnet eine kausative, somit zielgerichtete, mit den Augen ausgeübte Tätigkeit eines Lebewesens x, durch die x einen ausgewählten Raumausschnitt fokussiert. Dadurch schafft x die Voraussetzung, etwas, was sich in diesem Raumausschnitt befindet, wahrnehmen zu können.

Regard bezeichnet entsprechend eine mit den Augen ausgeübte Tätigkeit eines Lebewesens x, durch die x einen ausgewählten Raumausschnitt fokussiert.

Ein fokussierter Raumausschnitt ist ein Raumausschnitt im Zentrum des Gesichtsfeldes von x, auf dem das Auge bei fixiertem Kopf und Körper ruht. Das Gesichtsfeld seinerseits ist eine Raumregion innerhalb des Blickfeldes von x. Ein fokussierter Raumausschnitt ist eine immaterielle Entität. Eine solche Entität deckt einen Raumausschnitt ab, besetzt diesen aber nicht.

Die indefinite Phrase un regard referiert auf die Handlungsdurchführung, die Auswahl und Fokussierung eines Raumausschnitts.

Die definite Phrase le regard bezeichnet hingegen das Resultat der Handlungsdurchführung, einen fokussierten Raumausschnitt. Dieser wird zwar als eigenständige, nicht aber als vom schauenden Lebewesen unabhängige Entität konzeptualisiert.

Was uns nun noch fehlt, ist das für die Explikation der postulierten systematischen Beziehungen zwischen Bewegung und visuellem Handeln notwendige begriffliche Instrumentarium. Dies soll im folgenden zusammengestellt werden.

3. Beziehungen zwischen Bewegung und Wahrnehmung

Um die semantischen Beziehungen zwischen regarder und den unterschiedlichen Verwendungen der betrachteten Verben - zur Bezeichnung einer Fortbewe-

---

[1] In Verwendungen des transitiven Lexems regarder, wie auch des Nomens regard, wie in Max le regarda avec mépris. (Max sah ihn verächtlich an.) oder Son regard provocateur m' irrita. (Sein herausfordernder Blick regte mich auf.) wird nicht primär auf das visuelle Handeln eines Individuums, sondern vielmehr auf den von einem Beobachter interpretierten emotionalen Ausdruck der Augen, den Gesichtsausdruck referiert. Solche Verwendungen, die auf eine kommunikative Komponente hinweisen, werden hier nicht berücksichtigt.

gung/Verhinderung einer Fortbewegung bzw. einem visuellen Handeln - beschreiben zu können, müssen die Konzepte Fortbewegung und visuelles Handeln expliziert werden. Dies wird im folgenden versucht.

3.1. Fortbewegung und Visuelles Handeln

3.1.1 Fortbewegung

Das Konzept *Fortbewegung* sei durch die Teilkonzepte *Agens*, *bewegtes Objekt*, *Weg* und *lokalisierendes Objekt* charakterisiert.

Im Rahmen des Fortbewegungskonzepts ist ein *Agens* ein Lebewesen, das die Bewegung eines Objekts bewirkt oder verhindert, oder das sich selbst bewegt.

Ein *bewegtes Objekt* ist ein Individuum, das eine Ortsveränderung erfährt.

Die Ortsveränderung eines bewegten Objekts erfolgt auf einem Weg.

In Anlehnung an Bierwisch(1988) und Schpak-Dolt(1988) betrachte ich *Weg* als eine zusammenhängende Folge von Raumausschnitten, so daß für alle Paare von Raumausschnitten die Relation des unechten Enthaltenseins gilt. Ein *Weg* ist charakterisiert durch *Anfang*, *Zwischenstücke* (s. Schwarze in diesem Band), *Ende* und *Richtung*.

Ein *lokalisierendes Objekt* ist ein materielles Objekt, das einen Raumausschnitt zur Verfügung stellt, der auf einem Weg lokalisiert ist.[1]

3.1.2 Visuelles Handeln

Das Konzept *Visuelles Handeln* sei durch die Teilkonzepte *Agens*, *Blickbahn* und *lokalisierendes Objekt* gekennzeichnet.

Ein *Agens* ist im Rahmen des Konzepts "Visuelles Handeln" ein schauendes Lebewesen x.

Eine *Blickbahn* bb ist ein gerader Weg, auf dem keine Bewegung stattfindet, zwischen den Augen von x und einem von x fokussierten Raumausschnitt R. Dieser ist

---

[1] Ich folge damit der von Wunderlich/Herweg (ersch.) vertretenen Auffassung über die Bedeutungsstruktur lokaler Präpositionen.

Für die Interpretation von Lokaladverbialen wie à droite, en haut, dehors, kann das an Subjektstelle bezeichnete Lebewesen als lokalisierendes Objekt betrachtet werden.

also am Ende einer Blickbahn lokalisiert. Ein fokussierter Raumausschnitt deckt, wie gesagt, einen Raum ab, ohne diesen zu besetzen.

Ist der von x fokussierte Raumausschnitt von einem materiellen Objekt bzw. einem Raumausschnitt eines solchen Objekts besetzt, so können die von diesem ausgehenden optischen Reize über die Blickbahn vom Auge aufgenommen und von x mental verarbeitet werden. Die Blickbahn fungiert dann auch als Wahrnehmungsbahn (s. Schwarze in diesem Band). Der Begriff der Blick- bzw. Wahrnehmungsbahn ist also nicht nur für die Beschreibung visueller Handlungen, sondern auch für die von Wahrnehmungen relevant.

Ein *lokalisierendes Objekt* ist, wie im Rahmen des Fortbewegungskonzepts, ein materielles Objekt, das einen Raumausschnitt zur Verfügung stellt, der auf einem Weg lokalisiert ist.

Diese Festlegungen bilden die Grundlage für die Bedeutungsbeschreibung von Ausdrücken, die auf Fortbewegungen, visuelles Handeln und Wahrnehmen referieren. Die Rekonstruktion der Interpretation solcher Ausdrücke wird im folgenden aufgezeigt.

3.2 Fortbewegung und visuelles Handeln

Um die Beziehungen zu regarder miterfassen zu können, gebe ich eine partielle Bedeutungsanalyse dieses Verbs zuerst an.

3.2.1 *regarder*

regarder in Verbindung mit einer lokalen Präpositionalphrase, wie in Max regarde sur l' armoire (Max guckt auf den Schrank.), referiert auf einen Sachverhalt der Art a REGARDE präp c[1] mit den Eigenschaften:

a) a ist Agens, das schauende Lebewesen
b) c ist das lokalisierende Objekt
c) präp c ist ein Raumausschnitt bezogen auf c
d) a fokussiert einen ausgewählten Raumausschnitt

[1] "präp" ist eine lokal deutbare Präposition. Die Variablen gelten als existentiell gebunden.

e) es gibt eine Blickbahn bb
f) präp c ist auf bb lokalisiert

regarder in Verbindung mit einer Objektnominalphrase, wie in Max regarde le tableau, referiert auf einen Sachverhalt der Art a REGARDE b mit den Eigenschaften:

a) a ist Agens, das schauende Lebewesen
b) b ist das lokalisierende und zugleich das wahrgenommene Objekt
c) a fokussiert einen ausgewählten Raumausschnitt R
d) es gibt eine Blickbahn bb, die zugleich als Wahrnehmungsbahn fungiert
e) b ist am Ende von bb lokalisiert
f) b besetzt den fokussierten Raumausschnitt R

Eine solche Handlung, bei der die Wahrnehmung von etwas erfolgt, impliziert also einen Sachverhalt der Art regarder quelque part (irgendwo hinschauen), wie auch einen Sachverhalt der Art voir.

Wir kommen nun zur Interpretation von Verwendungen ausgewählter Bewegungsverben.

3.2.2 Fortbewegungsverben und deren Deutung

Ausgehend von der Verwendung der Verben jeter, diriger, promener, braquer, fixer, arrêter, parcourir und suivre zur Bezeichnung einer Fortbewegung bzw. der Verhinderung einer solchen, soll die Deutung der Verben in Verbindung mit regard zu rekonstruieren versucht werden. Diesem Versuch liegt die Annahme von der Interdependenz der Bedeutungen der einzelnen, einen Ausdruck konstituierenden Wörter zugrunde. Für die Interpretation eines Ausdrucks müssen die Bedeutungen der einzelnen Wörter also in bezug aufeinander gedeutet werden, genauer gesagt, die Lexeme müssen auf die Verbbedeutung eines Ausdrucks bezogen gedeutet werden. Eine solche Interpretation kann nur dann gelingen, wenn die Bedeutungen der einzelnen Wörter auf Konzepte bezogen sind, die Gemeinsamkeiten aufweisen.

3.2.2.1 *jeter - jeter un coup d'oeil/un regard*

Ein Satz wie Max jette une pierre sur le toit., bezeichnet einen Sachverhalt der Art a JETTE b präp c mit den Eigenschaften:

a) a ist Agens, das eine Fortbewegung bewirkende Lebewesen
b) b ist das bewegbare Objekt
c) c ist das lokalisierende Objekt
d) präp c ist ein Raumausschnitt bezogen auf c
e) a initiiert durch einen Impuls (eine Wurfbewegung), daß b zu einem bewegten Objekt wird, das eine Ortsveränderung erfährt, wobei ein Weg w konstituiert wird
f) b bewegt sich auf w fort
g) präp c ist auf w lokalisiert.

Ausgehend von den aufgeführten Eigenschaften kann man die Interpretation des Ausdrucks jeter un coup d'oeil/un regard folgendermaßen beschreiben:

a) a ist Agens, das eine Fortbewegung bewirkende und schauende Lebewesen
b) b, COUP D'OEIL/REGARD, ist die zu konstituierende und als bewegbares Objekt konzeptualisierte Entität
c) c ist das lokalisierende Objekt
d) präp c ist ein Raumausschnitt bezogen auf c
e) a initiiert durch einen Impuls (eine Augenbewegung), daß b zu einem bewegten Objekt wird, das eine Ortsveränderung erfährt, wobei eine Blickbahn bb konstituiert wird
f) präp c ist auf bb lokalisiert

(jeter un coup d'oeil impliziert regarder).

Die Gemeinsamkeit zwischen jeter und jeter un coup d'oeil/un regard besteht darin, daß ein Impuls gegeben wird. Dieser führt bei jeter dazu, daß ein Objekt auf einem Weg lokalisierbar wird, bei jeter un coup d'oeil/un regard dazu, daß regard zu einer auf einer Blickbahn lokalisierbaren Entität wird.

Bedingt durch die Bedeutung des Verbs jeter wird regard als bewegbares bzw. bewegtes Objekt konzeptualisiert. Ausgelöst durch die Bedeutung von regard wird in Verbindung mit jeter der konstituierte Weg als Blickbahn, als Weg, auf dem keine Bewegung stattfindet, interpretiert. Bedingt durch regard wird der Agens auch als schauendes Lebewesen gedeutet.

3.2.2.2 *diriger - diriger le regard*

Ein Satz wie Max dirige les touristes sur la tour Eiffel. bezeichnet einen Sachverhalt der Art a DIRIGE b präp c mit den Eigenschaften:

a) a ist Agens, das eine Fortbewegung bewirkende Lebewesen
b) b ist das bewegte Objekt

c) c ist das lokalisierende Objekt
d) präp c ist eine Raumregion bezogen auf c
e) es gibt einen Weg w
f) präp c ist auf w lokalisiert
g) b befindet sich auf w
h) a führt b auf w, d.h. a legt w fest
i) b bewegt sich auf w fort

Ausgehend von den genannten Eigenschaften läßt sich die Deutung des Ausdrucks diriger le regard folgendermaßen rekonstruieren:

a) a ist Agens, das eine Fortbewegung bewirkende und schauende Lebewesen
b) b, LE REGARD, ist die als bewegtes Objekt konzeptualisierte Entität
c) c ist das lokalisierende Objekt
d) präp c ist eine Raumregion bezogen auf c
e) es gibt eine Blickbahn bb
f) es gibt einen Weg w
g) präp c ist auf w lokalisiert
h) b befindet sich auf w
i) a führt b auf w, d.h. a legt w fest
j) a bewirkt eine Ortsveränderung von b auf w

(Die Phrase diriger le regard impliziert regarder.).

Die Gemeinsamkeit zwischen dem Verb und dem mit diesem gebildeten Ausdruck besteht darin, daß a den Weg bestimmt, auf dem die Ortsveränderung stattfindet. Bei diriger ist es der Weg eines sich fortbewegenden Objekts, bei diriger le regard der Weg, auf dem die Ortsveränderung des Blicks erfolgt.

Bedingt durch die Phrase le regard wird der Agens auch als schauendes Lebewesen gedeutet, gilt eine Blickbahn als gegeben, wird der Weg, auf dem die Ortsveränderung erfolgt, als "Blick"-Weg gedeutet, d. h. als Weg, auf dem der Ort eines fokussierten Raumausschnitts verändert wird. Ebenfalls abhängig von diriger kann, im Unterschied zu jeter, die als gegeben geltende Blickbahn mit dem Weg nicht identifiziert werden.

Ich möchte an dieser Stelle noch zwei, auch für das Folgende gültige, allgemeine Bemerkungen anführen:

a) Ich habe mich für die Rekonstruktion der Ortsveränderung des Blicks auf einem "Blick"-Weg entschieden, weil so die Parallelität zur Fortbewegung eines materiellen Objekts auf einfache Weise erfaßt wird. Eine solche Rekonstruktion ist insofern vereinfachend, als die Ortsveränderung des fokussierten Raumausschnitts durch eine Bewegung der Augen und gegebenenfalls des Kopfes bewirkt wird, und eigentlich nicht, wie hier angenommen, durch die Bewegung des Blicks und damit eine Verschiebung der Blickbahn erfolgt. Es müssen ja nicht alle einen Weg konstituierenden Raumausschnitte bei einer "Blick"-Bewegung auch fokussierte sein. Der jeweils fokussierte Raumausschnitt ist vielmehr in Verbindung mit den Präpositionen sur und vers nur der am Ende eines durchlaufenen Weges lokalisierte Raumausschnitt. Dies gilt aber wohl schon nicht mehr in Verbindung mit der Präposition le long de (entlang).

b) Wir wissen, daß ein "Blick"-Weg sich von einem Weg, auf dem sich ein materielles Objekt selbständig fortbewegen kann, z.B. dadurch unterscheidet, daß er nicht um Ecken führen, nicht durch Objekte hindurchführen - eine durch à travers eingeleitete Präpositionalphrase referiert in Verbindung mit regard bzw. Wahrnehmungen immer auf einen auf einer Blickbahn, nicht auf einem Blickweg, lokalisierten Raumausschnitt -, nicht über die Grenzen des Blickfeldes eines Individuums hinausführen kann. Wir wissen außerdem, daß ein "Blick"-Weg, von den Bewegungsmöglichkeiten der Augen und des Kopfes eines Lebewesens abhängig, von oben nach unten, von rechts nach links bzw. in je umgekehrter Richtung verlaufen kann.

3.2.2.3 *promener - promener le regard*

Ein Satz wie Max promène son ami à travers les rues de la vieille ville. referiert auf einen Sachverhalt der Art a PROMENE b präp c mit den Eigenschaften:

a) a ist Agens, das eine Fortbewegung bewirkende Lebewesen
b) b ist das bewegte Objekt, b ist ebenfalls ein Lebewesen
c) c ist das lokalisierende Objekt
d) präp c ist eine Raumregion bezogen auf c
e) es gibt einen Weg w
f) a führt b auf w
g) a und b bewegen sich auf w fort
h) w besteht aus einer Folge von Wegen
i) präp c ist auf w lokalisiert
j) w verläuft innerhalb von präp c

Ausgehend von den angeführten Eigenschaften ist die Interpretation des Ausdrucks promener le regard folgendermaßen beschreibbar:

a) a ist Agens, das eine Fortbewegung bewirkende und schauende Lebewesen
b) b, LE REGARD, ist die als bewegtes Objekt konzeptualisierte Entität
c) c ist das lokalisierende Objekt

d) präp c ist eine Raumregion bezogen auf c
e) es gibt eine Blickbahn
f) es gibt einen Weg w
g) a führt b auf w
h) a bewirkt, daß b eine Ortsveränderung auf w erfährt
i) w besteht aus einer Folge von Wegen
j) präp c ist auf w lokalisiert
k) w verläuft innerhalb von präp c

(promener le regard impliziert regarder).

Die Gemeinsamkeit zwischen dem Verb und dem mit diesem gebildeten Ausdruck besteht darin, daß eine Tätigkeit innerhalb einer Raumregion erfolgt. Bei promener ist es eine Fortbewegung von a und b, bei promener le regard ist es die Ortsveränderung des fokussierten Raumausschnitts.

Durch die Verbbedeutung von promener wird le regard als bewegtes Objekt konzeptualisiert. Bedingt durch le regard an Objektstelle, gilt der Agens auch als schauendes Lebewesen, wird der Agens selbst nicht als bewegtes Individuum gedeutet, gilt eine Blickbahn als gegeben, wird die Wegfolge als Folge von Blickwegen interpretiert, bei der mehrere Raumausschnitte fokussiert werden.

3.2.2.4 *braquer - braquer le regard*

Ein Satz wie Max braque le pistolet sur la cible, referiert auf einen Sachverhalt der Art a BRAQUE b präp c mit den Eigenschaften:

a) a ist Agens, das eine Fortbewegung bewirkende Lebewesen
b) b ist das bewegte Objekt
c) c ist das lokalisierende Objekt
d) präp c ist eine Raumregion bezogen auf c
e) es gibt einen Weg w
f) präp c ist am Ende von w lokalisiert
g) b ist auf w
h) vorausgesetzt ist: a fokussiert das Zentrum von präp c
i) a richtet den relevanten Teil von b so aus, daß eine virtuelle Verlängerung von b sich mit dem fokussierten Raumausschnitt decken würde

Ausgehend von den aufgeführten Eigenschaften kann man die Deutung des Ausdrucks braquer le regard folgendermaßen charakterisieren:

a) a ist Agens, das eine Fortbewegung bewirkende und schauende Lebewesen
b) b, LE REGARD, wird als das bewegte Objekt gedeutet
c) c ist das lokalisierende Objekt
d) präp c ist eine Raumregion bezogen auf c
e) es gibt eine Blickbahn bb
f) es gibt einen Weg w
g) präp c ist am Ende von w lokalisiert
h) b ist an präp c auf w
i) a richtet b so aus, daß b das Zentrum des von präp c besetzten Raumausschnitts abdeckt

(braquer le regard impliziert regarder).

Die Gemeinsamkeit zwischen dem Verb und dem mit diesem gebildeten Ausdruck besteht darin, daß eine Handlung bezogen auf das Zentrum eines Raumausschnittes erfolgt. Bei braquer wird ein materielles Objekt auf ein Zentrum ausgerichtet, bei braquer le regard der Blick.

Wiederum löst le regard an Objektstelle aus, daß der Agens auch als schauendes Lebewesen, eine Blickbahn als gegeben, der Weg als Blickweg gedeutet wird. Bedingt durch braquer wird le regard zu einem bewegten Objekt. Die für braquer in Verbindung mit einem materiellen Objekt geltende Voraussetzung, daß der Raumausschnitt, auf den das Objekt ausgerichtet wird, fokussiert wird, trifft für braquer le regard nicht zu.

3.2.2.5 *fixer - fixer le regard sur*

Ein Satz wie Max fixe la photo sur une feuille. bezeichnet einen Sachverhalt der Art a FIXE b präp c mit den Eigenschaften:

a) a ist Agens, das eine Fortbewegung verhindernde Lebewesen
b) b ist das bewegbare Objekt
c) c ist das lokalisierende Objekt
d) präp c ist eine Raumregion bezogen auf c
e) b ist an präp c lokalisiert
f) a verhindert, daß b von präp c wegbewegt werden kann, d.h. a bewirkt einen stabilen Kontakt zwischen b und präp c

Ausgehend von diesen Eigenschaften läßt sich die Interpretation des Ausdrucks fixer le regard sur folgendermaßen kennzeichnen:

a) a ist Agens, das eine Fortbewegung verhindernde und schauende Lebewesen
b) b, LE REGARD, wird als das bewegbare Objekt konzeptualisiert
c) c ist das lokalisierende Objekt
d) SUR c ist ein Oberflächenausschnitt von c
e) es gibt eine Blickbahn
f) b ist an SUR c lokalisiert, d.h. b deckt den von SUR c besetzten Raumausschnitt ab
g) a verhindert, daß b von SUR c wegbewegt wird, d.h. a bewirkt einen stabilen Kontakt zwischen b und SUR c

(fixer le regard sur impliziert regarder).

Die Gemeinsamkeiten zwischen dem Verb und dem mit diesem gebildeten Ausdruck bestehen darin, daß die Möglichkeit einer Ortsveränderung besteht, eine solche jedoch unmöglich gemacht bzw. verhindert wird. Bei fixer wird ein stabiler Kontakt zwischen zwei Objekten bewirkt, bei fixer le regard sur die Stabilisierung des Blicks auf einer Objektoberfläche.

Ausgelöst durch le regard an Objektstelle, wird der Agens auch als schauendes Lebewesen gedeutet, gilt eine Blickbahn als gegeben. Die Bedeutung von fixer legt fest, daß le regard als bewegbares Objekt gedeutet wird. Das Resultat einer von fixer bezeichneten Handlung ist ein stabiler Kontakt zwischen zwei Objekten. Dies ist eine weitere Erklärung dafür, daß die Präposition sur in Verbindung mit fixer le regard die einzig mögliche ist.

3.2.2.6 *arrêter - arrêter le regard*

Ein Satz wie Max arrête un camion bezeichnet einen Sachverhalt der Art a ARRETE b mit den Eigenschaften:

a) a ist Agens, das eine Fortbewegung verhindernde Lebewesen
b) b ist das bewegte Objekt
c) es gibt einen Weg w
d) vorausgesetzt ist: b bewegt sich auf w fort
e) b erreicht einen Ort auf w
f) a verhindert, daß b sich auf w weiter fortbewegt

Ausgehend von diesen Bedeutungseigenschaften kann man die Deutung des Ausdrucks arrêter le regard sur wie folgt rekonstruieren:

a) a ist Agens, das eine Fortbewegung verhindernde und schauende Lebewesen
b) b, LE REGARD, wird als das bewegte Objekt gedeutet
c) es gibt ein lokalisierendes Objekt c

d) SUR c ist ein Oberflächenausschnitt von c
e) es gibt eine Blickbahn bb
f) es gibt einen Weg w
g) SUR c ist am Ende von w lokalisiert
g) vorausgesetzt ist: a bewegt b auf w fort
h) b erreicht das Ende von w, d.h. b deckt den Raumausschnitt ab, den SUR c besetzt
i) a verhindert, daß b auf w eine weitere Ortsveränderung erfährt

(Die Phrase arrêter le regard sur impliziert regarder).

Die Gemeinsamkeiten zwischen dem Verb und dem mit diesem gebildeten Ausdruck bestehen darin, daß 1. eine Ortsveränderungsaktivität vorausgesetzt ist und 2. eine Fortführung dieser Aktivität verhindert wird. Bei arrêter wird eine weitere Fortbewegung eines materiellen Objekts, bei arrêter le regard sur eine weitere Ortsveränderung des fokussierten Raumausschnitts verhindert.

Bedingt durch arrêter wird le regard als bewegtes Objekt gedeutet. In Verbindung mit le regard an Objektstelle wird der Agens wiederum auch zu einem schauenden Lebewesen, gilt eine Blickbahn als gegeben. Außerdem kommt ein lokalisierendes Objekt hinzu. Dadurch wird mit dem Oberflächenausschnitt des lokalisierenden Objekts der Ort eingeführt, den le regard erreicht, und an dem le regard bleibt.

3.2.2.7 *suivre - suivre du regard*

Ein Satz wie Max suit le gangster. referiert auf einen Sachverhalt der Art a SUIT b mit den Eigenschaften:

a) a ist Agens, ein aus eigener Kraft bewegtes Objekt
b) b ist ein aus eigener Kraft bewegtes Objekt
c) es gibt einen Weg w
d) a und b bewegen sich auf w fort
e) a ist hinter b

Ausgehend von diesen Eigenschaften läßt sich die Interpretation des Ausdrucks suivre qqn./qqc. du regard in einem Satz wie Max suit son fils du regard mit dem ein Sachverhalt der Art a SUIT DU REGARD b bezeichnet wird, wie folgt rekonstruieren:

a) a ist Agens, ein eine Fortbewegung bewirkendes und schauendes Lebewesen
b) b ist ein aus eigener Kraft bewegtes Objekt
c) es gibt eine Entität c, LE REGARD
d) DU REGARD wird als Handlungsmodalität gedeutet

e) c wird als bewegtes Objekt gedeutet
f) es gibt einen Weg w
g) es gibt eine Blickbahn
h) b bewegt sich auf w fort
i) a bewegt LE REGARD auf w, so daß LE REGARD jeweils den Raumausschnitt abdeckt, den b bei seiner Fortbewegung jeweils besetzt.

Die Gemeinsamkeit zwischen dem Verb und dem Ausdruck besteht darin, daß eine Verbindung zwischen zwei Objekten besteht: Bei suivre bewegt a sich hinter b auf demselben Weg w fort, bei suivre du regard wird durch le regard die Verbindung von a zu b während der Fortbewegung von b aufrecht erhalten.

Du regard in Verbindung mit suivre bewirkt, daß der Agens nicht als sich bewegendes Individuum, sondern als seinen Blick bewegendes Lebewesen gedeutet wird. Wohl bedingt durch unser Wissen wird der Blick nicht als Objekt interpretiert, das hinter dem sich bewegenden Individuum auf dem Weg lokalisiert wird, sondern als Objekt, das auf dem sich fortbewegenden Individuum lokalisiert ist und bleibt.

3.2.2.8 *parcourir - parcourir du regard*

Ein Satz wie Max parcourt les rues de la vieille ville. referiert auf einen Sachverhalt der Art a PARCOURT b mit den Eigenschaften:

a) a ist Agens, ein aus eigener Kraft bewegtes Lebewesen
b) b ist ein Objekt, das aus einer Menge verbundener Raumregionen besteht
c) es gibt einen Weg w
d) a bewegt sich auf w fort
e) w besteht aus einer Folge von Wegen
f) w verläuft innerhalb von b.

Ausgehend von diesen Eigenschaften kann man die Deutung des Ausdrucks parcourir qqc. du regard in einem Satz wie Max parcourt la pièce du regard., mit dem ein Sachverhalt der Art a PARCOURT DU REGARD b bezeichnet wird, wie folgt beschreiben:

a) a ist Agens, ein eine Fortbewegung bewirkendes und schauendes Lebewesen
b) b ist ein Objekt, das aus einer Menge verbundener Raumregionen besteht
c) es gibt eine Entität c, LE REGARD
d) DU REGARD wird als Handlungsmodalität gedeutet
e) c wird als bewegtes Objekt gedeutet
f) es gibt einen Weg w

g) es gibt eine Blickbahn
h) a bewegt c auf w fort
i) w besteht aus einer Folge von Wegen
j) w verläuft innerhalb von b

Die Gemeinsamkeiten zwischen dem Verb und dem Ausdruck bestehen darin, daß eine Ortsveränderung innerhalb eines Ortes erfolgt. Bei parcourir ist es die Ortsveränderung von a, bei parcourir du regard ist es die Ortsveränderung des Blickes von a.

Du regard bei parcourir bewirkt, wie schon bei suivre, daß der Agens nicht als sich bewegendes Objekt, sondern als seinen Blick bewegendes Lebewesen gedeutet wird. Wie bei promener gibt es, bedingt durch die Wegfolge, verschiedene Raumausschnitte, die fokussiert werden.

Das Adverbial du regard kann bei parcourir, zur Bezeichnung einer visuellen Handlung verwendet, dann fehlen, wenn die Fortbewegung eines materiellen Objekts innerhalb des an Objektstelle spezifizierten Individuums nicht möglich ist, wie z.B. in Max parcourt la liste des prix (Max sieht sich die Preisliste an). Ähnliches hatten wir auch schon in Verbindung mit Beispielsatz (27) bei suivre gesehen.

Sowohl suivre, wie auch parcourir bezeichnen Fortbewegungshandlungen, von denen wir wissen, daß diese mit einer visuellen Handlung verbunden sind, bei suivre, um jemanden oder etwas sehen, bei parcourir, um etwas herausfinden zu können.

Ich möchte mit dieser Beobachtung den Versuch, die Interpretation von Fortbewegungsverben in verschiedenen Kontexten zu beschreiben, abschließen und zur Zusammenfassung der Ergebnisse kommen.

4. Zusammenfassung der Ergebnisse

Um die Beziehungen zwischen den in dieser Arbeit gegenübergestellten Verwendungen ausgewählter Bewegungsverben zu ermitteln, sind wir von der Verwendung der Verben zur Bezeichnung einer Fortbewegung bzw. der Verhinderung der Fortbewegung eines materiellen Objekts durch einen Agens bzw. der Fortbewegung eines Agens ausgegangen. Dadurch daß die Verwendung der Verben mit regard an Objektstelle bzw. du regard als Adverbial untersucht wurde, standen zwei Handlungskonzepte für die Interpretation zur Verfügung, das der Fortbewegung und das des visuellen Handelns. Es hat sich folgendes gezeigt:

1. Die Bedeutung der Verben bleibt unabhängig davon, ob an Objektstelle ein bewegbares materielles Objekt bezeichnet wird oder regard diese Stelle füllt, oder ob Verben mit dem Adverbial du regard verbunden sind, konstant.

2. Dies gilt analog auch für die lokalen Präpositionen.

3. Die unterschiedlichen Interpretationen der gegenübergestellten Ausdrücke sind das Resultat der Synthese der Bedeutungen der einen Ausdruck konstituierenden Lexeme.

4. Für die Interpretation entscheidend ist die Verbbedeutung. Dieser kann durch das Adverbial du regard ein anderes Handlungskonzept "übergestülpt" werden.

Bedingt durch die Verbindung mit einem Bewegungsverb wird regard nicht als mit einem Schauen verbundener Gesichtsausdruck bzw. emotionaler Ausdruck der Augen gedeutet, sondern als fokussierter Raumausschnitt und damit als Entität, die als bewegbares/bewegtes Objekt konzeptualisiert werden kann. Als Folge der Interpretation von regard an Objektstelle in Analogie zu einem bewegten materiellen Objekt, werden auch die weiteren auf Fortbewegung bezogenen Bedeutungseigenschaften als den Blick betreffende gedeutet. Die Synthese der Bedeutung eines Fortbewegungsverbs mit der Bedeutung von du regard führt dazu, daß alle auf die Handlungsdurchführung bezogenen Bedeutungseigenschaften auf den Blick bezogen gedeutet werden.

Die Bedeutungen der einzelnen Lexeme werden also kombiniert, zu einer Synthese gebracht und, soweit möglich, d.h. solange keine Widersprüche entstehen, zur Deckung gebracht. Entstehen Widersprüche, wie z.B. bei braquer in bezug auf das Postulat 'vorausgesetzt ist: a fokussiert das Zentrum von präp c' oder bei promener in bezug auf 'a und b bewegen sich auf w fort', so verliert das Bedeutungspostulat des Fortbewegungsverbs seine Gültigkeit.

Dies gilt insbesondere für mit dem Adverbial du regard verbundene Verben. Die Synthese der Wortbedeutungen führt dazu, daß die Interpretation des Ausdrucks wesentlich durch die Bedeutung von regard bestimmt wird.

Die Synthese der einzelnen Lexembedeutungen für die Deutung von Phrasen ließe sich, dem Vorschlag von Schwarze (in diesem Band) folgend, adäquat als Prozedur darstellen.
Am Beginn dieser Untersuchung stand die Annahme, es gebe systematische Beziehungen zwischen Fortbewegungen und visuellen Handlungen.

Daß eine Synthese von Wortbedeutungen, und zwar solchen, die auf Fortbewegungen, und solchen, die auf ein visuelles Handeln bezogen sind, möglich ist, ist zum einen auf die Gemeinsamkeiten dieser beiden Konzepte - das allgemeine Teilkonzept

Agens, das Konzept lokalisierendes Objekt, sowie das Wegkonzept, und zwar insofern als mit dem Konzept Blickbahn ein spezifisches Wegkonzept angenommen wurde - zurückzuführen, zum andern auf die Ähnlichkeit zwischen einem materiellen, einen Raum besetzenden Objekt und dem Blick als einer immateriellen, einen Raum abdeckenden Entität.

Literatur

Bierwisch, Manfred. 1988. "On the grammar of local prepositions". in: M. Bierwisch/W. Motsch/I. Zimmermann (Hrsg.). Syntax, Semantik und Lexikon. Berlin, Akademie-Verlag. 1-65 (studia grammatica 26/27).

Schepping, Marie-Theres.1982. Kontrastive semantische Analyse von Verben des Visuellen im Französischen und Deutschen. Tübingen, Narr.

Schpak-Dolt, Niko. 1988. Weg, Route, Bewegung. Univ. Konstanz. Arbeitspapier.

Schwarze, Christoph.1989. Polysemie als Prozedur, am Beispiel von frz. à travers und chez. In diesem Band.

Vandeloise, Claude1986. L'espace en français. Sémantique des prépositions spatiales. Paris, Éditions du Seuil.

Wunderlich, Dieter/Herweg, Michael. (ersch.). "Lokale und Direktionale". in: A.v.Stechow/D.Wunderlich.(Hrsg.). Handbuch der Semantik. Königstein/Ts., Athenäum.

Konsultierte Wörterbücher

Robert = Robert, Paul. 1973. Dictionnaire alphabétique & analogique de la langue française. Paris.

Dubois = Dubois, Jean. (Ed.). 1975. Dictionnaire de la langue française. Paris.

POLYSEMIE ALS PROZEDUR, AM BEISPIEL VON FRZ. À TRAVERS UND CHEZ

Christoph Schwarze

0. Lexikalische Bedeutung als Prozedur

Zur Mehrdeutigkeit von lokalen Präpositionen gibt es bereits eine beachtliche Literatur. Der vorliegende Beitrag schließt an eine Entwicklung an, deren wichtigste Stufen die Arbeiten von Herskovits 1982, Vandeloise 1986 und Hottenroth 1986 sind. Ich gehe davon aus, daß folgende Punkte gesichert und akzeptiert sind:

- die lokalen Präpositionen haben in den untersuchten Sprachen einen hohen Grad von Mehrdeutigkeit
- die verschiedenen Deutungen einer gegebenen Präposition stehen untereinander in einem rekonstruierbaren inhaltlichen Zusammenhang
- dieser Zusammenhang läßt sich mit einfachen Mustern wie "allgemeine Kategorie Instantiierung" oder "vage Kategorie-Präzisierung" nicht vollständig erfassen[1]
- die Mehrdeutigkeit der Lexeme beruht auf kognitiven Strukturen

Offene Fragen hingegen bestehen hinsichtlich der Repräsentation polysemer Bedeutungen im Lexikon und ihrer Verarbeitung. Ungeklärt ist auch der Zusammenhang zwischen den räumlichen und den nicht räumlichen Bedeutungen. Zu beiden Problembereichen soll hier ein Beitrag geleistet werden. Er beruht auf den folgenden Grundhypothesen:

i. Es ist zu unterscheiden zwischen lexikalischer Bedeutung und Interpretationen. Die lexikalische Bedeutung eines Wortes ist Teil des sprachlichen Wissens. Interpretationen hingegen ergeben sich in der Sprachverwendung.

ii. Die lexikalische Bedeutung eines Wortes ist eine Prozedur, die die verschiedenen möglichen Interpretationen des Wortes als regelgeleitet angibt. Die Mehrdeutigkeit eines Wortes besteht also nicht darin, daß es eine Liste von Lesarten gibt, unter

---

[1] Deshalb werden in den genannten Arbeiten Ansätze verfolgt, die im Hinblick auf die strukturalistische Wortsemantik unklassisch sind: die Verwendungstypen bei Herskovits 1982, die Familienähnlichkeit bei Vandeloise 1986 und die Stereotypensemantik bei Hottenroth 1986.

denen bei der Sprachverwendung ausgewählt wird, sondern die Bedeutung läßt verschiedene Interpretationen entstehen[1].

iii. Eine solche Prozedur besteht aus einer Startbedeutung und Umdeutungsregeln; das sind Regeln, die die Startbedeutung verändern.

iv. Als Startbedeutung ist diejenige Lesart anzusetzen, aus der sich die verschiedenen Interpretationen am einfachsten ableiten lassen. Postuliert wird also, daß die Startbedeutung strukturell zentral ist, nicht aber, daß sie auch in der realen Verarbeitung für den Zugriff dominant ist[2].

v. Das Wirken der Umdeutungsregeln ist bedingt. Für jede Umdeutungsregel gibt es bestimmte Anwendungsbedingungen.

vi. Der Zusammenhang zwischen den Startbedeutungen untereinander, zwischen einer Startbedeutung und ihren Interpretationen und zwischen einer Interpretation und ihrem Kontext läßt sich in bezug auf konzeptuelle Schemata (frames) darstellen.

vii. Die Schemata enthalten Prädikate und deren Werte. Nicht instantiierte Werte erscheinen als Variablen, instantiierte als Konstanten. Die lexikalischen Bedeutungen erscheinen in den Schemata als zusätzliche Prädikate (mit ihren Werten) und als instantiierte Werte bereits vorhandener Prädikate.

Diese noch sehr allgemeine Konzeption von lexikalischer Bedeutung muß anhand von Einzelanalysen präzisiert werden[3]. Das soll hier anhand der frz. Präpositionen à travers und chez geschehen[4]. Die Semantik dieser beiden Lexeme ist m.W. bisher überhaupt noch nicht untersucht worden[5], so daß ich hoffen kann, auch einen deskriptiv nützlichen Beitrag zu leisten. Ferner hat die Mehrdeutigkeit dieser Präpositionen nicht das Ausmaß, wie es z.B. bei dans und sur der Fall ist, so daß sie im Rahmen dieses Beitrags behandelt werden kann.

---

[1] Hiermit soll nicht ausgeschlossen sein, daß es echte Homonymie gibt, wie etwa bei dt. Hut, übersetzen, Schloß. In solchen Fällen ist beim Verstehen tatsächlich eine Auswahl zu treffen.

[2] Die Dominanz einer Lesart wird von nicht-strukturellen Faktoren (vorausgehende Verwendungen des Wortes, inhaltliche Thematik der Rede, Gegebenheiten der Situation usw.) mitbestimmt. Für einen linguistischen Begriff der lexikalischen Bedeutung wäre es allerdings interessant zu sehen, unter welchen Bedingungen die strukturell zentrale Bedeutung auch real dominant ist.

[3] Marie-Theres Schepping hat hierzu bereits einen ersten Schritt getan, indem sie die Mehrdeutigkeit von frz. arriver aufgrund dieser Konzeption analysiert hat; s. Schepping 1988a.

[4] Die zugrundeliegende Konzeption von Mehrdeutigkeit gilt nicht für alle Präpositionen. Es wird unterschieden zwischen "lexikalischen" (z. B. dans) und "grammatischen" Präpositionen (z.B. de). Die letzteren funktionieren gewissermaßen als Kasus und müssen demnach in einer Theorie der grammatischen Funktionen ("case marking") behandelt werden.

[5] Auch Vandeloise 1986 geht nicht auf sie ein, obwohl er doch beansprucht, *die* räumlichen Präpositionen zu behandeln; vgl. den Untertitel "Sémantique des prépositions spatiales".

Es wird zunächst eine deskriptive Analyse der Mehrdeutigkeit dieser Wörter gegeben. In ihr werden nur Lesarten unterschieden. In einem zweiten Schritt erfolgt die Rekonstruktion der lexikalischen Bedeutung, d.h. die Festlegung von Startbedeutungen und Umdeutungsregeln.

1. Lesarten von *à travers* und *chez*

1.1 *à travers*

Es lassen sich die folgenden Lesarten unterscheiden[1].

Lesart a: Die Präpositionalphrase mit à travers wird von einem Verb regiert, das eine Fortbewegung[2] bezeichnet. Die von à travers regierte Nominalphrase bezeichnet einen materiellen Gegenstand g. In bezug auf die Fortbewegung ist g das lokalisierende Objekt. à travers spezifiziert, daß der Weg, auf dem die Fortbewegung verläuft, durch den Gegenstand g führt. Beispiele[3] sind:

(1) passer à travers les mailles d'un filet (DFC)
'durch die Maschen eines Netzes gleiten'

(2) se frayer un chemin à travers la foule
'sich einen Weg durch die Menge bahnen'

Zu dieser rein lokalen Information kommt ein interaktiver Aspekt: Typischerweise ist g für die Fortbewegung ein virtuelles Hindernis, das aber überwunden wird. Anders gesagt: g ist geeignet, die Fortbewegung zu beenden, aber diese wird trotzdem fortgesetzt.

Lesart b: Die Präpositionalphrase mit à travers wird von einem Verb regiert, das eine sinnliche Wahrnehmung[4] bezeichnet. Die von à travers regierte Nominalphrase bezeichnet ebenfalls einen materiellen Gegenstand g. In bezug auf die Wahrnehmung ist g das lokalisierende Objekt. Wenn die Wahrnehmung visuell ist (3), so spezifiziert die Präposition, daß die Blickbahn[5] durch g führt. Ist die Wahrnehmung

1 Es gibt wohlgemerkt noch Vorkommen, die sich nicht unter einer dieser Lesarten subsumieren lassen; s. dazu 2.1.2.4.

2 Termini wie Fortbewegung, Weg, usw. werden hier nur in einem intuitiven Verständnis gebraucht. Präzise Definitionen finden sich bei Schpak-Dolt 1988.

3 Beispiele, die mit Siglen versehen sind, stammen aus Wörterbüchern. DFC = Dictionnaire du français contemporain, PR = Le Petit Robert.

4 Zur Beziehung zwischen den Bezeichnungen für Fortbewegung und Wahrnehmung, s. den Beitrag von Schepping in diesem Band.

5 S. die genaue Definition bei Schepping, in diesem Band, S. 296/7.

nicht visuell (4), so ist eine analoge räumliche Verbindung zwischen Wahrnehmungsorgan und Wahrnehmungsobjekt postuliert. Beispiele sind:

(3) distinguer q.c. à travers un verre, à travers les carreaux d'une fenêtre
'etw. durch ein Glas, durch die Scheiben eines Fensters sehen'

(4) sentir le froid à travers deux épaisseurs de tricot (DFC)
'die Kälte durch zwei dicke Schichten Strickstoff spüren'

(5) entendre des voix à travers la cloison
'Stimmen durch die Wand hören'

Auch hier kann zur lokalen Information ein interaktiver Aspekt kommen: g kann ein Hindernis für die Wahrnehmung sein. Manche materiellen Gegenstände behindern ihrer Natur nach die Wahrnehmung nicht; dann ist g auch kein Hindernis, so wie z.B. in (3).

Lesart c: Das regierende Verb bezeichnet das mentale Erfassen eines Gegenstandes oder Ereignisses. Die von à travers regierte Nominalphrase bezeichnet einen immateriellen Gegenstand g. Die Präposition à travers spezifiziert, daß g als Mittel der Wahrnehmung oder Bewertung fungiert. Beispiele sind:

(6) suivre les événements à travers la presse
'die Ereignisse über die Presse verfolgen'

(7) juger les gens à travers les préjugés de sa classe (DFC)
'die Menschen durch die Vorurteile seiner Klasse beurteilen'

Auch hier kann g zusätzlich als Hindernis gedeutet werden. Ein Wahrnehmungsmittel kann die Wahrnehmung beeinträchtigen.

Lesart d: Das regierende Verb bezeichnet das Fortdauern einer Existenz. Die von à travers regierte Nominalphrase bezeichnet einen immateriellen Gegenstand g. g liegt auf der Zeitachse innerhalb der zeitlichen Extension der Existenz. g ist ein virtuelles Hindernis für das Fortdauern der Existenz, so z.B. eine sehr lange Zeit, eine Krise, usw. Beispiele sind:

(8) Leur amitié a duré à travers toutes les crises
'ihre Freundschaft hat alle Krisen überstanden'

(9) Cette tradition s'est maintenue à travers les âges
'diese Tradition hat sich über Jahrhunderte (wörtl.: durch die Zeitalter) erhalten'

1.2 chez

Es lassen sich die folgenden Lesarten unterscheiden:

Lesart a: Die durch chez regierte Nominalphrase bezeichnet eine Person p. Die Präpositionalphrase bezeichnet einen Ort als Wohnung von p; s. z.B.:

(10) Venez chez moi (PR)
'kommen Sie zu mir nach Hause'

(11) J'entends des cris chez mon voisin (DFC)
'ich höre Schreie bei meinem Nachbarn'

Die Präpositionalphrase mit chez kann ihrerseits durch eine grammatische (12) oder lexikalische (13) Präposition regiert werden.

(12) Je reviens de chez Paul
'ich komme gerade von Paul'

(13) Il y a un nouveau locataire au-dessus de chez moi (DFC)
'über mir wohnt ein neuer Mieter'

Lesart b: Die durch chez regierte Nominalphrase bezeichnet eine Person p anhand ihres Berufs. Die Präpositionalphrase bezeichnet einen Ort als Geschäftslokal von p; s. z.B.:

(14) Je vais chez le coiffeur (PR)
'ich gehe zum Frisör'

(15) Va acheter une tarte chez le pâtissier (DFC)
'geh eine Torte beim Konditor kaufen'

Lesart c: Die durch chez regierte Nominalphrase bezeichnet eine Menge von Personen {P}. Die Präpositionalphrase bezeichnet insgesamt einen Ort als Land von {P}.

(16) porter la guerre chez l'ennemi (PR)
'den Krieg ins Land des Feindes tragen'

(17) <Il a longtemps vécu> chez les Anglais (PR)
'er hat lange bei den Engländern gelebt'

Lesart d: Die durch chez regierte Nominalphrase bezeichnet eine Firma f anhand ihres Namens. Die Präpositionalphrase bedeutet 'in, bei f'; s. z.B.:

(18) Ce livre va paraître chez Larousse
'dieses Buch erscheint bei Larousse'

(19) On embauche chez Dupont
'bei Dupont stellt man Leute ein'

Lesart e: Die durch chez regierte Nominalphrase ist der Name eines Autors oder Komponisten und bezeichnet das entsprechende Werk:

(20) Le mot de "gloire" revient souvant chez Corneille (DFC)
'das Wort "gloire" kommt oft bei Corneille vor'
(21) On en trouve plusieurs exemples chez Mozart
'man findet mehrere Beispiele bei Mozart'

Lesart f: Die durch chez regierte Nominalphrase bezeichnet eine Menge von Personen {P}. Die Präpositionalphrase bezeichnet insgesamt eine Epoche oder eine Kultur als diejenige von {P}; s. z.B.:

(22) chez les Grecs, chez les Romains (PR)
'bei den Griechen, bei den Römern'
(23) Chez les Esquimaux, la pêche est une activité vitale (DFC)
'bei den Eskimos ist der Fischfang eine lebenswichtige Tätigkeit'

Lesart g: Die durch chez regierte Nominalphrase bezeichnet eine natürliche Gattung g:

(24) Chez les abeilles, on distingue les reines, les faux bourdons et les ouvrières (DFC)
'bei den Bienen unterscheidet man die Königinnen, die Drohnen und die Arbeiterinnen'
(25) Chez le singe, le pouce du pied est opposable aux autres doigts (DFC)
'beim Affen ist der große Zeh den anderen Zehen gegenüberstellbar'

Lesart h: Die durch chez regierte Nominalphrase bezeichnet eine Person p. Die Präpositionalphrase gibt an, daß eine Aussage über p gemacht wird und wesentlich für ihren Charakter ist; s. z.B.:

(26) La paresse l'emporte encore chez lui sur la gourmandise (DFC)
'die Faulheit übertrifft bei ihm noch die Gefräßigkeit'
(27) C'est une réaction courante chez lui (PR)
'das ist eine ganz normale Reaktion bei ihm'

2. Die Bedeutungsanalysen

Wir gehen davon aus, daß die Bedeutung von lexikalischen Präpositionen des hier behandelten Typs immer zwei Komponenten hat: eine funktionale und eine relationale.

Die funktionale Komponente der Präposition wird auf die Bedeutung der Nominalphrase angewendet, die sie regiert. Die Nominalphrase bezeichnet einen Gegenstand einer bestimmten Sorte, und die Präposition macht aus ihm einen Gegenstand einer anderen Sorte. Die hier behandelten lokalen Präpositionen machen aus einem materiellen Gegenstand oder einer Person einen Raumausschnitt. Sie geben ferner an, wie der Raumausschnitt zu bilden ist. So bezeichnet Haus in

(28) neben dem Haus

einen materiellen Gegenstand. neben macht aus der Bezeichnung dieses Gegenstandes die Bezeichnung eines Raumausschnitts, der ausgehend von dem Haus lateral in einer Richtung zu bilden ist.

Oder: zeitliche Präpositionen können aus Ereignissen Zeiträume machen; sie geben an, wie der Zeitraum zu konstruieren ist. So bezeichnet in

(28a) während der Feier

Feier ein Ereignis, und während der Feier bezeichnet einen Zeitraum, der innerhalb des Zeitraums liegt, den die Feier einnimmt[1].

Die relationale Komponente der Bedeutung von Präpositionen besteht (unter dem Gesichtspunkt des Verstehens) darin, daß ein Objekt x oder ein Ereignis e ermittelt werden muß, über das das Denotat der Präpositionalphrase etwas prädiziert. Bei den räumlichen Präpositionen ist x das lokalisierte Objekt[2]. Der durch die Präpositionalphrase bezeichnete Raum r enthält x. (Wir nennen deshalb r auch den lokalisierenden Raum.) Die Bezeichnungen für x oder e stehen nicht in der Präpositionalphrase.

Die Präposition muß freilich nur festlegen, d a ß es eine solche Relation gibt. Erst der Kontext legt fest,

- welche Konstituente die Bezeichnung von x oder e ist und
- welches die zeitliche Struktur der Relation ist (Vgl. z.B. Paul est dans la salle vs. Paul entre dans la salle)

Allerdings kann die Präposition auch zur inhaltlichen Festlegung der Relation beitragen. Dies gilt insbesondere für die Unterscheidung zwischen einer statischen und einer dynamischen Relation. Die meisten frz. Präpositionen spezifizieren zwar nicht, ob eine statische oder eine dynamische Relation vorliegt. Aber à travers spezifiziert die Relation als dynamisch.

[1] Diese Grundstruktur gilt nicht für alle lexikalischen Präpositionen. Bei manchen Präpositionen ist es offensichtlich nicht sinnvoll, das durch die Präpositionalphrase Bezeichnete als eine Entität anzusetzen. Ein solcher Fall ist z.B. 'wegen'. Man wird kaum sagen wollen, 'wegen' mache aus einem beliebigen Gegenstand einen Grund. Ein anderer Fall ist 'gegen'; s. dazu Schepping 1988b.

[2] Auf die Frage lokalisierter Ereignisse braucht hier nicht näher eingegangen zu werden.

2.1 Startbedeutung und Umdeutungsregeln von *à travers*

2.1.1 Die Startbedeutung

Die Startbedeutung von à travers bezieht sich auf das konzeptuelle Schema der Fortbewegung.

Der funktionale Anteil der Bedeutung von à travers besteht in folgendem: Aus einem materiellen Gegenstand y (dem lokalisierenden Objekt) wird ein Raumausschnitt l (der lokalisierende Raum) gemacht, wobei l derjenige Raumausschnitt ist, den y einnimmt (abgekürzt: "Raum von y")[1].

Um die durch à travers festgelegte Relation angeben zu können, führe ich die Termini "Weg" und "Route"[2] ein. Ein Weg ist eine lineare Struktur, die aus einer zusammenhängenden Folge von Raumpunkten besteht. Ein Weg hat eine Richtung, und er kann gemäß seiner Richtung in Anfang, Ende und Zwischenabschnitte gegliedert werden. Jede Fortbewegung findet auf einem Weg statt, aber es gibt Wege, auf denen keine Fortbewegung stattfindet.

Eine Route ist diejenige Folge von Raumausschnitten, die ein materieller Gegenstand sukzessiv einnimmt, wenn er sich fortbewegt[3]. Information über die Route zu kennen, der ein Gegenstand folgt, ist also gleichzeitig Information über die Befindlichkeit dieses Gegenstandes.

Wir können nun die durch à travers festgelegte Relation folgendermaßen angeben: Die Route r eines sich fortbewegenden Gegenstandes x verläuft auf dem Weg w, wobei w durch den Raumausschnitt l führt.

Die folgende Figur soll diese Analyse illustrieren:

Fig. 1:

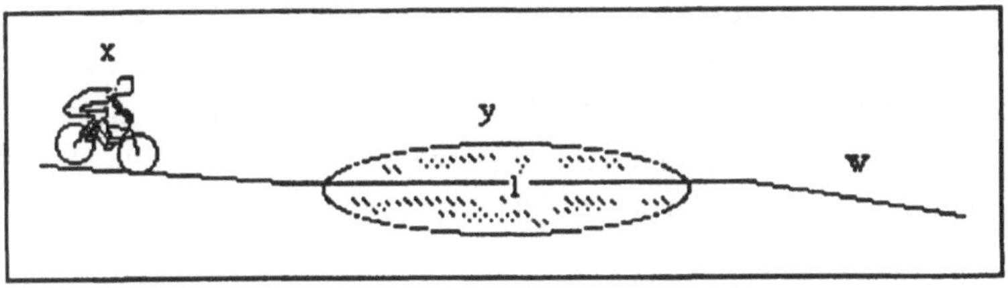

---

[1] Hierin gleicht die Bedeutung von à travers derjenigen von dans.

[2] Vereinfacht nach Schpak-Dolt 1988.

[3] Die Gründe für die Unterscheidung zwischen Weg und Route sind: Wir brauchen ein von tatsächlicher Fortbewegung unabhängiges Wegkonzept, um den Verlauf von möglichen oder noch nicht vollständig vollzogenen Fortbewegungen angeben zu können, und wir wollen die Gemeinsamkeit zwischen Fortbewegung und Wahrnehmung darstellen können (s. den Begriff der Blickbahn in Schepping, in diesem Band, den wir auch für die Semantik von à travers brauchen).

Wir wollen versuchen, diese Analyse als Startbedeutung zu nehmen. Damit wir alle Änderungen bequem vornehmen können, formulieren wir sie wie folgt um:

Fig. 2:

x ... à travers y

e, x, y, w, a, z, b

Fortbewegung: e

an e als bewegtes Objekt beteiligt: x

Objekt: x
Klasse: materieller Gegenstand

Route von x: w

Weg: w
Anfang: a
Zwischenabschnitt: z
Ende: b

an e als lokalisierendes Objekt beteiligt: y

Objekt: y
Klasse: materieller Gegenstand
Befindlichkeit: liegt auf z

lokalisierender Raum = der von y eingenommene Raum

Die rechteckigen Rahmen fassen die einzelnen Komponenten in konzeptuelle Schemata zusammen. Das Schema der Fortbewegung enthält die Prädikate "bewegtes Objekt", "Route" und "lokalisierendes Objekt". Die Startbedeutung von à travers spezifiziert für keines dieser Prädikate einen Wert. Deshalb sind als Werte Variablen eingetragen. Auf der obersten Leiste sind die Variablen für Entitäten aufgeführt, die in Beschreibungen von Ereignissen der Fortbewegung als existent postuliert sind. Gleiche Buchstaben bezeichnen im ganzen Schema identische Variablen.

Die Spezifikationen sind unterschiedlich begründet: Die Spezifikationen, daß das bewegte Objekt und das lokalisierende Objekt materielle Gegenstände sind, sind feste Bestandteile des Gesamtschemas der Fortbewegung[1]. Die Spezifikationen, daß der lokalisierende Raum gleich dem Raum ist, den das lokalisierende Objekt einnimmt, und daß das lokalisierende Objekt auf einem Zwischenabschnitt des Weges liegt, auf dem die Fortbewegung verläuft, wird durch die lexikalische Bedeutung von à travers festgelegt.

[1] Fortbewegung wird also hier in einem engen Sinne verstanden. - Wie der Begriff "materieller Gegenstand" hier genau abgegrenzt wird, ob z.B. auch Phänomene wie Wind oder Licht dazugezählt werden, ist für die Argumentation nicht wichtig.

Die Prädikate können auf andere Prädikate oder andere Schemata verweisen. Diese stehen jeweils rechts eingerückt bei dem Prädikat, das auf sie verweist[1].

Bei der Vorstellung der Lesarten wurde schon gesagt, daß das lokalisierende Objekt als Hindernis für die Fortbewegung verstanden werden kann. Dies folgt aus dem nichtsprachlichen Wissen: Ein auf einem Weg liegender materieller Gegenstand kann die Fortbewegung eines anderen materiellen Gegenstandes auf diesem Weg behindern. Wir nehmen das natürlich nicht in die Startbedeutung auf. Wir postulieren vielmehr, daß es einen Inferenzmechanismus gibt, aus dem (29) folgt:

(29) als Hindernis an e beteiligt: y

Die offenen Spezifikationen können ggfs. aus dem Kontext gewonnen werden. So könnte die oben skizzierte Szene des durch eine Pfütze fahrenden Radfahrers wie folgt repräsentiert werden:

Fig. 3:

```
e, x, y, w, a, z, b
-------------------------------------------------------------------
Fortbewegung: e
an e als bewegtes Objekt beteiligt: x   | Objekt: x
                                        | Klasse: materieller Gegenstand
                                        | Art: Radfahrer

Route von x: w   | Weg: w
                 | Anfang: a
                 | Zwischenabschnitt: z
                 | Ende: b

an e als lokalisierendes Objekt beteiligt: y   | Objekt: y
                                               | Klasse: materieller Gegenstand
                                               | Art: Pfütze
                                               | Befindlichkeit: liegt auf z

lokalisierender Raum = der von y eingenommene Raum
```

2.1.2 Die Umdeutungsregeln

Die Startbedeutung kann unverändert bleiben. Sie ist dann gleichzeitig eine Interpretation. Ein solcher Fall ist die Verwendung von à travers im folgenden Satz:

(30) Les petits poissons passent à travers les mailles du filet
'die kleinen Fische schlüpfen durch die Maschen des Netzes'

---

[1] Das Prädikat "Befindlichkeit", das in dem untersten Objektschema auftritt, bildet selbst wieder ein Unterschema. Aus Darstellungsgründen behandeln wir das Schema der Befindlichkeit erst unten; s. 2.2.1.

2.1.2.1 Wahrnehmung

Betrachten wir nun die Lesarten, in denen man anstelle der Fortbewegung eine Wahrnehmung hat, wie in (3)-(5), hier wiederholt als (31)-(33):

(31) distinguer q.c. à travers un verre, à travers les carreaux d'une fenêtre
(32) sentir le froid à travers deux épaisseurs de tricot (DFC)
(33) entendre des voix à travers la cloison

Die Veränderungen der Startbedeutung, die zu dieser Lesart führen, beruhen darauf, daß à travers nicht auf das Schema der Fortbewegung, sondern auf das der sinnlichen Wahrnehmung bezogen wird.

Dies bedeutet inhaltlich:

- Es ist nicht ein bewegtes, sondern ein wahrnehmendes Objekt gefordert; dieses ist definitionsgemäß ein Lebewesen.
- Es ist ein wahrgenommenes (bzw. wahrzunehmendes) Objekt gefordert; dies ist definitionsgemäß ein materieller Gegenstand[1]
- Es ist nicht eine Route, sondern eine Wahrnehmungsbahn gefordert; diese verläuft aber ebenfalls auf einem Weg.

Die Interpretation von à travers im Kontext einer sinnlichen Wahrnehmung müßte also so aussehen:

[1] Wir subsumieren hier auch Lebewesen unter "materieller Gegenstand". Auch Phänomene wie Blitze, Schreie oder Wärmeausstrahlung sind hier mitgemeint. Es ist wahrscheinlich, daß man eine feinere Gegenstandsklassifikation braucht als die hier verwendete; dies kann hier aber nicht im einzelnen diskutiert werden.

Fig. 4:

x ... y à travers b

e, x, y, z, w, a, v, b

Wahrnehmung: e
an e als wahrnehmendes Objekt beteiligt: x

Objekt: x
Klasse: Lebewesen

an e als wahrgenommenes Objekt beteiligt: y

Objekt: y
Klasse: materieller Gegenstand

Wahrnehmungsbahn von e: w

Weg: w
Anfang: a
Zwischenabschnitt: v
Ende: b

an e als lokalisierendes Objekt beteiligt: z

Objekt: z
Klasse: materieller Gegenstand
Befindlichkeit: liegt auf v

lokalisierender Raum = der von z eingenommene Raum

Wie soll eine Prozedur aussehen, deren Ergebnis das ist, was Fig. 4 ausdrückt? Sie darf nicht darin bestehen, daß das Schema der Fortbewegung in ein Schema der Wahrnehmung umgewandelt wird. Die Schemata sind ja (in der hier vertretenen Auffassung) keine lexikalischen Bedeutungen, sondern konzeptuelle Bezugsstrukturen für lexikalische Bedeutungen. Ich nehme an, daß die lexikalische Bedeutung in der Weise variiert, daß konstante[1] Bezugsstrukturen ausgewechselt werden.

Wir gehen deshalb von der folgenden bildlichen Vorstellung aus: Das lexikalisch leere Wahrnehmungsschema wird aktiviert und neben das durch die Startbedeutung von à travers angereicherte Fortbewegungsschema gelegt. Das lexikalisch leere Wahrnehmungsschema sieht so aus:

[1] Natürlich möchte ich nicht behaupten, daß konzeptuelle Strukturen an sich unveränderlich sind.

Fig. 5:

e, x, y, w, z, l

Wahrnehmung: e
an e als wahrnehmendes Objekt beteiligt: x

> Objekt: x
> Klasse: Lebewesen

an e als wahrgenommenes Objekt beteiligt: y

> Objekt: y
> Klasse: materieller Gegenstand

Wahrnehmungsbahn von e: w
Weg: w

an e als lokalisierendes Objekt beteiligt: z

> Objekt: z
> Klasse: materieller Gegenstand

lokalisierender Raum: l

Nun wird Information aus dem lexikalisch angereicherten Fortbewegungsschema in das Wahrnehmungsschema übertragen. Dies geschieht durch die folgenden komplexen Regeln:

(34) i. Entnimm aus dem Fortbewegungsschema den Wert des Prädikats "Route von x" und trage ihn als Wert des Prädikats "Wahrnehmungsbahn von e" ins Wahrnehmungsschema ein.

ii. Entnimm aus dem Fortbewegungsschema das Unterschema, auf das "Route von x" verweist, und trage es als Unterschema zu dem Prädikat "Wahrnehmungsbahn von e" ein.

(35) i. Der Wert des Prädikats "an e als lokalisierendes Objekt beteiligt" wird aus dem Fortbewegungsschema als Wert desselben Prädikats ins Wahrnehmungsschema übernommen.

ii. Der Wert des Prädikats "lokalisierender Raum" wird aus dem Fortbewegungsschema als Wert desselben Prädikats ins Wahrnehmungsschema übernommen.

(36) In das Unterschema, auf das das Prädikat "lokalisierender Raum" verweist, werden alle Informationen eingetragen, die dieses Prädikat im lexikalisch angereicherten Fortbewegungsschema hat.

Diese Regeln drücken aus, daß à travers in beiden Schemata analoge räumliche Verhältnisse bezeichnet.

Wie man sieht, sind diese Regeln so allgemein formuliert, daß sie auch in der Verarbeitung anderer räumlicher Präpositionen wirksam werden können. Daß die Umdeutungsregeln nicht alle so allgemein sind, zeigt der folgende Abschnitt.

2.1.2.2 Mentales Erfassen

In den Beispielen (6) und (7), hier wiederholt als (37) und (38), wird nicht eine Fortbewegung, sondern ein mentales Erfassen bezeichnet:

(37) suivre les événements à travers la presse

(38) juger les gens à travers les préjugés de sa classe

Der wesentliche Unterschied, sowohl gegenüber der Startbedeutung als auch der Wahrnehmungslesart, liegt darin, daß bei der Lesart des mentalen Erfassens keine im eigentlichen Sinne räumliche Deutung erfolgt. Es gibt keinen Weg, und es wird nichts im Raum lokalisiert. An die Stelle des "Zwischenabschnitts eines Wegs" tritt das "Medium des mentalen Erfassens".

Der Zusammenhang der Lesarten beruht offensichtlich darauf, daß das mentale Erfassen analog zur sinnlichen Wahrnehmung konzeptualisiert wird: so wie die Wahrnehmung auf einer Wahrnehmungsbahn verläuft, die durch ein Objekt hindurchführt, so kann das mentale Erfassen auf einer idealen Linie zwischen dem erfassenden Subjekt und dem erfaßten Objekt verlaufen, und diese Linie kann durch ein immaterielles Medium führen; vgl. die folgende Figur:

Fig. 6:

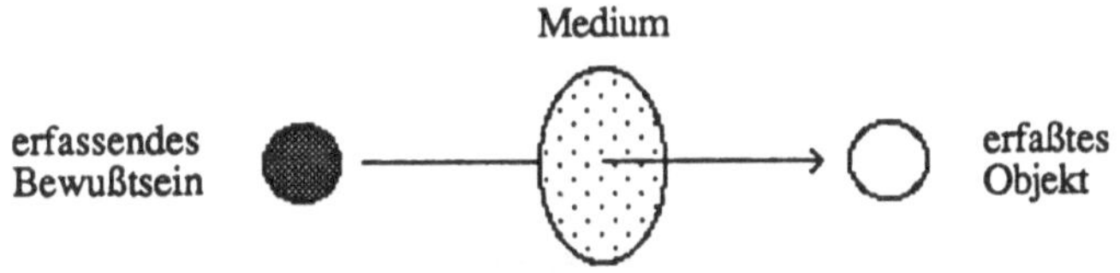

Da aber die Wegeigenschaften der idealen Linie keinen hier relevanten sprachlichen Ausdruck finden[1], brauchen wir bei der Bedeutungsanalyse nicht auf das Wegkonzept zurückzugreifen; es genügt der Begriff des Mediums. - Das erfassende Subjekt nennen wir aus Gründen der Einheitlichkeit "erfassendes Objekt"; der kategoriale Unterschied zum erfaßten Objekt wird im jeweiligen Objektschema ausgedrückt: Das erfassende Objekt muß ein Mensch sein, während das erfaßte Objekt keinerlei Beschränkungen unterliegt.

---

1 Allerdings können die Sprecher einen Zusammenhang angeben, in dem das erfaßte Objekt steht. Der sprachliche Ausdruck hierfür ist analog zur Lokalisierung des wahrgenommenen Objekts; vgl. z.B. distinguer une silhouette dans le brouillard und juger les événements dans leur contexte historique.

Wir können nun die Interpretation von à travers im Kontext des mentalen Erfassens wie folgt darstellen:

Fig. 7:

x ... y à travers z

e, x, y, z

Bewertung: e

an e als bewertendes Objekt beteiligt: x

Objekt: x
Klasse: Mensch

an e als bewertetes Objekt beteiligt: y

Medium von e: z Objekt: y

Objekt: z
Klasse: immaterieller Gegenstand

Prinzipiell kann man diese Interpretation von à travers entweder unmittelbar aus der Startbedeutung oder aus der (ihrerseits bereits abgeleiteten) Wahrnehmungslesart ableiten; vgl. die folgende Figur:

Fig. 8:

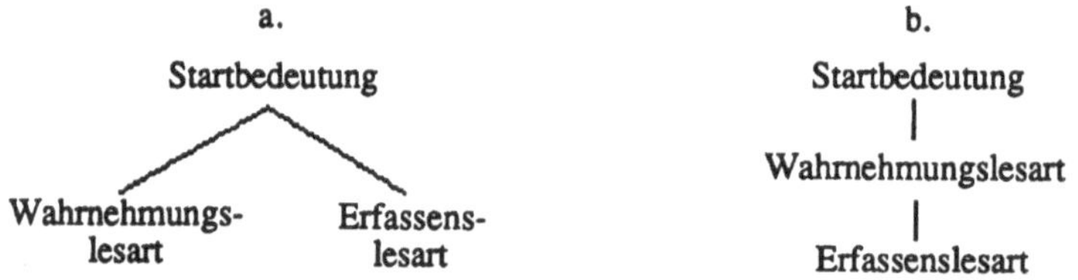

Für die Lösung b. spricht die formale Ähnlichkeit: beide Lesarten, die Wahrnehmungslesart und die Erfassenslesart, haben ein Argument mehr als die Startbedeutung, nämlich das wahrgenommene bzw. das mental erfaßte Objekt, syntaktisch realisiert als Objekt eines transitiven Verbs. Für die Lösung a. hingegen spricht die Tatsache, daß der Ableitungsweg einfacher ist. Da es nicht möglich ist, mit linguistischen Methoden zu entscheiden, ob aus der strukturellen Ähnlichkeit von Lesarten auf eine Abfolge in der Ableitung geschlossen werden darf, bleibt nur der Gesichtspunkt der einfacheren Modellierung; Lösung a. ist also vorzuziehen.

Wir legen nun wieder das leere Schema des mentalen Erfassens (Fig. 9) auf die Startbedeutung.

Fig 9:

e, x, y
Bewertung: e an e als bewertendes Objekt beteiligt: x [Objekt: x Klasse: Mensch] an e als bewertetes Objekt beteiligt: y

Die Beziehung zur Startbedeutung ist hier nicht mehr sinnvoll als ein Hinüberholen von Information darstellbar. Die Interpretation erfolgt vielmehr durch die Aktivierung und Erweiterung des Erfassensschemas. Hinzugefügt werden muß:

(39)

Medium von e: z

Objekt: z Klasse: immaterieller Gegenstand

Diese Regel ist nicht so allgemein formuliert wie diejenigen, die die Wahrnehmung mit der Fortbewegung verbinden. Der Grund hierfür ist, daß die mentale Erfassung eine Interpretation ist, die nicht für die anderen räumlichen Präpositionen gilt.

2.1.2.3 Fortdauern einer Existenz

Die Interpretation von à travers in Kontexten wie (8) und (9), hier wiederholt als:

(40) Cette tradition s'est maintenue à travers les âges
(41) Leur amitié a duré à travers toutes les crises

soll hier nur angedeutet werden. Als ihr zugrundeliegend kann man ein konzeptuelles Schema der Existenz postulieren, das etwa so aussieht:

Fig. 10:

e, x, l, t, a, b
Existenz: e existierendes Objekt: x Ort von e: l Zeit von e: t [Zeitabschnitt: t Anfang: a Ende: b]

Durch die Umdeutungsregel zu à travers wird dieses Schema aktualisiert und dergestalt aufgefüllt, daß in das Unterschema zu "Zeit von e" ein Prädikat "Zwischenabschnitt" eingesetzt wird, so daß sich ergibt:

Fig. 11:

x ... à travers y

e, x, l, t, a, z, b
Existenz: e existierendes Objekt: x Ort von e: l Zeit von e: t Zeitabschnitt: t Anfang: a Zwischenabschnitt: z Ende: b

Die Variable z muß dann aus dem Kontext instantiiert werden[1].

2.1.2.4 Nicht schemageleitete Lesarten

Es gibt Vorkommen von à travers, die so marginal sind, daß es wenig plausibel ist, für sie ein jederzeit verfügbares konzeptuelles Schema zu postulieren. Ein solches Beispiel ist

(42) L'art ne naît de la vie qu'à travers un art antérieur
'Kunst ensteht aus dem Leben nur über frühere Kunst'

Für solche Fälle nehmen wir an, daß, ausgehend vom lexikalischen Kontext, ein möglichst ähnliches vorhandenes konzeptuelles Schema ausgewählt und so abgewandelt wird, daß das Vorkommen interpretiert werden kann. Erst hier sind wir also an dem Punkt, an dem nicht nur vorhandene Schemata aktiviert und aufgefüllt, sondern auch neue Schemata geschaffen werden[2].

---

1 Der Einfachheit halber nehmen wir an, daß les âges, les crises in (40) und (41) Bezeichnungen von Zeitabschnitten sind, die mehrere Zeitalter umfassen bzw. krisenhaft sind. Diese Gleichbehandlung der beiden Beispiele ist etwas künstlich: genaugenommen bezeichnet nur les âges einen Zeitabschnitt, während les crises einen immateriellen Gegenstand bezeichnet, der aufgrund der Bedeutung von à travers einem Zeitabschnitt zugeordnet wird.

2 Bei der Rekonstruktion des Verstehens von (42) könnte man an ein Schema des Entstehens über Metamorphosen denken; vgl die Entwicklung der Raupe über die Puppe zum Schmetterling. Allerdings treten mit der Annahme, daß hier konzeptuelle Schemata nicht nur benutzt, sondern auch verändert werden, ganz neue, schwierige Probleme auf, für die ich zur Zeit keine Lösung sehe.

2.2 Die Bedeutung von *chez*

Bei der Analyse der Polysemie von à travers standen die strukturellen Probleme im Vordergrund. Es wurde vor allem gefragt: Wie kann man die polysemische Bedeutung als Prozedur darstellen? Bei der Analyse von chez kommt die Frage hinzu, welcher Art eigentlich die Konzepte sind, die der Bedeutung zugrunde liegen.

In der Literatur werden hinsichtlich dieser Frage zwei gegensätzliche Positionen vertreten. Die eine Position[1] besagt: Die lexikalisierten Raumkonzepte beruhen auf der menschlichen Wahrnehmung des geometrischen Raums, sie unterscheiden sich von geometrischen oder topologischen Begriffsbildungen nur dadurch, daß sie durch den menschlichen Organismus mit bestimmt sind. Wir bezeichnen diese Position als die des wahrgenommenen Raums.

Die andere Position[2], wir nennen sie die Position des interaktiven Raums, akzeptiert zwar die Rolle der Wahrnehmung für die Semantik des Raumlexikons, betont aber, daß typische interaktive Situationen eine entscheidende Rolle spielen.

Beide Positionen stützen sich auf Analysen von Präpositionen wie in oder auf. Die Daten sind ähnlich, aber die Rekonstruktionen der Mehrdeutigkeit sind verschieden. Betrachten wir die folgenden Vorkommen von sur 'auf':

(43) épingler une carte sur un mur (PR)
'eine Karte an eine Mauer heften'
(44) tenir un doigt sur les lèvres
'einen Finger auf die Lippen legen'

Ein Vertreter der Position des wahrgenommenen Raums wird das Verstehen von (43) oder (44) wie folgt rekonstruieren: Ein Ausdruck des Typs "A sur B" besagt, daß A und B auf der vertikalen Achse angeordnet sind und daß A auf dieser Achse einen höheren Wert hat. Man kann jedoch in der Wahrnehmung eine Perspektive einnehmen, bei der die vertikale Achse sozusagen gekippt wird. In (43) wird die Mauer und in (44) wird der Mund sozusagen "von oben gesehen"; dann trifft die Bedeutung von "A sur B" genau zu.

Ein Vertreter der entgegengesetzten Position hingegen würde sagen: Die (oder vorsichtiger: eine) Bedeutung von "A sur B" ist 'A ruht auf B', bzw. 'B trägt A'. Die Anordnung auf der vertikalen Achse ist eine räumliche Relation, die typischerweise, aber nicht notwendig, mit der Relation "Träger-Getragenes" verbunden ist.

---

[1] Vertreten z.B. in den Arbeiten von D. Wunderlich zu den Raumbezeichnungen des Deutschen (Wunderlich 1982, 1986).

[2] Vertreten vor allem durch R. Langacker 1986, und, speziell zum Frz., Vandeloise 1986.

Die oben vorgelegte Analyse von à travers ist konform mit der Position des wahrgenommenen Raums: In den postulierten räumlichen Interpretationen kamen nur Konzepte vor, die mit Befindlichkeiten und Wegen zu tun haben. Das Konzept des Hindernisses, offensichtlich ein interaktives Moment, wurde als nicht zur lexikalischen Bedeutung gehörig behandelt. Kann man dies verallgemeinern? Gehören die (ja unbestritten vorhandenen) interaktiven Komponenten im Raumlexikon nur in den Bereich des allgemeinen, nicht speziell sprachlichen Wissens? Die folgende Analyse von chez wird zeigen, daß die Antwort nein ist.

2.2.1 Die Startbedeutung von *chez*

Bei der Festlegung der Startbedeutung von chez gehen wir davon aus, daß die oben beschriebene und hier noch einmal mit den Beispielen (45) bis (50) illustrierte Lesart a. zentral ist.

In der Bedeutung unterscheiden wir wieder zwischen funktionaler und relationaler Komponente. Wir beginnen mit der letzteren: Die Startbedeutung legt nichts anderes fest, als daß ein lokalisiertes Objekt x gesucht werden muß. Anders als bei à travers spielt das Wegkonzept hierfür keine Rolle. Daher hängt es vollkommen vom Kontext ab,

- welcher Klasse x angehört (in (45) ist es ein Individuum, in (46) ein Ereignistyp)
- ob x in dem durch chez + NP bezeichneten Raumausschnitt r enthalten ist (47) oder in einem Raumausschnitt r1, der ausgehend von r gebildet wird (48),
- und ob die Lokalisierung eine einfache Befindlichkeit ist (49), oder ob sie im Hinblick auf eine Fortbewegung von x angegeben wird (50);

vgl. die Beispiele:

(45) Elle l'a invitée chez elle
'sie hat sie zu sich eingeladen'
(46) Chez lui on mange très bien
'bei ihm zu Hause ißt man sehr gut'
(47) Il habite chez moi
'er wohnt bei mir zu Hause'
(48) Il habite vers chez moi
'er wohnt bei mir in der Nähe'
(49) Nous serons chez nos parents
'wir werden bei unseren Eltern sein'

(50) Nous passerons par chez nos parents
'wir werden bei unseren Eltern vorbeifahren'

Unter dem Gesichtspunkt des Textverstehens besteht die relationale Komponente der Bedeutung also nur darin, daß ein lokalisiertes Objekt gefunden werden muß. Deshalb werden wir die Startbedeutung von chez in bezug auf ein Schema der (lokalen) Befindlichkeit angeben und dort festlegen, daß die Existenz eines lokalisierten Objekts postuliert ist.

Der funktionale Anteil der Startbedeutung von chez bezieht sich auf das Konzept des Wohnens[1]: Wir ordnen Personen bestimmte Objekte (ein Gebäude oder einen Gebäudeteil, ein Zelt, eine Höhle, usw.) als den Ort zu, an dem sie wohnen. Als verallgemeinernden Namen für diese Art von Zuordnung verwenden wir im folgenden den Terminus "Wohnung".

Das Konzept der Wohnung ist zugleich lokal und nicht lokal. Lokal ist es insofern, als die Wohnung einen Raumausschnitt einnimmt. Nicht lokal ist es insofern, als der Raumausschnitt nicht ausgehend von der Befindlichkeit und der Form des lokalisierenden Objekts gebildet wird: Für die Interpretation von chez moi muß kein Aspekt der Gestalt meines Körpers betrachtet werden, und es ist unerheblich, wo ich mich befinde. Maßgeblich ist vielmehr ein sozial definierter Komplex von auf einen Ort gerichteten Verhaltensweisen und Einstellungen, derselbe, der im Deutschen mit zu Hause, nach Hause, bzw. daheim, heim bezeichnet wird.

Wir können nun sagen, worin die funktionale Komponente der Startbedeutung von chez besteht: chez macht aus einer Person einen Raumausschnitt, der als Wohnung dieser Person definiert ist.

Die Startbedeutung von chez läßt sich nun wie folgt angeben[2]:

---

1 Um das Folgende nachvollziehen zu können, muß man beachten, daß frz. chez eine engere Bedeutung hat als dt. bei. So wäre z.B. dt. bei mir im Büro zu übersetzen etwa mit dans mon bureau; frz. chez moi, dans mon bureau würde heißen 'bei mir zu Hause im Büro'.

2 Das dieser Notation zugrundeliegende leere Befindlichkeitsschema muß eine Variante haben, bei der der lokalisierende Raum nicht ausgehend von einem lokalisierenden Objekt, sondern deiktisch bzw. anaphorisch bezeichnet wird.

Fig. 12:

x ... chez y

e, x, y

Befindlichkeit: e
lokalisiertes Objekt: x
Objekt: x
Klasse: materieller Gegenstand
lokalisierendes Objekt: y
Objekt: y
Klasse: Person
lokalisierender Raum: Wohnung von y

2.2.2 Die Umdeutungsregeln für *chez*

In der Startbedeutung ist der lokalisierende Raum eine Wohnung. Auch in Lesart b., illustriert durch(14) und (15), hier wiederholt als (51) und (52), referiert chez+NP auf einen Raumausschnitt:

(51) Je serai chez le coiffeur
'ich werde beim Frisör sein'
(52) J'ai acheté une tarte chez le pâtissier
'ich habe eine Torte beim Konditor gekauft'

Die Interpretationen dieser Sätze beziehen sich ebenfalls auf das konzeptuelle Schema der Befindlichkeit. Sie unterscheiden sich von der Startbedeutung nur dadurch, daß der lokalisierende Raum nicht als Wohnung, sondern als Geschäftslokal einer Person definiert ist

Die entsprechende Interpretation erhält man daher, ohne das Schema der Befindlichkeit zu verlassen, ganz einfach durch die Regel:

(53) Ersetze den Wert des Prädikats "lokalisierender Raum" durch "Geschäftslokal von y".

In Lesart c. ist der lokalisierende Raum eine territoriale Einheit; s. z.B. (54) und (55), wo der lokalisierende Raum ein Gebirge, bzw. ein ganzes Land ist:

(54) Les maquisards avaient l'avantage d'être chez eux dans ces montagnes
'die Partisanen hatten den Vorteil, in diesen Bergen zu Hause zu sein'
(55) A l'étranger, les touristes se permettent souvent des choses qu'ils ne feraient pas chez eux
'im Ausland erlauben sich Touristen oft Dinge, die sie zu Hause nicht tun würden'

Das Territorium ist variabel festlegbar: Es ist ein Raumausschnitt, der (anhand administrativer, politischer oder geographischer, aber auch biographischer und emotiver Gegebenheiten) unterschiedlich groß und oft auch mit unscharfen Rändern definiert ist.

Diese Art von variabler Festlegung eines Raumausschnitts ist eine Eigenschaft auch anderer Präpositionen, nämlich derjenigen, die einen Raumausschnitt nur anhand der Nähe zum lokalisierenden Objekt bezeichnen (près de 'bei', à proximité de 'in der Nähe von') und derer, die eine gewisse Nähe zu ihm voraussetzen (sur 'auf, über', sous 'unter', à droite de 'rechts von', à gauche de 'links von', devant 'vor', derrière 'hinter', usw.) Diese grundsätzliche Variabilität der Interpretation liegt auf einer anderen Ebene als diejenigen Mehrdeutigkeiten, von denen bis jetzt die Rede war. Die unterschiedlichen Festlegungen des Territoriums als Stadt, Gegend, Land usw. sollen deshalb nicht als Ergebnis von Umdeutungsregeln, sondern als bereits mit dem Konzept des Territoriums gegeben behandelt werden.

Die Umdeutung erfolgt also ebenfalls ohne Wechsel des konzeptuellen Schemas, nur aufgrund der Regel:

(56) Ersetze den Wert des Prädikats "lokalisierender Raum" durch "Territorium von y"

Etwas anders verhält es sich mit der Lesart d., illustriert durch (18) und (19), hier wiederholt als (57) und (58):

(57) Ce livre va paraître chez Larousse
'dieses Buch erscheint bei Larousse'
(58) On embauche chez Dupont
'bei Dupont stellt man Leute ein'

Das lokalisierende Objekt ist eine Firma. Es ist hier nicht der Gegenstand, von dem ausgehend der lokalisierende Raum gebildet wird, sondern es ist selbst der lokalisierende Raum.

Ferner bezeichnet die Präpositionalphrase genaugenommen keinen Raumausschnitt mehr. Zu dem Wissen über die Firma kann zwar auch Information darüber gehören, wo sie ihren Sitz hat und wo sie bestimmte Aktivitäten ausführt, aber Sätze wie (57) und (58) geben nicht in erster Linie Information über räumliche Verhältnisse.

Schließlich ist es in (57) und (58) auch nicht so offensichtlich, was lokalisiert wird. Man könnte vertreten, daß nicht Gegenstände, sondern Vorgänge (das Erscheinen des Buches, die Einstellung von Personal) lokalisiert werden, oder daß die Firma einfach als Ort an dem Vorgang beteiligt ist, ohne daß etwas lokalisiert würde. Die letztere Lösung hätte allerdings Folgen: Die Behauptung, daß alle hier behandelten Präpositionen eine relationale und eine funktionale Bedeutungskomponente haben, müßte zurückgenommen werden.

Wir wollen aber nicht versuchen, die Probleme dieser Lesart vollständig zu klären[1] und entscheiden uns dafür, daß die Präpositionalphrasen in (57) und (58) Vorgänge und nicht Gegenstände lokalisieren. Dies ist insofern kein grundsätzliches Problem, als wir eine Lokalisierung von Vorgängen für andere Kontexte ohnehin zulassen müssen; s. oben (46) und vgl. auch:

(59) Il fait froid chez vous
'es ist kalt bei Ihnen'

(60) J'ai lu cela dans un livre
'ich habe das in einem Buch gelesen'

Um ausdrücken zu können, daß Vorgänge lokalisiert werden, postulieren wir ein sehr allgemeines konzeptuelles Schema "Ereignis". Dieses Schema kann andere Schemata in sich aufnehmen, die es instantiieren, also z.B. "Fortbewegung", "Wahrnehmung", "Publizieren", "Einstellen" und viele andere. Es enthält fakultativ das Prädikat "an e als lokalisierendes Objekt beteiligt". Wenn wir ignorieren, daß der lokalisierende Raum genaugenommen kein Raumausschnitt ist, können für die vorliegende Interpretation von chez demnach notieren:

Fig. 13:

... chez x

e, x
Ereignis: e an e als lokalisierendes Objekt beteiligt: x [Objekt: x Klasse: Firma] lokalisierender Raum: x

Die durch Fig. 14 dargestellte Interpretation wird dadurch erzeugt, daß man vom Befindlichkeitsschema zum Ereignisschema wechselt und dieses erweitert. Das leere Ereignisschema enthält nichts anderes[2] als die Aussage "es gibt ein Ereignis", in unserer Notation:

Fig. 14:

e
Ereignis: e

---

[1] Der Zusammenhang ist diachronisch leicht zu erklären: chez kommt von casa 'Haus'; der Sitz einer Firma war ein Haus, und erst das Entstehen großer Firmen, bei denen die Zuordnung zu einem bestimmten Haus nicht mehr möglich war, hat die gewisse "Enträumlichung" von Ausdrücken wie chez Larousse, chez Renault usw. bewirkt.

[2] Das Ereignisschema muß natürlich Einfügestellen für die Spezifizierung der Ereignisse enthalten, so daß andere Schemata, z.B. das Fortbewegungsschema, eingesetzt werden können. Diese Frage der allgemeinen Interaktion der Schemata ist aber nicht Gegenstand dieses Beitrags.

Die Erweiterung besteht in der Hinzufügung der Variable x in der oberen Leiste und der Einfügung von (61) in den Hauptteil des Schemas.

(61)

an e als lokalisierendes Objekt beteiligt: x
lokalisierender Raum: x

Objekt: x Klasse: Firma

Lesart e. (chez+NP bezeichnet ein Gesamtwerk) erhält man analog durch die folgende Umdeutungsregel:

(62) Ersetze den Wert des Prädikats "lokalisierender Raum" durch "Werke von y".

Die verbleibenden Lesarten f. bis h., illustriert durch (23) bis (27) hier gekürzt wiederholt als (63) bis (65), sind ganz anderer Natur:

(63) Chez les Esquimaux, la pêche est une activité vitale (Lesart f)
'bei den Eskimos ist der Fischfang eine lebenswichtige Tätigkeit'
(64) Chez le singe, le pouce du pied est opposable aux autres doigts (Lesart g)
'beim Affen ist der große Zeh den anderen Zehen gegenüberstellbar'
(65) C'est une réaction courante chez lui (Lesart h)
'das ist eine ganz normale Reaktion bei ihm'

Diese Lesarten haben mehrere Gemeinsamkeiten, aufgrund deren man sie mit einer einzigen Umdeutungsregel erfassen kann. Betrachten wir zunächst diese gemeinsamen Züge:

Die Beispielsätze sind sämtlich Aussagen von einer gewissen Allgemeinheit. In (63) ist von einer ethnischen Gruppe und in (64) von einer natürlichen Gattung die Rede. (65) ist zwar eine Aussage über einen bestimmten einzelnen Menschen, aber sie betrifft das, was allgemein für ihn gilt. Typisch ist an den Beispielsätzen auch, daß sie im Präsens stehen[1] wie die sog. ewigen Wahrheiten. Die Allgemeinheit dieser Aussagen ist allerdings nicht einfach über die Quantifikation zu erfassen. Sie besteht vielmehr darin, daß die Aussagen charakteristische Eigenschaften betreffen, also keine einmaligen Vorgänge, keine schnell wechselnden Zustände.

Die von chez regierte Nominalphrase bezeichnet den Träger der charakteristischen Eigenschaft. Sätze der Lesarten f. bis h. können deshalb meist umgeformt werden in

[1] Allerdings ist das Präsens nicht notwendig; s. z.B. Chez les primates, on n'a observé ce comportement que très rarement 'bei den Primaten hat man dieses Verhalten nur sehr selten beobachtet', Chez les Spartiates, l'éducation était la même pour les garçons et les filles 'bei den Spartanern war die Erziehung für Jungen und Mädchen dieselbe'.

Sätze, in denen der Träger der charakteristischen Eigenschaft Subjekt oder Teil des Subjekts[1] ist; vgl. z.B.:

(63') Les Esquimaux pratiquent la pêche comme une activité vitale
'die Eskimos üben den Fischfang als eine lebenswichtige Tätigkeit aus'

(64') Le pouce du pied du singe est opposable aux autres doigts
'der große Zeh des Affen ist den anderen Zehen gegenüberstellbar'

(65') Il a couramment cette réaction
'er zeigt oft diese Reaktion'

Was macht nun die funktionale Komponente der Präpositionsbedeutung aus dem Träger der Eigenschaft? Anders als sonst macht sie nicht aus einem Gegenstand einer bestimmten Sorte einen Gegenstand einer anderen Sorte. Das, was chez+NP hier bezeichnet, liegt nicht im gleichen ontologischen Rahmen wie das, was die durch chez regierte Nominalphrase bezeichnet. Auf der Ebene der Textwelt bezeichnet auch die Präpositionalphrase den Träger der im Restsatz bezeichneten charakteristischen Eigenschaft. Aber die Präpositionalphrase mit chez hat hier eine redestrukturierende Funktion, die das Subjekt nicht hat: Sie gibt den Gültigkeitsbereich für das an, was im übrigen Teil des Satzes (und ggfs. in einem Textabschnitt jenseits der Satzgrenze) ausgesagt wird[2].

Wir können also die den Lesarten f. bis h. entsprechenden Interpretationen in einem Schema der charakteristischen Eigenschaft etwa so darstellen:

Fig. 15:

... chez x

e, x
charakteristische Eigenschaft: e an e als Träger der Eigenschaft beteiligt: x

Die Umdeutungsregel für die ganze Gruppe von Lesarten muß also das Schema der Befindlichkeit durch das Schema der charakteristischen Eigenschaft ersetzen. Die einzelnen Lesarten entstehen dann dadurch, daß zu x ein Unterschema "Objekt: x" eingeführt und lexikalisch instantiiert wird.

---

1 Wienold (im Druck) zeigt, daß dem Topic des Japanischen im Englischen oft ein an das Subjekt angeschlossener Genitiv entspricht.

2 Diese redestrukturierende Funktion ist vergleichbar mit dem, was Chafe als "topic, Chinese style" bezeichnet und folgendermaßen definiert hat: "...the topic sets a spatial, temporal, or individual framework within which the main predication holds" (Chafe 1976: 50).

3. Die Anwendungsbedingungen

Die abgeleiteten Bedeutungen von à travers werden alle ausgelöst durch das Verb, das die Art des Ereignisses spezifiziert. Die Wahrnehmungslesart wird durch Wahrnehmungsverben ausgelöst, vor allem voir, regarder, apercevoir, sentir, entendre[1]. Die Lesart des mentalen Erfassens wird ausgelöst durch Verben des Urteils, vor allem juger. Die Existenzlesart wird ausgelöst durch Existenzverben, vor allem exister, se maintenir, durer, se prolonger.

Die Umdeutungsregeln für chez sind an lexikalische und syntaktische Bedingungen gebunden. Im einzelnen gilt folgendes:

Die Interpretationen, in denen chez+NP ein Geschäftslokal bezeichnet, werden ausgelöst durch das Nomen, das Kopf der durch chez regierten Nominalphrase ist: Die Umdeutungsregel wird angewandt, wenn das Nomen lexikalisch einen Beruf bezeichnet, von dem man weiß, daß er mit dem Führen eines Ladens verbunden ist, also z.B. coiffeur 'Frisör', pâtissier 'Konditor', épicier 'Krämer', usw. Die Anwendung der Regel setzt also voraus:

- eine syntaktische Analyse, die das betreffende Nomen findet,
- eine semantische Analyse, die eine lexikalische Bedeutung mit der Komponente 'Beruf' findet, und
- eine das allgemeine Sachwissen auswertende Analyse, die überprüft, ob der Beruf mit dem Führen eines Ladens verbunden ist.

Die Interpretationen, in denen chez+NP eine Firma bezeichnet, werden ausgelöst von der durch chez regierten Nominalphrase: Die Umdeutungsregel wird angewandt, wenn die Nominalphrase der Eigenname einer Firma ist. Da die Eigennamen von Firmen oft gleichzeitig Familiennamen sind, muß in vielen Fällen ganz spezielles außersprachliches Wissen herangezogen werden. Wenn solches Wissen nicht vorhanden ist, kann auch der Rekurs auf das typische Wissen helfen: Eine Interpretation von (58) im Sinne von 'die Einstellung von Personal findet in Duponts Wohnung statt' ist deshalb nicht naheliegend, weil sie unserem Wissen über solche Vorgänge widerspricht.

Diejenigen Interpretationen, bei denen chez+NP als Gültigkeitsbereich einer Aussage (topic) gedeutet werden, sind an die syntaktische Struktur des Satzes gebun-

---

[1] Es ist zu prüfen, ob auch Verben, die nicht Wahrnehmung, sondern das Zustandekommen von Wahrnehmbarkeit bezeichnen, also z.B. apparaître, percer, surgir, hierhin gehören. Bei diesen Verben haben allerdings die Argumente eine andere Syntax: Der Wahrnehmende (d.h. der Agens bzw. der Patiens) wird nicht realisiert und das Wahrgenommene (d.h. das Thema) ist Subjekt.

den: Die Präpositionalphrase mit chez muß ein Adjunkt sein. Damit scheiden alle Sätze aus, in denen sie regiert ist.

Aber nicht alle Adjunkte mit chez lösen die Umdeutungsregel aus. In Sätzen wie (66) macht der Sprecher keine charakterisierende Aussage über sich.

(66) Je vais faire cela chez moi
'ich werde das zu Hause tun'

In (67) hingegen ist chez les Dupont eine Art Topic.

(67) Chez les Dupont, on rencontre toujours des gens intéressants
'bei den Duponts trifft man immer interessante Leute'

Worin liegt der Unterschied? Ein Indiz für die Topic-Deutung sind Wortstellung und Prosodie: Die Präpositionalphrase steht typischerweise am Anfang, hat eine ansteigende Intonation und ist durch eine Pause (repräsentiert durch das Komma) vom Restsatz getrennt. Aber in (26) und (27), hier wiederholt als (68) und (69), trifft dies nicht zu:

(68) La paresse l'emporte encore chez lui sur la gourmandise (DFC)
'die Faulheit übertrifft bei ihm noch die Gefräßigkeit'
(69) C'est une réaction courante chez lui (PR)
'das ist eine ganz normale Reaktion bei ihm'

In diesen Sätzen ist die abgeleitete Lesart daran erkennbar, daß der lexikalische Kontext eine Deutung im Befindlichkeitsschema nicht erlaubt: Das Befindlichkeitsschema setzt einen materiellen Gegenstand als lokalisiertes Objekt voraus, und diese Bedingung erfüllen (68) und (69) nicht.

Die Anwendungsbedingungen lauten also:

(70) i. Die Präpositionalphrase ist nicht regiert.

ii. Die Präpositionalphrase steht prosodisch abgehoben am Satzanfang, oder: es wird kein materieller Gegenstand gefunden, der als lokalisiertes Objekt in Frage käme.

4. Schemata und Umdeutungsregeln

Statt einer Zusammenfassung komme ich zum Schluß noch einmal auf die unterschiedliche Rolle zurück, die konzeptuelle Schemata für die Polysemie spielen.

Wir haben gesehen, daß einige Umdeutungen innerhalb desselben Schemas stattfinden, in bezug auf das schon die Startbedeutung definiert ist. Dies galt für chez bezüglich der Umdeutung von "Wohnung" zu "Geschäftslokal" und zu "Territorium".

Anstatt die betreffenden Fakten als Umdeutungen zu behandeln, könnte man sie einfach dadurch ausdrücken, daß man disjunktive Wertangaben zuläßt. Wichtiger als die Frage der Notation ist aber ein rein inhaltlicher Gesichtspunkt: Diejenigen Bedeutungsunterschiede, die innerhalb desselben Schemas repräsentiert werden können, beruhen kognitiv auf einer Präzisierung. Man könnte z.B. "Wohnung von x", "Geschäftslokal von x" und "Territorium von x" als Instantiierungen von "eigener Bereich von x" darstellen; s.

Fig. 16:

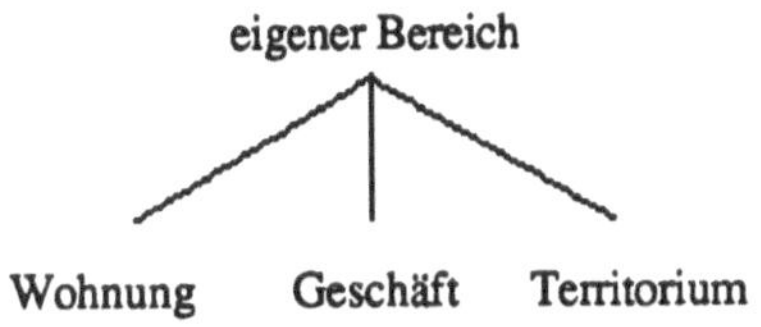

Diejenigen Bedeutungsunterschiede hingegen, die den Wechsel des Schemas verlangen, beruhen kognitiv auf einer Analogie. So wird bei den Deutungen von à travers die Fortbewegung analogisch mit der Wahrnehmung, und diese mit dem mentalen Erfassen verbunden[1]; s.

Fig. 17:

Fortbewegung ⟶ Wahrnehmung ⟶ mentales Erfassen

So steht hinter den Vorschlägen, die ich hier hinsichtlich der Repräsentation polysemischer Wortbedeutungen gemacht habe, die allgemeinere These, daß Präzisierung und Analogie die beiden kognitiven Operationen sind, die der Polysemie von Präpositionen zugrunde liegen.

Literaturverzeichnis

Chafe, Wallace L. (1976), Givenness, contrastiveness, definiteness, subjects, topics, and point of view, in: Ch. L. Li (ed.), Subject and topic, New York etc.: Academic Press, pp. 25-55.

Herskovits, A. (1982), Space and the prepositions in English. Regularities and irregularities in a complex domain, Stanford Univ. Doctoral Diss.

---

[1] Wir haben oben einen direkten Übergang vom Schema der Fortbewegung zum Schema des mentalen Erfassens postuliert. Dies ist mit dem hier dargestellten analogischen Zusammenhang dann vereinbar, wenn man zuläßt, daß Verarbeitungsprozeduren mit den ihnen zugrundeliegenden kognitiven Gegebenheit nicht unbedingt isomorph sein müssen.

Hottenroth, P.-M. (1986), Die Semantik lokaler Präpositionen. Ein prototypensemantisches Modell für die französische Präposition *dans* mit einer Analyse der Beziehungen zwischen der Präposition und den Objektbezeichnungen in den Präpositionalsyntagmen, Univ. Konstanz, Habilitationsschrift.

Langacker, R. W., (1986), Foundations of cognitive grammar, vol. I, University of California, San Diego.

Schepping, M.-Th. (1988a), Konzeptuelle Schemata für die Interpretation von *arriver*, Univ. Konstanz, Arbeitspapier.

Schepping, M.-Th. (1988b), Die Bedeutung der französischen Präposition *contre*, Univ. Wuppertal, Vortrag im Rahmen des Kolloquiums "Präpositionen" am 25./26.11.1988.

Schpak-Dolt, N. (1988), Weg, Route, Bewegung, Univ. Konstanz, Arbeitspapier.

Vandeloise, C. (1986), L'Espace en français. Sémantique des prépositions spatiales, Paris: Éditions du Seuil.

Wienold, G. (im Druck), Vergleichende Textlinguistik Deutsch-Englisch, Deutsch-Japanisch.

Wunderlich, D. (1982), Langage et espace, in: DRLAV, no. 27, pp. 63-82.

Wunderlich, D. (1986), Raum und die Struktur des Lexikons, in: H.-G. Bosshardt, Perspektiven auf Sprache. Interdisziplinäre Beiträge zum Gedenken an Hans Hörmann, Berlin: De Gruyter, pp. 212-231.

WO *HIER DORT* IST - PRIMÄR- UND SEKUNDÄRDEIKTISCHE RAUMREFERENZ

Lorenz Sichelschmidt

1. Wo ist *hier*?

"Wo immer im lebendigen Sprechverkehr ein Hier-Wort in die Luft geschickt wird, geschieht es, weil das Selbstverständliche nicht mehr selbstverständlich ist." Dieses über fünfzig Jahre alte Diktum Bühlers (1934:94) charakterisiert eine Problematik, die Linguistik und Psychologie derzeit als bedeutsamen Forschungsgegenstand entdeckt - oder besser: wiederentdeckt - haben: das Zusammenspiel verbaler und kognitiver Faktoren bei der Verarbeitung von sprachlichen Äußerungen, in denen auf die räumliche Position eines Objekts Bezug genommen wird.

Ein Sprecher, der die Aufmerksamkeit eines Hörers auf ein bestimmtes Objekt im physikalischen Raum lenken will, lokalisiert dieses sprachlich im allgemeinen dadurch, daß er die Position dieses Zielobjekts relativ zu einer geeigneten Bezugsentität angibt. Als Bezugsentität kommt dabei ein anderes Objekt oder aber der jeweilige Sprecher selbst in Frage. So wird mit der Äußerung Felix sitzt am Fenster das Zielobjekt Felix in der Nähe des Bezugsobjekts Fenster lokalisiert; mit der Äußerung Helga wohnt hier wird Helga in der Umgebung des Sprechers lokalisiert. Die in solchen raumreferentiellen Äußerungen enthaltenen adverbialen bzw. präpositionalen Lokalbestimmungen können dem Hörer dabei spezifischere Hinweise darauf geben, wie er sich die räumliche Relation von Ziel- und Bezugsobjekt vorzustellen hat. Er könnte die Äußerung Theo steht hinter der Theke beispielsweise zum Anlaß nehmen, Theo in demjenigen Areal zu lokalisieren, das - vom Sprecher aus gesehen - an die Rückseite der Theke grenzt; er könnte die Äußerung Heike ist hier so verstehen, daß Heike in der näheren Umgebung des Sprechers zu finden ist.

Aber - "wo ist hier"? In dieser Frage (Klein 1978:18) deutet sich eine Reihe von Schwierigkeiten an, die derartige Raumreferenzen einem Rezipienten bereiten können. Der Hörer kann aus der Äußerung selbst nämlich nicht entnehmen, wo Heike oder Theo sich tatsächlich befinden, da die sprachlichen Hinweise auf die räumliche Position des Zielobjekts deiktischer Natur sind. Bei den verwendeten Lokalbestimmungen handelt es sich um situationsspezifische Referenzmittel. Mit anderen Worten: Zur Interpretation von Raumreferenzen wie Heike ist hier oder Theo steht hinter der Theke ist ein Rückbezug auf die kommunikative Situation erforderlich, in der der betreffende Satz geäußert wurde. Und nicht einmal dann ist sichergestellt, daß verschiedene Personen dieselbe Situation in der gleichen Weise repräsentieren. Denn beim Verstehen deiktischer Äußerungen muß der Hörer eine Vielzahl von Äußerungs- und Situationsaspekten in Betracht ziehen.

Grund genug also, dem 'Nicht Selbstverständlichen' bei der Verwendung von deiktischen Ausdrücken im Kontext lokaler Referenz experimentell nachzugehen. Grund genug, zu fragen: Welche Verarbeitungsprobleme bringt das Verstehen von Lokalbestimmungen wie hier und dort, vor und hinter für den Rezipienten mit sich?

Einiges dazu wissen wir bereits (Weissenborn & Klein 1982; Jarvella & Klein 1982; Schweizer 1985).

Wir wissen, daß bei Raumreferenz der jeweilige Ursprung, d.h. die raumzeitliche Position des Sprechers, als Ausgangspunkt der Strukturierung relevant ist: Wenn jemand sagt Ich bin hier, dann bezieht sich diese Aussage auf seinen oder ihren momentanen Standpunkt. Um derartige Äußerungen ohne weitere sprachliche Spezifikation adäquat interpretieren zu können, muß der Hörer den jeweiligen Ursprung kennen oder ihn aufgrund akustischer, visueller oder taktiler Information ermitteln können (vgl. Klein 1982).

Wir wissen, daß der deiktische Raum, d.h. die mentale Repräsentation desjenigen physikalischen Raums, in dem das Zielobjekt zu lokalisieren ist, eine wichtige Rolle spielt: Hier kann heißen in der Küche, in Hamburg oder auch auf dieser Erde... Im einfachsten Fall wird der deiktische Raum durch das gemeinsame Gesichtsfeld von Sprecher und Hörer konstituiert, in anderen Fällen muß er anhand von Kontext und Weltwissen erschlossen werden. Jedenfalls muß der Hörer zum adäquaten Nachvollzug der Raumreferenz über eine ähnliche Repräsentation derselben Topographie verfügen wie der Sprecher (vgl. Miller & Johnson-Laird 1976).

Wir wissen, daß dieAbgrenzung von Teilarealen innerhalb des deiktischen Raums bedeutsam ist: Hier bezeichnet einen Teilbereich des deiktischen Raums, dessen Zentrum der Ursprung - üblicherweise die Position des Sprechers - bildet. Die Grenzen dieses Teilbereichs sind jedoch nur sehr unscharf zu umreißen. Das hier-Areal vergrößert sich mit der Entfernung von Sprecher und Hörer, es ist in Richtung des Hörers besonders stark ausgedehnt und es kann durch die Existenz markanter Objekte deformiert sein (vgl. Higashiyama & Ono 1988).

Und schließlich wissen wir, daß die lexikalische Bedeutung von Lokalisierungsausdrücken wichtig ist: Dem mit hier bezeichneten ursprungsnahen Teilbereich des deiktischen Raums steht ein ursprungsferner Teil gegenüber, auf den der Sprecher mit dort referieren kann. Obwohl die Terme hier und dort - wie vor und hinter und zahlreiche andere Lokalbestimmungen - in semantischer Opposition stehen, sind die damit bezeichneten Areale nicht völlig komplementär. Je nach Orientierung und Distanz der Kommunikationspartner kann es zu Überschneidungen kommen (vgl. Herskovits 1985).

Doch ist die Sachlage komplizierter, als sie auf den ersten Blick scheint, selbst wenn man Fragen von Gestik, Bewegung und Raumlage (Wunderlich 1986), Fragen der Orientierung an der intrinsischen Vorder- oder Rückseite von Gegenständen (Levelt 1986), Fragen der Verwendung von Lokalbestimmungen für anaphorische Verweise im Text (Ullmer-Ehrich 1982) und Fragen des analogischen Zeigens an einem Modell des realen Raums (Shepard & Hurwitz 1984) ebenso beiseite läßt wie Fragen nach dem individuellen kognitiven Stil bei der Raumreferenz (Levelt 1982).

2. Das Mädchen vor dem Zaun

Wenn man Versuchspersonen auffordert, einen roten Würfel vor einen blauen zu stellen, dann wäre zu erwarten, daß sie den roten Würfel zwischen sich und den blauen Würfel stellen - dies ist die kanonische Definition des Referenzbereichs von vor. Tatsächlich aber folgen nur etwa zwei von drei Versuchspersonen dieser kanonischen Strategie, und nur jede zweite handelt überhaupt konsistent (Abkarian 1982). Offenbar spielen bei der Verarbeitung solcher Lokalbestimmungen noch weitere Faktoren eine Rolle.

Ein Gedankenexperiment (nach Ertel 1977; vereinfacht) kann dazu einige weitere Hinweise geben.

Kommunikationssituation
(vereinfacht nach Ertel, 1977)

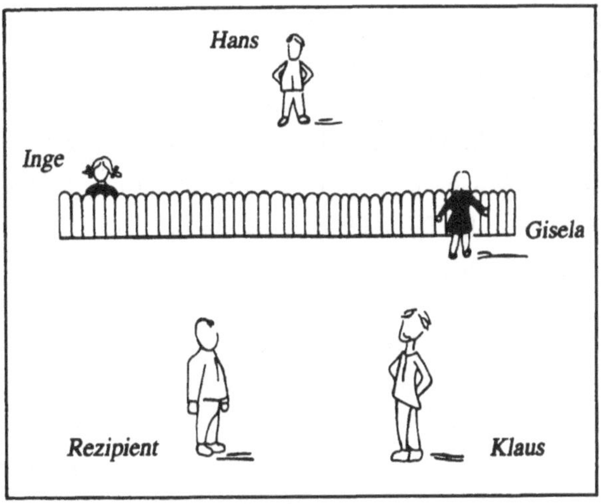

Abb.1

Auf einer Zeichnung ist ein Zaun abgebildet. Diesseits des Zauns stehen Klaus, Gisela und ein Rezipient, und jenseits des Zauns stehen Inge und Hans (Abbildung 1). Wenn nun Klaus sagt: Ich beobachte gerade das Mädchen, das vor einem Zaun steht, dann ist Gisela gemeint. Wenn Klaus sagt: Ich beobachte gerade das Mädchen, das hinter einem Zaun steht, dann ist Inge gemeint. Vor bezeichnet hier also einen Bereich zwischen Klaus und dem Zaun; hinter einen Bereich jenseits des Zauns. In dieser Interpretation sind Versuchspersonen, denen derartige Bilder und Sätze zur Beurteilung vorgelegt werden, weitestgehend einig.

Unproblematisch scheint auch der Fall zu sein, daß der abgebildete Sprecher sich jenseits des Zauns befindet. Wenn Hans sagt: Ich beobachte gerade das Mädchen, das vor einem Zaun steht, so geben die befragten Versuchspersonen an, Inge sei gemeint. Wenn Hans sagt: Ich beobachte gerade das Mädchen, das hinter einem Zaun steht, so ist nach Auffassung der Versuchspersonen Gisela gemeint. Auch hier referiert vor also auf das Areal zwischen Sprecher und Zaun; hinter hingegen bezeichnet ein Areal, das - vom Sprecher aus gesehen - jenseits des Zaunes liegt.

Schwieriger wird es jedoch, wenn Klaus sagt: Hans beobachtet gerade das Mädchen, das vor einem Zaun steht. Die Antworten der Versuchspersonen spiegeln hier recht deutlich eine Ambivalenz wider: Etwa die Hälfte der befragten Versuchspersonen gibt an, Inge sei gemeint; die andere Hälfte gibt an, Gisela sei gemeint. Offenbar sind einige Versuchspersonen der Meinung, vor sei aus der Perspektive des Sprechers zu verstehen - und aus der Perspektive von Klaus ist Inge das Mädchen vor dem Zaun. Die übrigen Versuchspersonen haben dagegen einen anderen Bezugspunkt gewählt. Sie sind offenbar der Meinung, vor sei aus der Perspektive des im Satz agierenden Subjekts zu interpretieren - und aus der Perspektive von Hans ist Gisela das Mädchen vor dem Zaun. Entsprechende Antwortverteilungen zeigen sich auch bei der Verwendung von hinter: Die Hälfte der Befragten hält Gisela, die andere Hälfte Inge für das Mädchen, das hinter einem Zaun steht. Die Ambivalenz der Antworten kann auf eine Ambivalenz möglicher Bezugsobjekte zurückgeführt werden.

Wir bezeichnen die Verwendung lokaldeiktischer Ausdrücke aus der ursprünglichen Perspektive des Sprachbenutzers als 'primärdeiktisch', die Verwendung aus der Perspektive eines gegenüber dem primären Ursprung verschobenen zweiten Ursprungs dagegen als 'sekundärdeiktisch'. Verwendet also ein Sprecher vor aus seiner eigenen Perspektive, so strukturiert er die betreffende Situation primärdeiktisch, verwendet er vor aus der Perspektive eines anderen Individuums, so haben wir es mit einem sekundärdeiktischen Prozeß zu tun (vgl. Ehrich 1985).

Zu einer Konkurrenz von primärer und sekundärer Deixis - und damit zu Mißverständnissen - kann es kommen, wenn die Orientierung von Sprecher und Hörer nicht gleichgerichtet ist. Das trifft vor allem für den Fall zu, daß Sprecher und Hörer vis-à-vis, im 'kanonischen Gegenüber', stehen (Clark 1973). Die deiktischen Prozesse bei Sprecher und Hörer sind in diesem Fall komplementär. Ein Hörer, der ein primärdeiktisch gemeintes vor des Sprechers richtig verstehen will, muß dieses sekundärdeiktisch interpretieren - das vor aus der Perspektive des Sprechers ist für den Hörer ein vor aus der Perspektive eines gegenüberstehenden Individuums. Allerdings kann der Sprecher vor oder hinter auch aus der Perspektive des ihm gegenüberstehenden Hörers verwenden. Seitens des Sprechers wäre dies insofern ein sekundärdeiktischer Prozeß, als der Sprecher dabei seine egozentrische (primärdeiktische) Perspektive aufgibt und sich quasi in die Lage des Hörers versetzt, um die betreffende Situation aus dessen Perspektive (sekundärdeiktisch) zu strukturieren. Um eine solche Strukturierung korrekt nachzuvollziehen, muß der Hörer seinerseits vor oder hinter primärdeiktisch interpretieren - aus seiner eigenen Perspektive (vgl. Herrmann, Bürkle & Nirmaier 1987).

3. Determinaten des Verstehens raumdeiktischer Terme

Allerdings: In vielen Fällen stehen dem Hörer keine verbalen Signale darüber zur Verfügung, wie der Sprecher die betreffende Situation strukturiert hat. Wenn der Rezipient nicht weiß, ob eine raumreferentielle Äußerung primär- oder sekundärdeiktisch aufzufassen ist, ist die Raumreferenz des Sprechers nicht ohne weiteres nachvollziehbar. Für die Psycholinguistik stellt sich daher die Frage: Unter welchen Bedingungen gelingt dem Hörer die Rekonstruktion von Raumreferenz besonders leicht oder besonders schwer?

Unterschiedliche Modellvorstellungen, die zur Beantwortung dieser Frage entwikkelt worden sind, verweisen auf unterschiedliche Faktoren, die im konkreten Fall für die Wahl der Bezugsentität, die Festlegung des primären oder sekundären Ursprungs und für die daraus resultierenden kognitiven Prozesse ausschlaggebend sein können.

Situative Determinanten: Die relative Position von Sprecher und Hörer ist, wie bereits ausgeführt, für die Interpretation raumreferentieller Äußerungen von besonderer Bedeutung. Stimmt die räumliche Orientierung der Kommunikationspartner nicht überein, kann es zu den beschriebenen Verständigungsproblemen kommen. Darauf aufbauend wäre zu untersuchen, inwieweit die Kompatibilität bzw. Inkompatibilität der Orientierung von Sprecher und Hörer einen Einfluß darauf hat, wie aufwendig das Verstehen einer raumreferentiellen Äußerung für den Rezipienten ist. Die hinter dem Gedanken des Verarbeitungsaufwands stehende Modellvorstellung ist die einer 'mentalen Rotation' (Shepard & Hurwitz 1984): Ein Rezipient, der sich (sekundärdeiktisch) in die Lage des Sprechers 'hineinversetzt', muß bei Inkompatibilität der Orientierungen kognitiv eine mehr oder weniger aufwendige Drehung vollziehen; bei Kompatibilität jedoch nicht. Für eine derartige Auffassung liegen empirische Evidenzen vor (Bürkle, Herrmann & Nirmaier.1986; Egel, Herrmann, Hornung & Dittrich1988).

Linguistische Determinanten: Es ist anzunehmen, daß unterschiedliche verbale Lokalbestimmungen dem Hörer unterschiedlich hohen Verarbeitungsaufwand abverlangen. Als gesichert kann gelten, daß in semantischer Opposition stehende Terme (vor vs. hinter, rechts vs. links, über vs. unter etc.) mit Verarbeitungsasymmetrien einhergehen. Je ein Item dieser Antonympaare wird als gegenüber dem anderen markiert aufgefaßt (hinter, links, unter etc.); es markiert sozusagen den Negativ-Pol der betreffenden Dimension. Die unmarkierten Items dagegen (vor, rechts, über etc.) beziehen sich auf den Positiv-Pol; sie verweisen auf einen Teilbereich des realen Raumes, der kognitiven und manipulativen Operationen besonders leicht zugänglich ist. Verarbeitungszeit-Messungen haben gezeigt, daß die unmarkierten Items durchweg leichter zu verarbeiten sind als die markierten (Clark & Chase 1972; Herrmann et al. 1987). Daneben kann man auch Vorstellungen über einen Unterschied zwischen sprecher- und objektbezogenen Lokalbestimmungen entwickeln. Man kann annehmen, daß dem Hörer die Verarbeitung derjenigen Terme, mit denen das Zielobjekt relativ zur Sprecherposition lokalisiert wird (hier, dort), leichter fällt als die Verarbeitung derjenigen Terme, mit denen das Zielobjekt relativ zu einem anderen Bezugsobjekt lokalisiert wird (vor, hinter). Denn im letzteren Fall muß der Hörer zusätzlich zur Position des Sprechers auch die des Bezugsobjekts in Betracht ziehen, um zu einer primär- oder sekundärdeiktischen Interpretation zu gelangen. Allerdings ist die empirische Befundlage zu Überlegungen dieser Art gegenwärtig noch nicht hinreichend (vgl. Bürkle et al. 1986, Egel et al. 1988; Ladavas 1988).

Perzeptuelle Determinanten: Aus Experimenten zur Rezeption sprachlicher Lokalbestimmungen vor dem Hintergrund bildlich dargestellter Situationen ist bekannt, daß subtile Wahrnehmungsgegebenheiten die Verarbeitungsprozesse des Rezipienten beeinflussen können (Clark & Chase 1974; Roncato 1975). Die relativen Verarbeitungszeiten für antonyme Lokalbestimmungen sind abhängig u.a. von der relativen Größe der zu lokalisierenden Objekte und davon, ob die Raumposition des Bezugsobjekts stabil oder variabel ist. Stabile Objekte sind als Bezugsentität besser geeignet als variable, und große Objekte ziehen die Aufmerksamkeit des Rezipienten (der ja ebenso Hörer wie Betrachter ist) in höherem Maß auf sich als kleine. In den Katalog möglicher Determinanten des Verstehens raumreferentieller Ausdrücke wird man somit auch perzeptuelle Faktoren wie Größe oder Prominenz der zu lokalisierenden Objekte einzubeziehen haben.

Die derzeit vorliegenden Erkenntnisse lassen erwarten, daß das Verstehen raumreferentieller Äußerungen nicht nur durch einzelne, sondern durch mehrere, vielleicht alle aufgeführten Determinanten beeinflußt wird. Eine Einschätzung der Bedeutsamkeit der einzelnen Einflußgrößen und ihres Zusammenwirkens im Rahmen primär- und sekundärdeiktischer Prozesse erscheint aufgrund experimenteller Untersuchungen möglich. Verarbeitungsunterschiede zwischen markierten und unmarkierten Termen oder zwischen sprecher- und objektbezogenen Lokalbestimmungen beispielsweise könnten als Indiz für die Relevanz linguistischer Faktoren aufgefaßt werden. Unterschiede zwischen Kompatibilität und Inkompatibilität der Orientierungen von Sprecher und Hörer lassen gegebenenfalls Rückschlüsse auf die Relevanz situativer Faktoren zu. Und Wechselwirkungen zwischen Faktoren können Hinweise auf solche Bedingungskonstellationen liefern, die dem Hörer die Rekonstruktion von Raumreferenz besonders leicht oder besonders schwer machen.

4. Hypothesen

Theorien zur Dynamik raumreferentieller Verstehensprozesse legen ein Verständnis deiktischer Prozesse im Sinne einer Art 'kognitiver Wanderung durch den deiktischen Raum', eines 'mentalen Hineinversetzens' in eine räumliche Position, nahe (Clark & Clark 1977; Lyons 1977). Hinter dieser etwas metaphorischen Formulierung steht die auf Tolman (1948) zurückgehende Vorstellung, zur kognitiven Repräsentation räumlicher Konfigurationen sei ein analoges Repräsentationsformat prädestiniert (Steiner 1988). Auf der Grundlage einer derartigen 'mental travel'-Modellvorstellung kann man nun versuchen, zwei Phänomene zu beschreiben: die Festlegung eines primären bzw. sekundären Ursprungs und die primär- bzw. sekundärdeiktische Lokalisation eines Zielobjekts (Bürkle et al. 1986; Egel et al. 1988).

Die bei der Verarbeitung raumreferentieller Ausdrücke ablaufenden kognitiven Prozesse könnte man folgendermaßen konzeptualisieren: Ausgangspunkt mentaler Strukturierungsvorgänge ist der egozentrische Ich-Hier-Jetzt-Status des Hörers. Von diesem primären Ursprung aus wird erforderlichenfalls ein sekundärer Ursprung bestimmt, in den man sich durch 'mentale Rotation' hineinversetzt - was je nach Rotationswinkel mit mehr oder weniger zusätzlichem Verarbeitungsaufwand verbunden ist. Nach Festlegung eines primären oder sekundären Ursprungs erfolgt die Lokalisation des jeweiligen Zielobjekts in einem radial vom betreffenden Ursprung zur Peripherie des deiktischen Raumes verlaufenden Abtast-Prozeß - der je nach Distanz zum betreffenden Ursprung mehr oder weniger Zeit in Anspruch nimmt.

Aufgrund dieser Konzeptualisierung lassen sich zwei Befundvorhersagen formulieren:

(1) Im Fall der Kongruenz von Sprecher- und Hörerorientierung fällt dem Hörer der Nachvollzug der Raumreferenz des Sprechers leichter als im Inkongruenzfall. Denn im Kongruenzfall kann der Hörer die betreffende Situation primärdeiktisch strukturieren; im Inkongruenzfall muß er zwischen einer primär- und einer sekundärdeiktischen Interpretation entscheiden. Eine primärdeiktische Strukturierung ist für den Hörer mit geringerem Verarbeitungsaufwand verbunden als eine sekundärdeiktische. Denn bei primärer Deixis kann der Hörer von einer egozentrischen Sichtweise ausgehen; bei sekundärdeiktischer Strukturierung hingegen muß er seine egozentrische Sichtweise zugunsten der Einführung eines sekundären Ursprungs aufgeben.

(2) Unmarkierte Lokalbestimmungen werden leichter verarbeitet als markierte. Denn unmarkierte Lokalbestimmungen referieren auf jenen Teilbereich des physikalischen Raumes, der kognitiven und manipulativen Operationen besonders leicht zugänglich ist - den ursprungsnahen Teil des deiktischen Raumes. Eine Referenz auf diesen Teilbereich des deiktischen Raums ist für den Hörer leichter nachzuvollziehen als eine Referenz auf einen ursprungsfernen Teilbereich. Denn wenn radiale Abtastprozesse ihren Ausgang vom jeweiligen Ursprung nehmen, werden ursprungsnahe Positionen früher erkannt als ursprungsferne.

5. Experiment

Über ein Experiment zur Prüfung dieser Annahmen wird im folgenden zu berichten sein. Das Experiment orientiert sich einerseits an der von Ertel (1977) verwendeten Kommunikationssituation (Abbildung 1) und andererseits am psycholinguistischen Paradigma der Erfassung von Reaktionszeiten als Parameter für Verarbeitungsprozesse (Clark & Clark 1977). Das Prinzip des Experiments bestand darin, Versuchspersonen Bilder und Sätze vorzulegen und die zur Verarbeitung erforderliche Zeit zu messen.

Abweichend vom verbreiteten Verifikationsverfahren sollten die Versuchspersonen hier keine Entscheidung über die Richtigkeit der sprachlichen Äußerung in bezug auf die bildlich dargestellte Situation treffen, sondern sie sollten durch Tastendruck anzeigen, daß sie die Äußerung vor dem Hintergrund der im Bild dargestellten Situation verstanden hatten. Die Versuchspersonen wurden aufgefordert, "Bild- und

Satzaussage zu erfassen und miteinander in Beziehung zu setzen" (Instruktionstext). Die dazu benötigte Zeit galt als Maß für die Komplexität der Verarbeitungsprozesse.

Die Versuchsmaterialien sind so konstruiert worden, daß wesentliche Voraussetzungen deiktischer Prozesse gegeben waren. Auf den Bildern waren kommunizierende Personen und das zu lokalisierende Objekt zu sehen; in den dazugehörigen Sätzen wurde eine Aussage über die Position des abgebildeten Zielobjekts gemacht. Das 'kanonische Gegenüber' zweier Sprachbenutzer wurde in den Bildern durch eine perspektivische Darstellung der kommunizierenden Figuren angedeutet. Die Identifikation einer der Figuren als Sprecher wurde durch Raster unterschiedlicher Helligkeit erleichtert: Eine Figur war weiß, die andere schwarz dargestellt. Mit Perspektive und Graustufung wurden zudem potentiell relevante Wahrnehmungsgegebenheiten konstituiert. Ein deiktischer Raum mit abgegrenzten Teilräumen wurde als horizontale, durch eine Linie halbierte Fläche realisiert (nicht unähnlich einer Tischtennisplatte). Als Zielobjekt schließlich wurde ein Punkt verwendet, um die Orientierung an einer intrinsischen Objektvorder- oder -rückseite auszuschließen.

Instruktionen: Die Instruktionen lagen in zwei Varianten vor. Darin wurde eine der bildlich dargestellten Figuren für die Dauer eines Einzelversuchs als Sprecher definiert. Eine Gruppe von Versuchspersonen erhielt die Information: "Sprecher des Satzes ist immer Herr Weiß", eine zweite Gruppe von Versuchspersonen erhielt die Information: "Sprecher des Satzes ist immer Herr Schwarz". Variiert wurde damit also ein Faktor 'Sprecherdefinition' (S). Die beiden Instruktionsvarianten lauten:

(1) Sprecher ist immer Herr Schwarz!

(2) Sprecher ist immer Herr Weiß!

Bildmaterialien: Es wurden vier Bildvarianten verwendet, in denen zwei Faktoren systematisch variiert wurden - die Position der jeweiligen Sprecherfigur und die Position des Zielpunkts. Auf zwei Bildern befindet sich die schwarze Figur im Vordergrund, auf den anderen die weiße. Und je einmal befindet sich der Punkt in der vorderen Hälfte des Referenzraums, je einmal in der hinteren. Die vier Bildvarianten können damit durch die orthogonalen Faktoren 'Figurposition' (F) und 'Punktposition' (P) beschrieben werden. In Abbildung (2) sind die verwendeten Bildmaterialien dargestellt.

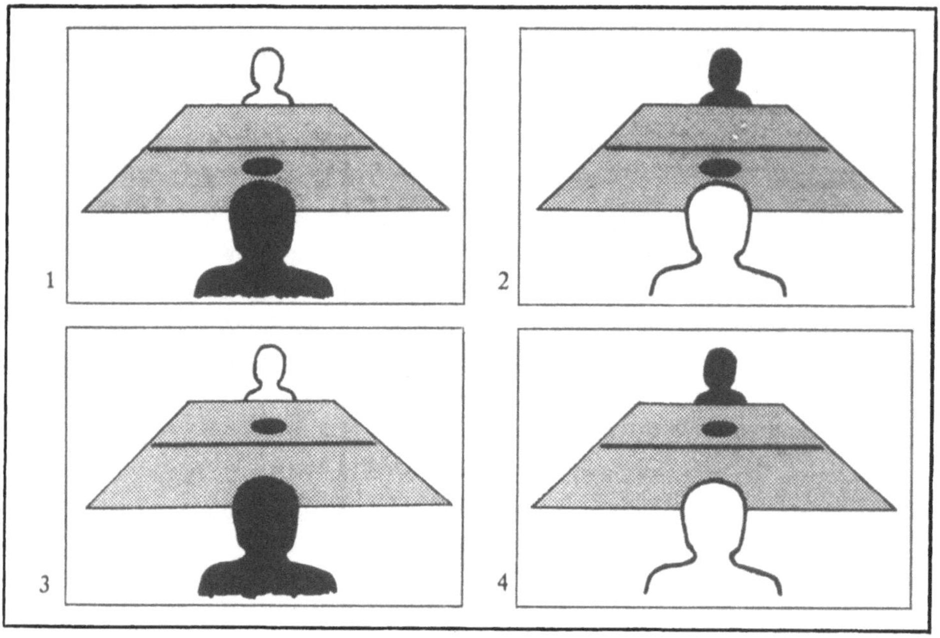

Abb. 2

Satzmaterial: Verwendet wurden vier Sätze, in denen die Position des Zielpunkts mit Hilfe der Lokalbestimmungen hier, dort, vor oder hinter beschrieben wurde. Auch hier lassen sich zwei Faktoren identifizieren: Die Art der 'Lokalisation' (L) und die sich in unterschiedlicher Markiertheit manifestierende 'Distanz' (D) zum jeweiligen Ursprung. In der Hälfte der Sätze sind sprecherbezogene Lokalisationen (hier, dort) verwendet worden, in der anderen Hälfte objektbezogene (vor der Linie, hinter der Linie). Bei beiden Lokalisationsarten gibt es je einen unmarkierten Term, der auf einen ursprungsnahen Teilbereich verweist (hier, vor) und einen markierten Term, der auf einen ursprungsfernen Teilbereich verweist (dort, hinter). Die vier Satzvarianten waren

(1) DER PUNKT IST HIER.
(2) DER PUNKT IST DORT.
(3) DER PUNKT IST VOR DER LINIE.
(4) DER PUNKT IST HINTER DER LINIE.

Kombiniert man jedes Bild mit jedem Satz, erhält man 16 kritische Bild-Satz-Kombinationen. Jede Versuchsperson bearbeitete alle 16 Bild-Satz-Kombinationen unter einer der beiden Sprecherdefinitions-Instruktionen (zusammen mit einer Reihe von Übungsaufgaben und Distraktoren, die hier nicht von Interesse sind). Denkbare

Sequenzeffekte wurden überdies durch systematische Permutation der Darbietungsreihenfolge minimalisiert. Technisch gesprochen, wurde im Experiment also der Faktor 'Sprecherdefinition' zwischen Versuchspersonengruppen, die Faktoren 'Figurposition', 'Punktposition', 'Lokalisation' und 'Distanz' aber innerhalb einer Gruppe variiert.

Die Datenerhebung fand in Form von Einzelversuchen in einem abgedunkelten Laborraum statt. Die zur Versuchsdurchführung notwendige Apparatur (Projektionstachistoskop, Chronometer, Steuerelektronik und Datendrucker) war in einem Nebenraum installiert. Versuchspersonen waren 32 Studentinnen und 16 Studenten im Alter von etwa 21 Jahren. Muttersprache aller Versuchsteilnehmer war deutsch; die freiwillige Teilnahme im Rahmen experimentalpsychologischer Ausbildung wurde bescheinigt. Jeder Einzelversuch dauerte etwa 30 Minuten.

Zu Beginn eines Einzelversuchs wurde eine der abgebildeten Figuren als Sprecher definiert. Nachdem die Versuchsperson durch Instruktion und in einigen Übungsdurchgängen mit ihrer Aufgabe vertraut gemacht worden war, folgten 48 Versuchsdurchgänge nach folgendem Schema: Die Versuchsperson betätigte eine START-Taste. Zwei Sekunden später erschien auf einer Mattscheibe eines der Bilder; nach weiteren zwei Sekunden erschien zusätzlich unter dem Bild einer der Sätze. Durch die Verzögerung der Satzdarbietung gegenüber der Bilddarbietung sollte der Fall simuliert werden, daß die Raumreferenz in einem bereits vor Äußerungsbeginn festliegenden situativen Kontext erfolgt; zudem sollte die Versuchsperson dadurch veranlaßt werden, zunächst die Bild- und dann die Satzinformation konzeptuell zu repräsentieren. Genau dann, wenn die Versuchsperson den Satz im Bildkontext verstanden hatte, betätigte sie eine VERSTANDEN-Taste. Das Intervall zwischen Satzdarbietung und Tastendruck wurde automatisch registriert. Zusätzlich gab die Versuchsperson anschließend durch Ankreuzen ein Alternativurteil über die Akzeptabilität der betreffenden Bild-Satz-Kombination ab. Als aussagefähige Daten lagen damit zu jeder Bild-Satz-Kombination vor: Verarbeitungszeiten (in Millisekunden) und Akzeptabilitätsurteile (Ja-Nein-Antworten) von je 48 Versuchspersonen.

Mit Hilfe varianzanalytischer Statistik wurde sodann ermittelt, welche der Instruktions-, Bild- oder Satzfaktoren einen wesentlichen Einfluß auf Akzeptabilitätsurteile und vor allem auf das Maß für Verstehensprozesse, die Verarbeitungszeiten, ausüben.

6. Ergebnisse

Im folgenden werden die signifikanten Ergebnisse der Analysen zunächst im Überblick dargestellt (Abbildung 3).

Verarbeitungszeiten:	Signifikanter Effekt	MS_e	$F_{1,46}$	p
	L	*1.3588*	*32.16*	*.0000*
	D	*1.2055*	*15.46*	*.0003*
	*S*F*	*0.5548*	*6.29*	*.0158*
	*F*P*	*0.6046*	*5.76*	*.0205*
	*L*F*P*	*1.1629*	*4.90*	*.0318*
	*S*D*F*P*	*0.5637*	*16.54*	*.0002*
Akzeptabilitätsurteile:	Signifikanter Effekt	MS_e	$F_{1,46}$	p
	L	*0.2274*	*4.49*	*.0395*
	*S*P*	*0.0424*	*6.03*	*.0179*
	*L*D*	*0.0761*	*9.86*	*.0030*
	*F*P*	*0.0614*	*4.16*	*.0472*
	*S*F*P*	*0.0614*	*6.87*	*.0118*
	*S*L*F*P*	*0.4472*	*13.00*	*.0008*
	*S*D*F*P*	*0.4472*	*231.53*	*.0000*

Abb. 3

Unter dem Stichwort 'Verarbeitungszeiten' sind die Determinanten der Verarbeitungszeit aufgeführt. Der mit einer Fehlerwahrscheinlichkeit von p = .0000 hochsignifikante Effekt des Faktors 'Lokalisation' (L) besagt, daß die Verstehenszeiten je nach Lokalisationsart verschieden sind, daß es also Unterschiede zwischen sprecher- und objektbezogenen Lokalbestimmungen gibt. Der signifikante Effekt der 'Distanz' (D) besagt, daß es für die Verarbeitungszeiten eine Rolle spielt, ob die Lokalbestimmungen eine ursprungsnahe oder eine ursprungsferne Position bezeichnen. Und Wechselwirkungen wie die zwischen den Faktoren 'Sprecherdefinition' und 'Figurposition' (FD) sind so zu deuten: Je nachdem, ob Schwarz oder Weiß als Sprecher definiert ist, ist es für die Verarbeitungszeiten von Belang, ob die Figur im Bildvordergrund schwarz oder weiß ist. Die signifikanten Effekte werden noch im einzelnen diskutiert werden.

Unter dem Stichwort 'Akzeptabilitätsurteile' sind die Determinanten der Akzeptabilitätsbeurteilungen aufgeführt. Interessant ist hier vor allem der signifikante Effekt des Faktors 'Lokalisation' (L): Er besagt, daß Versuchspersonen sprecher- und objektbezogene Raumreferenzen generell als unterschiedlich akzeptabel beurteilen.

Und zwar werden objektbezogene Lokalbestimmungen für akzeptabler gehalten als sprecherbezogene. Wie die Wechselwirkung der Faktoren 'Lokalisation' und 'Distanz' (LD) zeigt, gilt dies speziell für vor der Linie: Diese Lokalbestimmung scheint - unabhängig von der Bildsituation - akzeptabler zu sein als die anderen.

Nun zu einigen der Faktoren, durch die die Verarbeitungszeiten nachweislich beeinflußt werden. Die Verarbeitungszeit betrug im Mittel 2624 ms (s = 1337). Systematische Einflüsse spezifischer Faktoren oder Faktorenkonstellationen manifestieren sich in spezifischen Abweichungen von diesem Mittelwert.

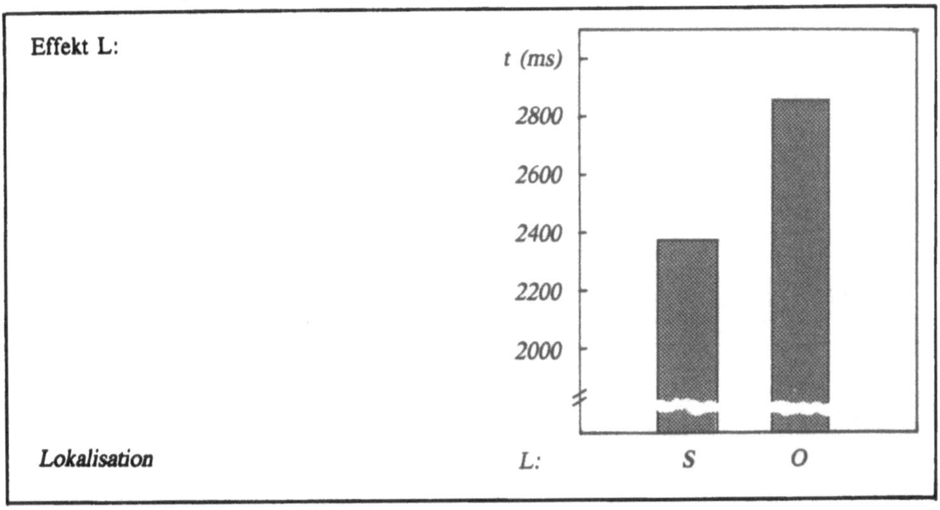

Abb. 4

Effekt L: Bei einem Mittelwertvergleich zeigt sich, daß sprecherbezogene Lokalisationen insgesamt schneller verarbeitet werden als objektbezogene (Abbildung 4). Hier bzw. dort werden also schneller verarbeitet als vor der Linie bzw. hinter der Linie. Dieser Befund könnte auf unterschiedliche deiktische Prozesse bei der Rezeption sprecher- und objektbezogener Raumreferenzen hindeuten. Bevor man diesem Befund aber einen theoretischen Stellenwert zuerkennt, muß man sich vergegenwärtigen, daß es sich bei den beiden Gruppen von Lokalbestimmungen um Äußerungen unterschiedlicher Länge handelt. Die längeren Verarbeitungszeiten für objektbezogene Lokalisationen können also ebenso auf längere Lesezeiten zurückzuführen sein, zumal die Differenz von 480 ms für zwei zusätzliche Wörter den in Leseuntersuchungen ermittelten Werten recht nahe kommt (vgl. Günther 1989).

Effekt D: Das Argument verschiedener Äußerungslänge trifft für den 'Distanz'-Effekt (Abbildung 5) nicht zu; hier sind die zum Vergleich stehenden Bedingungen gleich lang. So kann man also feststellen: Lokalbestimmungen, die ursprungsnahe Positionen bezeichnen, werden schneller verarbeitet als Lokalbestimmungen, die ursprungsferne Positionen bezeichnen. Plakativ gesprochen: Man versteht hier oder vor der Linie schneller als dort oder hinter der Linie. Mit diesem Befund bestätigen sich die Beobachtungen zur Asymmetrie der Verarbeitung markierter und unmarkierter Terme einmal mehr (Clark & Clark 1977; Herrmann et al. 1987).

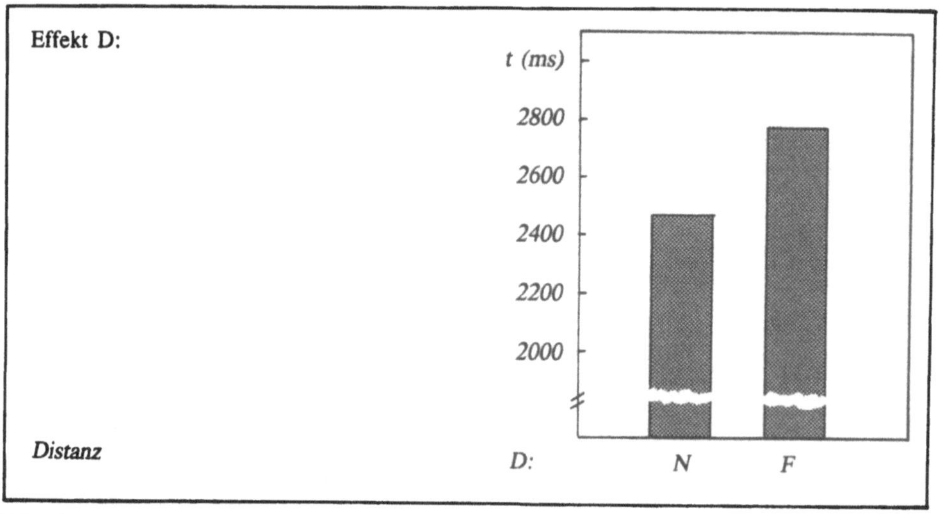

Abb. 5

Interaktion SF: Die signifikante Wechselwirkung der Faktoren 'Sprecherdefinition' und 'Figurposition' (Abbildung 6) ist folgendermaßen zu verstehen. Ist Schwarz als Sprecher definiert worden, dann werden diejenigen Fälle besonders schnell verarbeitet, in denen die Figur im Bildvordergrund schwarz ist (MS_e=0.5546; $F_{1;46}$ = 3.15; p = .0826). Ist aber Weiß als Sprecher definiert worden, dann werden die Fälle besonders schnell verarbeitet, in denen die Figur im Bildvordergrund weiß ist (MS_e = 0.5586; $F_{1;46}$ = 3.14; p = .0831). Anders ausgedrückt: Wenn der Sprecher im Bildvordergrund dargestellt ist, dann kann der Rezipient die Inbeziehungsetzung von Bild und Satz schneller leisten als wenn der Sprecher im Bildhintergrund dargestellt ist. Bei Kompatibilität von Sprecher- und Versuchspersonen-Orientierung werden deiktische Raumreferenzen also schneller verstanden als bei Inkompatibilität.

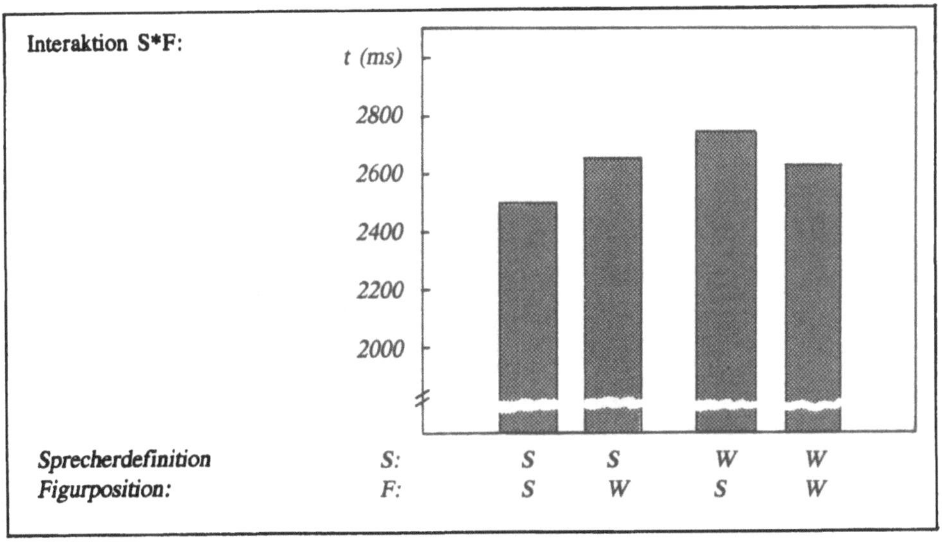

Abb. 6

Interaktion FP: Daneben werden die Verarbeitungszeiten jedoch noch durch eine Reihe anderer Bedingungen beeinflußt. Wie die Wechselwirkung der Faktoren 'Figurposition' und 'Punktposition' zeigt (Abbildung 7), erfolgt der Nachvollzug von Raumreferenzen dann besonders schnell, wenn sich der Zielpunkt auf der Seite der weißen Figur befindet ($MS_e = 0.5478$; $F_{1;46} = 0.85$; $p = .3610$), und dann besonders langsam, wenn sich der Zielpunkt auf der Seite der schwarzen Figur befindet ($MS_e = 0.9407$; $F_{1;46} = 1.33$; $p = .2553$). Dies könnte möglicherweise mit formalen Merkmalen des Bildmaterials bzw. mit perzeptuellen Prozessen bei der Bildanalyse zusammenhängen. Da sich bei dem Zielobjekt um einen schwarzen Punkt handelt, könnte dessen Lokalisation durch den Helligkeitskontrast zwischen dem (schwarzen) Punkt und der weißen Figur erleichtert, durch den geringen Kontrast zwischen dem Punkt und der dunklen Figur hingegen erschwert werden.

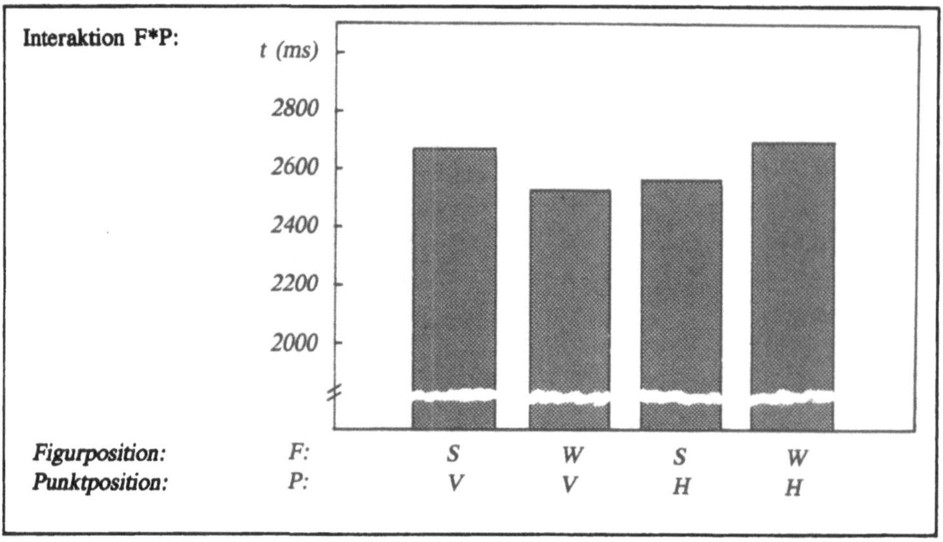

Abb. 7

Interaktion LFP: Die Wechselwirkung von 'Lokalisation', 'Figurposition' und 'Punktposition' (Abbildung 8) zeigt allerdings, daß nicht allein Bildwahrnehmungsprozesse für diesen Effekt verantwortlich sein können. Das charakteristische Profil der FP-Wechselwirkung ist nämlich nur bei den objektbezogenen Lokalbestimmungen vor der Linie und hinter der Linie zu beobachten ($MS_e = 1.1805$; $F_{1;46} = 5.68$; $p = .0214$), nicht aber bei den sprecherbezogenen Lokalbestimmungen hier und dort ($MS_e = 0.5870$; $F_{1,46} = 1.06$; $p = .3087$). Dies kann als Hinweis darauf interpretiert werden, daß Wahrnehmungsprozesse jedenfalls teilweise sprachlich beeinflußbar sind: Der Rezipient könnte sprecherbezogene Raumreferenzen zum Anlaß dafür nehmen, bei der Suche nach dem gemeinten Bezugsobjekt zunächst nur die abgebildeten Figuren, nicht aber die abgebildeten Objekte zu berücksichtigen. Umgekehrt könnten objektbezogene Raumreferenzen Anlaß dafür sein, die abgebildeten Figuren und Objekte gleichermaßen als potentielle Bezugsentitäten zu betrachten, wodurch das Auftreten von Helligkeitskontrast-Effekten begünstigt würde. Auf jeden Fall belegt die Wechselwirkung linguistischer und perzeptueller Faktoren, daß trotz der Verzögerung der Satz- gegenüber der Bilddarbietung die Bildanalyse bei Beginn der Äußerung noch nicht abgeschlossen war.

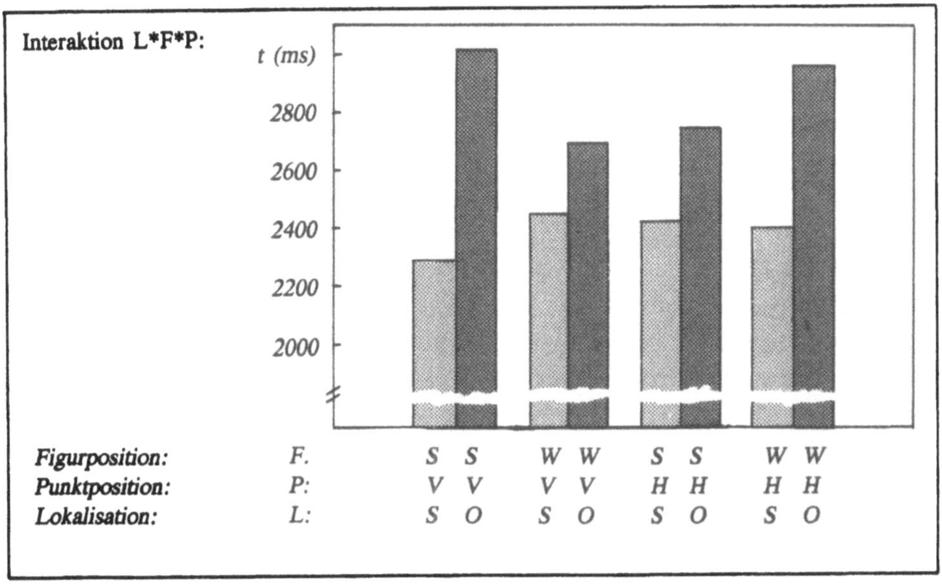

Abb. 8

Interaktion SDFP: Eine ausführliche Diskussion der außerordentlich komplexen Wechselwirkung von 'Sprecherdefinition', 'Distanz', 'Figurposition' und 'Punktposition' (Abbildung 9) ist im Rahmen dieses Berichts nicht möglich. An dieser Stelle seien daher nur zwei bemerkenswerte Aspekte erörtert. Der generelle Effekt der 'Distanz' zeigt sich unter allen Bedingungskonstellationen als gleichgerichteter, wenn auch unterschiedlich großer Mittelwertunterschied. Eine abweichende, jedoch nicht signifikante Mittelwertdifferenz ist lediglich bei der Konstellation 'Bild 4 mit Sprecher Weiß' zu beobachten (Einfacheffekt: $MS_e = 0.8686$; $F_{1,46} = 0.20$; $p = .6530$). Der allgemeine Befund, daß unmarkierte Lokalbestimmungen leichter zu verarbeiten sind als markierte, kann damit aufrechterhalten werden. Die Bedeutsamkeit dieses Merkmals bzw. des dementsprechenden Faktors 'Distanz' zeigt sich auch noch in einem anderen Detail: Wechselwirkungen von 'Figur-' und 'Punktposition' sowie von 'Sprecherdefinition' und 'Punktposition' gehen immer mit dem Vorliegen unmarkierter, nie jedoch mit markierten Lokalbestimmungen einher. Eine vorsichtige Deutung dieses Umstands geht davon aus, daß unmarkierte Terme (hier; vor) auf ein relativ spezifisches, ursprungsnahes Areal verweisen, markierte Terme (dort; hinter) jedoch auf ein relativ unspezifisches Areal, von dem lediglich bekannt ist, daß es nicht in der Nähe des Ursprungs liegt. Es wäre denkbar, daß ein Rezipient durch unmarkierte Terme veranlaßt wird, bereits bei der Bestimmung des jeweiligen Ursprungs das (in der Nähe vermutete) Zielobjekt zu berücksichtigen. Wechselwirkungen der (zur Ursprungsidentifikation relevanten) Faktoren

'Sprecher' und 'Figurposition' mit dem Faktor 'Punktposition' würden in diesem Fall begünstigt, da die spezifische Konstellation von potentiellem Ursprung und Zielobjekt von vornherein einbezogen wird. Markierte Terme indessen könnten den Rezipienten veranlassen, zunächst den jeweiligen Ursprung zu bestimmen, ohne das (ohnehin nicht in dessen Nähe vermutete) Zielobjekt zu berücksichtigen; die Lokalisation des Zielobjekts könnte in einem anschließenden Schritt erfolgen. Die Konstellation von 'Sprecher' bzw. 'Figur-' und 'Punktposition' fiele in diesem Fall weniger stark ins Gewicht. Eine solche Überlegung impliziert allerdings, daß die Rekonstruktion von Raumreferenz je nach Lokalbestimmung qualitativ unterschiedlich erfolgt; über die Adäquanz oder Inadäquanz dieser Überlegung kann aufgrund der Daten dieses Experiments jedoch nicht entschieden werden.

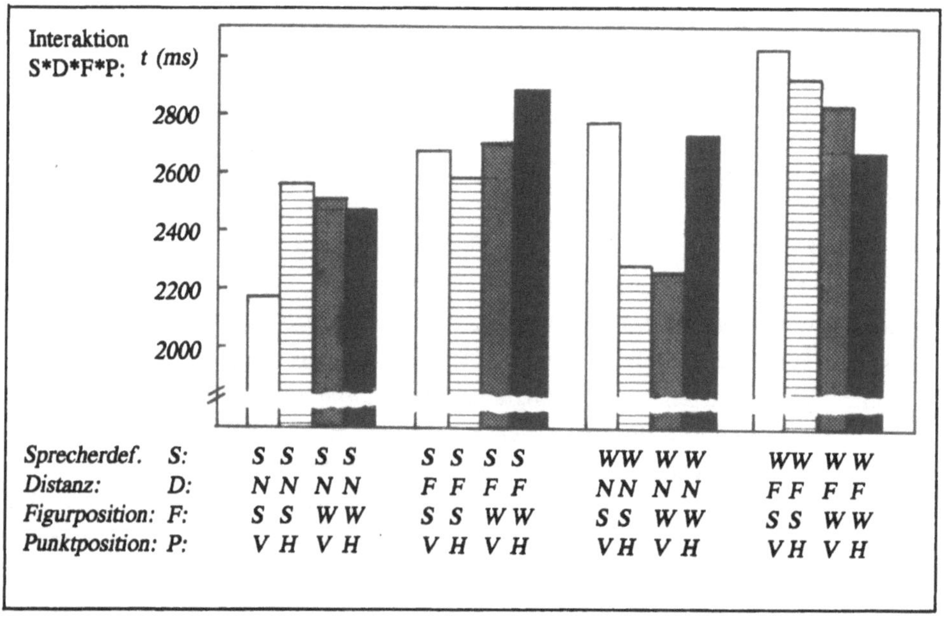

Abb. 9

Insgesamt deutet sich in den Befunden die Denkmöglichkeit an, daß sprachlich unterschiedliche raumreferentielle Äußerungen unterschiedliche deiktische Prozesse beim Hörer in Gang zu setzen vermögen. Weiteren Untersuchungen muß es vorbehalten bleiben, die Zusammenhänge zwischen sprachlichen Strukturen und kognitiven Prozessen zu präzisieren und durch experimentelle Daten zu untermauern.

7. Fazit

Im Rückblick seien die wesentlichen Befunde noch einmal zusammenfassend herausgegriffen: Der Hörer kann Raumreferenz dann besonders leicht nachvollziehen, wenn

(1) die räumliche Orientierung von Sprecher und Hörer (bzw. von Sprecher und Versuchsperson) kompatibel ist. Die primärdeiktische Bestimmung eines Bezugspunktes zur Interpretation raumdeiktischer Äußerungen fällt leichter als eine sekundärdeiktische Ursprungsbestimmung.

(2) der Sprecher in seiner Äußerung auf einen dem jeweiligen Ursprung nahen Teilbereich des deiktischen Raumes Bezug nimmt. Das Verstehen unmarkierter Lokalbestimmungen, die Ursprungsnähe bezeichnen, fällt leichter als das Verstehen markierter Lokalbestimmungen, die Ursprungsferne bezeichnen.

Insgesamt sind diese Befunde mit einer 'mental travel'-Interpretation deiktischer Prozesse zu vereinbaren. Dieser Vorstellung zufolge bestimmt der Hörer, ausgehend von seiner egozentrischen Perspektive, falls erforderlich, einen sekundären Ursprung. Und ausgehend vom jeweiligen Ursprung überprüft der Hörer in einem radialen Abtastprozeß die Teilbereiche des deiktischen Raums, bis die Lokalisation des Zielobjekts geleistet werden kann. Aber dies ist nur eine von mehreren Denkmöglichkeiten. Alternativ wäre eine Interpretation deiktischer Prozesse denkbar, die semantische Umkodierung als hauptsächliche Determinante betrachtet (vgl. Egel et al. 1988). Darüber, welches die adäquatere Erklärung für die beim Verstehen raumreferentieller Äußerungen ablaufenden Prozesse ist, erlaubt das Experiment keine Entscheidung.

Genaugenommen kann allein aufgrund der experimentellen Daten auch keine klare Trennung von primär- und sekundärdeiktischen Prozessen vorgenommen werden. Denn im Fall der Kompatibilität von Versuchspersonen- und Sprecherperspektive ist nicht zu entscheiden, ob eine Versuchsperson ihre eigene Position zum primären Ursprung bestimmt hat, also die raumreferentielle Äußerung aus ihrer eigenen Perspektive interpretiert hat, oder ob sie die Sprecherposition zum sekundären Ursprung bestimmt hat, indem sie, bildlich gesprochen, dem Sprecher über die Schulter geschaut hat und die Äußerung aus dessen Perspektive interpretiert hat (vgl. Ladavas & Moscovitch 1984). Bevor die Metapher des 'mentalen Hineinversetzens' jedoch allzuviele Reifikationsblüten entfaltet, sei sachlich konstatiert: Mit dem empirischen Nachweis von Unterschieden zwischen Kompatibilitäts- und Inkompatibilitätsfall ist das Experiment an seine Grenzen gelangt.

Dadurch, daß einige der vielfältigen Determinanten des rezeptiven Nachvollzugs von Raumreferenz aufgezeigt und ihr Zusammenwirken im Prozeß des Verstehens raumreferentieller Äußerungen transparent gemacht werden konnten, hat das Experiment jedenfalls dazu beigetragen, das eingangs zitierte Diktum Bühlers (1934) vom "Selbstverständlichen, das nicht mehr selbstverständlich ist", mit empirischem Leben zu füllen.

8. Literatur

Abkarian, G.G. 1982. Comprehension of deictic locatives: The object 'behind' it. Journal of Psycholinguistic Research, 11. 229-245.

Bühler, K. 1934. Sprachtheorie. Die Darstellungsfunktion der Sprache. Jena, G. Fischer.

Bürkle, B., T. Herrmann, H. Nirmaier 1986. "Von dir aus..." – zur hörerbezogenen lokalen Referenz. Arbeitsbericht Nr. 10 der Forschergruppe 'Sprechen und Sprachverstehen im sozialen Kontext'. Mannheim, Lehrstuhl Psychologie III (vervielfältigt)

Clark, H.H. 1973. Space, time, semantics, and the child. In: Cognitive development and the acquisition of language; ed. by T.E. Moore; 28-63. New York, Academic Press.

Clark, H.H., W.G. Chase. 1972. On the process of comparing sentences and pictures. Cognitive Psychology, 3. 472-517.

Clark, H.H., W.G. Chase. 1974. Perceptual coding strategies in the formation and verification of descriptions. Memory and Cognition, 2. 101-111.

Clark, H.H., E.V. Clark. 1977. Psychology and language. An introduction to psycholinguistics. New York, Harcourt Brace Jovanovich.

Egel, H., T. Herrmann, A. Hornung, S. Dittrich. 1988. Rotation und/oder Antonymieninterferenz als Determinanten des kognitiven Aufwands beim hörerbezogenen Lokalisieren. Arbeitsbericht Nr. 15 der Forschergruppe 'Sprechen und Sprachverstehen im sozialen Kontext'. Mannheim, Lehrstuhl Psychologie III (vervielfältigt).

Ehrich, V. 1985. Zur Linguistik und Psycholinguistik der sekundären Raumdeixis. In: Sprache und Raum; hrsg. von H. Schweizer; 130-161. Stuttgart, Metzler.

Ertel, S. 1977. Where do the subjects of sentences come from? In: Sentence production. Developments in research and theory; ed. by S. Rosenberg; 141-167. Hillsdale, Erlbaum.

Günther, U. 1989. Lesen im Experiment. Linguistische Berichte, Nr. 120 (im Druck)

Herrmann, T., B. Bürkle, H. Nirmaier. 1987. Zur hörerbezogenen Raumreferenz: Hörerposition und Lokalisationsaufwand. Sprache und Kognition, 3. 126-137.

Herskovits, A. 1985. Semantics and pragmatics of locative expressions. Cognitive Science, 9. 341-378

Higashiyama, A., H. Ono. 1988. 'Koko', 'soko', and 'asoko' ('here' and 'there') as verbal dividers of space. Japanese Psychological Research, 30. 18-24.

Jarvella, R.J., W. Klein (Eds.). 1982. Speech, place, and action: Studies on deixis and related topics. Chichester, Wiley.

Klein, W. 1978. Wo ist hier? Präliminarien zu einer Untersuchung der lokalen Deixis. Linguistische Berichte, 58. 18-40.

Klein, W. 1982. Deixis and spatial orientation in route directions. In: Speech, place, and action: Studies on deixis and related topics; ed. by R.J. Jarvella, W. Klein; 161-182. Chichester, Wiley.

Ladavas, E. 1988. Asymmetries in processing horizontal and vertical dimensions. Memory and Cognition, 16. 377-382.

Ladavas, E., M. Moscovitch. 1984. Must egocentric and environmental frames of reference be aligned to produce spatial S-R compatibility effects? Journal of Experimental Psychology: Human Perception and Performance, 10. 205-215.

Levelt, W.J.M. 1982. Cognitive styles in the use of spatial direction terms. In: Speech, place, and action: Studies on deixis and related topics; ed. by R.J. Jarvella, W. Klein. Chichester, Wiley.

Levelt, W.J.M. 1986. Zur sprachlichen Abbildung des Raumes: Deiktische und intrinsische Perspektive. In: Perspektiven auf Sprache. Interdisziplinäre Beiträge zum Gedenken an Hans Hörmann; hrsg. von H.-G. Bosshardt; 187-211. Berlin, de Gruyter.

Lyons, J. 1977. Semantics (vol. 2). Cambridge, Cambridge University Press.

Miller, G.A., P.N. Johnson-Laird. 1976. Language and Perception. Cambridge, Cambridge University Press.

Roncato, S. 1975. Semantic and perceptual factors in judgements of spatial locations. Giornale Italiano di Psicologia, 2. 207-227.

Schweizer, H. (Hrsg.). 1985. Sprache und Raum. Stuttgart: Metzler.

Shepard, R., S. Hurwitz. 1984. Upward direction, mental rotation, and discrimination of left and right turns in maps. Cognition, 18. 161-194.

Steiner, G. 1988. Analoge Repräsentationen. In: Wissenspsychologie; hrsg. von H. Mandl, H. Spada; 99-119. München, Psychologie Verlags Union.

Tolman, E.C. 1948. Cognitive maps in rats and men. Psychological Review, 55. 189-208.

Weissenborn, J., W. Klein (Eds.). 1982. Here and there. Cross-linguistic studies on deixis and demonstration. Amsterdam, Benjamins.

Wunderlich, D. 1986. Raum und die Struktur des Lexikons. In: Perspektiven auf Sprache. Interdisziplinäre Beiträge zum Gedenken an Hans Hörmann; hrsg. von H.-G. Bosshardt; 212- 231. Berlin, de Gruyter.

Anschriften der Autoren und Herausgeber

Dr. Veronika Ehrich
Max-Planck-Institut für Psycholinguistik
Wundtlaan 1
NL-6525 XD Nijmegen

Dr. Angela Friederici
Max-Planck-Institut für Psycholinguistik
Wundtlaan 1
NL-6525 XD Nijmegen

Prof. Dr. Christopher Habel
Universität Hamburg
FB Informatik - AB WSV
Bodenstedtstr. 16
D-2000 Hamburg

Prof. Dr. Dieter Hartmann
Ruhr-Universität Bochum
Germanistisches Institut
Postfach 10 21 48
D-4630 Bochum

Michael Herweg
Universität Hamburg
FB Informatik - AB WSV
Bodenstedtstr. 16
D-2000 Hamburg

Ingrid Kaufmann
Universität Düsseldorf
Seminar für Allgemeine Sprachwissenschaft
Universitätsstr. 1
D-4000 Düsseldorf 1

Dr. Ewald Lang
Universität Wuppertal
Fachbereich 4
Gauß-Str. 20
D-5600 Wuppertal

Dr. Rolf Mayer
Universität Tübingen
Seminar für natürlich-sprachliche Systeme
Biesingerstr. 10
D-7400 Tübingen

Simone Pribbenow
Universität Hamburg
FB Informatik - AB WSV
Bodenstedtstr. 16
D-2000 Hamburg

Prof. Dr. Günter Radden
Universität Hamburg
Fachbereich Sprachwissenschaften
von Melle Park 6
D-2000 Hamburg 13

Prof. Dr. Gisa Rauh
Universität Wuppertal
Gauß-Str. 20
D-5600 Wuppertal 1

Klaus Rehkämper
Universität Hamburg
FB Informatik - AB WSV
Bodenstedtstr. 16
D-2000 Hamburg

Dr. Marie-Theres Schepping
Universität Konstanz
FG Sprachwissenschaft
Postfach 5560
D-7750 Konstanz

Prof. Dr. Christoph Schwarze
Universität Konstanz
FG Sprachwissenschaft
Postfach 5560
D-7750 Konstanz

Dr. Lorenz Sichelschmidt
Universität Bielefeld
Fak. für Linguistik und Literaturwissenschaft
Postfach 8640
D-4800 Bielefeld

Kolibri 360 GmbH
Ferdinand-Jühlke-Straße 7
99095 Erfurt, Deutschland
produktsicherheit@kolibri360.de